Mathematik
plus

Gymnasium Klasse 7
Mecklenburg-Vorpommern

Herausgegeben von StD Dietrich Pohlmann
und Prof. Dr. Werner Stoye

W0214949

VOLK UND WISSEN

Autoren:
StD Karl Udo Bromm, OStR Robert Domine, Angela Eggers, Prof. Dr. Marianne Grassmann, Gerd Heintze, Erika Hellwig, Dr. Gerhard Koenig, OStR Peter Krull, StD Jochen Leßmann, Heidemarie Rau, StD Dieter Rüthing, Dr. Uwe Sonnemann, Prof. Dr. Werner Stoye

Herausgeber:
StD Dietrich Pohlmann,
Prof. Dr. Werner Stoye

Redaktion:
Dr. Peter Birnbaum

Technische Zeichnungen: Rita Schüler
Illustrationen: Roland Beier
Layout: Karl-Heinz Bergmann
Typographie: Manfred Behrendt, Wolfgang Lorenz
Einband: Wolfgang Lorenz

www.cornelsen.de

1. Auflage, 2. Druck 2012

© 2002 Cornelsen Verlag/Volk und Wissen Verlag, Berlin

Das Werk und seine Teile sind urheberrechtlich geschützt.
Jede Nutzung in anderen als den gesetzlichzugelassenen Fällen bedarf der vorherigen schriftlichen Einwilligung des Verlages.
Hinweis zu den §§ 46, 52a UrhG: Weder das Werk noch seine Teile dürfen ohne eine solche Einwilligung eingescannt und in ein Netzwerk eingestellt oder sonst öffentlich zugänglich gemacht werden.
Dies gilt auch für Intranets von Schulen und sonstigen Bildungseinrichtungen.

Druck: Stürtz GmbH, Würzburg

ISBN 978-3-06-000755-4

Inhalt gedruckt auf säurefreiem Papier aus nachhaltiger Forstwirtschaft.

Inhalt

Zuordnungen

Normalerweise muss man dreimal so viel bezahlen, wenn man dreimal so viel einkauft.
Was ist aber hier los?

1 kg Äpfel kostet 2 €

und

3 kg Äpfel kosten 5 €.

Müssen

3 kg Äpfel nicht 6 €

kosten?
Kann man hier berechnen, wie viel 2 kg oder 4 kg Äpfel kosten oder muss man erst den Verkäufer fragen?

Beispiele für Zuordnungen

1

Vier Kinder spielen „Stadt-Land-Fluss“.
Als der Buchstabe M an der Reihe war, hatten sie folgendes Ergebnis:

	Buchstabe	Stadt	Land	Fluss
Tino:	M	München	Mexiko	Mosel
Laura:	M	Moskau	Malta	Mekong
Phillip:	M	Magdeburg	Marokko	Main
Klara:	M	Mailand	Mexiko	Memel

Globus

a) Schreibe in einer neuen Tabelle zu jedem Land aus der Tabelle die Hauptstadt und zeichne die entsprechende Nationalflagge dazu.
b) Schreibe zu jeder Stadt aus der Tabelle das zugehörige Land.
c) Suche die Flüsse aus der Tabelle in einem Atlas und schreibe die Länder auf, durch die sie fließen. Fällt dir bei der Zuordnung von Ländern zu Flüssen ein Unterschied zu den Aufgabenteilen a) und b) auf? Erläutere.

2

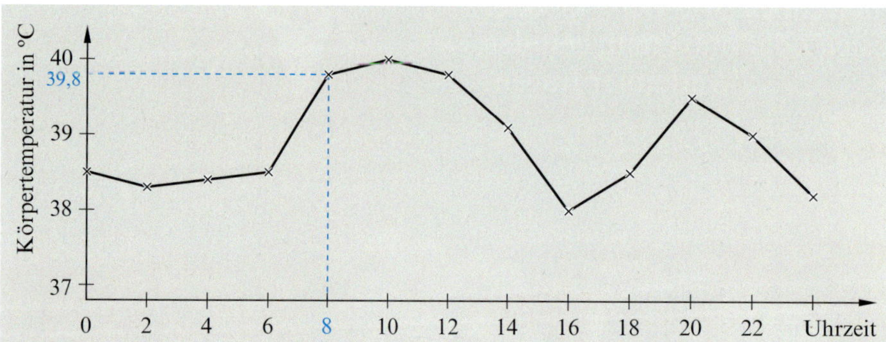

Das abgebildete Diagramm zeigt die Schwankungen der Körpertemperatur eines Kranken innerhalb von 24 Stunden.
a) Zu welcher Zeit war die Temperatur am niedrigsten bzw. am höchsten?
b) Wann betrug die Körpertemperatur genau 38,5 °C (39,8 °C; 37 °C)?
c) Erstelle eine Tabelle, in der Uhrzeiten und zugehörige Körpertemperaturen erfasst sind.

NACHGEDACHT
Dem nebenstehenden Temperaturdiagramm liegen Temperaturmessungen zu jeder zweiten Stunde zugrunde (siehe die durch Kreuze gekennzeichneten Punkte).
Wieso ist es berechtigt, die Punkte durch Linien zu verbinden?
Welche der folgenden Aussagen über die Körpertemperatur um 7.00 Uhr hältst du für sinnvoll:
„39,1 °C“, „rund 39 °C“, „zwischen 38,5 °C und 39,8 °C“? Begründe.

3

Das Normalgewicht eines erwachsenen Mannes lässt sich nach einer Faustregel angeben: Körpergröße minus 100 Zentimeter, dann Zentimeter durch Kilogramm ersetzen. Bei Frauen muss man noch mit 0,9 multiplizieren.
a) Frage zehn verschiedene Männer nach ihrer Körpergröße und ermittle daraus ihr Normalgewicht. Notiere alle Werte in einer Tabelle.
b) Stelle die Werte aus der Tabelle grafisch dar.
c) Fertige auch für Frauen eine solche Grafik an.
d) Stelle für das Gewicht von verschiedenen Frauen und Männern die Abweichung vom Normalgewicht fest.

BEISPIEL
Mann: 1,78 cm
→ 78 kg
Frau: 1,65 cm
→ 65 kg · 0,9
→ 58,5 kg

In vielen Situationen aus dem Alltag werden verschiedene „Werte“ einander zugeordnet. Diese „Werte“ können z. B. Zahlen, Größen, aber auch Buchstaben oder Namen sein.
Die Aufgaben auf der vorigen Seite sind Beispiele für solche **Zuordnungen**.

> Bei **Zuordnungen** wird jedem Wert aus einem vorgegebenen Bereich ein Wert aus einem anderen Bereich zugeordnet.
>
> Manchmal kann einem Vorgegebenen aus einem Bereich Verschiedenes aus einem anderen Bereich zugeordnet werden.
> Beispielsweise kann man vielen Flüssen verschiedene Länder zuordnen.

4

a) Nenne für die Beispiele aus den Aufgaben 2 und 3 jeweils die Größen, die einander zugeordnet werden.
b) Nenne weitere Beispiele für Zuordnungen.

> Eine Zuordnung zwischen zwei Größen x und y kann gegeben sein durch
>
> - eine (Werte-)**Tabelle**:
>   Größe in der x-Zeile → Größe in der y-Zeile
> - ein **Diagramm** (grafische Darstellung):
>   Größe auf der x-Achse → Größe auf der y-Achse
> - ein **Pfeildiagramm**:
>   Größe aus dem vorgegebenen Bereich → Größe aus einem anderen Bereich
> - eine **Rechenvorschrift** (Gleichung oder Worte):
>   Ausgangsgröße x → zugeordnete Größe y

5

a) Gib für die Beispiele aus den Aufgaben 1 bis 3 jeweils an, ob die Zuordnungen durch eine Tabelle, ein Diagramm oder eine Rechenvorschrift gegeben sind.
b) Gib jeweils 2 weitere Beispiele für Zuordnungen an, die durch eine Tabelle, ein Diagramm oder eine Rechenvorschrift gegeben sind.
c) Tausche mit deiner Nachbarin bzw. mit deinem Nachbarn eure Zuordnungen von b) aus.
Versucht jeder zu den Zuordnungen der/des anderen eine andere Darstellungsform zu finden (z. B. zu einer Wortvorschrift eine Tabelle).

6[L]

Erstelle zu den folgenden Wertetabellen jeweils ein Diagramm. Kannst du auch eine Rechenvorschrift aufstellen?

a)

x	0	1	2	3	4	5	6
y	0	3	6	9	12	15	18

b)

x	0	1	2	3	4	5	6
y	0	0,5	1	1,5	2	2,5	3

c)

x	0	1	2	3	4	5	6
y	8	7	6	5	4	3	2

d)

x	0	1	2	3	4	5	6
y	8	7,5	7	6,5	6	5,5	5

BEISPIEL

Zuordnung gegeben durch eine **Tabelle**:

x	0	1	2	3	4
y	1	3	5	7	9

Zuordnung gegeben durch ein **Diagramm**:

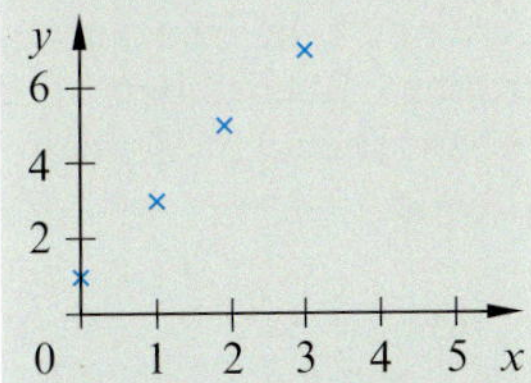

Zuordnung gegeben durch ein **Pfeildiagramm**:

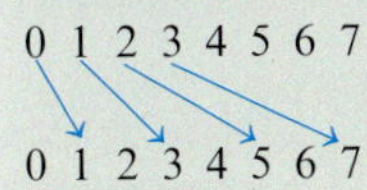

Zuordnung gegeben durch eine **Rechenvorschrift**:

$x \rightarrow y$ mit $y = 2 \cdot x + 1$

Zuordnung gegeben durch eine **Wortvorschrift**:

„Jeder natürlichen Zahl wird ihr um eins vermehrtes Doppelte zugeordnet.“

BEISPIEL

mit verschiedenen Zuordnungsmöglichkeiten:

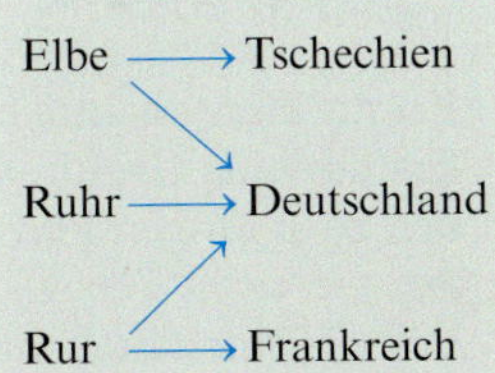

7

Erstelle für folgende Zuordnungen $x \rightarrow y$ eine Tabelle und ein Diagramm.

a) $y = 2 \cdot x$ **b)** $y = 3 \cdot x + 1$
c) $y = 3$ **d)** $y = 48 - x$
e) $y = 16 - 2 \cdot x$ **f)** $y = 0$
g) $y = x^2 - x$ **h)** $y = x^2$

BEISPIEL

$x \rightarrow y$ mit $y = 5 \cdot x$

x	1	2	3	4	5
y	5	10	15	20	25

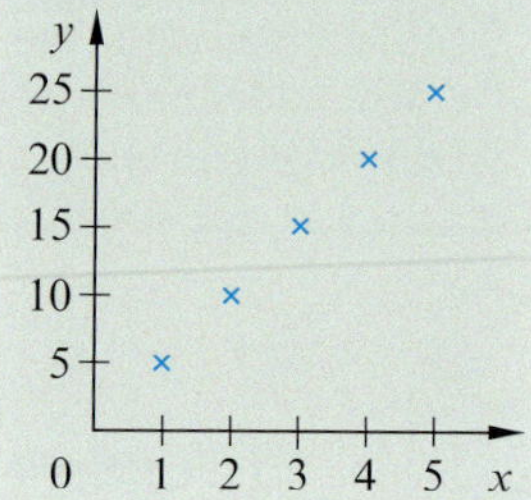

8

Übertrage die abgebildete Figur in dein Heft.
Benenne alle markanten Punkte mit großen Buchstaben und notiere die entsprechenden Zahlenpaare in einer Tabelle.

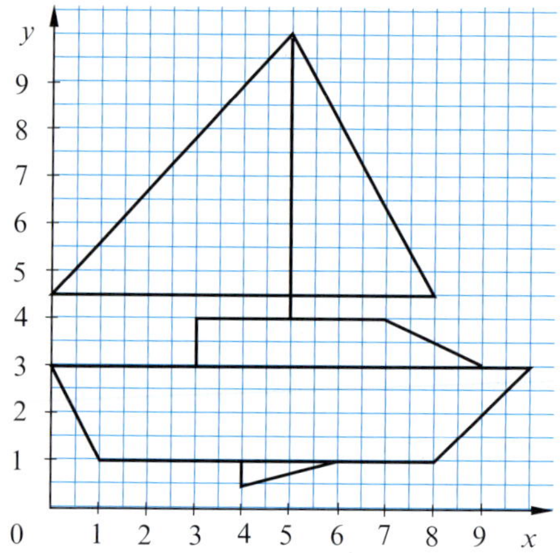

9

a) Erstelle zu den folgenden Diagrammen jeweils die zugehörige Tabelle.
b) Gib jeweils an, welcher Wert vermutlich zu $x = 10$ gehört.
c) Ermittle zu jeder Teilaufgabe eine Rechenvorschrift.
d) Berechne mithilfe der Rechenvorschrift jeweils den zu $x = 10$ gehörenden Wert.

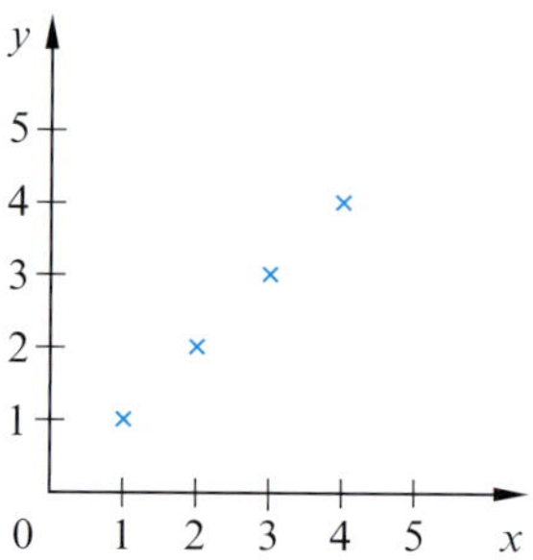

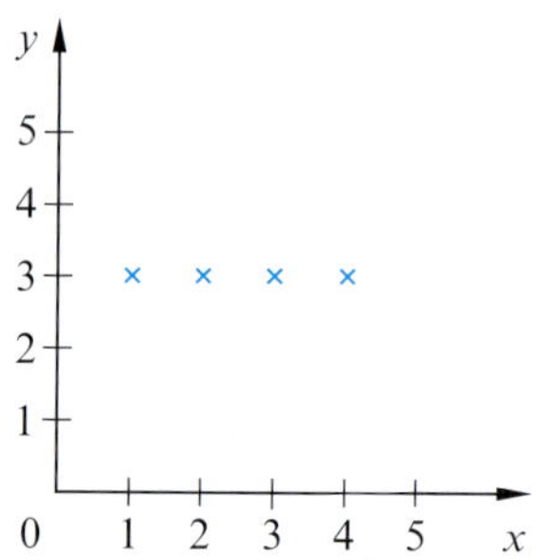

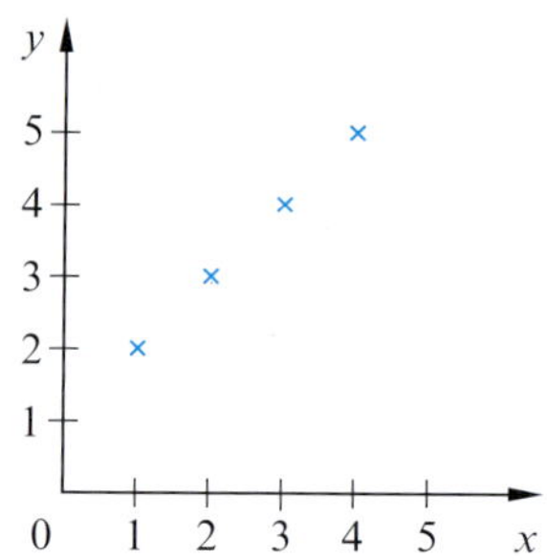

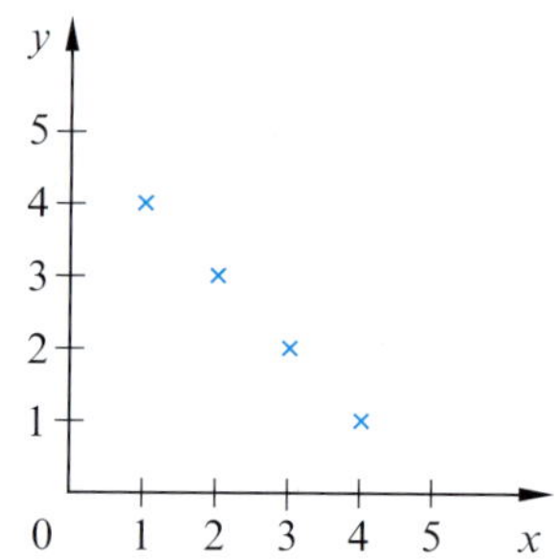

10

WASSER-Abrechnung 2000 — Zählernummer: 2258928
Stand-Alt: 369 cbm — vom: 01.01.2000
Stand-Neu: 551 cbm — bis: 31.12.2000
Verbrauch: 182 cbm — Monate: 12

Verbrauchspreis: 1,05 € · 182 (cbm) — 191,10 €
Zählermiete: 6,50 € · 12 (Monate) — 78,00 €
Summe: 269,10 €

HINWEIS
1 cbm = 1 m³

Wasseruhr

a) Kontrolliere die obige Wasserabrechnung einer Wohnung für 2000.
b) Erstelle eine Grafik, aus der man für verschiedene Werte des Wasserverbrauchs den zugehörigen Verbrauchspreis ermitteln kann. Lege dazu vorher eine Tabelle an.
c) Erstelle eine Berechnungsvorschrift, mit der man zu jedem Wasserverbrauch x die zugehörige Jahresabrechnungssumme ermitteln kann.

11

Andreas und Birgit haben sich für ihre Briefe eine Geheimschrift ausgedacht. Diese haben sie in einer Verschlüsselungstabelle festgehalten:

A	B	C	…	K	L	M	N	O	P	…	X	Y	Z
Z	Y	X	…	P	O	N	M	L	K	…	C	B	A

a) Übertrage die Verschlüsselungstabelle ins Heft und vervollständige sie.
b) Verschlüssele die Nachricht: „Mathe-Hausaufgaben heute bei mir“.
c) Entschlüssele die Nachricht: „VISLOHZNV UVIRVM“.
d) Arbeite mit einer Schülerin oder einem Schüler von einem anderen Tisch zusammen: Jeder übergibt dem anderen eine verschlüsselte Frage. Entschlüsselt die Frage und gebt verschlüsselt eine kurze Antwort zurück.
e) Arbeitet in Gruppen: Erfindet andere Verschlüsselungstabellen und tauscht damit Nachrichten aus. Ihr könnt z. B. auch Zahlen oder Zeichen zum Verschlüsseln verwenden.

ANREGUNG
zur Aufgabe 11 d:
Versucht „Geheimbotschaften“ anderer Gruppen zu entschlüsseln.
Gelingt es euch den Schlüssel (Kode) „zu knacken“?

12

Hast du schon einmal vom Morse-Alphabet gehört? Dort werden alle Buchstaben durch Folgen von Punkten und Strichen bzw. von kurzen und langen Signalen verschlüsselt (z. B. bedeutet · – ein „A“).
a) Suche aus einem Lexikon das Morse-Alphabet heraus.
b) Entschlüssele folgende Nachrichten:
(1) ··· ––– ···
(2) –·–· ––– –·· ·· · ·–· ·–·
(3) ·––· ·–· ·· –– ––·· ·– ···· ·–·· · –·
c) Verschlüssele eigene Nachrichten und morse sie mit einer Taschenlampe zu einem Freund, der sie dann entschlüsseln soll.

INFORMATION
Der Amerikaner Samuel Morse (1791 – 1872) hat erstmals 1837 telegrafisch Nachrichten über eine 64 km lange Strecke zwischen Washington und Baltimore übertragen.

13

An einem Wandertag will eine Schulklasse in den Zoo gehen.
Es gelten folgende Eintrittspreise:

Einzelkarte	3 €
Fünferkarte	12 €
Zehnerkarte	21 €

a) Erfasse in einer Tabelle die kostengünstigsten Eintrittspreise für 1, 2, 3, …, 30 Karten.
b) Stelle die Zuordnung in einem Diagramm dar.
c) Welcher Kartenkauf ist möglich, welcher ist am kostengünstigsten bei 8, 9, 18, 19, 22, 23 Karten?
d) Ermittle den günstigsten Kartenkauf für deine Klasse.

14

Familie Müller verbringt ihren Urlaub an der Ostsee. Sie mietet in ihrer Ferienwohnung ein Telefon. Die Grundgebühr beträgt 15,00 € und jede Telefoneinheit wird mit 0,35 € in Rechnung gestellt.
a) Wie hoch ist die Telefonrechnung am Urlaubsende, wenn 10, 15, 20, 25, 50 Einheiten vertelefoniert wurden?
b) Erstelle für die Telefonrechnung eine Berechnungsvorschrift.
c) Wie viele Einheiten wurden vertelefoniert, wenn die Rechnung 26,55 € oder 34,25 € oder 50,35 € beträgt?

15

Ein Eisverkäufer will eine Tabelle erstellen, aus der er schnell ablesen kann, wie viel der Kunde bezahlen muss.

Anzahl der Kugeln	1	2	3	4	5	6	7	8	9	10
Eis ohne Waffel										
Eis mit einer Waffel										
Diät-Eis ohne Waffel										
Diät-Eis mit einer Waffel										

a) Übertrage die Tabelle ins Heft und fülle sie aus.
b) Stelle die beiden Zuordnungen
Anzahl der Kugeln → Preise für Eis
Anzahl der Kugeln → Preise für Diät-Eis
in einem gemeinsamen Diagramm dar.
c) Stelle die beiden Zuordnungen
Anzahl der Kugeln → Preise für Eis
Anzahl der Kugeln → Preise für Eis mit Waffel
in einem gemeinsamen Diagramm dar.
d) Vergleiche jeweils die beiden Diagramme miteinander. Nenne Gemeinsamkeiten und Unterschiede.

16

Übertrage das nebenstehende Diagramm ins Heft und zeichne darin die Punkte mit folgenden Koordinaten ein:
(0|7) (2|8) (9|8) (8|7) (5|7)
(5|5) (7|4) (8|2) (7|1,5) (6|4)
(6|0) (5|0) (5|4) (3|4) (3|5)
(2|7) (1|6) (1|4) (0|4)
Verbinde sie in der angegebenen Reihenfolge zu einer Figur.

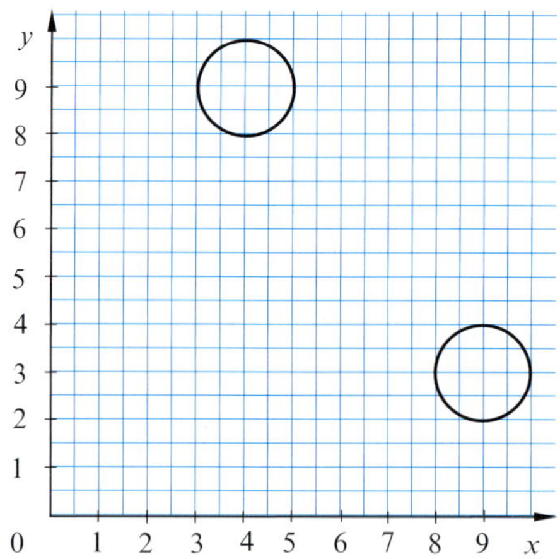

17

Auf dem LCD-Display von Taschenrechnern sind die Ziffern in der Schriftart „Liquid Crystal“ dargestellt:

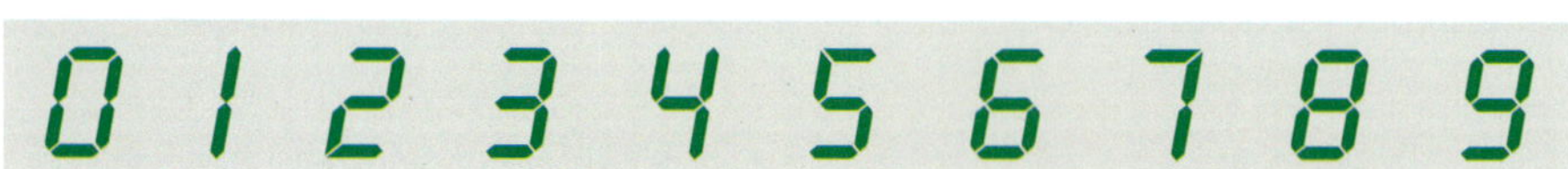

a) Erfasse in einer Tabelle die Anzahl der Striche, aus denen jede Ziffer von 0 bis 9 besteht und stelle die Zuordnung *Ziffer → Anzahl der Striche* in einem Diagramm dar.
b) Ergänze die Tabelle aus Teilaufgabe a) um die Zahlen von 10 bis 20. Setze das Diagramm aus a) entsprechend fort.
c) Welche Zahlen zwischen 0 und 20 sind mit genau sieben Strichen darstellbar?
d) Schreibe alle Zahlen zwischen 0 und 100 auf, die mit genau 10 Strichen darstellbar sind.

Proportionale Zuordnungen

Leon hat ein sehr großes Aquarium zum Geburtstag bekommen und möchte es nun mit Wasser füllen.
Er will wissen, wie viel Wasser er in das Aquarium füllen muss, bis es 5 cm unter der Oberkante des Glases steht.
Er gießt zunächst einen Eimer Wasser (10 l) hinein. Danach steht das Wasser 6 cm hoch.
Er probiert weiter und notiert einige Wassermengen und dazugehörige Wasserhöhen in einer Tabelle.

Wassermenge in l	10	20	30	40	50			
Wasserhöhe in cm	6	12						

1

Arbeitet in Gruppen:
Überlegt gemeinsam, wie man die Teilaufgaben lösen kann. Vergleicht eure Ergebnisse mit denen anderer Gruppen.

a) Findet weitere Zahlenpaare (Wassermenge; Wasserhöhe), die Leon gemessen haben könnte.
b) Wie viel Wasser muss Leon ins Aquarium gießen, damit das Wasser 40 cm hoch steht?
c) Das Wasser soll noch 1 cm steigen, wie viel Wasser muss aufgefüllt werden?
d) Wie viel Wasser ist im Aquarium, wenn es 5 cm unter dem oberen Rand des Glases steht?
Hinweis: Das Aquarium ist 50 cm hoch.
e) Um wie viel Zentimeter steigt die Wasserhöhe, wenn 1 Liter Wasser eingegossen wird?
f) Wie hoch steht das Wasser, wenn 25 Liter Wasser eingefüllt werden?
g) Tragt alle errechneten Zahlenpaare in eine Tabelle (wie oben) ein.

2

In ein gerades Gefäß ist Wasser gefüllt worden.

a) Was passiert mit dem Wasserstand, wenn die eingefüllte Wassermenge verdoppelt (verdreifacht, vervierfacht) wird?
b) Welcher Wasserstand wäre zu erwarten gewesen, wenn nur halb (ein Drittel, ein Viertel) so viel Wasser eingefüllt worden wäre?

3

Arbeitet in Gruppen:

a) Ermittelt mithilfe einer Briefwaage die Masse von 5, 10, 15, 20, 25 und 30 kleinen gleichen Gegenständen (z. B. Cent Stücke).
Stellt eine Tabelle auf und tragt die Werte ein.
b) Wie verhält sich die Masse der Gegenstände, wenn man ihre Anzahl verdoppelt, verdreifacht usw.?
c) Legt eine Hand voll dieser Gegenstände – ohne sie vorher zu zählen – auf die Waage. Schätzt, wie viele Gegenstände es sind. Versucht dann aus der abgelesenen Masse herauszubekommen, wie viele es sind. Kontrolliert durch Nachzählen.

ANREGUNG
Herstellen eines Messgefäßes:
Suche ein großes gerades Glasgefäß (Aquarium, großes Gurkenglas o. ä.). An der Außenseite dieses Gefäßes soll mit einem wasserfesten Stift eine Mess-Skala angezeichnet werden. Fülle dazu mit einem anderen Messbecher immer die gleiche Menge Wasser (z. B. 0,5 l) in das Gefäß und markiere jeweils den Wasserstand.

Mit diesem Gefäß kannst du z. B. das Volumen fester Körper ermitteln: Tauchst du sie in das etwa halb mit Wasser gefüllte Gefäß, kannst du ablesen, um wie viel der Wasserspiegel steigt.

Die Zuordnungen *Wassermenge → Wasserhöhe in einem geraden Gefäß* oder *Anzahl gleich schwerer Gegenstände → Gesamtmasse* haben eine besondere Eigenschaft: Bei Verdopplung (Verdreifachung, Vervierfachung, ...) der vorgegebenen Größe verdoppelt (verdreifacht, vervierfacht, ...) sich die zugeordnete Größe.
Es sind **proportionale Zuordnungen**.

AUFGABE
Begründe, dass bei folgenden Gefäßformen gilt: Eine Verdopplung der Wassermenge führt *nicht* zur Verdopplung der Wasserhöhe.

Bei einer **proportionalen Zuordnung** gilt:

- Eine Verdopplung (Verdreifachung, Vervierfachung, ...) der vorgegebenen Größe führt zur Verdopplung (Verdreifachung, Vervierfachung, ...) der zugeordnete Größe.
- Eine Halbierung (Drittelung, Viertelung, ...) der vorgegebenen Größe führt zur Halbierung (Drittelung, Viertelung, ...) der zugeordneten Größe.

4L

Welche der folgenden Zuordnungen sind proportional?
a) Anzahl von gleichen Cola-Flaschen → Preis
b) Menge Äpfel → Preis
c) Körpergröße → Schuhgröße
d) Anzahl der Familienmitglieder → Anzahl der Kinder in der Familie
e) Fahrweg → Fahrdauer
f) Anzahl von gleichen Schokoladentafeln → Masse
g) Anzahl von Kindern gleichen Alters → Masse

TIPP
Überprüfe:
Verdoppelt, verdreifacht ... sich die zweite Größe, wenn man die erste Größe verdoppelt, verdreifacht ...?

5

Überprüfe, welche der Zuordnungen aus der ersten Lerneinheit (S. 6 bis 10) proportionale Zuordnungen sind.

6

Übertrage folgende Wertetabellen proportionaler Zuordnungen ins Heft und fülle sie aus. Was stellst du fest?

a)

Wassermenge in l	10	20	30	40	50
Wasserhöhe in cm	6	12	18	24	30
Wasserhöhe : Wassermenge in cm : l	0,6				

b)

Anzahl gleicher Gegenstände	5	10	15	20	25
Masse in g	14	28	42	56	70
Masse : Anzahl in g	2,8				

HINWEIS
Der Proportionalitätsfaktor trägt den Namen „Faktor", weil man nur die vorgegebene Größe mit ihm multiplizieren muss, um die zugeordnete Größe zu erhalten. Beispielsweise muss man bei Aufgabe 6 die Wassermenge mit $0{,}6\,\frac{\text{cm}}{\text{l}}$ oder die Anzahl mit 2,8 g multiplizieren.

Eine Zuordnung heißt **proportional**, wenn der Quotient aus dem zugeordneten Wert und dem vorgegebenen Wert immer gleich, aber nicht null ist.

Diese Eigenschaft nennt man **Quotientengleichheit**.

Den Quotienten nennt man **Proportionalitätsfaktor**.

7

Der Proportionalitätsfaktor darf nicht null sein. Warum?

8^L

Welche der folgenden in Tabellenform gegebenen Zuordnungen sind proportionale Zuordnungen?

a)

x	2	4	6	8	10
y	4	8	12	16	20

b)

x	1	2	3	4	5
y	3	6	9	13	15

c)

x	5	4	3	2	1
y	25	20	15	10	5

d)

x	5	4	3	2	1
y	8	12	16	20	24

e)

x	2	4	6	8	10
y	0,3	0,6	0,9	1,2	1,5

f)

x	3	4	1	2	5
y	6	6	6	6	6

g)

x	$\frac{1}{3}$	$\frac{2}{3}$	1	$\frac{4}{3}$	$\frac{5}{3}$
y	$\frac{2}{3}$	$\frac{4}{3}$	2	$\frac{24}{9}$	$\frac{20}{6}$

h)

x	$\frac{1}{2}$	$\frac{2}{3}$	$\frac{3}{4}$	$\frac{4}{5}$	$\frac{5}{6}$
y	$\frac{3}{4}$	1	$\frac{9}{8}$	$\frac{6}{5}$	$\frac{5}{4}$

HINWEIS
Überprüfe jeweils, ob für alle Wertepaare $(x; y)$ der Quotient $\frac{y}{x}$ gleich ist.

BEACHTE
Nicht jede Zuordnung, bei der eine Vergrößerung (Verkleinerung) der vorgegebenen Größe zur Vergrößerung (Verkleinerung) der zugehörigen Größe führt, ist proportional.

9

In den folgenden Tabellen sind verschiedene (Einkaufs-)Situationen erfasst. Übertrage die Tabellen ins Heft und fülle sie aus.
Welche der Zuordnungen sind proportional?

a) Ein Päckchen Orangensaft (200 ml) kostet 0,21 €.

Anzahl der Päckchen	1	2	3	4	5	6	8	10	15	20
Preis in Euro										

b) Ein Liter frische Vollmilch kostet bei Selbstabfüllung 0,69 €, hinzu kommt ein Pfand für das Gefäß von 2,00 €.

Menge Milch in Liter	0	0,5	0,75	1,0	1,5	2,0	2,5	3,0	3,5	4,0
Gesamtpreis in Euro										

c) Eine Flasche Mineralwasser (0,75 l) kostet 0,49 € mit Pfand.

Anzahl der Flaschen	1	2	3	5	8	12	18	24	36	48
Preis in Euro										

ANREGUNG
Stellt euch wechselseitig weitere (Einkaufs-)Situationen als Aufgaben.

10

a) Gib für die proportionalen Zuordnungen aus Aufgabe 8 den Proportionalitätsfaktor an.

b) Bei Aufgabe 6 b) wurde die proportionale Zuordnung zwischen der Anzahl gleich schwerer Gegenstände (z. B. Münzen) und ihrer Gesamtmasse betrachtet. Als Proportionalitätsfaktor ergab sich 2,8 g. Erläutere, welche praktische Bedeutung dieser Proportionalitätsfaktor für den betrachteten Sachverhalt hat.

Grafische Darstellung von proportionalen Zuordnungen

Die Zahlenpaare aus den Wertetabellen bei Zuordnungen lassen sich in Diagrammen grafisch darstellen. Für die Werte aus Aufgabe 1 der vorigen Lerneinheit sieht das beispielsweise so aus:

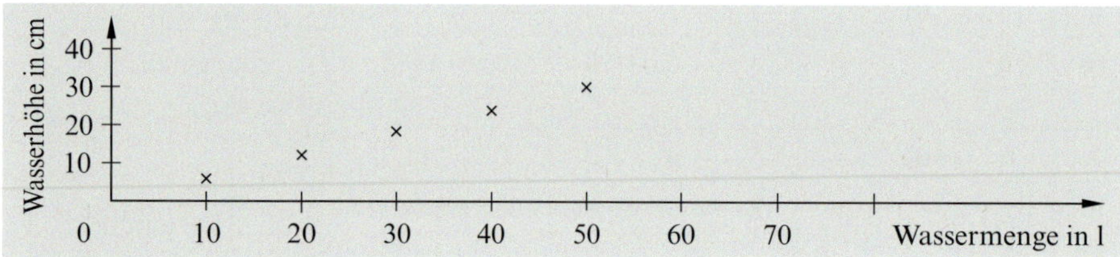

1

Überprüfe, ob die zu den folgenden Diagrammen gehörenden Zuordnungen proportional sind. Begründe deine Antwort.

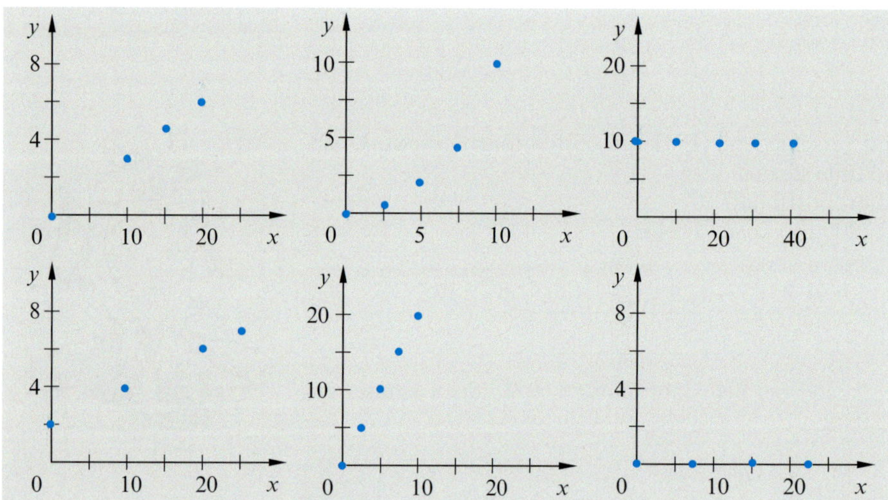

Bei einer grafischen Darstellung einer **proportionalen Zuordnung** liegen alle Punkte auf einer Geraden, die durch den Koordinatenursprung geht.

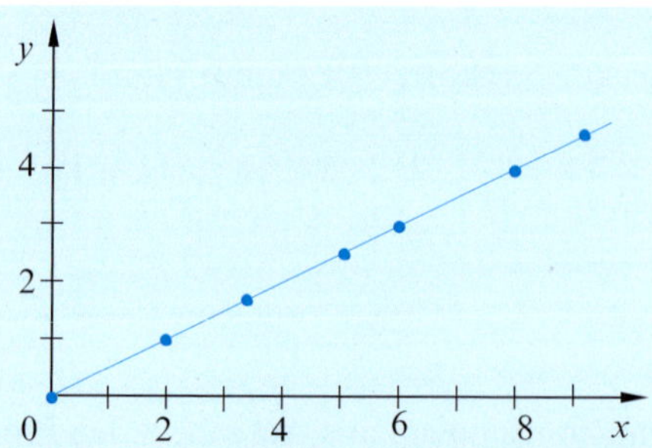

BEACHTE
Die Gerade liegt nie auf der x-Achse oder auf der y-Achse.
Warum?

2

Betrachte die Diagramme zur Aufgabe 2, Seite 4 bzw. zur Aufgabe 9, Seite 8. Sind dort proportionale Zuordnungen dargestellt?

3

Aufgabe zur Partnerarbeit:
Jeder zeichnet mehrere Diagramme nach Art der Aufgabe 1. Dann tauscht ihr die Diagramme aus. Nun ist für die erhaltenen Diagramme zu entscheiden und zu begründen, ob sie eine proportionale Zuordnung darstellen oder nicht.

4

Übertrage die folgenden Diagramme ins Heft. Ergänze sie, falls möglich, jeweils so um weitere vier Punkte, dass sie proportionale Zuordnungen darstellen.

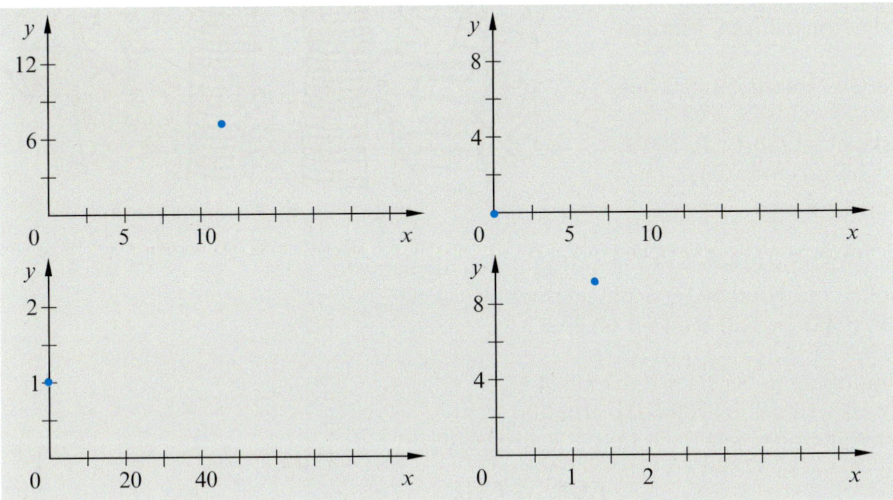

TIPP
Überlege zunächst, wo die Punkte bei einer proportionalen Zuordnung liegen müssen.

5

Das nebenstehende Diagramm zeigt, dass bei Kupfer und Aluminium die Masse m proportional zum Volumen V ist.

a) Ermittle aus dem Diagramm jeweils die Masse von $5\ \text{cm}^3$, $10\ \text{cm}^3$, $15\ \text{cm}^3$, $20\ \text{cm}^3$ und $30\ \text{cm}^3$ Kupfer bzw. Aluminium.

b) Ermittle aus dem Diagramm jeweils das Volumen von 25 g, 50 g, 75 g, 100 g, 125 g und 150 g Kupfer bzw. Aluminium.

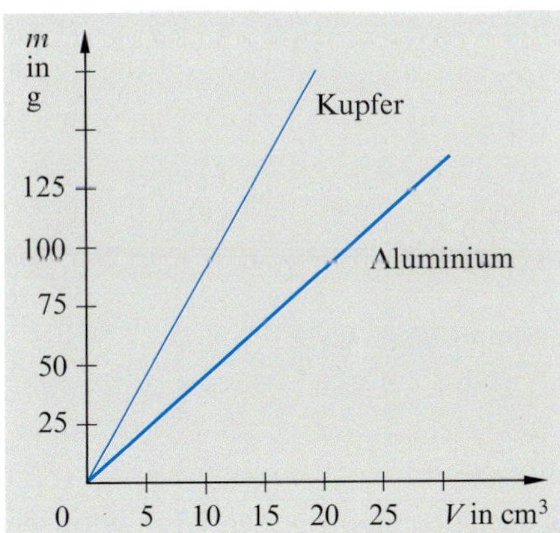

HINWEIS
Der Proportionalitätsfaktor $\frac{m}{V}$ der Zuordnung zwischen Masse und Volumen hat eine besondere Bedeutung: er gibt an, wie dicht ein bestimmter Stoff ist. Er trägt deshalb den Namen „Dichte".

6

In einem Supermarkt kostet 1 kg Butter-Käse 6,90 €.

a) Erfasse in einer Tabelle die Preise für verschiedene Mengen Butter-Käse. Erstelle zu der Tabelle ein Diagramm und verbinde die Punkte.

b) Lies aus dem Diagramm die Preise ab, die für 50 g, 125 g, 175 g, 300 g, 450 g, 600 g, 750 g und 900 g zu zahlen sind.

c) Wie viel Gramm Käse bekommt man für 1,25 €, 3,00 €, 4,67 €, 5,30 € bzw. 6,12 €?

Dreisatz bei proportionalen Zuordnungen

1

Die genaue Dicke einer Münze festzustellen, ist schwierig, denn unsere Lineale usw. sind nicht genau genug für solche kleinen Abstände.
Deshalb benutzen wir einen Trick: Wir legen viele Münzen übereinander, messen die Höhe des Münzstapels und teilen dann durch die Anzahl der Münzen.

a) Ermittle durch Ausmessen von unterschiedlich hohen Münzstapeln die Dicke von einigen Münzen unserer Währung.

b) Wie hoch sind Münzstapel aus jeweils 50 gleichen Münzen?

c) Wie hoch wäre ein Münzstapel im Wert von 100 € aus lauter 1-Cent-Stücken (1-Euro-Stücken)?

BEISPIEL
Eine Jugendgruppe will in den Sommerferien mit dem Rad durch die Schweiz fahren. Als Taschengeld sollen pro Kind 60,00 € umgetauscht werden.
Wie viel Schweizer Franken (CHF) erhält man für 60,00 €?

100,00 CHF kosten am Umtauschtag bei einer Bank 62,24 €.
Für 60 € wird man also etwas weniger als 100 CHF erhalten.
Zur Berechnung des genauen Betrages gehen wir in drei Schritten vor:

1. Schritt:
Gegebenes Wertepaar:
62,24 € = 100,00 CHF

2. Schritt:
Schluss auf die Einheit:
Für 1 € bekommt man also 1,61 CHF.

3. Schritt:
Schluss auf die gesuchte Größe:
Für 60 € bekommt man 96,60 CHF.

	EUR	CHF	
	62,24	100	
: 62,24			: 62,24
	1,00	1,61	
· 60			· 60
	60,00	96,60	

Jedes Kind der Gruppe bekommt 96,60 CHF.

AUFGABE
Rechne aus, wie viel Schweizer Franken man für 25 €, 75 €, 85 €, 120 € bekäme.

2

Erkundige dich bei einer Bank nach den momentanen Wechselkursen von Schweizer Franken (CHF), US-Dollars (USD) bzw. Japanischen Yen (JPY) in Euro (EUR). Vergleiche folgende Preise. Bilde zuerst einen Überschlag.

	CHF	USD	JPY
T-Shirt	38,50	23,50	2800
Jeans-Hose	98,90	64,99	7500
Jeans-Jacke	119,50	72,00	9300
Turnschuhe	71,50	45,00	5700

$(x_1|y_1)$ und $(x_2|y_2)$ seien zwei Wertepaare einer proportionalen Zuordnung $x \to y$. Sind von den vier Werten x_1, x_2, y_1 und y_2 drei bekannt (alle ungleich 0), so kann der vierte Wert mithilfe des **Dreisatz**-Schemas wie im Beispiel auf Seite 16 berechnet werden.
Sind z. B. x_1, x_2, y_1 bekannt, dann berechnet man y_2 auf folgende Weise:

- Aus dem Wertepaar $(x_1|y_1)$ schließt man auf das Wertepaar $(1|\ldots)$, indem man x_1 und y_1 jeweils durch x_1 dividiert (Schluss auf die Einheit).
- Aus dem Wertepaar $(1|\ldots)$ schließt man auf das Wertepaar $(x_2|y_2)$, indem man beide Werte jeweils mit x_2 multipliziert (Schluss auf die gesuchte Größe).

		x	y	
1. ein gegebenes Wertepaar aufschreiben		x_1	y_1	
	$: x_1$			$: x_1$
2. Schluss auf die Einheit		1	$\frac{y_1}{x_1}$	
	$\cdot x_2$			$\cdot x_2$
3. Schluss auf die gesuchte Größe		x_2	$y_2 = \frac{y_1}{x_1} \cdot x_2$	

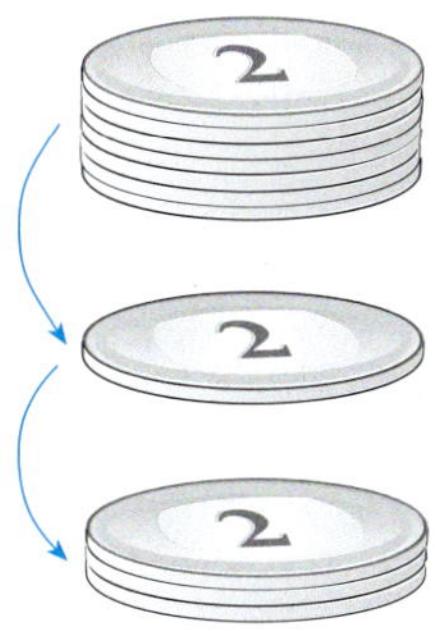

3[L]

a) 5 Kassetten kosten 4,95 €. Wie viel kosten 3 Kassetten?
b) 25 Schrauben kosten 5,00 €. Wie viel kosten 30 Schrauben?
c) 1 Liter Saft hat 430 kcal. Wie viel kcal hat ein Glas mit 300 ml Saft?
d) Ein menschliches Kopfhaar wächst ca. 3 mm pro Woche. Wie viel wächst es in 10 Tagen (einem Jahr)?
e) 1 kg Salami kostet 12,90 €. Wie viel kosten 50 g (255 g, $\frac{1}{8}$ kg)?

4

Ein gerader Haushalts-Messbecher hat eine Mess-Skala bis zu einem Volumen von 2 Liter. Bei einer Flüssigkeitshöhe von 4 cm enthält er 500 ml Flüssigkeit.
a) Wie viel Flüssigkeit enthält er bei einer Flüssigkeitshöhe von 3 cm (5 cm, 7 cm, 10 cm, 12 cm)?
b) Wie hoch steht die Flüssigkeit, wenn der Messbecher 50 ml (75 ml, 1 029 ml, 1,75 l, $\frac{1}{8}$ l, $\frac{3}{4}$ l) Flüssigkeit enthält?

5

Ein seit einigen Tagen gleichmäßig tropfender Wasserhahn erreicht in einem geraden Gefäß in 30 min eine Füllhöhe von 6 cm.
a) Welche Füllhöhe wird erreicht, wenn der Wasserhahn 10 min (15 min, 23 min, 1 h) gleichmäßig in das Gefäß tropft?
b) Wie lange muss der Hahn gleichmäßig in das Gefäß getropft haben, wenn das Wasser 4 cm (7 cm, 25 cm, 51 cm) hoch steht?

6

Gibt es in der Schule oder bei dir zu Hause einen tropfenden Wasserhahn? Wie viel Wasser geht dadurch mit der Zeit verloren?
a) Wie viel Wasser „vertropft" in einer Stunde (vgl. Randspalte)?
b) Wie viel Wasser „vertropft" in 3 h (einem Tag, einem Monat)?
c) Wie viel Wasser „vertropft" in 0,5 h (10 min, 1 min, 30 s)?
d) Erläutere die Folgen des ständigen Tropfens eines Wasserhahnes.

HINWEIS
Stelle ein Messgefäß unter einen tropfenden Wasserhahn und miss, wie viel Wasser in einer halben Stunde aufgefangen wird.

7

> **TIPP**
> Überlege zuerst, ob wirklich eine proportionale Zuordnung vorliegt.

a) Ein Beutel Reis muss 20 min kochen, um essfertig zu sein.
Wie lange müssen drei Beutel Reis kochen, um essfertig zu sein?

b) Zwischen zwei Steckdosen in der Wand ist ein 8 m langes Dreifachkabel verlegt.
Wie lang müsste ein Fünffachkabel zwischen diesen beiden Steckdosen sein?

c) Mit 22 Spielern dauert ein Fußballspiel 90 min.
Wie lange dauert es mit 21 Spielern?

8

Wie viel von den Zutaten aus dem nebenstehenden Rezept muss man für 50 Krokantbissen in Pralinenförmchen nehmen?
Probiere das Rezept doch einmal aus Anlass einer Feier aus.

9

Auf einer 350 m² großen Freifläche soll Rasen gesät werden. Ein 1,5 kg Paket Rasensamen kostet 29,98 € und reicht für eine Fläche von 120 m². Wie viele Pakete werden für die Spielfläche gebraucht und wie viel kosten sie?

10

Suche aus folgenden Angeboten das jeweils preisgünstigere heraus.

a)	300 g Würstchen	1,99 €	720 g Würstchen	4,99 €
b)	150 g Joghurt	0,39 €	200 g Joghurt	0,49 €
c)	125 g Käse	1,06 €	500 g Käse	4,24 €
d)	0,75 l Rapsöl	1,49 €	1 l Rapsöl	2,09 €
e)	24 × 0,5 l Sprudel	7,95 €	12 × 0,7 l Sprudel	5,95 €

11

Eine Schachtel mit 1 000 Reißzwecken wiegt 85 g, wobei die leere Pappschachtel 15 g wiegt.

a) Wie viel Gramm wiegen 50, 130, 750, 1298 Reißzwecken?

b) Eine Schachtel mit einem Rest Reißzwecken wiegt 27,2 g. Wie viele Reißzwecken enthält sie?

12

Wiege zu Hause mehrere gleichartige Gegenstände aus. Formuliere eine ähnliche Aufgabe wie Aufgabe 11 und stelle sie in der Klasse.

13

A certain aquarium weighs 51 lb when it contains 5 gal of water. The aquarium itself has the weight of 5 lb.

a) How much did the water weigh per gallon?

b) What would the aquarium weigh (in lb) if it contains 8 gal of water?

c) What would the aquarium weigh (in g) if it contains 13 gal of water?

> 1 lb = 1 pound
> 1 lb = 453,59 g
> 1 gal = 1 gallon
> 1 gal = 3,79 l

14

a) Sieben Maurer erstellen den Rohbau eines Hauses in sechs Wochen. Wie lange hätten dazu 14 Maurer gebraucht?
b) Zwei Pumpen leeren ein Wasserbecken in 3 Stunden. Wie lange müssen drei Pumpen arbeiten, bis das Becken leer ist?
c) Geht Gesine zu Fuß zur Schule, so läuft sie mit einer Durchschnittsgeschwindigkeit von 5 km/h und benötigt 15 Minuten. Fährt sie jedoch mit dem Fahrrad, so hat sie eine Durchschnittsgeschwindigkeit von 15 km/h. Wie lange benötigt sie mit dem Fahrrad für den Schulweg?

15

Die Radgröße bei Fahrrädern wird in Zoll angegeben. Ein 28-er Rad hat einen Durchmesser von 28″ und legt bei einer Umdrehung 223,43 cm zurück.
a) Wie viel legt ein Rad der Größe 18″ (22″, 24″, 26″) bei einer Umdrehung zurück?
b) Welche Größe hat ein Rad, das bei einer Umdrehung eine Strecke von 127,67 cm (159,59 cm, 191,51 cm) zurücklegt?

HINWEIS
Die Längeneinheit Zoll wird durch das Zeichen ″ abgekürzt.
1″ = 2,54 cm

16

Die nebenstehenden Nährwertinformationen stammen von einer Cornflakes-Packung und von einer Tüte fettarmer Milch. Bei der Nährwertinformation der Cornflakes-Packung werden in der letzten Spalte die Werte für 30 g Cornflakes mit 125 ml fettarmer Milch angegeben. Überprüfe diese Nährwertangaben.
Nutze dazu die Nährwertangaben pro 100 g Cornflakes und die Angaben für fettarme Milch.

NÄHRWERTINFORMATION

Nährwert-gehalt	pro 100 g	pro Portion von 30 g mit 125 ml fettarmer Milch
Energie	1557 kJ 367 kcal	710 kJ 168 kcal
Proteine (Eiweiss)	7,3 g	6,2 g
Kohlenhydrate	83 g	31 g
– davon Zucker	8,6 g	8,6 g
– davon Stärke	74 g	22 g
Fett	0,6 g	2,1 g
– davon gesättigte Fettsäuren	0,2 g	1,3 g

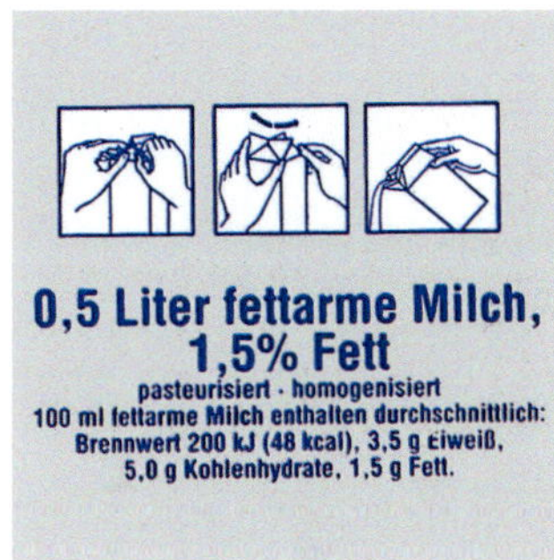

17

Ein Farbtintenstrahldrucker hat eine Auflösung von 360 dpi, d.h. er druckt auf einer waagerechten Linie der Länge 1″ genau 360 Punkte. Seine Druckleistung beträgt dabei maximal 5 Seiten pro Minute.
Wie viele Punkte druckt der Drucker für eine waagerechte Linie der Länge
a) 0,125″ (0,5″, 3,5″, 5,25″);
b) 6,35 cm (19,05 cm, 21 cm)?
c) Wie lang ist eine waagerechte Linie aus genau 180 (1260, 2340) Punkten?
d) Wie viele Seiten kann der Drucker höchstens in 20 min (1 h, 1,5 h) drucken?

INFORMATION
dpi bedeutet „dots per inch"
dot (engl.): Punkt
per (engl.): pro
inch (engl.): Zoll

18

Fünf Kubikzentimeter pures Gold haben eine Masse von 96,6 g.
a) Welche Masse haben Goldbarren von 12 cm^3 (37 cm^3, 119 cm^3)?
b) Welche Masse hat ein quaderförmiger Goldbarren mit einer Höhe von 3 cm, einer Breite von 4 cm und einer Länge von 5 cm?
c) Ein Ring mit einem Volumen von 2,56 cm^3 hat eine Masse von 48,3 g, ein anderer Ring mit einem Volumen von 3,79 cm^3 hat eine Masse von 73,2 g. Welcher der Ringe ist aus purem Gold?
d) Welche Masse (in kg) hat eine Krone von 125 Unzen puren Goldes?

1 Unze = 31,10 g

Umgekehrt proportionale Zuordnungen

1

Im Unterrichtsfach Kunst soll jede Schülerin und jeder Schüler eine rechteckige Fläche von 30 cm^2 aus unterschiedlich farbiger Folie anfertigen.
Mit diesen Folien sollen Farbexperimente durchgeführt werden.

a) Kerstin wählt für das Rechteck eine Länge von 10 cm. Welche Breite hat ihr Rechteck?

b) Ronny wählt eine Breite von 2,5 cm. Wie lang ist sein Rechteck?

c) Gib eine Zuordnungsvorschrift an, mit der man für eine gegebene Seite a die Seite b des Rechtecks berechnen kann.

d) In der folgenden Tabelle ist die Seite a des Rechtecks gegeben. Berechne die Länge der Seite b.

Experimentieren mit farbigen Folien

Seite a	2 cm	4 cm	6 cm	8 cm	10 cm	12 cm
Seite b						

e) Begründe, dass die Zuordnung $a \rightarrow b$ nicht proportional ist.

2

Euro-Münzen gibt es in den Werten 1 ct, 2 ct, 5 ct, 10 ct, 20 ct, 50 ct, 1 € und 2 €. Einen Betrag von 4 € kann man auf verschiedene Weise mit alles gleichen Münzen bezahlen – beispielsweise mit acht 50-Cent-Münzen oder mit zwei 2-Euro-Münzen.

4 €

4 €

a) Stelle eine Tabelle auf, die alle Möglichkeiten zeigt, 4 € mit alles gleichen Münzen zu bezahlen.

Wert der Münze	1 ct	2 ct	5 ct	10 ct	20 ct	50 ct	1 €	2 €
Anzahl der Münzen						8		2

b) Begründe, dass die Zuordnung *Wert der Münze* → *Anzahl der Münzen* nicht proportional ist.

c) Was müsstest du rechnen um zu kontrollieren, ob du die Anzahlen der Münzen richtig berechnet hast?

In Aufgabe 1 wurden Rechtecke untersucht, die alle denselben Flächeninhalt hatten: $A = 30\ cm^2$. Für alle Wertepaare der Tabelle von Aufgabe 1 musste deshalb gelten: $a \cdot b = 30\ cm^2$.

In Aufgabe 2 wurden alle Möglichkeiten untersucht, 4 € mit alles gleichen Münzen zu bezahlen. Für alle Wertepaare der Tabelle in Aufgabe 2 musste deshalb gelten: Wert der Münze mal Anzahl der Münzen gleich 4 €.

Die in den Aufgaben 1 und 2 untersuchten Zuordnungen sind nicht proportional, aber sie haben dennoch eine gemeinsame Eigenschaft:

Die Produkte einander zugeordneter Größen sind immer gleich groß.
Solchen Zuordnungen geben wir ebenfalls einen besonderen Namen.

Eine Zuordnung heißt **umgekehrt proportional**, wenn die Produkte einander zugeordneter Größen stets den gleichen Wert haben.
Anstelle von umgekehrt proportionaler Zuordnung spricht man manchmal auch von **indirekt proportionaler** Zuordnung.

3

Untersuche noch einmal die umgekehrt proportionalen Zuordnungen aus den Aufgaben 1 und 2:

a) Wie verändert sich die Seite *b*, wenn man die Seite *a* verdoppelt, verdreifacht oder vervierfacht? Wie verändert sich die Seite *b*, wenn man die Seite *a* halbiert, drittelt oder viertelt?

b) Wie verändert sich die Anzahl der Münzen, wenn man den Wert der gewählten Münze verdoppelt, verfünffacht oder verzehnfacht?
Wie verändert sich die Anzahl der Münzen, wenn man den Wert der gewählten Münze halbiert, fünftelt oder zehntelt?

Bei einer **umgekehrt proportionalen Zuordnung** gilt:
- Eine Verdopplung (Verdreifachung, Vervierfachung, …) der vorgegebenen Größe führt zur Halbierung (Drittelung, Viertelung, …) der zugeordneten Größe.
- Eine Halbierung (Drittelung, Viertelung, …) der vorgegebenen Große führt zur Verdopplung (Verdreifachung, Vervierfachung, …) der zugeordnete Größe.

4

Von Berlin nach Rostock fährt man etwa 240 km auf der Autobahn.

a) Wie lange braucht ein Lkw bei einer Durchschnittsgeschwindigkeit von 80 km/h für die Fahrt von Berlin nach Rostock?

b) Wie schnell ist Herr Hurtig gefahren, wenn er für den Weg 2 h gebraucht hat?

c) Ein Schwerlasttransport kann nur mit einer Durchschnittsgeschwindigkeit von 60 km/h fahren. Wie lange braucht er für die Strecke?

d) Übertrage die Tabelle ins Heft und ergänze die fehlenden Größen.

Geschwindigkeit in km/h	40	60	80	100	120	160	200
Zeit in h							

e) Begründe, dass die Zuordnung *Geschwindigkeit* → *Zeit* umgekehrt proportional ist.

BEISPIELE
für die Untersuchung von Zuordnungen $x \to y$ auf umgekehrte Proportionalität: Man prüft, ob die Produkte $x \cdot y$ alle gleich sind.

x	2	4	6	8	10
y	18	9	6	4,5	3,6
$x \cdot y$	36	36	36	36	36

Ergebnis:
Die Zuordnung ist umgekehrt proportional, denn stets gilt $x \cdot y = 36$.

x	5	10	15	20	25
y	20	10	6	4	3
$x \cdot y$	100	100	90	80	75

Ergebnis:
Die Zuordnung ist nicht umgekehrt proportional, denn die Produkte $x \cdot y$ sind nicht alle gleich.

BEACHTE
Nicht jede Zuordnung, bei der eine Vergrößerung (Verkleinerung) der vorgegebenen Größe zur Verkleinerung (Vergrößerung) der zugehörigen Größe führt, ist umgekehrt proportional.

5[L]

Prüfe, ob die folgenden Zuordnungen umgekehrt proportional sind.

a)

x	4	8	12
y	24	12	8

b)

x	6	12	18
y	9	18	27

c)

x	48	24	12
y	2	4	8

d)

x	0	5	10
y	40	8	4

e)

x	16	12	8
y	3	4	6

f)

x	0,2	0,4	0,8
y	10	5	2,5

6

Übertrage die Tabellen ins Heft und ergänze sie so, dass jeweils umgekehrt proportionale Zuordnungen vorliegen. Gib jeweils eine Zuordnungsvorschrift an.

a)

x	4	8	12	16
y	20			

b)

x	2		6	
y		30	20	15

c)

x		1	2	
y	100	25		12,5

NACHGEDACHT

Max behauptet: „An ‚je mehr – desto weniger‘ oder an ‚je weniger – desto mehr‘ kann ich immer erkennen, ob umgekehrte Proportionalität vorliegt oder nicht.“
Gib ein Gegenbeispiel an.

Jonas behauptet: „Wenn für die Zuordnung nicht ‚je mehr – desto weniger‘ oder ‚je weniger – desto mehr‘ gilt, so liegt keine umgekehrte Proportionalität vor.“
Hat Jonas Recht?

7

Entscheide, ob umgekehrte Proportionalität vorliegt.

a) Je größer die Geschwindigkeit des Flugzeuges, desto geringer ist die Flugzeit.
b) Je kürzer die Nacht, um so länger ist der Tag.
c) Je mehr Familienmitglieder den Garten umgraben, um so geringer ist die hierfür erforderliche Zeit.
d) Je mehr Essenteilnehmer, um so kleiner sind die Portionen.
e) Je mehr Angler am Teich sitzen, um so weniger Fische kann jeder fangen.

8

Welche der folgenden Zuordnungen sind proportionale Zuordnungen, welche sind umgekehrt proportionale Zuordnungen, welche sind weder proportionale noch umgekehrt proportionale Zuordnungen? Begründe deine Entscheidung.

a)

x	2	4	6	8
y	24	12	8	6

b)

x	3	6	9	12
y	5	10	15	20

c)

x	5	10	15	20
y	12	6	4	3

d)

x	4	8	12	16
y	16	12	8	4

e)

x	10	20	30	40
y	15	30	45	60

f)

x	2	4	8	16
y	16	8	4	2

9

Stelle drei Tabellen wie in Aufgabe 8 auf, wobei eine Zuordnung proportional, eine umgekehrt proportional und eine keines von beiden ist. Tausche dann die Tabellen mit deiner Nachbarin bzw. deinem Nachbarn aus und prüft die erhaltenen Zuordnungen.

10

Zum Abernten eines Erdbeerfeldes benötigen 12 Helfer 8 Stunden.
Wie viele Stunden benötigen 8 (10, 16, 18, 24, 30, 36) Helfer?

Grafische Darstellung von umgekehrt proportionalen Zuordnungen

1

Die umgekehrt proportionale Zuordnung zwischen den Seitenlängen a und b bei allen Rechtecken mit einem Flächeninhalt von $A = 12\ \text{cm}^2$ soll grafisch dargestellt werden.

a) Übertrage die Tabelle ins Heft und vervollständige sie.

Seite a in cm	1	2	3	4	5	6	7	8	9	10	11	12
Seite b in cm												

b) Begründe, dass $a = 0$ cm nicht möglich ist.

c) Zeichne auf Millimeterpapier ein Koordinatensystem.
Trage alle Wertepaare aus obiger Tabelle als Punkte ein.

d) Prüfe, ob die gezeichneten Punkte auf einer Geraden liegen.

e) Berechne mindestens 6 weitere Punkte für nicht ganzzahlige Werte der Seite a.
Trage auch diese Punkte in das Koordinatensystem ein.

f) Zeichne die gekrümmte Linie, die alle diese Punkte verbindet.

g) Lies aus der grafischen Dartsellung die in folgender Tabelle fehlenden Werte ab.

Seite a in cm	2,4	3,6	4,8			9,6
Seite b in cm				1,8	1,5	

2

Von Erfurt bis Berlin beträgt die kürzeste Fahrtstrecke etwa 300 km.

a) Berechne die Zeit (t), die ein Fahrzeug mit der in der Tabelle angegebenen Durchschnittsgeschwindigkeit (v) für diese Strecke jeweils benötigt.

v in km/h	20	30	40	50	60	70	80	90	100	110	120	130
t in h												

b) Stelle die Zuordnung in einem Diagramm dar.
Trage auf der waagerechten Achse die Geschwindigkeiten ab. Teile die Achse so, dass 1 cm einer Geschwindigkeit von 10 km/h entspricht.
Trage auf der senkrechten Achse die Zeiten ab. Teile diese Achse so, dass 1 cm einer Zeit von 1 h entspricht.

c) Entnimm dem Diagramm die in folgender Tabelle fehlenden Werte.

v in km/h	25	45	55			145
t in h				3	2,1	

d) Wie hängt die Fahrtzeit für die Strecke von Erfurt nach Berlin von der Durchschnittsgeschwindigkeit des Fahrzeuges ab?

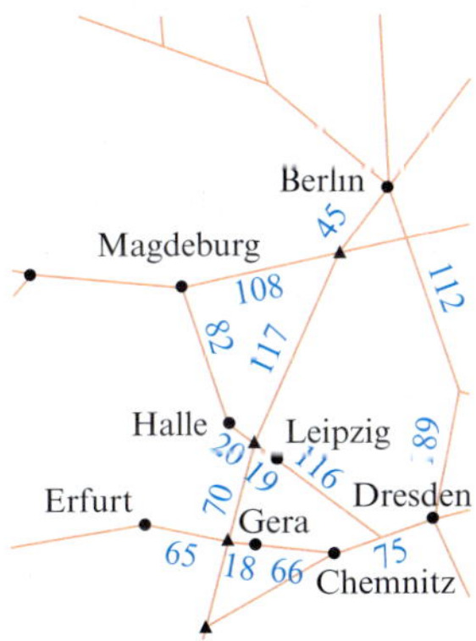

WAS MEINST DU DAZU?

Bist du schon auf der Autobahn nach Berlin gefahren?
Überlege gemeinsam mit anderen, inwieweit die in den Wertetabellen angegebenen Durchschnittsgeschwindigkeiten realistisch sind.

3

Überlege dir selbst einen Sachverhalt, bei dem eine umgekehrt proportionale Zuordnung vorliegt. Stelle dazu eine Wertetabelle auf und zeichne ein Diagramm.
Welche Gemeinsamkeiten zu den Diagrammen aus den Aufgaben 1 und 2 erkennst du? Begründe, warum diese Gemeinsamkeiten bestehen müssen.

Der Graph einer umgekehrt proportionalen Zuordnung heißt **Hyperbel**.

Beispiel:
$x \rightarrow y$ mit $y \cdot x = 6$
bzw. $y = \frac{6}{x}, x \neq 0$

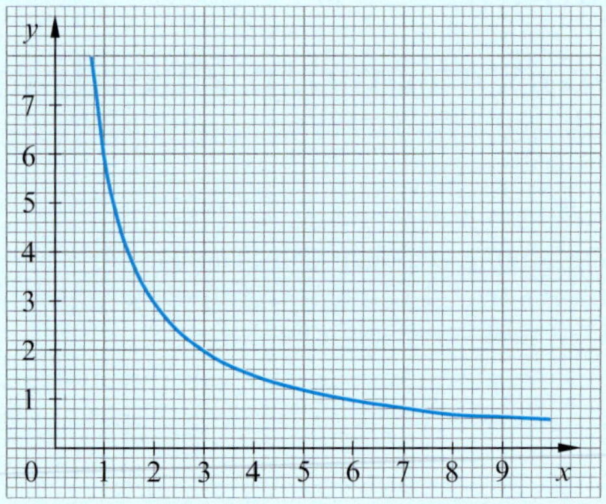

4[L]

Der Punkt $P(2|5)$ gehört zum Graphen einer umgekehrt proportionalen Zuordnung. Wie lautet die Zuordnungsvorschrift?
Berechne mindestens sechs weitere Punkte und zeichne den Graphen.

5

Die Zuordnungsvorschrift einer umgekehrt proportionalen Zuordnung lautet $x \rightarrow y$ mit $x \cdot y = 24$, $x \neq 0$.

a) Berechne zehn Wertepaare.
b) Zeichne den Graphen dieser umgekehrt proportionalen Zuordnung.
c) Welche der Punkte $A(2|12)$, $B(3|9)$, $C(8|3)$, $D(10|3)$, $E(3|8)$, $F(6|5)$, $G(1|25)$ und $H(24|1)$ liegen ebenfalls auf diesem Graphen?

6

Wie verläuft der Graph einer umgekehrt proportionalen Zuordnung?
Nicole: Der Graph berührt die x-Achse, aber ganz weit rechts.
Andreas: Der Graph hat mindestens einen Abstand von 1 mm von den Achsen.
Sandra: Der Graph nähert sich beliebig dicht den Achsen an.
Michael: Der Graph wird bei Annäherung an die y-Achse beliebig hoch.

Beurteile diese Aussagen. Wähle als Beispiel die Zuordnung $x \rightarrow y$ mit $x \cdot y = 2$.
Untersuche die Annäherung an die x-Achse mithilfe der Wertetabelle:

x	1	10	100	1 000	10 000	…
y						

Untersuche die Annäherung an die y-Achse mithilfe der Wertetabelle:

x	1	0,1	0,01	0,001	0,000 1	…
y						

Ist eine Zuordnung umgekehrt proportional, so gilt:
Werden die vorgegebenen Größen sehr groß, dann werden die zugehörigen Größen sehr klein. Sie werden aber nie null.
Werden die vorgegebenen Größen sehr klein, dann werden die zugehörigen Größen sehr groß.

BEISPIEL
Angenommen der Punkt $Q(5|6)$ gehört zu einer umgekehrt proportionalen Zuordnung.
Es gilt $5 \cdot 6 = 30$.
Also muss für alle Wertepaare $(x; y)$ der Zuordnung gelten:
$x \cdot y = 30$.
Deshalb gehören z. B. die Punkte $A(1|30)$, $B(2|15)$ und $C(3|10)$ auch zu dieser Zuordnung.

INFORMATION
Wie groß oder wie klein die Größen bei einer umgekehrt proportionalen Zuordnung werden können, hängt vom Sachverhalt ab.
Beispielsweise gibt es beim Bezahlen von 4 € mit gleichen Münzen einen größten und einen kleinsten Wert (s. S. 20, Aufg. 2).
Bei den Seitenlängen eines Rechtecks (s. S. 23, Aufg. 1) gibt es dagegen keinen kleinsten oder größten möglichen Wert.

7

Die Zuordnungsvorschrift lautet $x \rightarrow y$ mit $y = \frac{60}{x}$.
Welche der folgenden Punkte liegen auf dem Graphen der Zuordnung?
Entscheide, ohne zu zeichnen.
$A(10|6)$, $B(5|15)$, $C(15|4)$, $D(5|12)$, $E(12|6)$, $F(6|11)$, $G(3|20)$, $H(40|1{,}5)$

8

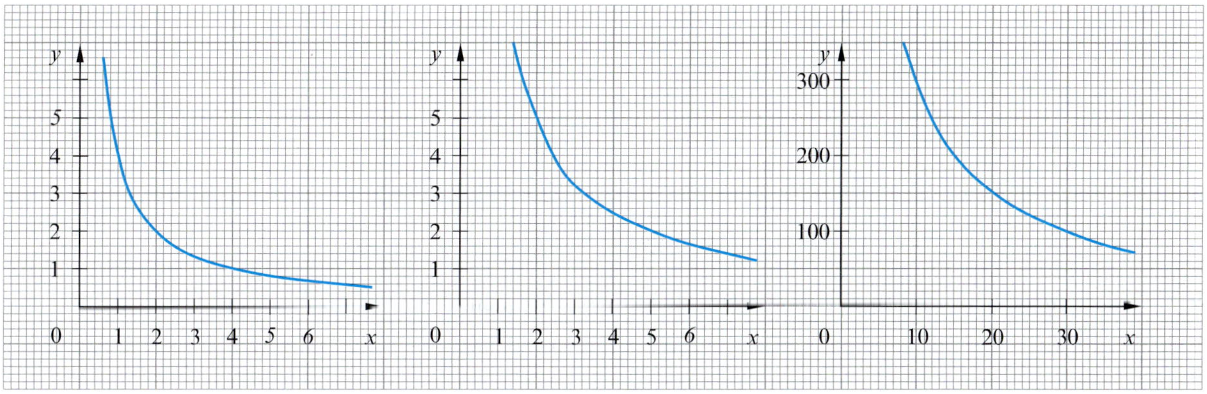

Die Bilder zeigen Graphen umgekehrt proportionaler Zuordnungen.
a) Lies jeweils aus den Darstellungen mindestens ein Wertepaar ab.
b) Gib jeweils die Zuordnungsvorschrift an.
c) Berechne drei weitere Wertepaare und vergleiche mit der Darstellung.

AUFGABEN ZUR WIEDERHOLUNG

1. Wahr oder falsch? Was meinst du? Begründe.
   a) Alle Dreiecke stimmen in der Innenwinkelsumme überein.
   b) Raubtiere sind immer größer als Fische.
   c) Mit einer Geschwindigkeit von 25 km/h braucht ein Fahrrad 12 min für 5 km.
   d) Im Bereich der gebrochenen Zahlen sind alle Rechenoperationen immer ausführbar (außer Division durch 0).
   e) Wenn zwei Geraden von einer dritten geschnitten werden, dann sind die Stufenwinkel gleich groß.
   f) Wenn zwei Winkel ein Wechselwinkelpaar sind, dann sind sie gleich groß.
   g) Wenn 1 kg Äpfel 1,60 € kosten, dann kosten beim selben Händler 3 kg Äpfel 4,80 €.
   h) Zwischen 10 und 20 gibt es vier Primzahlen.

2. Ergänze, sodass wahre Aussagen entstehen.
   a) $\frac{4}{13} + \square = 1$ **b)** $\frac{5}{12} + \square = \frac{1}{2}$
   c) $\frac{7}{6} \cdot \square = 2$ **d)** $\frac{42}{25} : \square = \frac{6}{5}$

3. Bringe die Mobiles ins Gleichgewicht.

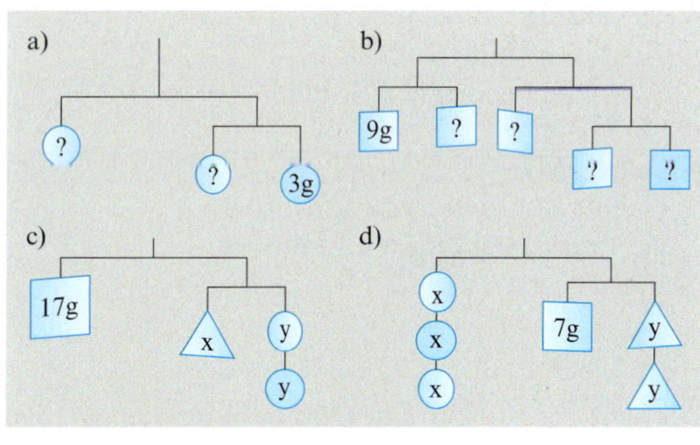

4. Kannst du die Zahl erraten?
   a) Ein Viertel der Zahl ist gleich ihrem Doppelten.
   b) Die Zahl dividiert durch 2,5 ergibt auch 2,5.
   c) Die Zahl ist eine gerade Quadratzahl zwischen 100 und 200.
   d) Die Zahl ist gleich der Differenz aus dem Doppelten der Zahl und 15.
   e) Mit dieser Zahl kann man eine Grundrechenoperation nie ausführen.

Dreisatz bei umgekehrt proportionalen Zuordnungen

1

Es ist nicht so leicht, eine bestimmte Menge Flüssigkeit (z. B. eine Flasche Cola) gleichmäßig auf mehrere Gefäße (z. B. Trinkbecher) aufzuteilen.

a) Verteile einen Liter Wasser gleichmäßig auf 5 gleiche gerade Gefäße.

b) Wie hoch würde das Wasser in den Gefäßen stehen, wenn du die gleiche Menge Wasser auf 10 (20 oder 25) Gefäße aufteilen würdest?

c) Wie hoch würde das Wasser stehen, wenn du die gleiche Menge Wasser auf 3 (4; 6 oder 8) Gefäße aufteilen würdest?
Überlege erst und probiere es dann aus.

BEISPIEL

Ein Schwimmbecken kann von 6 gleich starken Pumpen in 10 Stunden gefüllt werden. Aufgrund eines Defektes werden aber nur 5 Pumpen eingesetzt. Wie lange braucht man jetzt zum Füllen des Schwimmbeckens?

Egal, wie viele gleich starke Pumpen eingesetzt werden, die Gesamtzahl der Stunden in denen die Pumpen betrieben werden müssen, bleibt stets gleich. Das heißt, das Produkt aus der Anzahl der Pumpen und ihrer gemeinsamen Laufzeit ist konstant. Es handelt sich hier also um eine umgekehrt proportionale Zuordnung.
Fünf Pumpen werden mehr als 10 Stunden benötigen. Die genaue Laufzeit lässt sich wieder in drei Schritten berechnen.

		Anzahl der Pumpen	Anzahl der Stunden	
1. Schritt: Gegebenes Wertepaar: 6 Pumpen benötigen 10 Stunden.		6	10	
	: 6			· 6
2. Schritt: Schluss auf die Einheit: 1 Pumpe benötigt 60 Stunden.		1	60	
	· 5			: 5
3. Schritt: Schluss auf die gesuchte Größe: 5 Pumpen benötigen 12 Stunden.		5	12	

NACHGEDACHT

Du siehst im Beispiel: Wenn in der einen Spalte der Tabelle multipliziert wird, wird in der anderen Spalte dividiert und umgekehrt.
Begründe das mithilfe von Eigenschaften umgekehrt proportionaler Zuordnungen.

2[L]

Für den Abtransport des Bauschuttes eines abgerissenen Gebäudes benötigen 8 gleich große Kipper 30 Stunden.

a) In welcher Zeit schaffen 4 (6, 10 bzw. 12) Kipper die gleiche Arbeit?

b) Wie viele Kipper muss die Baufirma einsetzen, um die Arbeit in zwei Tagen bei einer täglichen Arbeitszeit von 8 Stunden zu schaffen?

3

Der Futtervorrat eines Silos reicht bei einem Verbrauch von 800 kg pro Tag etwa 120 Tage. Nach wie vielen Tagen ist der Vorrat bei einem Verbrauch von 600 kg (750 kg, 900 kg oder 1 000 kg) jeweils aufgebraucht?

$(x_1|y_1)$ und $(x_2|y_2)$ seien zwei Wertepaare einer umgekehrt proportionalen Zuordnung $x \to y$. Sind von den vier Werten x_1, x_2, y_1 und y_2 drei bekannt (alle ungleich 0), so kann der vierte Wert mithilfe des **Dreisatz**-Schemas wie im Beispiel auf Seite 26 berechnet werden.
Sind z. B. x_1, x_2, y_1 bekannt, dann berechnet man y_2 auf folgende Weise:

		x	y	
1. ein gegebenes Wertepaar aufschreiben		x_1	y_1	
	$: x_1$			$\cdot x_1$
2. Schluss auf die Einheit		1	$y_1 \cdot x_1$	
	$\cdot x_2$			$: x_2$
3. Schluss auf die gesuchte Größe		x_2	$y_2 = \frac{y_1 \cdot x_1}{x_2}$	

BEACHTE
Bei umgekehrt proportionalen Zuordnungen gilt:
Wenn in der einen Spalte der Tabelle multipliziert wird, muss in der anderen Spalte dividiert werden und umgekehrt.

4

Für den wöchentlichen Kiesbedarf eines Betonwerkes benötigen 8 Kipper jeweils 30 Fahrten. Wie oft muss jeder Kipper fahren, wenn aufgrund von Urlaub nur 6 Kraftfahrer zur Verfügung stehen.

5

Der Fußboden eines Hausflures soll erneuert werden. Bisher ist er mit 400 quadratischen Fliesen der Seitenlänge 15 cm ausgelegt.
Wie viele Fliesen braucht man mindestens, wenn quadratische Fliesen mit der Seitenlänge 30 cm bzw. 40 cm verlegt werden?

6

Christian und Martin sind auf einer zehntägigen Radtour. Sie wollten im Durchschnitt jeden Tag 66 km fahren. Das haben sie auch zwei Tage eingehalten. Am 3. und 4. Tag war das Wetter so schlecht, dass sie nicht weiterfahren konnten. Wie viel Kilometer mussten sie an den letzten 6 Tagen durchschnittlich pro Tag fahren, um das Ziel ihrer Reise zu schaffen?

7

Wenn die Ölheizung eines Hauses täglich 10 Stunden in Betrieb ist, reicht der Vorrat etwa 90 Tage. Wie lange reicht der Vorrat, wenn die Heizung täglich 9 Stunden (8 Stunden, 7 Stunden, 6 Stunden bzw. 12 Stunden) eingeschaltet ist?

8

Anikas Vater tankt 40 Liter Benzin für 39,56 €. Wie viel Liter Benzin würde er für dasselbe Geld bekommen, wenn der Literpreis 3 ct (5 ct, 8 ct) steigt oder sinkt?

9

Familie Neumann hat ein neues Auto gekauft. Für den Benzinverbrauch sind in den Fahrzeugpapieren Richtwerte angegeben (vgl. Randspalte).
Bei einer Geschwindigkeit von 120 km/h reicht eine Tankfüllung etwa 900 km.
Wie viel Kilometer können die Neumanns jeweils bei den angegebenen Geschwindigkeiten mit einer Tankfüllung zurücklegen?

Benzinverbrauch:
8,2 l pro 100 km bei Tempo 60
7,8 l pro 100 km bei Tempo 100
8,0 l pro 100 km bei Tempo 120
8,3 l pro 100 km bei Tempo 140

Verhältnisgleichung und Produktgleichung

1

a) Zeichne verschiedene Rechtecke, bei denen die Seitenlängen im Verhältnis 3 zu 2 stehen (Kurzschreibweise: 3 : 2). Gib die Seitenlängen an.
b) Zeichne die Seitenzahl (28) 10-fach vergrößert ins Heft.
In welchem Verhältnis stehen Original und Bild?

2

a) Was bedeutet der Maßstab z. B. bei Landkarten?
b) Besorge dir einen Stadtplan deiner Wohngegend. Miss auf dem Plan die Länge deiner Straße. Wie lang ist deine Straße in Wirklichkeit?
In welchem Verhältnis stehen die Originallänge deiner Straße und die entsprechende Bildlänge?

BEISPIEL
Das Parallelogramm in der Randspalte hat Seitenlängen von 36 mm und 30 mm.
Es ist $36 : 30 = \frac{36}{30} = \frac{6}{5} = 6 : 5$ und $30 : 36 = \frac{30}{36} = \frac{5}{6} = 5 : 6$.
Man sagt: „Die Seitenlängen des Parallelogramms stehen **im Verhältnis 6 zu 5** bzw. **im Verhältnis 5 zu 6**.“

Ein **Verhältnis** ist der Quotient zweier Zahlen oder Größen.

3

Miss Länge und Breite von verschiedenen Schulheften, Büchern, Briefumschlägen, Fotos und Bilderrahmen. Bilde jeweils das Verhältnis von Länge und Breite.

Wir wissen bereits: Bei einer proportionalen Zuordnung $x \to y$ sind alle Quotienten $\frac{y}{x}$ bzw. $\frac{x}{y}$ $(x \neq 0, y \neq 0)$ gleich.
Das heißt: Das Verhältnis y zu x (bzw. x zu y) ist immer gleich.
Sind $(x_1|y_1)$ und $(x_2|y_2)$ zwei Wertepaare einer proportionalen Zuordnung $x \to y$ (alle Werte ungleich 0), dann gilt: $\frac{y_1}{x_1} = \frac{y_2}{x_2}$ und $\frac{x_1}{y_1} = \frac{x_2}{y_2}$.
Solche Gleichungen nennt man **Verhältnisgleichungen**.

4

x	2	4	6	8	10	12	14	16
y	2,5	5	7,5	10	12,5	15	17,5	20

a) Zeige, dass eine proportionale Zuordnung vorliegt.
b) Gib eine Zuordnungsvorschrift an.
c) Kürze oder erweitere alle Quotienten $\frac{x}{y}$, sodass ein Bruch mit möglichst kleinen natürlichen Zahlen als Zähler und Nenner entsteht.
d) Gib drei Verhältnisgleichungen zu dieser Zuordnung an.

BEISPIEL
Für die Zuordnung aus Aufgabe 4 ergibt sich z. B. folgende Verhältnisgleichung:
$\frac{15}{12} = \frac{5}{4}$.
Man sagt:
y und x stehen im Verhältnis 5 zu 4 zueinander.
x und y stehen im Verhältnis 4 zu 5 zueinander.

5

Die Zuordnung $x \to y$ mit $y = 1{,}5 \cdot x$ ist proportional.

a) Stelle eine Wertetabelle mit den x-Werten 1, 2, 3, 4, 5 und 6 auf.

b) Bilde alle Verhältnisse $x : y$ und gib sie mit möglichst kleinen natürlichen Zahlen an.

c) Gib das Verhältnis $y : x$ mit möglichst kleinen natürlichen Zahlen an.

Da die Verhältnisse einander zugeordneter Größen bei proportionalen Zuordnungen stets gleich sind, kann man Verhältnisgleichungen zum Lösen von Sachaufgaben nutzen.

BEISPIEL

1,5 kg Äpfel kosten 3,20 €.

a) Wie viel Kilogramm Äpfel bekommt man für 5,00 €?

b) Wie viel kosten 2,7 kg Äpfel?

Überschlag:

a) weniger als 3 kg **b)** etwa 6 €

Aufstellen einer Zuordnungstabelle:

Menge in kg	1,5	x	2,7
Preis in Euro	3,20	5,00	y

Aufstellen einer Verhältnisgleichung (mit der gesuchten Größe beginnen!):

a) $\frac{x}{5{,}00} = \frac{1{,}5}{3{,}20}$ **b)** $\frac{y}{2{,}7} = \frac{3{,}20}{1{,}5}$

Lösen der Verhältnisgleichung:

Wir nutzen, dass Dividieren und Multiplizieren Umkehroperationen zueinander sind: Statt auf der linken Seite der Gleichung durch 5,00 (bzw. 2,7) zu dividieren, multiplizieren wir die rechte Seite mit 5,00 (bzw. 2,7).

a) $x = \frac{1{,}5}{3{,}20} \cdot 5{,}00$
$x = 2{,}34375$

b) $y = \frac{3{,}20}{1{,}5} \cdot 2{,}7$
$y = 5{,}76$

Angabe eines sinnvoll gerundeten Ergebnisses:

a) Für 5 € bekommt man 2,3 kg Äpfel.

b) 2,7 kg Äpfel kosten 5,76 €.

HINWEIS

Man hat immer mehrere Möglichkeiten, Verhältnisgleichungen mit der gesuchten Größe aufzustellen. Beispielsweise könnte man u. a. zum Aufgabenteil b) aufstellen:

$\frac{1{,}5}{3{,}20} = \frac{2{,}7}{y}$, $\frac{2{,}7}{y} = \frac{1{,}5}{3{,}20}$, $\frac{3{,}20}{1{,}5} = \frac{y}{2{,}7}$, $\frac{y}{2{,}7} = \frac{3{,}20}{1{,}5}$.

Von diesen Gleichungen lässt sich $\frac{y}{2{,}7} = \frac{3{,}20}{1{,}5}$ am einfachsten lösen.
(Alle Gleichungen haben dieselbe Lösung.)

6L

2,5 kg Erdbeeren kosten 4,50 €. Berechne mit Verhältnisgleichungen:

a) Wie viel kosten 0,8 kg, 1,2 kg, 2 kg und 3 kg Erdbeeren?

b) Wie viel Kilogramm Erdbeeren erhält man für 1 €, für 3 € und für 6 €?

7

Löse die folgenden Verhältnisgleichungen.

a) $\frac{x}{12} = \frac{7}{20}$ **b)** $\frac{x}{21} = \frac{18}{28}$ **c)** $\frac{x}{630} = \frac{105}{882}$ **d)** $\frac{x}{37{,}5} = \frac{12{,}5}{75}$

e) $\frac{x}{48} = \frac{27}{64}$ **f)** $\frac{x}{3{,}21} = \frac{126}{9{,}63}$ **g)** $\frac{x}{0{,}15} = \frac{3{,}9}{6{,}5}$ **h)** $\frac{x}{3{,}2} = \frac{1{,}6}{12{,}8}$

Bei umgekehrt proportionalen Zuordnungen sind bekanntlich die Produkte einander zugeordneter Werte stets gleich groß. Deshalb bilden wir hier **Produktgleichungen**.

8

x	2	4	6	8	10	12
y	12	6	4	3	2,4	2

Begründe, dass die Zuordnung in der Tabelle umgekehrt proportional ist und stelle Produktgleichungen auf, z. B. $2 \cdot 12 = 6 \cdot 4$.

BEISPIEL
Bei einem Benzinverbrauch von 9 Litern pro 100 km reicht eine Tankfüllung 720 km. Welche Strecke kann man bei einem Verbrauch von 8 Litern pro 100 km zurücklegen?

Vorüberlegungen:
Benzinverbrauch pro 100 km und maximale Fahrstrecke mit einer Tankfüllung sind umgekehrt proportional.
Bei 8 Liter Verbrauch wird man etwa 800 km zurücklegen können.

Aufstellen einer Zuordnungstabelle:

Verbrauch in l/100 km	9	8
Fahrstrecke in km	720	x

Aufstellen einer Produktgleichung (mit der gesuchten Größe beginnen!):
$x \cdot 8 = 720 \cdot 9$

Lösen der Produktgleichung:
Wir nutzen wieder die Umkehroperation: Statt auf der linken Seite der Gleichung mit 8 zu multiplizieren, dividieren wir die rechte Seite durch 8.
$x = \frac{720 \cdot 9}{8}$ und damit $x = 810$

Angabe eines sinnvoll gerundeten Ergebnisses:
Die Tankfüllung reicht bei einem Verbrauch von 8 Litern auf 100 km für eine Strecke von 810 km.

HINWEIS
Man hätte auch andere Produktgleichungen aufstellen können:
$9 \cdot 720 = 8 \cdot x$,
$720 \cdot 9 = x \cdot 8$,
$8 \cdot x = 9 \cdot 720$.
Die Gleichung
$x \cdot 8 = 720 \cdot 9$
ist am einfachsten zu lösen.
(Alle Gleichungen haben dieselbe Lösung.)

9

Löse die folgenden Produktgleichungen.

a) $x \cdot 14{,}4 = 12 \cdot 60$ **b)** $x \cdot 123 = 321 \cdot 246$ **c)** $x \cdot 11 = 22 \cdot 15$
d) $x \cdot 2{,}5 = 3 \cdot 6{,}25$ **e)** $x \cdot 7{,}5 = 30 \cdot 1{,}4$ **f)** $x \cdot 3{,}3 = 4{,}4 \cdot 5{,}4$
g) $x \cdot 3{,}2 = 9{,}6 \cdot 1{,}7$ **h)** $x \cdot 5{,}4 = 3{,}6 \cdot 3{,}6$ **i)** $x \cdot 1\,024 = 16 \cdot 64$

10[L]

Bei einer Erdbeerernte konnte eine Gruppe von 12 Helfern ein Erdbeerfeld in 2 Tagen, also 16 Arbeitsstunden abernten.

a) Welche Zeit hätten 8 Helfer zum Abernten dieses Feldes benötigt?
b) Wie viele Helfer hätten eingesetzt werden müssen, damit die Arbeit schon nach eineinhalb Tagen erledigt gewesen wäre?

Sachaufgaben

1

Max liest auf einem Preisschild: 0,220 kg Schnittkäse, Preis: 1,96 €.

a) Wie viel kosten 150 g, 200 g, 250 g, 300 g, 350 g, 500 g Schnittkäse dieser Sorte?

b) Wie viel Gramm Schnittkäse erhält man für 50 Cent, für 3,00 € bzw. für 5,00 €?

HINWEIS
Prüfe zuerst, ob eine proportionale, eine umgekehrt proportionale oder eine andere Zuordnung vorliegt.

2

Sabine ärgert sich. Gestern hat sie Videokassetten für 2,95 € das Stück gekauft. Heute gibt es dieselben Kassetten im Sonderangebot: „Kaufen Sie 5, zahlen Sie 4!" Wie viel hätte sie im Sonderangebot pro Kassette sparen können?

3

Das Auto der Familie Neumann kostet 12 000,– €. Die Hälfte des Kaufpreises haben sie sofort beim Autokauf bezahlt, den Restbetrag wollen sie in monatlichen Raten zurückzahlen.
Wie hoch sind die monatlichen Raten (ohne Zinsen) mindestens, wenn der Kredit in 24 Monaten, 30 Monaten, 36 Monaten oder 48 Monaten zurückgezahlt werden soll?

4

Auf einer rechteckigen Fläche eines Gartens soll Rasen eingesät werden. Die Fläche ist 27,5 m lang und 8,2 m breit.

a) Wie viel Kilogramm Rasensamen muss man kaufen, wenn 3 kg für 80 m^2 benötigt werden.

b) Für wie viel Quadratmeter Gartenfläche reicht eine Packung Rasensamen mit 5 kg?

5

Der transportable Swimming-Pool von Familie Fischer hat ein Fassungsvermögen von 20 m^3. Er wird Anfang Juni im Garten aufgebaut und mit einer elektrischen Pumpe mit Wasser gefüllt. Nach drei Stunden hat das Wasser eine Höhe von 35 cm erreicht.

a) Nach wie viel Stunden ist der Pool vollständig gefüllt, wenn er eine Wassertiefe von 1,25 m hat?

b) Berechne die Förderleistung der Pumpe in Kubikmeter pro Stunde.

c) Die Nachbarn von Familie Fischer besitzen eine Wasserpumpe mit der doppelten Förderleistung. Wie lange dauert es, wenn man den Pool gleichzeitig mit beiden Pumpen füllt?

6

Marion ist eine „Leseratte". Sie beginnt mit dem Lesen eines dicken Buches und überlegt: Wenn ich jeden Tag 32 Seiten lese, bin ich in 27 Tagen fertig.

a) Wie viele Tage benötigt sie, wenn sie jeden Tag 48 Seiten liest?

b) Wie viele Seiten muss sie pro Tag mindestens lesen, wenn sie das Buch bereits nach 10 Tagen zurück in die Bibliothek bringen muss?

7

Bauer Grünwald möchte auf seiner Wiese einen rechteckigen Auslauf für seine Gänse einzäunen. Die Fläche des Auslaufes soll möglichst groß werden. Zur Verfügung stehen 60 m Maschendraht.

a) Bezeichne die Länge des Rechtecks mit a und die Breite mit b.
Stelle in einer Tabelle mögliche Seitenlängen zusammen:

Seite a in Metern							
Seite b in Metern							

b) Ist die Zuordnung $a \rightarrow b$ proportional, umgekehrt proportional oder anders geartet?

c) Berechne für die Werte von a und b aus der Tabelle jeweils den Flächeninhalt des Rechtecks.
Für welche Abmessungen ist die Fläche des Auslaufes am größten?

8

Manuela und Karsten bestimmen Masse und Volumen einiger Gegenstände aus verschiedenen Metallen. Die Masse der Gegenstände bestimmen sie mit einer Briefwaage. Zur Messung des Volumens verwenden sie die Überlaufmethode.

a) Bei der Untersuchung von drei Gegenständen aus Kupfer erhalten sie folgende Messwerte:

Volumen	8 cm^3	12 cm^3	21 cm^3
Masse	71 g	107 g	187 g

Überprüfe, ob die Masse des Kupfers zum Volumen proportional ist.

b) Für eine Kugel aus Kupfer messen sie ein Volumen von 16 cm^3 und eine Masse von 88 g. Kann diese Messung richtig sein? Begründe.

c) 85 cm^3 Aluminium wiegen 229,5 g.
Wie viel Gramm wiegen 42 cm^3 (200 cm^3) Aluminium?
Welches Volumen haben 64 g (250 g) Aluminium?

d) Von einem weiteren Gegenstand messen sie ein Volumen von 22 cm^3 und eine Masse von 156 g.
Kann dieser Gegenstand auch aus Aluminium bestehen? Begründe.

e) Manuelas Mutter besitzt einen Armreifen, der glänzt wie Gold.
Wie kann sie überprüfen, ob dieser Armreifen wirklich aus Gold ist?

AUFGABE

Erkläre die Überlaufmethode anhand der Abbildung

9

Ein Pkw durchfährt eine Strecke auf der Autobahn mit einer Durchschnittsgeschwindigkeit von 160 km/h in 2 Stunden und 15 Minuten. Wie lange benötigt ein Motorrad für die gleiche Strecke, wenn es mit 140 km/h fährt?

10

Ein voll ausgelasteter Betrieb mit 128 Angestellten geht von der 38- zur 35-Stunden-Woche über. Wie viele Arbeitskräfte müsste er neu einstellen, wenn er die Arbeitszeitverkürzung nicht durch anderes (z. B. Rationalisierung) ausgleicht?

11

a) Berechne für ein gleichschenkliges Dreieck mit den Basiswinkeln α und β den Innenwinkel γ, den zugehörigen Außenwinkel γ' und den Winkel $\frac{\beta}{2}$.
Übertrage die Tabelle ins Heft und ergänze:

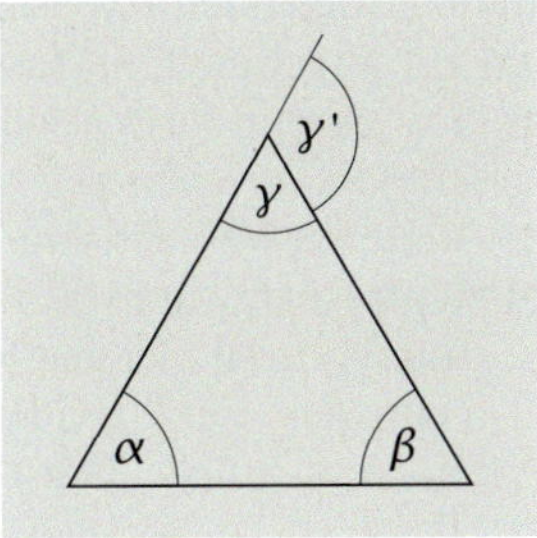

α	10°	20°	30°	40°	50°	60°	70°	80°
γ								
γ'								
$\frac{\beta}{2}$								

b) Formuliere für die Zuordnungen $\alpha \to \gamma$, $\alpha \to \gamma'$, $\alpha \to \frac{\beta}{2}$ Aussagen wie:
„Je größer (kleiner) α wird, desto…“

c) Untersuche, ob die Zuordnungen $\alpha \to \gamma$, $\alpha \to \gamma'$, $\alpha \to \frac{\beta}{2}$ proportional, umgekehrt portional oder nichts von beidem sind. Begründe deine Entscheidung.

12

Bauer Lindemann hat im Vorjahr folgende Ernteerträge erzielt:

	bestellte Fläche im Vorjahr	Ertrag im Vorjahr	bestellte Fläche in diesem Jahr
Weizen	12 ha	624 dt	23 ha
Zuckerrüben	21 ha	8 715 dt	14 ha
Gerste	15 ha	660 dt	11 ha

HINWEIS
dt: Dezitonne
1 dt = 100 kg

a) Mit welchen Erträgen kann Bauer Lindemann unter gleichen Bedingungen wie im Vorjahr etwa rechnen?

b) Wie viel Hektar Zuckerrüben darf er höchstens anbauen, wenn er nicht mehr als 10 000 dt verkaufen kann?

c) Wie viel Hektar Weizen muss er mindestens anbauen um 500 dt zu erzeugen?

Kornfeld

13

Dirk testet sein neues Fahrrad. Er fährt mit gleichmäßiger Geschwindigkeit und benötigt für eine Strecke von 36 Kilometern eineinhalb Stunden.

a) Welche Strecke hat er nach 20 Minuten (50 Minuten) zurückgelegt?

b) Welche Zeit benötigt er für 10 Kilometer (15 Kilometer)?

14

Das Fahrrad von Claudia hat eine Gangschaltung mit 7 Gängen. In dem Prospekt der Gangschaltung liest sie: Bei einer vollen Umdrehung des Tretlagers legt das Fahrrad folgende Strecken zurück:
1. Gang – 2,56 m, 2. Gang – 2,92 m, 3. Gang – 3,51 m, 4. Gang – 4,31 m,
5. Gang – 5,29 m, 6. Gang – 6,36 m, 7. Gang – 7,26 m.

a) Von zu Hause bis zur Schule benötigt Claudia 225 Umdrehungen im 4. Gang. Wie oft müsste sie im 3. bzw. im 5. Gang treten?

b) Bei einer Fahrt zu einem Aussichtsturm muss sie einen steilen Anstieg bewältigen. Sie zählt 75 Umdrehungen im 3. Gang. Im 1. und 2. Gang ist die Steigung jedoch leichter zu bewältigen.
Wie viele Umdrehungen des Tretlagers sind dafür jeweils erforderlich?

15

In dem folgenden Experiment soll untersucht werden, ob sich eine Feder proportional zur angehängten Masse ausdehnt.

a) Für den im Foto gezeigten Versuchsaufbau wird ein (längeres) Lineal, eine (weiche) Schraubenfeder aus einem Kugelschreiber und ein Joghurtbecher benötigt. Baue die Versuchsanordnung nach.

b) Untersuche, um wie viel sich der Joghurtbecher nach unten bewegt, wenn du ihn mit Münzen gleicher Sorte füllst. Miss jeweils nach 5 Münzen.
(Hinweis: Fünf 2-Cent-Stücke wiegen 15 g, fünf 10-Cent-Stücke etwa 20 g, fünf 50-Cent-Stücke 39 g.)

c) Trage deine Versuchsergebnisse in eine Tabelle ein und stelle die Zuordnung *Masse → Ausdehnung der Feder* in einem Diagramm dar.

d) Handelt es sich um eine proportionale Zuordnung? Begründe deine Antwort.

e) Führe den gleichen Versuch mit anderen Münzen durch. Kontrolliere deine Ergebnisse, indem du den Versuch „rückwärts", also durch Wegnahme von Geldstücken durchführst.
Zeichne wieder ein Diagramm und vergleiche mit dem Ergebnis von Teilaufgabe d).

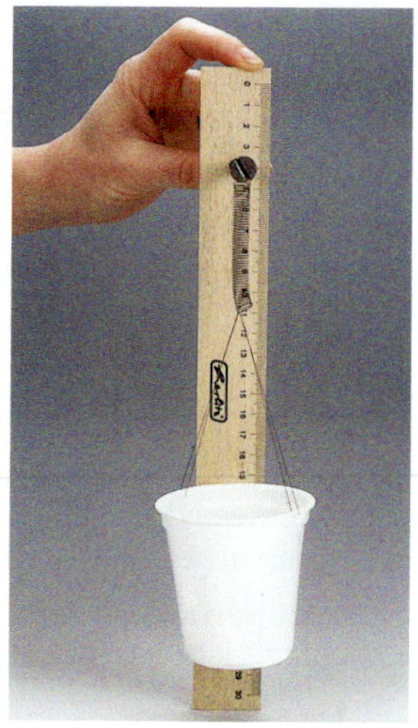

Versuchsaufbau

16

Arbeitet in Gruppen: Diskutiert die in der folgenden Aufgabe aufgeworfenen Fragen. Stellt die Ergebnisse eurer Diskussion in der Klasse vor.

Marie und Lukas haben den Versuch aus Aufgabe 15 durchgeführt und folgende Ergebnisse erhalten (5 Münzen wogen etwa 20 g):

Anzahl der Münzen	Masse in g	Ausdehnung in mm
0	0	0
5	20	1
10	40	2
15	60	2,5
20	80	4
25	100	5,5
30	120	6

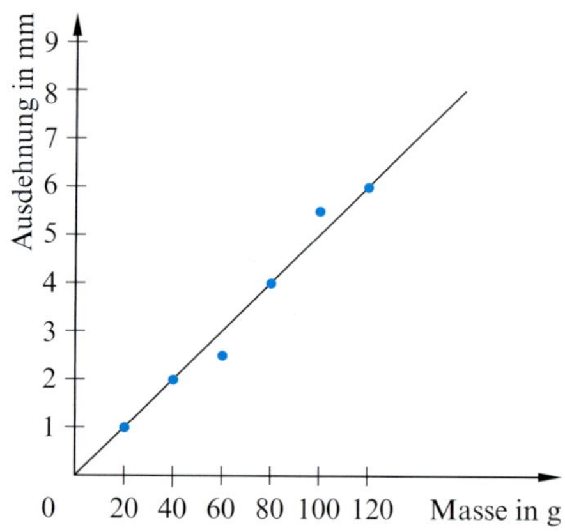

Sie überlegen: Durch 5 der 7 Punkte könnte man eine Gerade ziehen. Hier könnte also eine proportionale Zuordnung vorliegen. Aber was ist mit den anderen beiden Punkten? Vielleicht haben wir hier beim Messen Fehler gemacht.

a) Welche beiden Messwerte liegen nicht auf der Geraden? Welche Werte hätten theoretisch gemessen werden müssen, damit diese beiden Werte auch auf der Geraden liegen?

b) Wodurch können solche kleinen Abweichungen vom theoretischen Wert auftreten? Kann man diese Fehler immer vermeiden?

c) Vergleiche deine Ergebnisse aus Aufgabe 13 mit denen von Marie und Lukas. Sieht dein Diagramm genau so aus? Gibt es auch bei dir Abweichungen von der Geraden? Kann man trotzdem von einer proportionalen Zuordnung sprechen?

INFORMATION
Eine Gerade, die man so in ein Diagramm legt, dass sie möglichst viele Messwerte verbindet bzw. dass etwa gleich viele Punkte oberhalb wie unterhalb der Geraden liegen, nennt man **Ausgleichsgerade**. Eine Ausgleichsgerade gleicht die Abweichungen der Punkte von dieser Geraden aus.

17

Den Umfang von Kreisen kann man bestimmen durch Abrollen des Kreises auf einem Blatt Papier oder mithilfe eines Bindfadens, den man um den Kreis legt (vgl. Fotos in der Randspalte).

a) Ermittle für verschiedene, im Umlauf befindliche Münzen den Durchmesser und den Umfang und erstelle für die gemessenen Werte eine Tabelle.

b) Stelle die durch die Tabelle erfasste Zuordnung *Durchmesser* → *Umfang* in einem Diagramm grafisch dar.

c) Ist die Zuordnung *Durchmesser* → *Umfang* eine proportionale Zuordnung? Begründe deine Entscheidung.
Wenn die Zuordnung proportional ist, dann zeichne eine Ausgleichsgerade durch den Ursprung des Koordinatensystems und ermittle den Proportionalitätsfaktor.

Umfangsbestimmung bei Münzen

18

Nimm zwei Blatt Papier der Größe DIN A4. Falte ein Blatt so, dass die beiden kürzeren Seiten genau aufeinander liegen. Zerschneide das Blatt entlang der Faltlinie in zwei Hälften, von denen jede das Format DIN A5 hat. Klebe nun eine DIN-A5-Hälfte auf das unzerschnittene DIN-A4-Blatt, wie in der nebenstehenden Abbildung. Falte und zerschneide dann die andere DIN-A5-Hälfte in zwei neue Hälften, die jetzt das Format DIN A6 haben, und klebe wieder eine davon auf das DIN-A4-Blatt.

a) Wiederhole das Falten, Zerschneiden und Kleben noch dreimal.

b) Die Lage der Eckpunkte rechts oben deutet eine proportionale Zuordnung an. Welche Größen könnten hier zueinander proportional sein?

c) Überprüfe, ob die von dir bei Teilaufgabe b) genannten Größen wirklich zueinander proportional sind.

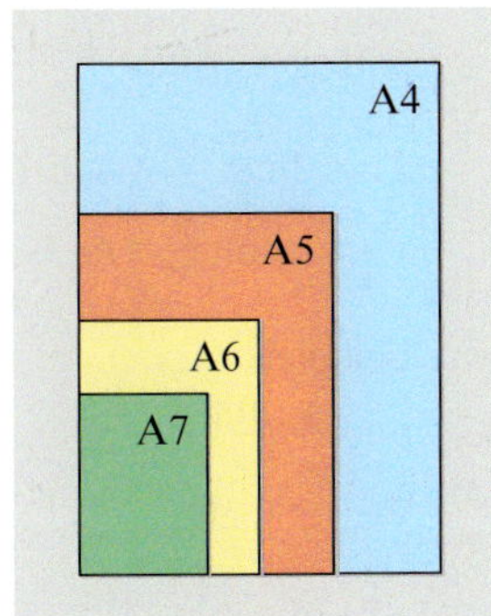

AUFGABEN ZUR WIEDERHOLUNG

1. Im Folgenden wird etwas über die Seiten und Innenwinkel von Dreiecken ABC ausgesagt.
Entscheide, um welche Dreiecksart es sich jeweils handelt.
   a) $\alpha = 25°, \beta = 130°$
   b) $\beta = 50°, \gamma = 60°$
   c) $a = b, \gamma = 60°$
   d) $\alpha = 40°, \beta = 50°$
   e) $\alpha = 70°, \gamma = 40°$
   f) $\alpha = \beta$ und $\alpha + \beta = 120°$

2. Ermittle alle Innenwinkel der folgenden Vierecke.

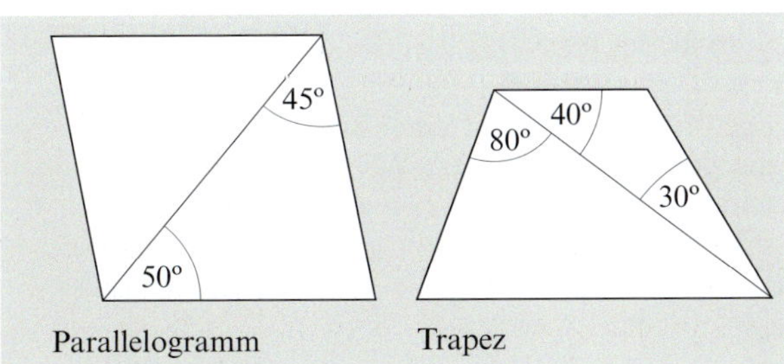

3. Begründe, dass es keine Dreiecke ABC mit den folgenden Eigenschaften geben kann.
   a) $a < b$ und $\alpha = 50°, \gamma = 85°$
   b) $a = b$ und $b < c$ und $\alpha = 70°$
   c) $a = 5$ cm und $b = 1$ cm und c das arithmetische Mittel von a und b.
   d) $b = 2 \cdot a$ und $c = 4 \cdot a$
   e) $\alpha = \beta + \gamma = 85°$

4. Ermittle jeweils α, β und γ.

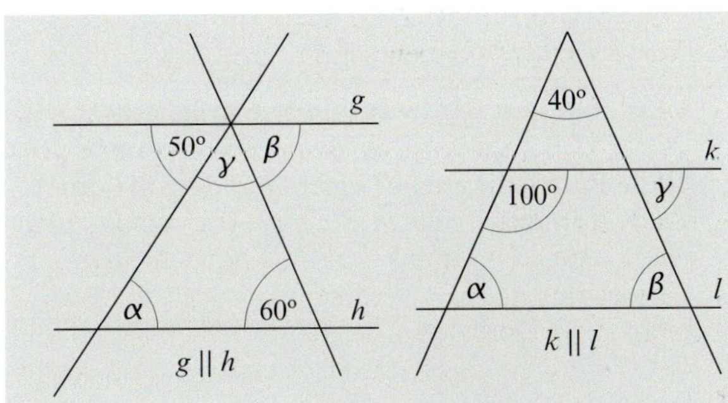

ZUSAMMENFASSUNG

Bei Zuordnungen wird jedem vorgegebenen Wert aus einem Bereich ein Wert aus einem anderen Bereich zugeordnet.
Zuordnungen können z. B. durch Wertetabellen, Diagramme oder Rechenvorschriften gegeben sein.

Proportionale Zuordnung

Die Verhältnisse einander zugeordneter Zahlen sind stets gleich.

Wird eine vorgegebene Größe verdoppelt (verdreifacht, ...), so verdoppelt (verdreifacht, ...) sich auch die andere Größe.
Wird eine vorgegebene Größe halbiert (gedrittelt, ...), so halbiert (drittelt, ...) sich auch die andere Größe.

Zuordnungsvorschrift

$x \to y$ mit $\frac{y}{x} = m$ bzw. $y = m \cdot x$, $x \neq 0$

Beispiel

$x \to y$ mit $y = 1{,}5 \cdot x$

Wertetabelle

x	0,5	1	1,5	2	2,5	3
y	0,75	1,5	2,25	3	3,75	4,5

Grafische Darstellung

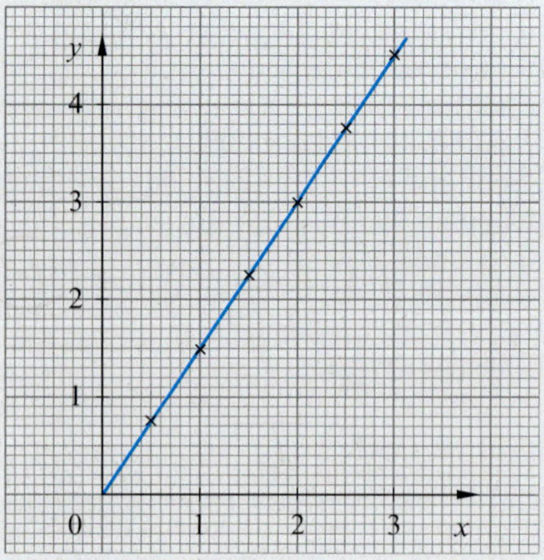

Alle Punkte liegen auf einer Geraden, die durch den Nullpunkt geht.

Umgekehrt proportionale Zuordnung

Die Produkte einander zugeordneter Zahlen sind stets gleich.

Wird eine vorgegebene Größe verdoppelt (verdreifacht, ...), so halbiert (drittelt, ...) sich die andere Größe.
Wird eine vorgegebene Größe halbiert (gedrittelt, ...), so verdoppelt (verdreifacht, ...) sich die andere Größe.

Zuordnungsvorschrift

$x \to y$ mit $y \cdot x = k$ bzw. $y = \frac{k}{x}$, $x \neq 0$

Beispiel

$x \to y$ mit $y \cdot x = 4$ bzw. $y = \frac{4}{x}$, $x \neq 0$

Wertetabelle

x	0,5	1	2	3	4	5
y	8	4	2	$\frac{4}{3}$	1	0,8

Grafische Darstellung

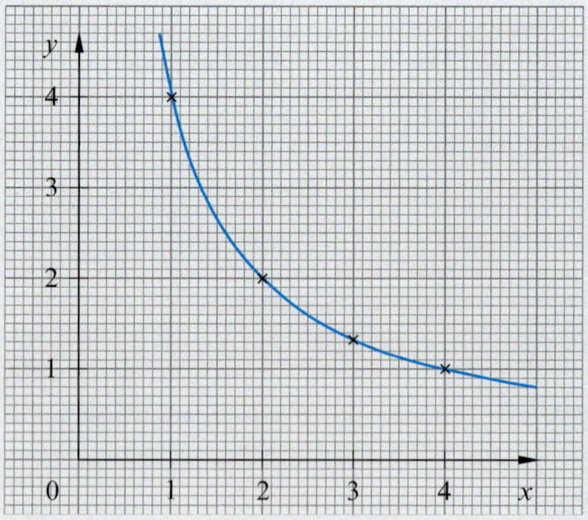

Die Punkte liegen auf einer Kurve (Hyperbel), die sich für sehr kleine x-Werte an die y-Achse und für sehr große x-Werte an die x-Achse „anschmiegt“.

Prozentrechnung

Etwa 27 % der Elektroenergie wurden 1997 in Deutschland aus Braunkohle erzeugt. Der Ausstoß von Schadstoffemissionen muss drastisch verringert werden.
In Schwarze Pumpe nahm 1997 eines der modernsten Braunkohlekraftwerke seinen Betrieb auf.
Im Weltmaßstab erreicht es Spitzenwerte in der Reduzierung der Umweltbelastung:

Der Dampf ist zu **99,9 %** staubfrei

und zu **95,2 %** ohne Schwefelanteile.

Das Kraftwerk hat einen Wirkungsgrad von **41 %**.

Größen vergleichen – absolut und relativ

1

Der Sportlehrer des Lessinggymnasiums überlegt, ob er Peter oder Max im nächsten Pokalspiel als Torhüter einsetzen soll. Beim letzten Training vor dem großen Spiel lässt er ein Elfmeterschießen durchführen.
Peter hält 8 von 20 Elfmetern und Max 9 von 25 Elfmetern.
Für welchen Torwart wird sich der Trainer entscheiden ?

2

Sandra aus der 7 b hat für die Schülerzeitschrift nebenstehende Übersicht erarbeitet. Sandra meint erfreut: „In unserer Klasse ist der Anteil der Sportbegeisterten größer als in den Parallelklassen.“ Bianca fragt: „Hast du dabei bedacht, dass in der 7 b auch die meisten Schülerinnen und Schüler sind?“

a) Ermittle für jede 7. Klasse den Anteil der Volleyballspielerinnen und -spieler. Vergleiche.

b) Stelle für die anderen Arbeitsgemeinschaften weitere Vergleiche auf.

Teilnahme an Arbeitsgemeinschaften der Schule

Klasse	7 a	7 b	7 c
Schülerzahl	24	30	28
Computer-AG	6	6	4
Volleyball	8	10	7
Ökologie	4	5	7

BEISPIEL

Am jährlichen Citylauf nehmen auch Schülerinnen und Schüler des Einstein-Gymnasiums teil, 16 von 24 Schülerinnen und Schüler aus der 7 a und 19 von 30 aus der 7 b.
Welche der Klassen hat eine höhere Beteiligung an diesem Lauf?

Lösung:
Vergleicht man die absoluten Zahlen, so stellt man fest, dass die Klasse 7 b mehr Teilnehmer für den Lauf gestellt hat als die 7 a. Da aber die Klasse 7 b mehr Schülerinnen und Schüler hat, wählt man einen relativen Vergleich, man vergleicht Anteile miteinander.

7 a: 16 von 24 Schülerinnen und Schülern sind $\frac{16}{24}$ der Gesamtschülerzahl.

7 b: 19 von 30 Schülerinnen und Schülern sind $\frac{19}{30}$ der Gesamtschülerzahl.

Nach dem Gleichnamigmachen der Brüche ergibt sich: $\frac{16}{24} = \frac{2}{3} = \frac{20}{30} > \frac{19}{30}$

Aus der Klasse 7 a haben anteilmäßig mehr Schülerinnen und Schüler am Citylauf teilgenommen als aus der 7 b.

HINWEIS

Man kann den Vergleich der Anteile auch mithilfe eines Taschenrechners durchführen:
$\frac{16}{24} \approx 0{,}67$, $\frac{19}{30} \approx 0{,}63$,
also $\frac{16}{24} > \frac{19}{30}$

3

Vergleiche die Anteile.

a)	12 Gewinne auf 120 Lose	und	12 Gewinne auf 100 Lose
b)	8 Punkte von 15 Punkten	und	9 Punkte von 18 Punkten
c)	25 Erfolge bei 100 Versuchen	und	16 Erfolge bei 64 Versuchen
d)	16 Euro von 96 Euro	und	21 Euro von 105 Euro
e)	28-mal „6“ bei 200 Würfen	und	45-mal „6“ bei 300 Würfen
f)	1,8 m von 5 m	und	75 cm von 3 m

4

Die Klasse 7c möchte eine Exkursion ins nahe gelegene Naturschutzgebiet per Fahrrad durchführen. Janas Vater kontrolliert vor dem Exkursionsbeginn gemeinsam mit der Klassenlehrerin die Verkehrssicherheit der 25 Schülerfahrräder. Dabei stellen sie an 7 Fahrrädern kleinere Mängel fest. Der Vater sagt:
„Das Ergebnis ist ja noch ganz gut, denn ich habe vor kurzem gelesen, dass bei einer Verkehrskontrolle 42 Prozent (%) der Fahrräder Mängel hatten."
Versuche, den Anteil der Schülerfahrräder, die für die Exkursion noch in Ordnung zu bringen sind, in Prozent anzugeben. Vergleiche das Ergebnis mit dem der Verkehrskontrolle.

Werden Anteile miteinander verglichen, wird als gemeinsamer Nenner der zu vergleichenden Brüche häufig 100 verwendet.
Für solche Hundertstelbrüche führt man die Schreibweise **Prozent (%)** ein.

Ein Ganzes ist **100 %**.
Ein Hundertstel eines Ganzen ist **1 %**.

Dann sind z.B. fünf Hundertstel eines Ganzen 5 %
und sechsundsiebzig Hundertstel eines Ganzen 76 %.

BEISPIEL

100 % sind 450 Euro (450 €).

1 % von 450 Euro ist der hundertste Teil von 450 Euro.
$\frac{1}{100}$ von 450 Euro sind 4,50 Euro.

4 % von 450 Euro sind demnach vier Hundertstel von 450 Euro.
$\frac{4}{100}$ von 450 Euro sind $4 \cdot 4{,}50$ Euro = 18 Euro.

5

Angaben in Prozent (%) findet man im täglichen Leben sehr häufig.
a) Erläutere, was die Angaben in der Randspalte bedeuten.
b) Suche selbst Beispiele für Anteile, die man in Prozent (%) angibt.

6[L]

Gib die folgenden Anteile in Prozent an.
a) $\frac{5}{100}$; $\frac{17}{100}$; $\frac{73}{100}$; $\frac{3}{10}$; $\frac{9}{100}$; $\frac{9}{10}$; $\frac{99}{100}$; $\frac{100}{100}$; $\frac{7}{10}$
b) $\frac{7}{10}$; $\frac{1}{50}$; $\frac{2}{5}$; $\frac{1}{2}$; $\frac{3}{4}$; $\frac{7}{7}$; $\frac{1}{3}$; $\frac{4}{5}$; $\frac{11}{10}$
c) $\frac{7}{20}$; $\frac{2}{25}$; $\frac{13}{25}$; $\frac{3}{8}$; $\frac{2}{3}$; $\frac{8}{10}$; $\frac{25}{25}$; $\frac{19}{20}$; $\frac{7}{8}$

7[L]

Schreibe die als Dezimalzahl gegebenen Anteile in Prozent.
a) 0,06; 0,10; 0,21; 0,9; 0,50; 0,100; 1,0; 0,42; 0,001
b) 0,13; 0,75; 0,99; 1,2; 0,07; 0,555; 0,105; 1,000; 0,850
c) 0,03; 0,30; 0,030; 0,33; 0,033; 0,3; 0,003; 3,00

WUSSTEST DU SCHON?
Die Bezeichnung Prozent ist von dem lateinischen *pro centum* (von Hundert) abgeleitet.
Das Zeichen % ist aus der Abkürzung für *pro centum* entstanden.
pc° → p$\frac{\circ}{\circ}$ → $\frac{\circ}{\circ}$ → %

8

Gib die prozentualen Anteile als gemeinen Bruch an. Kürze so weit wie möglich.

a) 2 %; 10 %; 50 %; 80 %; 30 %; 15 %; 100 %; 44 %; 90 %

b) 5 %; 35 %; $33\frac{1}{3}$ %; 58 %; 2,5 %; 73 %; 3,25 %; 0,08 %; 0,001 %

c) 4 %; 22 %; 25 %; 32 %; 45 %; 61 %; 76 %; 85 %; 90,2 %

d) 0,5 %; 1,5 %; 5 %; 15 %; 15,5 %; 50,5 %; 55 %; 55,55 %

9

Gib den Anteil der rot, grün bzw. blau gefärbten Fläche als gemeinen Bruch und in Prozent an.
Ermittle auch, wie viel Prozent der Fläche insgesamt farbig markiert sind.

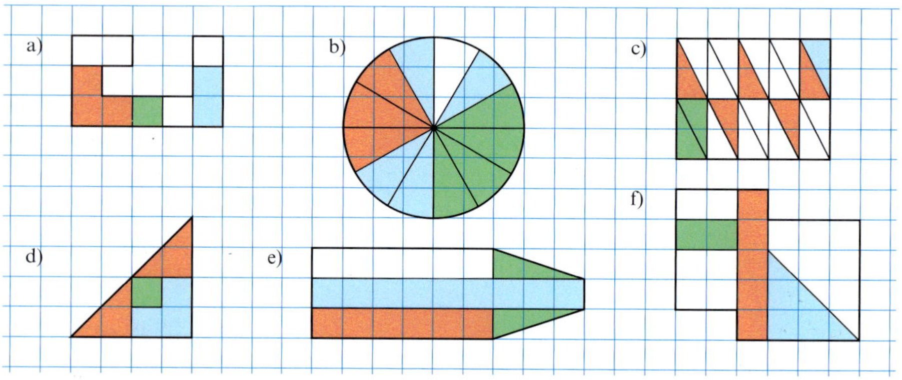

ERINNERE DICH

Das Geobrett kann helfen Bruchteile zu veranschaulichen und zu vergleichen.
Prozentangaben drücken ebenfalls Teile von Ganzen aus.
Du kannst bestimmte Prozentangaben also wieder am Geobrett darstellen.

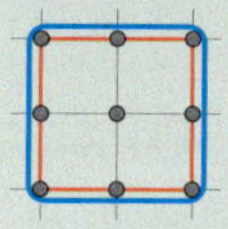

1 Ganzes
100 %

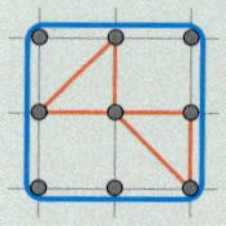

$\frac{1}{4}$
25 %

10

Wie viel Prozent sind mithilfe des Geobrettes dargestellt?

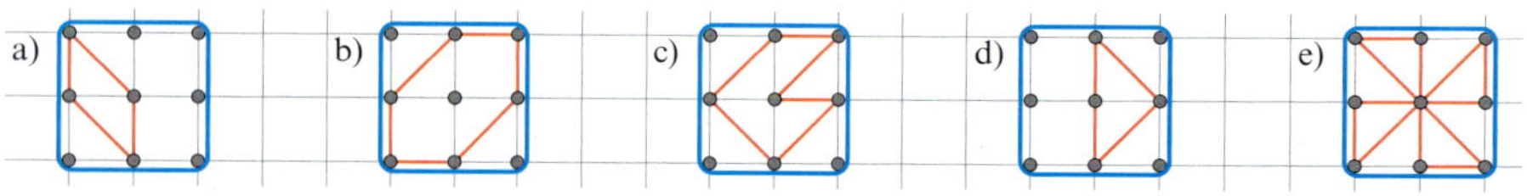

11

Berechne der Reihe nach.

a) 1 %, 5 %, 12 %, 45 %, 60 %, 73 %, 95 % von 520 €

b) 1 %, 17 %, 20 %, $33\frac{1}{3}$ %, 40 %, 50 %, 80 % von 3000 t

c) 2 %, 2,5 %, 15 %, 25 %, 30 %, 47 %, 65 % von 400 l

d) 1 %, 3 %, 6 %, 10 %, 20 %, 40 %, 80 % von 25 kg

e) 5 %, 12 %, 21 %, 45 %, $66\frac{2}{3}$ %, 87 %, 99 % von 615 km

12

Berechne der Reihe nach möglichst vorteilhaft 10 %, 20 %, 25 %, 50 %, 75 %, $33\frac{1}{3}$ %, 60 %, 80 % von:

a) 900 € **b)** 1000 km **c)** 540 m² **d)** 3 450 hl **e)** 60 min
f) 75 € **g)** 5 h 20 min **h)** 0,1 t **i)** 20,5 cm **j)** 7,6 kg

TIPP

Manchmal ist ein Umrechnen der größeren in eine kleinere Einheit hilfreich.

Bei einigen häufig in der Praxis vorkommenden Prozentangaben lassen sich die Anteile leicht berechnen:

$50\,\% = \frac{50}{100} = \frac{1}{2}$ (50 % des Ganzen ist die Hälfte des Ganzen.)

$25\,\% = \frac{1}{4}$ $\quad 75\,\% = \frac{3}{4}$ $\quad 20\,\% = \frac{1}{5}$ $\quad 10\,\% = \frac{1}{10}$ $\quad 33\frac{1}{3}\,\% = \frac{1}{3}$

HINWEIS
Präge dir die „bequemen Prozentsätze“ fest ein. Sie werden dir insbesondere zum Ermitteln von Überschlägen sehr behilflich sein.

13

Berechne im Kopf.

a) 20 % von 850 kg **b)** 50 % von 4012 **c)** 10 % von 63 mm
d) 75 % von 2000 m^2 **e)** 25 % von 500 Tagen **f)** 40 % von 250 Stück
g) 20 % von 22 hl **h)** 60 % von 350 ha **i)** 10 % von 0,34 g
j) $33\frac{1}{3}$ % von 4500 m **k)** 50 % von $\frac{2}{5}$ m^3 **l)** 25 % von $\frac{1}{4}$ l

AUFGABE
Veranschauliche am Geobrett.
Suche möglichst viele Varianten und skizziere deine Ideen.
a) 25 % **b)** 50 %
c) 75 % **d)** 12,5 %

14

Anteile kann man in Prozent, als gemeinen Bruch oder als Dezimalbruch angeben. Gib die folgenden Anteile jeweils mithilfe der beiden anderen Möglichkeiten an.

a) 0,1 **b)** $\frac{1}{4}$ **c)** 60 % **d)** 0,200 **e)** 12,5 % **f)** $\frac{2}{5}$ **g)** 0,73 **h)** $\frac{3}{6}$ **i)** 75 %

15

Übertrage die Figuren ins Heft und ergänze sie zum Ganzen.

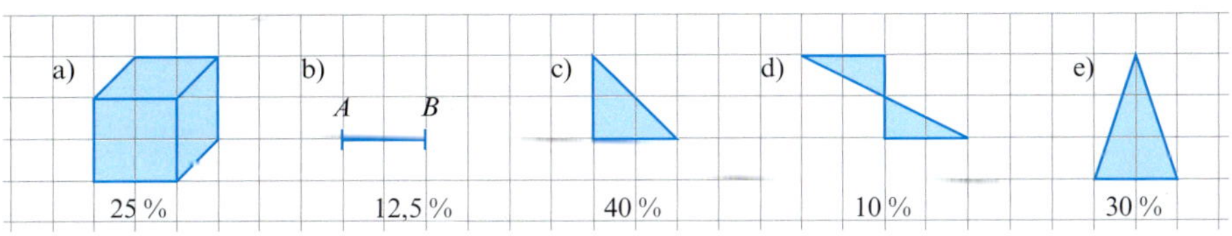

BEISPIEL
für das Ergänzen einer Figur (20 %) zum Ganzen

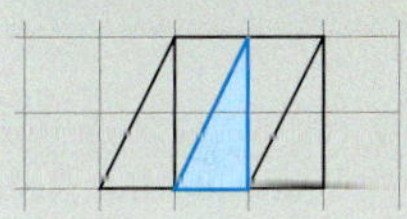

AUFGABEN ZUR WIEDERHOLUNG

1. Berechne im Kopf.

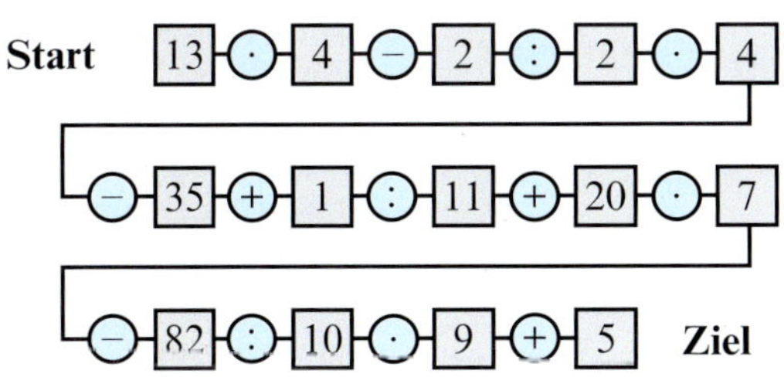

2. Zum Knobeln
Suche für die Buchstaben des Wortes *mathe* natürliche Zahlen, sodass die folgenden Gleichungen erfüllt werden.
$h = 240 : 6$ $\quad t = 3 \cdot h + 40$ $\quad 100 = e - 20$
$105 : m = 15$ $\quad m + a + t + h + e = 607$

3. Von den Zahlen in der Klammer ist jeweils eine das Ergebnis der Multiplikationsaufgabe. Findest du es ohne auszurechnen?
a) 149 · 5 (74 500; 7 450; 7 000; 745)
b) 69 · 15 (135; 1029; 1035; 10 035)
c) 300 · 999 (299 970; 2 970; 27 055; 299 700)
d) 0,04 · 5 (2; 0,02; 0,2; 0,25)

4. Finde die gesuchte Zahl x.
a) Das Doppelte von x ist 48.
b) x ist die Hälfte des Vorgängers von 49.
c) Der Quotient aus x und seinem Vorgänger ist 2.
d) Das Produkt aus dem Vorgänger und dem Nachfolger von x ist 35.
e) x ist dreimal so groß wie die Hälfte von 82.
f) x ist die größte dreistellige Zahl vermindert um 90.

Grundaufgaben der Prozentrechnung

1

Ein Tagebau beanspruchte eine Fläche von nahezu 2000 ha. Nach seiner Stilllegung sollen durch Sanierung und Landschaftsgestaltung Voraussetzungen für einen Badesee geschaffen werden.

a) Um die spätere Flutung des Tagebaugeländes vorzubereiten, wurden bereits 22,5 % des Kippengeländes beräumt und planiert.
Gib diese Fläche in Hektar an.

b) Weitere 300 Hektar wurden zum Schutz vor Staub begrünt.
Wie viel Prozent der gesamten ehemaligen Tagebaufläche sind das?

c) 45 % einer zu bewaldenden Fläche, das sind 27 Hektar, wurden bereits mit Jungkiefern aufgeforstet.
Wie viel Hektar soll dieses Waldstück einnehmen?

Braunkohlentagebau Jänschwalde

WUSSTEST DU SCHON?
Ein bedeutsames Vorhaben des Umweltschutzes ist es, stillgelegte Tagebaue und Braunkohleveredlungsanlagen zu sanieren bzw. zurückzubauen. In Anspruch genommene Flächen werden wieder wirtschaftlich oder für Erholungszwecke nutzbar gemacht. Dabei ist wichtig, dass wieder ein ausgeglichener, sich selbst regulierender Wasserhaushalt hergestellt wird.

FACHWÖRTER

15 %	von	320 Hektar	sind	48 Hektar.
Prozentsatz $p\,\%$		**Grundwert G**		**Prozentwert W**
(Anteil am Ganzen)		(das Ganze)		(Größe des Anteils)

Im Beispiel sind $p\,\% = 15\,\%$, $G = 320$ ha und $W = 48$ ha.

BEACHTE
$p\,\% = \frac{p}{100}$
Beispielsweise ist
$15\,\% = \frac{15}{100} = 0{,}15.$

Erste Grundaufgabe: Berechnen des Prozentwertes

2

Die Gesamtfläche Deutschlands beträgt 35 694 700 Hektar. Im Jahr 1994 waren 30 % mit Wald bedeckt. Wie viel Hektar Deutschlands waren 1994 bewaldet?

BEISPIEL
Rund 55 % der 35 694 700 Hektar Gesamtfläche Deutschlands wurden 1994 landwirtschaftlich genutzt. Wie groß war dieser Flächenanteil?

1. Lösungsweg (mittels Dreisatz)

100 %	35 694 700 ha
1 %	35 694 700 ha : 100 = 356 947 ha
55 %	356 947 ha · 55 = 19 632 085 ha

2. Lösungsweg
Zum gleichen Ergebnis kommen wir schneller, wenn wir 35 694 700 ha gleich mit $\frac{55}{100}$ multiplizieren:
$35\,694\,700 \text{ ha} \cdot \frac{55}{100} = 35\,694\,700 \text{ ha} \cdot 0{,}55 = 19\,632\,085 \text{ ha}$

1994 nahm landwirtschaftliche Nutzfläche in Deutschland 19 632 085 ha, also rund 20 Mio. Hektar, ein.

HINWEIS
Der Prozentwert und der Prozentsatz sind zueinander proportional (s. auch Seite 47).
Deshalb können wir den Dreisatz verwenden.
Dreisatzüberlegungen:
1. 100 % entspricht dem Grundwert, also 35 694 700 ha.
2. 1 % entspricht dem hundertsten Teil des Grundwertes, also 356 947 ha.
3. 55 % entspricht dem 55fachen des zuvor ermittelten Wertes, also 19 632 085 ha.

Allgemein gilt: $W = G \cdot \frac{p}{100}$

3

Berechne der Reihe nach die Prozentwerte im Kopf.
1 %, 20 %, 75 %, 25 %, 5 %, 40 %, 60 %, 12,5 %, 2 %, 80 % von

a) 800 €, **b)** 2 000 kg, **c)** 2 h, **d)** 400 s,
e) 160 m, **f)** 1 dt, **g)** 4 l, **h)** 0,04 kg.

4L

Berechne jeweils den Prozentwert.

a) 3 %	von	150 €	**b)** 20 %	von	16 km
c) 54 %	von	850 kg	**d)** 31 %	von	200 cm
e) 13 %	von	1 800 €	**f)** 8 %	von	42 400 Einwohnern
g) 80 %	von	5,1 m²	**h)** 2 %	von	82,45 €
i) 14 %	von	3,0 l	**j)** 27 %	von	10,9 t

WAS MEINST DU DAZU?

In einer Zeitung war zu lesen:
„Fuhr vor einigen Jahren noch jeder zehnte Autofahrer zu schnell, so ist es heute nur noch jeder fünfte. Doch auch fünf Prozent sind zu viele Schnellfahrer.“

5

Berechne den Prozentwert. Fertige zunächst einen Überschlag an. Versuche dabei bequeme Prozentsätze zu verwenden. Prüfe die Größenordnung deines Ergebnisses.

a) 23,7 %	von	3 900 hl	**b)** 51,3 %	von	158 km
c) 19,8 %	von	2 250 min	**d)** 0,8 %	von	2,75 m³
e) 11,4 %	von	4 205 g	**f)** 76,0 %	von	1498 €
g) 1,3 %	von	4,5 t	**h)** 32,5 %	von	3,3 cm

BEISPIEL

24 % von 180 Euro soll mithilfe eines Taschenrechners berechnet werden.

Überschlag: 180 : 4 = 45

180 [×] 24 [÷] 100 [=] [43.2] oder 180 [×] 0,24 [=] [43.2]

24 % von 180 Euro sind also 43,20 Euro.

HINWEIS

Viele Taschenrechner haben eine Prozenttaste [%].

Im Allgemeinen führt nur einer der folgenden Wege zum richtigen Ergebnis:

180 [×] 24 [%]

180 [×] 24 [%] [=]

Probiere, wenn möglich, beide Wege auf deinem Taschenrechner aus.

6

In der Tabelle sind Grundwerte und Prozentsätze vorgegeben. Gesucht sind die dazugehörigen Prozentwerte.
Überschlage das zu erwartende Ergebnis und rechne dann mit dem Taschenrechner. Übertrage die Tabelle ins Heft und notiere den Überschlag unter Ü sowie das genaue Ergebnis unter E.

G \ p %	4,5 %		27,1 %		88,5 %		92 %		120 %	
	Ü	E	Ü	E	Ü	E	Ü	E	Ü	E
5 390 m										
423 ha										
95,62 €										
$4\frac{3}{4}$ h										
2,07 hl										

Zweite Grundaufgabe: Berechnen des Grundwertes

7

Der Braunkohlentagebau in der Lausitz hat seit über 100 Jahren viele Hektar Land in Anspruch genommen. Von der wieder nutzbar gemachten Tagebaufläche in der Lausitz dienen 23 %, das sind etwa 8 740 Hektar, der landwirtschaftlichen Nutzung. Wie viel Hektar Tagebaufläche wurden bereits wieder nutzbar gemacht?

WUSSTEST DU SCHON?

Die Lausitz ist ein Landschaftsgebiet zwischen Elbe und Neiße.
Den Landschaftscharakter der Lausitz bestimmen sandige Böden und sumpfige Niederungen. 77 % der heutigen Waldstandorte sind nährstoffarm und haben ein geringes Wasserhaltevermögen. Der Wald bedeckt heute ca. 40 % der Landschaft, wobei die Kiefer 87 % und die Erle 2 % der Fläche einnehmen.

BEISPIEL
Die derzeit vom Braunkohlentagebau in der Lausitz beanspruchte Fläche setzt sich aus noch produzierenden Tagebauen, aus Kippenflächen, die später Seen werden sollen, und aus noch zu rekultivierenden Flächenstücken zusammen. Auf 5 600 Hektar, das sind 16 % dieser Fläche, wird noch aktiv Braunkohle gefördert. Wie groß ist die derzeit vom Braunkohlentagebau in der Lausitz beanspruchte Fläche insgesamt?

1. Lösungsweg (mittels Dreisatz)

16 %	5 600 ha
1 %	5 600 ha : 16 = 350 ha
100 %	350 ha · 100 = 35 000 ha

2. Lösungsweg
Zum gleichen Ergebnis kommen wir schneller, wenn wir 5 600 ha gleich durch $\frac{16}{100}$ dividieren:

$5\,600\text{ ha} : \frac{16}{100} = 5\,600\text{ ha} \cdot \frac{100}{16} = 35\,000\text{ ha}$ oder
$5\,600\text{ ha} : 0{,}16 = 35\,000\text{ ha}$

Die vom Lausitzer Braunkohlentagebau beanspruchte Gesamtfläche beträgt insgesamt 35 000 ha.

Allgemein gilt: $G = W \cdot \frac{100}{p}$

Rekultivierte Tagebaufläche

8

Berechne den Grundwert G im Kopf.

a)	50 %	von G sind	17 a	**b)**	1 %	von G sind	2 €
c)	20 %	von G sind	35 kg	**d)**	75 %	von G sind	120 h
e)	25 %	von G sind	$\frac{2}{5}$ l	**f)**	5 %	von G sind	4 Wochen
g)	$33\frac{1}{3}$ %	von G sind	67 m^3	**h)**	120 %	von G sind	2 400 km

9

Berechne jeweils den Grundwert. Fertige zunächst einen Überschlag an.

a)	3 %	von G sind	35 kg	**b)**	12 %	von G sind	22,50 €
c)	26 %	von G sind	105 m	**d)**	12,5 %	von G sind	84 dm^2
e)	5 %	von G sind	0,75 €	**f)**	42 %	von G sind	0,42 Mio. €
g)	17 %	von G sind	3,4 l	**h)**	53 %	von G sind	1 440 a
i)	$33\frac{1}{3}$ %	von G sind	54,20 dm	**j)**	2,5 %	von G sind	22 h

BEISPIEL
12 % von G sind 13,80 €.
Es soll G mithilfe eines Taschenrechners berechnet werden.

Überschlag: 12,5 % wäre $\frac{1}{8}$, also $14 \cdot 8 = 112$

13,8 [÷] 12 [×] 100 [=] [115] oder 13,8 [÷] 0,12 [=] [115]

$G = 115$ €

HINWEIS
Hat dein Taschenrechner eine Prozenttaste, so kannst du entweder

13,8 [÷] 12 [%]

oder

13,8 [÷] 12 [%] [=]

rechnen.

10

Ermittle mithilfe des Taschenrechners den jeweiligen Grundwert.
Überschlage den zu erwartenden Grundwert, indem du bequeme Prozentsätze nutzt.

W / p%	15 €		142 l		258 t		500,50 km		2 040,25 m	
	Ü	E	Ü	E	Ü	E	Ü	E	Ü	E
95 % 0,232 $\frac{45}{100}$ 77,9 %										

Dritte Grundaufgabe: Berechnen des Prozentsatzes

11

Im Jahr 1995 wurden in der Bundesrepublik Deutschland 192,8 Millionen Tonnen Rohbraunkohle gefördert. Auf das Lausitzer Revier entfielen davon 72 Millionen Tonnen. Wie viel Prozent der Rohbraunkohle Deutschlands wurden 1995 in der Lausitz gefördert?

ANREGUNG
Diskutiert in der Klasse zu folgendem Problem: Die Braunkohlenlagerstätten sind von großem Wert für die Länder Brandenburg und Sachsen. Braunkohle ist ein einheimischer Energieträger, der international konkurrenzfähig ist und in großem Maße zur Gewinnung von Elektroenergie eingesetzt werden kann. Diese Vorteile müssen gegenüber den Nachteilen, die z.B. durch Abtragen von landwirtschaftlichen Nutzflächen, Rodung von Wäldern oder Umsiedlung von Dörfern entstehen, abgewogen werden.

BEISPIEL
Im Jahr 1995 wurden in der BRD 5,0 Millionen Tonnen Briketts aus Rohbraunkohle erzeugt. Davon erbrachten die Brikettthersteller der Lausitz 2,75 Millionen Tonnen.
Wie viel Prozent der Gesamtproduktion an Briketts brachte das Lausitzer Revier auf?

1. Lösungsweg (mittels Dreisatz)

5 Mio. t	100 %
1 Mio. t	100 % : 5 = 20 %
2,75 Mio. t	20 % · 2,75 = 55 %

2. Lösungsweg
Den Prozentsatz, also den Anteil am Ganzen, können wir auch als Quotienten von W und G berechnen.

$$\frac{2{,}75 \text{ Mio. t}}{5{,}0 \text{ Mio. t}} = \frac{275}{500} = \frac{55}{100} = 55\,\%$$

1995 wurden im Lausitzer Revier 55 % der in der BRD aus Rohbraunkohle erzeugten Briketts hergestellt.

Allgemein gilt: $p\,\% = \frac{p}{100} = \frac{W}{G}$

12

Berechne den Prozentsatz im Kopf.

a) $G = 1200$ € ($W = 600$ €, $W = 12$ €, $W = 900$ €, $W = 240$ €, $W = 120$ €)
b) $G = 90$ cm ($W = 9$ cm, $W = 30$ cm, $W = 0{,}45$ m, $W = 67{,}5$ cm)
c) $W = 100$ g ($G = 400$ g, $G = 1$ kg, $G = 0{,}2$ t, $G = 300$ g, $G = 250$ g)
d) $W = 20$ min ($G = 1$ h, $G = 3$ h 20 min, $G = 2400$ s, $G = 80$ min, $G = \frac{1}{6}$ h)

13L

Berechne jeweils den Prozentsatz.

a) 22,50 € von 90,00 €
b) 16 m von 120 m
c) 48 l von 60 l
d) 73 Tage von 1 Jahr
e) 20 min von 3 h
f) 3 Treffer auf 27 Würfe
g) 48 Kinder von 100 Kindern
h) 80 km von 500 km
i) 3,7 ha von 10 ha
j) 15 € von 7,50 €

BEISPIEL

Gegeben sind $G = 3450$ Personen und $W = 745$ Personen.
Es soll der Prozentsatz $p\,\%$ mithilfe eines Taschenrechners berechnet werden.

Überschlag: $\frac{700}{3500} = \frac{1}{5} = 20\,\%$

745 [÷] 3450 [×] 100 [=] [21.5942029] $p\,\% \approx 21{,}6\,\%$

HINWEIS
Hat dein Taschenrechner eine Prozenttaste, so kannst du entweder

745 [÷] 3450 [%]

oder

745 [÷] 3450 [%] [=]

rechnen.

14

Berechne den Prozentsatz. Fertige zunächst einen Überschlag an. Runde das Ergebnis sinnvoll.

a) 310 kg von 410 kg
b) 36 € von 217 €
c) 37 h von 3 Tagen
d) 24,5 km von 306 km
e) 4,5 cm^3 von 8,12 dm^3
f) 49,2 l von 2550 l
g) 24,70 € von 102,40 €
h) 6,5 s von 21 min
i) 5,28 t von 529,59 t
j) 912,00 von 844,50 €

15

Berechne für die vorgegebenen Prozentwerte und Grundwerte jeweils den Prozentsatz. Übertrage die Tabelle ins Heft und trage die Ergebnisse ein. Vergiss nicht den Überschlag, auch wenn du den Taschenrechner nutzt.

W \ G	27,00 €		207,55 €		457 €		783,80 €		5020,15 €	
	Ü	E	Ü	E	Ü	E	Ü	E	Ü	E
0,90 € 4,83 € 13,50 € 22,65 € 54,87 €										

Eine weitere Möglichkeit zum Lösen der Grundaufgaben

16

a) Welche Prozentwerte sind bei einem Grundwert von 600 € den folgenden Prozentsätzen zugeordnet?
b) Veranschauliche diese Zuordnung in einem geeigneten Koordinatensystem.

$p\,\%$	10 %	12,5 %	30 %	50 %	75 %	87,5 %	120 %
W in €							

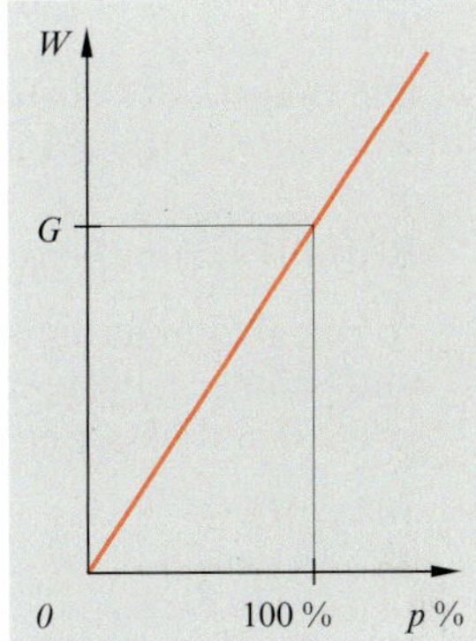

Grafische Darstellung des Zusammenhangs zwischen W und $p\,\%$

Prozentwert W und Prozentsatz $p\,\%$ sind direkt proportional zueinander (bei gegebenem Grundwert).

Dem Prozentwert W entspricht der Prozentsatz $p\,\%$.
Dem Grundwert G entspricht der Prozentsatz 100 %.
Da der Prozentwert W und der Prozentsatz $p\,\%$ direkt proportional zueinander sind, muss u.a. folgende Verhältnisgleichung gelten:
$\frac{W}{p\,\%} = \frac{G}{100\,\%}$ bzw. $\frac{W}{p} = \frac{G}{100}$.

17

Zeige, dass man durch Umformen aus der Verhältnisgleichung $\frac{W}{p} = \frac{G}{100}$ die drei Formeln von den Seiten 11, 12 und 14 erhält:
$W = G \cdot \frac{p}{100}$, $G = W \cdot \frac{p}{100}$ und $\frac{p}{100} = \frac{W}{G}$.

HINWEIS
Präge dir die Verhältnisgleichung
$\frac{W}{p} = \frac{G}{100}$
gut ein. Aus ihr kannst du die Formeln zur Lösung der Grundaufgaben gewinnen.

Da der Prozentwert W und der Prozentsatz $p\,\%$ direkt proportional zueinander sind, kann man die Grundaufgaben auch über das Aufstellen von Verhältnisgleichungen lösen (also ohne Dreisatz und ohne Verwendung einer Formel).

BEISPIEL zum Berechnen des Prozentwertes

Eine Kreisstadt hat 31520 wahlberechtigte Bürgerinnen und Bürger. Davon beteiligten sich an der letzten Kommunalwahl 67,5 %.
Wie viele Einwohner machten von ihrem Stimmrecht Gebrauch?

Zusammenstellen der Daten:
31520 ≙ 100 %
W ≙ 67,5 %

Ü: $67{,}5\,\% \approx \frac{2}{3}$; $30\,000 \cdot \frac{2}{3} = 20\,000$

HINWEIS
Das Zeichen ≙ wird gelesen: „entspricht“.
Das Gleichheitszeichen kann man hier nicht verwenden.

Aufstellen einer Verhältnisgleichung (Beginne zweckmäßig mit der gesuchten Größe!):
$$\frac{W}{31520} = \frac{67{,}5\,\%}{100\,\%}$$

Lösen der Verhältnisgleichung:
$$W = \frac{31520 \cdot 67{,}5\,\%}{100\,\%}$$
$W = 21276 \approx 21300$ (Ergebnis sinnvoll gerundet)

Es nahmen etwa 21 300 Bürgerinnen und Bürger an der Wahl teil.

BEISPIEL zum Berechnen des Grundwertes

Beim Räumungsverkauf eines Sportgeschäfts werden Inlineskates für 91 € verkauft. Das sind 70 % des ursprünglichen Preises. Berechne diesen.

$G \mathrel{\hat{=}} 100\,\%$
$91\,€ \mathrel{\hat{=}} 70\,\%$

Ü: $70\,\% \approx \frac{2}{3}$; $90 \cdot \frac{3}{2} = 135$

$\frac{G}{91\,€} = \frac{100\,\%}{70\,\%}$; $G = 130\,€$

Die Inlineskates kosteten ursprünglich 130 €.

Inlineskaten

BEISPIEL zum Berechnen des Prozentsatzes

In einem Gymnasium haben an den letzten Abiturprüfungen 108 Schülerinnen und Schüler teilgenommen. Davon haben 23 Abiturienten einen Durchschnitt von 2,0 und besser erreicht. Wie viel Prozent sind das?

$108 \mathrel{\hat{=}} 100\,\%$
$23 \mathrel{\hat{=}} p\,\%$

Ü: $\frac{20}{100} = 20\,\%$

$\frac{p\,\%}{100\,\%} = \frac{23}{108}$; $p\,\% = 21{,}3\,\%$

21,3 % der Schülerinnen und Schüler bestanden das Abitur mit 2,0 und besser.

Dreisatz, Formeln und Verhältnisgleichungen sind mögliche Ansätze zur Lösung von Aufgaben der Prozentrechnung. Auch künftig kannst du zwischen ihnen wählen.

Weitere Übungen zu den Grundaufgaben der Prozentrechnung

18

An einem Gymnasium lernen 950 Schülerinnen und Schüler. Der Anteil der Mädchen beträgt 64 %. Wie viele Schülerinnen sind an diesem Gymnasium?

19

Der Wohnraumbestand einer Stadt umfasst 10 265 Genossenschaftswohnungen, 15 628 Wohnungen einer Wohnungsgesellschaft, 184 Werkswohnungen und 3 596 Eigentumswohnungen. Ermittle den prozentualen Anteil jeder Wohnungsart.

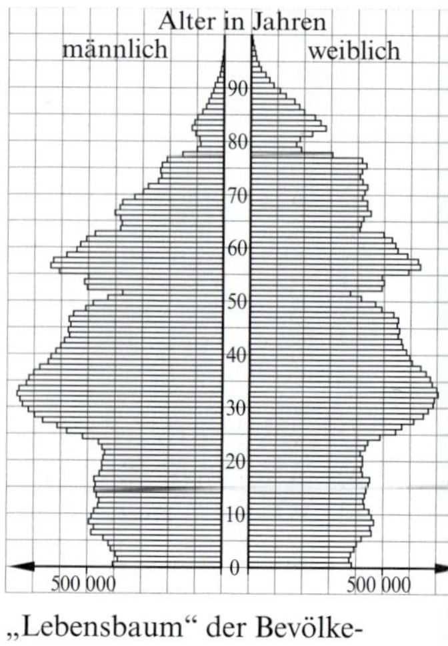

„Lebensbaum" der Bevölkerung der BRD im Jahre 1996

20

Bei der Wahl zum Klassensprecher entfielen auf Anne 16 Stimmen, das sind ca. 57 % der abgegeben Stimmen.
Wie viele Schülerinnen und Schüler der Klasse 7 d nahmen an der Wahl teil?

21

Gegeben ist ein Rechteck mit den Seitenlängen $a = 19{,}5$ cm und $b = 4{,}2$ cm.

a) Ermittle der Reihe nach 20 %, 32,5 % und 84 % der Rechteckfläche.

b) Ermittle der Reihe nach 27,5 %, 63 % und 95 % des Rechteckumfangs.

22

19 Schülerinnen und 23 Schüler beteiligten sich an der Kreisolympiade Mathematik in der Klassenstufe 7. Im Ergebnis des Wettbewerbs wurden insgesamt 16 Preise (7 davon an Mädchen) und 9 Anerkennungen vergeben.
Die Hälfte der Preisträger errang einen 3. Preis und 37,5 % der Preisträger einen 2. Preis.

a) Wie viel Prozent der Starter dieser Olympiade erhielten einen Preis?
b) Wie viel Prozent der Preisträger waren Mädchen?
c) Wie viel Prozent der Teilnehmer bekamen eine Anerkennung?
d) Wie oft wurde ein 1. Preis vergeben?

23

Übertrage die Tabelle in dein Heft und fülle sie aus.

G	400	5,43			308,80	$27\frac{1}{4}$	63,8
W		0,29	917	45,8		$5\frac{3}{4}$	
$p\,\%$	$\frac{9}{50}$		37,5 %	0,56	4,75 %		1,05

24

Moritz möchte sich ein neues Fahrrad für 279 € kaufen. Er ist stolz darauf, dass er bereits 70 % des Kaufpreises erspart hat. Zum Weihnachtsfest erhält Moritz von Oma und Opa 40 €.

a) Wie viel Prozent des Kaufpreises hat Moritz nach dem Weihnachtsfest zusammen?
b) Wie viel Euro muss er noch sparen?

25

Katrin und Peter würfeln. Sie halten ihre Ergebnisse tabellarisch fest.

Augenzahl	1	2	3	4	5	6
Katrin	𝍸 𝍸 |||	𝍸 𝍸		𝍸 |||	𝍸 𝍸 𝍸	𝍸		𝍸 ||
Peter	𝍸 𝍸 ||||	𝍸 𝍸 𝍸 ||||	𝍸 𝍸 ||	𝍸 𝍸 𝍸 𝍸	𝍸 |||	𝍸 𝍸	

a) Wer hat prozentual am häufigsten die Sechs gewürfelt?
b) Berechne für jeden Spieler den prozentualen Anteil der geraden Augenzahlen.
c) Wie häufig wurde insgesamt eine ungerade Augenzahl größer 2 gewürfelt?

26

Durchschnittlich 18 % der menschlichen Körpermasse entfallen auf das Skelett.

a) Wie viel Kilogramm wiegt dein Skelett ungefähr?
b) Welchen prozentualen Anteil nimmt bei einem Elefanten die Skelettmasse von ca. 1500 kg ein, wenn er 5 800 kg wiegt?

Grafische Darstellungen

BEISPIELE für Streifendiagramme

Das folgende Streifendiagramm veranschaulicht den Anteil verschiedener Baumarten an den heutigen Kippenwäldern, die in den letzten 30 Jahren auf ehemaligen Tagebauflächen gewachsen sind.
Man erkennt sofort, dass die Kiefer das Waldbild auf Kippen bestimmt.

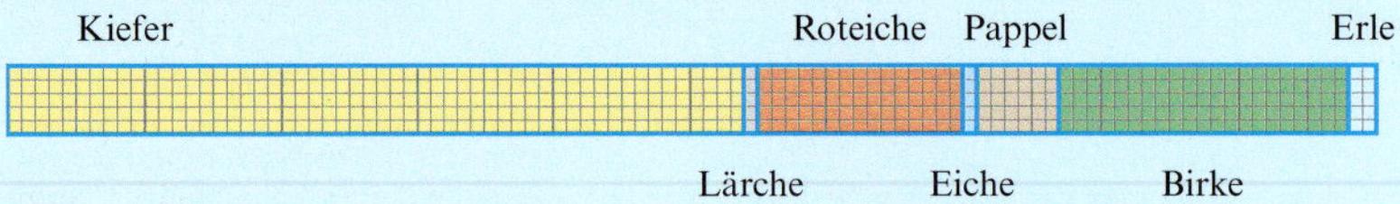

Die Zuschauer sollten sich für ihren Wunschfilm entscheiden. Nach Ablauf der Frist war auf dem Bildschirm das nebenstehende Diagramm zu sehen.

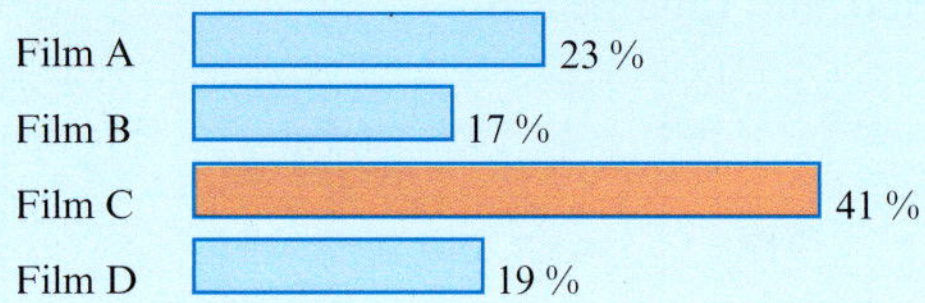

BEACHTE
Im ersten Streifendiagramm werden die Anteile am Ganzen hintereinander in einem Streifen dargestellt.
Man kann so sehr gut die einzelnen Anteile mit dem Ganzen vergleichen.
Im zweiten Streifendiagramm werden die Anteile am Ganzen übereinander dargestellt.
So kann man sehr gut die einzelnen Anteile miteinander vergleichen.

1

a) Versuche aus dem ersten Streifendiagramm des Beispiels den prozentualen Anteil der einzelnen Baumarten an den Kippenwäldern abzulesen.
Der ganze Streifen veranschaulicht 100 %.

b) Warum wurden bei der Entscheidung für den Wunschfilm die Anteile übereinander in vier Streifen und nicht hintereinander in einem Streifen angeordnet?

2

Versuche aus dem nebenstehenden **Kreisdiagramm** den Anteil der einzelnen Energieträger an der Stromerzeugung in Deutschland abzulesen. Gib diesen Anteil näherungsweise als Bruch und in Prozent an.

Anteil der einzelnen Energieträger an der Stromerzeugung in Deutschland

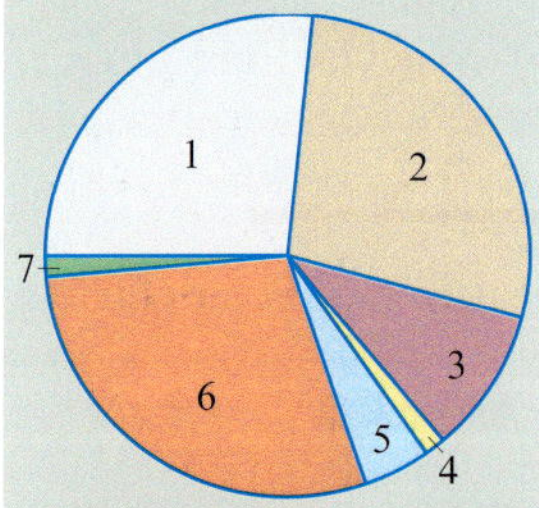

1 Braunkohle
2 Steinkohle
3 Gas
4 Heizöl
5 Wasserkraft
6 Kernenergie
7 Sonstige (Wind-, Sonnenenergie u. a.)

3

Suche aus Zeitungen und Zeitschriften Diagramme heraus und erläutere, was jeweils dargestellt wird.

BEISPIEL für das Zeichnen eines Streifendiagramms

Die Schulleitung des Goethe-Gymnasiums hat ermittelt, wie die einzelnen Schülerinnen und Schüler zur Schule kommen: 20 % kommen zu Fuß, 25 % kommen mit dem Fahrrad, 30 % kommen mit dem Schulbus und der Rest wird von den Eltern mit dem Auto zur Schule gebracht.
Zur Veranschaulichung zeichnen wir uns einen 10 cm langen Streifen – das sind 100 % – und überlegen:
20 % von 10 cm sind 2 cm. 25 % von 10 cm sind 2,5 cm.
30 % von 10 cm sind 3 cm.

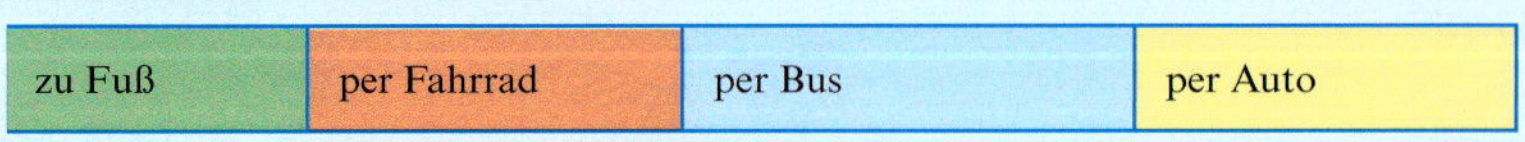

ANREGUNG
Fertigt für eure Klasse und eure Schule ähnliche Übersichten an.

4

Familie Franz hat im Monat 2 000 Euro zur Verfügung. Die monatlichen Ausgaben setzen sich wie folgt zusammen: 20 % für Miete, 25 % für Nahrung, 10 % für den Unterhalt des Autos, 3 % für Energie, 8 % zum Sparen, 9 % für Ratenzahlung, 5 % für Kultur, der Rest wird für sonstige Ausgaben (Telefon, ...) benötigt. Veranschauliche den prozentualen Anteil der einzelnen Ausgaben in einem Streifendiagramm (Anteile hintereinander).

BEISPIEL für das Zeichnen eines Kreisdiagramms

In Mühlendorf waren Wahlen. Auf die vier Parteien entfielen folgende Stimmenanteile A: 25 %; B: 40 %; C: 10 % ; D: 25 %.

Alle Stimmen zusammen – das Ganze – stellen wir durch einen Kreis dar.
Wir überlegen:
100 % entsprechen 360°.
25 % von 360° sind 360° : 4 = 90°.
40 % von 360° sind 360° · 0,4 = 144°.
10 % von 360° sind 360° : 10 = 36°.
Damit erhalten wir die nebenstehende Darstellung.

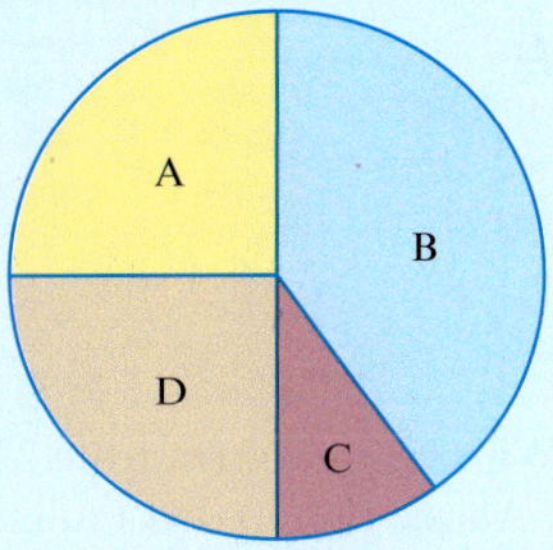

Bei einem Kreisdiagramm werden den Prozentsätzen Winkel zugeordnet.

TIPP
Fertige dir eine Tabelle nach dem folgenden Muster an.
Aus ihr kannst du beim Zeichnen von Kreisdiagrammen häufig den Winkel α entnehmen, der zu einem Prozentsatz p % gehört.

p %	α
1 %	
5 %	
20 %	
25 %	
$33\frac{1}{3}$ %	
40 %	
60 %	
$66\frac{2}{3}$ %	
75 %	
100 %	

5

Veranschauliche in einem Kreisdiagramm.

a) Von der gesamten Getreideproduktion in Deutschland sind 45 % Weizen, 41 % Gerste, 9 % Roggen und 5 % Hafer.

b) Von den Wirbeltieren sind 9 % Säugetiere, 53 % Fische, 19 % Vögel, 13 % Reptilien und der Rest sind Amphibien (Lurche).

6

Die Zuschauer haben entschieden, welcher von vier Kandidaten seine Aufgabe am besten gelöst hat: A: 19 %; B: 42 %; C: 15 %; D: 24 %.

a) Veranschauliche diese Ergebnisse in einem Streifendiagramm mit mehreren Streifen, in einem Streifendiagramm mit einem Streifen und in einem Kreisdiagramm.

b) Diskutiert in der Klasse: Welche Vor- und Nachteile haben die drei Diagramme in diesem konkreten Fall?

7

Sarah hat in einer Zeitung die Ergebnisse einer Umfrage zum Freizeitverhalten gefunden. Darin war auch das nebenstehende Diagramm enthalten.
Sarah wundert sich, dass die Summe der Prozentsätze größer als 100 % ist.
Finde eine Erklärung.

Prozentuale Zu- und Abnahme

1

Die jährliche Produktion von Papier und Pappe stieg in Deutschland im Zeitraum von 1970 bis 1994 auf 322 % an. Im Jahre 1970 wurden ca. 5,5 Mio. Tonnen Papier und Pappe produziert.

a) Wie viel Millionen Tonnen Papier und Pappe wurden 1994 in Deutschland produziert?

b) Versuche herauszubekommen, um wie viel Prozent der Pro-Kopf-Verbrauch an Papier 1990 unter dem von 1994 lag (siehe Diagramm)?

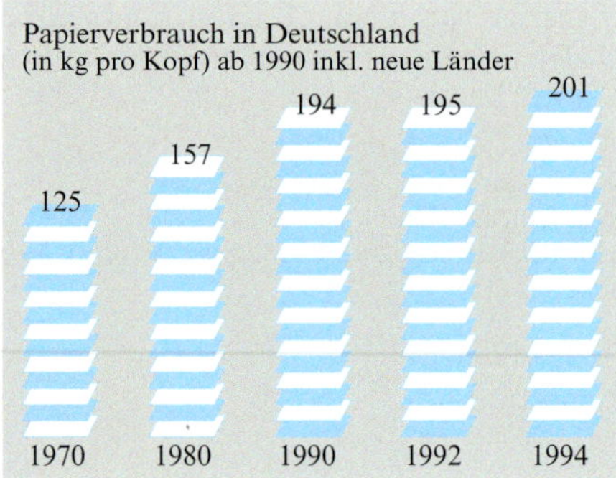

WUSSTEST DU SCHON?
Deutschland ist das größte europäische Erzeugerland von Papier und Pappe.
Weltweit liegt Deutschland nach den USA, Japan, Kanada und China auf Platz 5.

2

Stefanie ärgert sich. Sie hat im Winter ein Fahrrad für 225 € gesehen, das sie nach ihrem Geburtstag kaufen wollte. Als sie nun in den Laden kommt, muss sie feststellen, dass das Fahrrad um 10 % teurer geworden ist.
Was muss Stefanie jetzt für ihr Wunschrad bezahlen?

3

Suche selbst Beispiele für Preise, die saisonbedingt geändert werden.

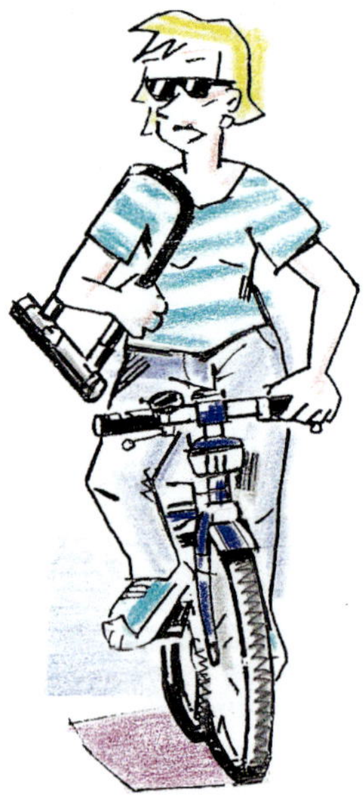

BEISPIEL
Der alte Preis eines Sicherheitsfahrradschlosses betrug 40 €. Der Preis wird um 5 % erhöht.
Wie viel Euro beträgt die Preiserhöhung? Was kostet das Schloss jetzt?

1. Lösungsweg
Wir rechnen:
5 % von 40 € sind 2 €.
Die Preiserhöhung beträgt 2 €,
das Fahrradschloss kostet jetzt 42 €.
42 € sind 105 % des alten Preises.

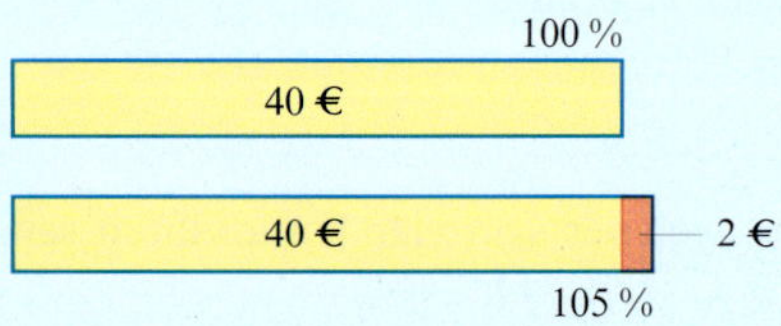

2. Lösungsweg
Wir wissen: $105\,\% = \frac{105}{100} = 1{,}05$
Den neuen Preis erhalten wir auch, indem wir rechnen: $40\,€ \cdot 1{,}05 = 42\,€$
Das Fahrradschloss kostet nach der Preiserhöhung 42 €.

4[L]

Ermittle die neuen Preise.

	a)	b)	c)	d)	e)
alter Preis	450 €	675 €	1080 €	548 €	2405 €
Erhöhung	10 %	20 %	7,5 %	12 %	12,5 %

5

Die Miete wird um 5% erhöht. Berechne jeweils die neue Miete, wenn die alte Miete a) 460 €, b) 540 €, c) 336 € betrug.

6

Herr Maier stöhnt. Erst wurde die Miete von 370 € um 10% erhöht und dann noch einmal um 5%, da das Haus modernisiert wurde.

a) Berechne die Miete nach der ersten Mieterhöhung.
b) Berechne die Miete nach der zweiten Mieterhöhung.
c) Um wie viel Prozent ist die ursprüngliche Miete insgesamt erhöht worden.

WUSSTEST DU SCHON?
In vielen großen Städten gibt es einen Mietspiegel. Das ist eine Übersicht über die in Abhängigkeit von Wohnlage, Alter und Ausstattung der Wohnung zu zahlende durchschnittliche Miete pro Quadratmeter.
Der Mieter kann dies als Vergleich bei der Suche nach neuem Wohnraum nutzen.

BEISPIEL
Frau Müller hat nach ihrer letzten Gehaltserhöhung auch das Taschengeld von Max erhöht. Statt 12 € erhält er nun 15 €.
Um wie viel Prozent wurde das Taschengeld von Max erhöht?

1. Lösungsweg
Wir überlegen: Das Taschengeld von Max wurde um 3 € erhöht.
3 € sind $\frac{1}{4}$ von 12 €, also 25%.
15 € sind demnach 125% von 12 €.

2. Lösungsweg
Wenn wir 15 € durch 12 € dividieren, erhalten wir den Faktor, mit dem wir multiplizieren müssen, um das neue Taschengeld zu erhalten:
15 € : 12 € = 1,25   15 € sind also 125% von 12 €.

Das Taschengeld von Max wurde **um 25%** erhöht.
Man sagt auch: Es wurde **auf 125%** erhöht.

7L

Ermittle für alle Fahrscheinarten die Preiserhöhung in Prozent.
Bei welcher Fahrscheinart war die prozentuale Preiserhöhung am niedrigsten (am höchsten)?

	alter Preis	neuer Preis
Einzelfahrschein E	1,60 €	1,90 €
Einzelfahrschein K	1,25 €	1,40 €
Sammelkarte 4 Fahrten	6,00 €	6,50 €
Wochenendticket	6,25 €	7,50 €

8

Bei den letzten Tarifverhandlungen sind Lohnerhöhungen vereinbart worden. Frau Mademann bekommt zu ihrem bisherigen Lohn von 1800 € jetzt 90 € hinzu.

a) Um wie viel Prozent wurde der Lohn erhöht?
b) Herr Lehmann und Frau Schmidt bekommen bei dieser Lohnerhöhung 60 € bzw. 75 € hinzu. Berechne von beiden das alte und das neue Gehalt.

9

Berechne für die angegebenen Nettopreise die Endpreise bei einer Mehrwertsteuer von 16%. (Siehe die INFORMATION.)

a) 735 € **b)** 54,50 € **c)** 2098 € **d)** 12,90 €

INFORMATION
Die Mehrwertsteuer wird zusätzlich zum Wert der Ware erhoben und an den Staat abgeführt.
In den einzelnen europäischen Ländern ist der Mehrwertsteuersatz unterschiedlich.
2000 betrug er für Industriewaren und Dienstleistungen in Luxemburg 15%, in Deutschland und Spanien 16%, in Italien und Österreich 20%, in Dänemark und Schweden 25%.

10

Herr Kurz will sein Bad neu mit Fliesen auslegen lassen. Die Fliesen hat er bereits gekauft. Für welchen Handwerker soll er sich entscheiden?

Aktionswoche neues Bad Fliesenlegen: **m^2 nur 32 €** (zuzüglich Mehrwertsteuer)	**Handwerksmeister Turm** Fliesenlegen: **m^2 für 36 €** (inklusive Mehrwertsteuer)

HINWEIS
Erkundige dich nach dem aktuellen Mehrwertsteuersatz.

11

Berechne die neuen Preise für die einzelnen Waren beim Räumungsverkauf.

BEISPIEL
Ein Pulli für 60 € wird im Schlussverkauf um 30 % verbilligt angeboten.
Um wie viel Euro ist der Pulli billiger? Wie viel kostet der Pulli jetzt?

1. Lösungsweg
Wir überlegen:
30 % von 60 € sind 18 €.
Der Pulli ist um 18 € billiger und kostet jetzt 42 €.

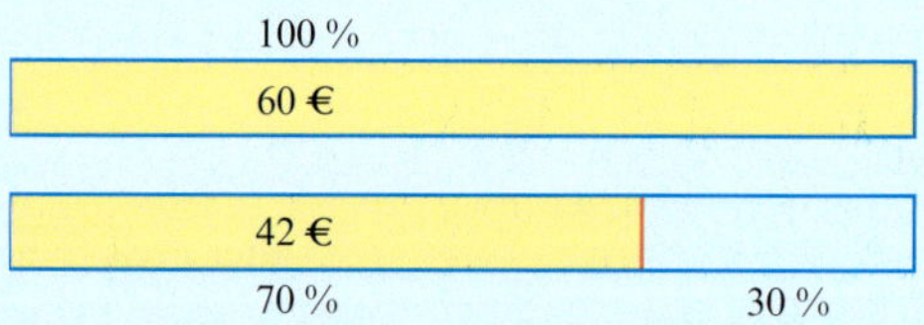

2. Lösungsweg
Der neue Preis beträgt 70 % des alten Preises; 70 % = 0,7.
Wir erhalten den neuen Preis auch, indem wir gleich rechnen: 60 € · 0,7 = 42 €.

Statt: „Der Preis wurde um 30 % reduziert", sagt man auch: „Der Preis wurde auf 70 % (des alten Preises) vermindert."

WUSSTEST DU SCHON?
Zweimal im Jahr darf der Handel Saisonschlussverkäufe durchführen, den Winter- und den Sommerschlussverkauf. Zwei Wochen lang werden Waren preisgesenkt angeboten, um in den Lagern Platz für neue Waren zu schaffen.

12[L]

Ermittle die neuen Preise.

	a)	b)	c)	d)	e)
alter Preis	235 €	147 €	19,80 €	735 €	4 568 €
Preisnachlass	15 %	25 %	8 %	11 %	12,5 %

	f)	g)	h)	i)	j)
alter Preis	365 €	472 €	98,50 €	116 €	6 805 €
Verminderung auf	90 %	80 %	75 %	82 %	82 %

13[L]

In den folgenden Preisen ist die Mehrwertsteuer von 16 % bereits enthalten.
Wie viel Euro beträgt jeweils die Mehrwertsteuer?

a) 246 € **b)** 360 € **c)** 189 € **d)** 1 085 €
e) 4 505 € **f)** 23 125 € **g)** 220 € **h)** 550 €
i) 179 € **j)** 2 906 € **k)** 5 045 € **l)** 34 782 €

TIPP
Wenn in 246 € die Mehrwertsteuer von 16 % enthalten ist, dann gilt:
246 € ≙ 116 %

14

Herr Hartmann erhält eine Rechnung über 1 820 €. Auf der Rechnung steht der Zusatz: Bei Zahlung innerhalb von 10 Tagen wird ein Skonto von 2 % des Rechnungsbetrages gewährt. Wie viel Euro kann Herr Hartmann sparen, wenn er die Rechnung innerhalb der gestellten Frist bezahlt?

WUSSTEST DU SCHON?
Der **Skonto** ist eine prozentuale Vergütung für vorzeitige Zahlung.
Er enthält auch eine Prämie für die Ersparung von Risiko und Aufwand.
Es wird bis zu 3 % Skonto gewährt.
Rabatt ist ein Preisnachlass, der z. B. in folgenden Fällen gewährt wird:
Bei Abnahme größerer Mengen (Mengenrabatt), an Stammkunden (Treuerabatt), an den Handel (Wiederverkaufsrabatt), bei Räumungsverkäufen (Sonderrabatt) oder beim Verkauf an Betriebsangehörige (Personalrabatt).

15[L]

Das Autohaus „Flitzer“ gewährt Kunden einen Barzahlungsrabatt von 8 %.
Wie viel Euro muss man statt der angegebenen Preise bezahlen, wenn man diesen Rabatt in Anspruch nimmt?

a) 11 900 € **b)** 9 850 € **c)** 21 200 €

16

Wie viel Prozent betrug jeweils der gewährte Rabatt?

	a)	b)	c)	d)	e)
Rechnungsbetrag	980 €	724 €	635 €	1 490 €	1 898 €
gezahlter Betrag	882 €	615,40 €	582,20 €	1 117,50 €	1 803,10 €

17

Familie Muster will sich ein neues Auto kaufen. Für ein und denselben Typ haben sie drei unterschiedliche Angebote erhalten. Suche das günstigste Angebot heraus.

1. Angebot: 13 910 € ohne Abzug
2. Angebot: 14 100 €, bei Zahlung innerhalb einer Woche 2 % Skonto
3. Angebot: 14 230 €, bei sofortiger Barzahlung 4 % Rabatt

18

Autos verlieren sehr schnell an Wert. Im ersten Jahr sind es abhängig vom Autotyp bis zu 30 % des Neuwertes und im zweiten Jahr noch einmal bis zu 25 % des Wertes nach einem Jahr.
Welchen Preis kann man für ein 1 Jahr (2 Jahre) altes Auto verlangen, das ursprünglich **a)** 13 700 €, **b)** 9 820 €, **c)** 12 340 € gekostet hat?
(Rechne mit 30 % Wertverlust im 1. Jahr und 25 % im zweiten Jahr.)

19

Beim Ausverkauf in einem Schreibwarenladen werden alle Waren um 40 % im Preis reduziert. Steffen nutzt das günstige Angebot und kauft:
5 Schreibblöcke für 2,49 €; 10 Bleistifte für 2,34 €; 1 Bleistiftspitzmaschine für 9,99 € und 1 großen Zeichenblock für 2,67 €. Wie viel Euro hätte Steffen für die gleichen Waren vor der Preissenkung bezahlen müssen?

20L

Wie viel Prozent beträgt jeweils die Preisminderung beim Räumungsverkauf?

	a)	b)	c)	d)	e)
alter Preis	320 €	480 €	65 €	150 €	90 €
neuer Preis	240 €	384 €	45,50 €	90 €	67,50 €

21

Bei Konservendosen findet man Angaben zur Füllmenge und zum Abtropfgewicht. Berechne, wie viel Prozent der Füllmenge das Abtropfgewicht beträgt.

	a)	b)	c)	d)	e)
Füllmenge	400 g	290 g	340 g	400 g	190 g
Abtropfgewicht	250 g	170 g	285 g	230 g	115 g

INFORMATION
Die Füllmenge wird je nach Nahrungsmittel als Volumen oder Masse angegeben.
Beim Abtropfgewicht handelt es sich um eine Masseangabe.

22

Im Preis von 1 l Benzin sind 70 % Mineralölsteuer enthalten. Frau Heilmann tankt 43 l Benzin für 0,989 € pro Liter. Wie viel Euro von dem zu bezahlenden Preis beträgt die Mineralölsteuer?

WUSSTEST DU SCHON?
Der auf den Kraftverkehr entfallende Anteil der Mineralölsteuer wird weitgehend für den Straßenbau verwendet.

Die Kraftfahrzeughaftpflichtversicherung ist wegen der Gefährdungshaftung des Autohalters im Interesse des Geschädigten durch ein Gesetz vom 7. 11. 1939 zwangsweise vorgeschrieben.
Sie wird wirksam, wenn durch den Betrieb eines Kraftfahrzeugs Personen-, Sach- oder Vermögensschäden entstehen.

23L

Frau Henntig fährt schon lange unfallfrei und muss deshalb bei der Kraftfahrzeughaftpflichtversicherung nur 40 % des vollen Beitragssatzes bezahlen. Im vergangenen Jahr waren das 221,19 €. Durch Tarifänderungen wurde dieser Beitrag in diesem Jahr auf 278,70 € erhöht.

a) Um wie viel Prozent des alten Beitrags wurde der neue Beitrag heraufgesetzt?
b) Bereits bei geringfügigen Schäden, die man an fremden Autos verursacht, wird man in eine andere Schadensfreiheitsklasse eingestuft. Wie viel Euro müsste Frau Henntig in diesem Jahr mehr bezahlen, wenn sie 60 % des vollen Beitragssatzes bezahlen sollte?
c) Wie viel Euro müsste ein Anfänger für ein Auto gleichen Typs in diesem Jahr bezahlen, wenn er mit 225 % eingestuft wird?

24

Herr Schmidt kauft sich einen Computer für 1 800 €, den er in vier gleich großen Raten bezahlen möchte. Für den Ratenkauf verlangt der Händler 5 % Aufschlag.

a) Wie hoch sind die einzelnen Ratenbeträge?
b) Bei sofortiger Barzahlung hätte Herr Schmidt 3 % Skonto erhalten.
Wie viel Euro hätte er bei Nutzung dieses Angebots gespart?

25

Herr Krause holt täglich frisches Obst und Gemüse beim Großmarkt und verkauft es dann auf dem Markt. Er hat Ware für 4 000 € gekauft. Die Hälfte der Ware verkauft er mit 30 % Gewinn. Die Hälfte des Restes kann er mit 10 % Gewinn verkaufen und den verbleibenden Rest verkauft er zu Geschäftsschluss mit 15 % Verlust. Wie hoch sind die Einnahmen von Herrn Krause, wenn er vom Gesamtgewinn 2 % als Standmiete bezahlen muss?

26

Sebastian erhält 15 € Taschengeld, seine jüngere Schwester Anja 12 € im Monat. Anja sagt : „Ich bekomme 20 % weniger Taschengeld als du.“
Sebastian stellt fest: „Da wundere ich mich aber, denn ich bekomme doch 25 % mehr als du.“
Wer hat Recht? Kannst du den Widerspruch aufklären?

27

Der Preis für einen Koffer von 100 € wird um 10 % heraufgesetzt. Der neue Preis wird später wieder um 10 % gesenkt. Wie viel kostet der Koffer jeweils?

28

Ein PC kostete 1 225 €. Da es sich um ein Auslaufmodell handelt, wurde er um 15 % und dann nach Weihnachten noch einmal um 10 % im Preis reduziert.

a) Berechne den Preis nach jeder Preissenkung.
b) Wie viel Prozent des ursprünglichen Preises beträgt der Preis nach der zweiten Preissenkung?
c) Was sagst du zu Peters Vorschlag?
Peter: „Das ist doch ganz einfach: 15 % + 10 % = 25 %. Der Preis vermindert sich also um 25 %.“

29

Zum Ende des Schlussverkaufs werden die um 20 % verbilligten Waren noch einmal um 15 % im Preis reduziert. Die ursprünglichen Preise betrugen: 75 €, 94,95 € und 193,75 €.

a) Berechne die Endpreise.
b) Um wie viel Prozent wurde insgesamt reduziert?

WAS MEINST DU DAZU?
Eine Gemüsehändlerin beschließt:
Jeden Winter setze ich die Obstpreise um 25 % herauf und im Frühjahr um 20 % herab.
Ihr Mann zweifelt:
„Ob da die Kunden auf Dauer mitmachen, wenn du von Jahr zu Jahr teurer wirst?“

AUFGABEN ZUR WIEDERHOLUNG

1. Lies jeweils die Größe ab.

2. Welche Zahlen sind auf dem Zahlenstrahl markiert?

a)
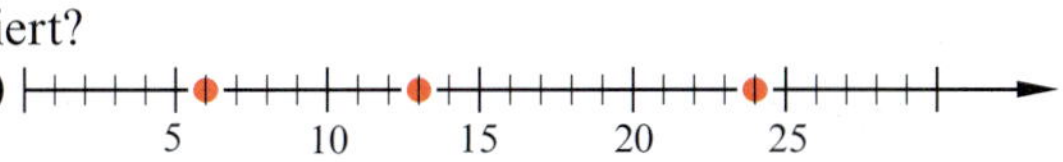

b)
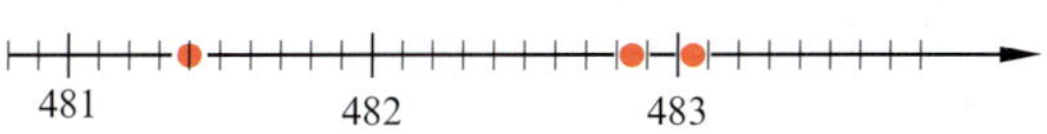

c)
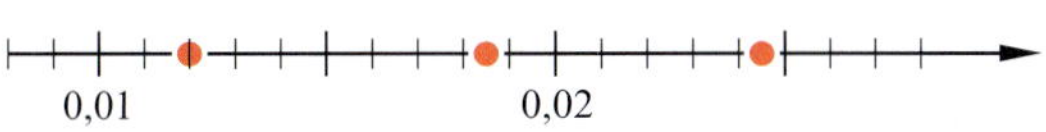

3. Zeichne einen Zahlenstrahl von 0 bis 10 auf Millimeterpapier. Trage folgende Zahlen ein:
0,7; 2,5; 5,8; $\frac{17}{4}$; $\frac{1}{2}$; 7,6; 9,1

4. Setze die Zahlenfolgen um zwei Glieder fort.

a) 1; 2; 3; 5; 8; …
b) $\frac{1}{3}$; $\frac{2}{3}$; 1; $\frac{5}{3}$; $\frac{8}{3}$; …
c) 1; 1,1; 1,3; 1,6; 2,0; …
d) 1; 3; 7; 15; 31; …

5. Welche Zahl liegt in der Mitte der beiden gegebenen Zahlen?

a) 456 und 459
b) 13,5 und 14
c) 9 und 99
d) 23 und 23,02
e) $\frac{4}{5}$ und 0,9
f) $\frac{1}{2}$ und $\frac{3}{4}$
g) 0 und $\frac{1}{2}$
h) $\frac{4}{20}$ und $\frac{4}{20}$

Überall Prozente – Anwendungen zur Prozentrechnung

Geographisches

1

a) Ermittle den prozentualen Anteil der Einwohner der in der Tabelle aufgeführten Bundesländer an der Gesamteinwohnerzahl Deutschlands.
b) Wie viel Quadratkilometer „besitzt" jeder Einwohner von „seinem" Bundesland?

Land	Fläche in km²	Einwohner
BRD (gesamt)	357 022	81 817 000
Brandenburg	29 479	2 542 000
Mecklenburg-Vorpommern	23 170	1 823 000
Sachsen	18 413	4 567 000
Sachsen-Anhalt	20 446	2 739 000
Thüringen	16 171	2 504 000

Nationalpark Unteres Odertal

2

Von 1990 bis 1998 wurde in Mecklenburg-Vorpommern die Anzahl der Naturschutzgebiete von 196 auf 245 erhöht, ihre Gesamtfläche stieg in dieser Zeit von 392 km² auf 631 km². Im selben Zeitraum stieg in Thüringen die Anzahl von 159 auf 213 und die Fläche von 131 km² auf 232 km².
a) Wie viel Prozent der Landesfläche Mecklenburg-Vorpommerns bzw. Thüringens nahmen 1990 und 1998 die Naturschutzgebiete ein?
b) Begründe: Thüringen ist dabei, gegenüber Mecklenburg-Vorpommerns hinsichtlich der Anlage von Naturschutzgebieten aufzuholen.
c) Informiere dich über Schutzgebiete in deiner Nähe.

WUSSTEST DU SCHON?

In Naturschutzgebieten sind Eingriffe und Nutzungen nur zum Erhalt des natürlichen Zustandes erlaubt. Seltene Tierarten und wild wachsende Pflanzen sollen geschützt werden. Insgesamt gibt es in der BRD mehr als 6 200 Naturschutzgebiete mit einer Gesamtfläche von ca. 8 200 km². Dem Schutz der Natur und der Erholung des Menschen dienen auch Nationalparks, Biosphärenreservate, Landschaftsschutzgebiete und Naturparks.

3

Die Bundesrepublik Deutschland ist unter den Ländern der EU eines der waldreichsten. Rund 10,7 Mio. Hektar des Landes sind mit Wald bedeckt.
Die nebenstehende Tabelle zeigt die Verteilung der Baumarten in Deutschland.

Baumart	Anteil
Fichte und anderes Nadelholz	35,4 %
Kiefer, Lärche	30,7 %
Buche und anderes Laubholz	25,3 %
Eiche	8,6 %

a) Berechne den Anteil der einzelnen Baumarten am Waldbestand in Mio. Hektar.
b) Veranschauliche den Baumartenanteil grafisch durch ein Kreisdiagramm.

4

In Kanada und in den USA gab es ursprünglich weite Gebiete, die von Urwald bedeckt waren. Eine Statistik aus dem Jahr 1993 gibt an, dass die Urwaldfläche von Kanada nur noch 274 Mio. Hektar einnimmt, das sind 51,7 % der ursprünglichen Fläche. In den USA waren ursprünglich 438 Mio. Hektar vom Urwald bedeckt, 1993 waren es nur noch 296 Mio. Hektar.
a) Wie viel Mio. Hektar betrug die ursprüngliche Urwaldfläche in Kanada?
b) Um wie viel Prozent verringerte sich die Urwaldbedeckung in den USA?

5

Die nebenstehende Tabelle zeigt die geschätzte Veränderung der Gesamtwaldfläche auf der Erde.

a) Berechne die prozentuale Abnahme des Waldbestandes und stelle die Ergebnisse grafisch dar.

b) Die Schätzung des Waldbestandes für das Jahr 2000 ergibt gegenüber 1978 eine prozentuale Verminderung auf 80,8 %. Berechne für das Jahr 2000 den voraussichtlichen Waldbestand in Mrd. Hektar.

Jahr	Wald-bestand in Mrd. ha
2000 v. Chr.	ca. 4,0
1000 v. Chr.	ca. 3,5
1955	ca. 3,3
1978	ca. 2,6

6

Die Gesamtoberfläche der Erde beträgt 510 Mio. km^2. Das Festland nimmt 147,9 Mio. km^2 ein.

a) Berechne, wie viel Prozent der Erdoberfläche mit Wasser bedeckt sind.

b) Informiere dich in deinem Atlas, welche Flächenanteile der Pazifische Ozean, der Atlantische Ozean und der Indische Ozean einnehmen. Erstelle grafisch einen geeigneten prozentualen Größenvergleich.

WUSSTEST DU SCHON?

Wenn es sich bei den Wasservorräten der Erde auch um gigantische Mengen handelt, so ist das verfügbare Süßwasser dennoch begrenzt.
Man benötigt z. B. für die Herstellung folgender Produkte erstaunliche Wassermengen:

1 l Bier	20 l
1 Getränkedose	40 l
1 kg Stahl	25 – 200 l
1 kg Papier	400 – 1000 l
1 Pkw	bis 380 000 l

7

Wasservorräte der Erde	Volumen in km^3	Anteil in %
Weltmeere	1 348 000 000	
Polareis, Meereis, Gletscher	27 820 000	
Grundwasser, Bodenfeuchte	8 062 000	
Seen, Flüsse	225 000	
Atmosphäre	13 000	

a) Welche Gesamtmenge an Wasser ist auf unserer Erde vorrätig?

b) Übertrage die Tabelle in dein Heft und ergänze die Werte der 3. Spalte.

c) Prüfe, ob deine errechneten prozentualen Anteile in der Summe 100 % ergeben. Findest du einen Weg, evtl. „Fehler“ in deiner Statistik noch auszugleichen?

d) Nur 2,8 % der Wasservorräte der Erde sind Süßwasser, das zum größten Teil im Polareis und in Gletschern gebunden ist. Vom Menschen sind nur rund 10 % des Süßwassers nutzbar. Wie viel Kubikkilometer sind das?

8

Voraussichtliche Zunahme der Weltbevölkerung von 1990 bis 2025
Angaben in Mio. Menschen; Angaben für 2000 und 2025 nach UNO-Schätzungen

Gebiet/Region	1990	2000	2025
Entwicklungsländer	4 085,6	4 996,7	7 150,3
Industrieländer	1 206,6	1 264,1	1 353,9

a) Auf wie viel Prozent steigt die Weltbevölkerung laut dieser statistischen Schätzung bis zum Jahr 2025 gegenüber 1990 an?

b) Erstelle einen grafischen Vergleich des Bevölkerungswachstums in den aufgeführten Gebieten.

c) Informiere dich über die Energiereserven unserer Welt sowie den derzeitigen und geschätzten künftigen Energieverbrauch pro Kopf der Weltbevölkerung.

Schule, Studium und Beruf

9

Jens berichtet seinen Eltern vom heutigen Vergleichswettkampf mit den 7. Klassen des anderen Gymnasiums der Stadt: „Es nahmen 106 Schülerinnen und Schüler von unserer Schule und 131 des anderen Gymnasiums teil. Wir haben insgesamt leider nur 48 Medaillenplätze belegt, das andere Gymnasium dagegen 53.“
Ist das „Leider“ berechtigt?

10

In der letzten Mathearbeit erhielten 4 Schülerinnen und Schüler die Note 1, 8 die Note 3, 4 die Note 4, 3 die Note 5 und einmal musste die Note 6 erteilt werden.
Wie viel Prozent der Schüler lagen mit ihrer Note über dem Klassendurchschnitt?

11

Die Bundesbürger haben einen hohen Medikamentenkonsum: 34 von 100 nehmen täglich oder fast täglich Medikamente ein; ein- oder mehrmals die Woche nehmen 4 von 100 Medikamente ein; ein- oder mehrmals im Monat 11 von 100, selten 41 von 100; der Rest nimmt nie Medikamente ein.
Ermittle, wie viele Bundesbürger bei einer Gesamteinwohnerzahl von rund 81 Millionen zu der jeweils statistisch erfassten Gruppe gehören. Veranschauliche die Zahlen in einem geeigneten Diagramm.

12

Die Geographielehrerin Frau Merkus findet in ihren Arbeitsunterlagen eine interessante Statistik zur Welternährung.

a) Rechne die prozentualen Angaben in Kalorien um und stelle die Angaben für die einzelnen Länder in einem Streifendiagramm dar.

b) Frau Merkus bittet ihren Sohn, ihr per Computer eine übersichtliche Grafik für den Unterricht zu zeichnen. Gibt es auch unter euch solche Computerspezialisten?

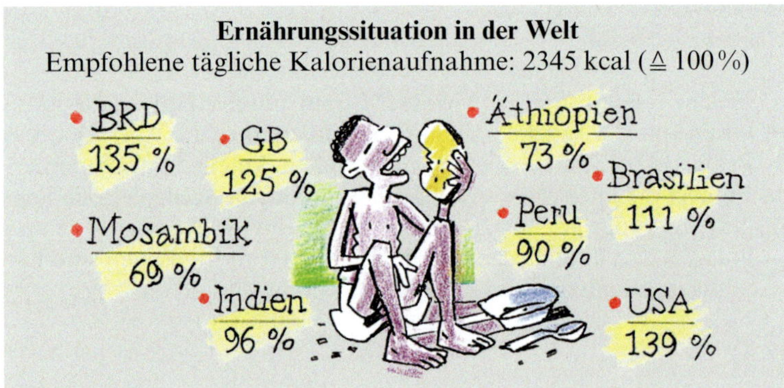

13

Frau Klein fährt jeden Tag mit dem Pkw zum Dienst. Sorgfältig trägt sie alle Touren und Tankdaten in ein Fahrtenbuch ein und rechnet monatlich ab.
Wie jedes Jahr ärgert sie sich darüber, dass ihr Auto statt normal durchschnittlich 7,2 Liter in den Wintermonaten 11,25 % mehr Benzin verbraucht.
Wie viel Liter Benzin „schluckt“ der Pkw durchschnittlich in den Wintermonaten?

14

Sandro benutzt als Student an seinem Studienort die öffentlichen Verkehrsmittel. Eine Monatskarte kostet 19 €. Studenten können jedoch auch ein 4 Monate gültiges Semesterticket für 71 € erwerben.
Wie viel Prozent kann er sparen?

15

Mandy hat heute im Biologieunterricht Interessantes über Geburtsgewichte von Tierkindern verschiedener Arten gehört. Sie erzählt zu Hause, dass eine Elefantenkuh, die etwa 4 Tonnen wiegt, es ganz schön schwer hat, denn sie muss ein 100 kg schweres Elefantenbaby zur Welt bringen. Mandy möchte nun wissen, wie schwer sie eigentlich bei der Geburt war. Sie erfährt, dass sie bei der Geburt 3000 g gewogen hat und ihre Mutter 60 kg.

a) Berechne den prozentualen Anteil von Mandys Geburtsgewicht am Gewicht ihrer Mutter.

b) Übertrage den prozentualen Anteil des Geburtsgewichts des Menschenbabys am Gewicht der Mutter auf die Tierfamilie. Wie schwer könnte dann ein Elefantenbaby sein?

ANREGUNG

Findet selbst verwunderliche und interessante prozentuale Größenvergleiche. Gestaltet in der Klasse ein Poster mit entsprechenden Informationen, Fotos, Zeichnungen und Aufgaben.

16

In einem Studentenwohnheim leben 300 Studentinnen und Studenten. 245 von ihnen sprechen Französisch und 98 Russisch.
Mindestens (höchstens) wie viel Prozent der Studentinnen und Studenten sprechen sowohl Französisch als auch Russisch?

Haushalt und Finanzen

17

Mutter Klein stellt beim Einkauf von Waschpulver im Supermarkt erfreut fest, dass das Paket statt 6,29 € nur noch 4,99 € kostet.
Um wie viel Prozent ist der Preis gesunken?

18

Frau Schneider beschließt, eine neue Rosenrabatte im Garten anzulegen. Sie sichtet zunächst die Angebote im Gartenkatalog. Das unten stehende Angebot sagt ihr zu. Sie möchte 8 Rosen zu kaufen.

a) Wie viel Prozent spart sie beim Kauf von je einer Packung zu 3 und zu 5 Rosen gegenüber Einzelkauf?

b) Wie groß ist der Anteil des Portos an der Gesamtrechnung bei Sofortzahlung?

c) Im Bau- und Gartenmarkt könnte sie eine ähnliche Rosensorte für 4,45 € pro Stück erwerben, jedoch nur im Einzelverkauf. Allerdings gewährt ihr das Gartencenter einen Kundentreuerabatt von 6 %. Könnte Frau Schneider im Gartencenter preislich vorteilhafter einkaufen?

Neu im Katalog

Zwergrosen

1 Stück	4,15 €
3 Stück	9,95 €
5 Stück	19,90 €
10 Stück	38,25 €

Bei Sofortzahlung durch Nachnahme: 3 % Skonto
Verpackung, Porto: 2,85 €

19

Nachdem in der Wohnung der Familie Maier das Bad modernisiert wurde, hebt der Vermieter die Monatsmiete um 4,5 % an. Die Modernisierung kostete 2 140 €.

a) Wie viel Geld müssen die Maiers jetzt jeden Monat mehr einplanen, wenn die bisherige Miete 435,50 € betrug?

b) Der Vermieter darf 11 % der Modernisierungskosten pro Jahr auf die Miete umlegen. Ist die vorgenommene Mieterhöhung berechtigt?

20

Herr und Frau Graul kaufen am Sonderangebotstag in ihrem Supermarkt ein Paket Waschpulver für 4,99 € statt 6,25 €, 2 Päckchen Kaffee zu je 4,33 € statt 4,59 €, einen tiefgefrosteten Apfelstrudel zu 0,99 € statt 1,49 € und Broccolisalat statt 1,39 € ebenfalls nur für 0,99 €.

a) Berechne, wie viel Prozent des ursprünglichen Preises für jeden dieser Artikel Familie Graul am Sonderangebotstag einspart.

b) Wie viel haben die Grauls insgesamt gespart?

21

Opa Klein musste im laufenden Kalenderjahr für eine Hausratsversicherung 49,40 € und für eine Haftpflichtversicherung 48,25 € zahlen. Aus Überschüssen, die sich durch eine günstige Schadensentwicklung des laufenden Kalenderjahres ergeben haben, erhält er 9 % Beitragsrückerstattung bei der Hausratsversicherung und 12 % bei der Haftpflichtversicherung. Gleichzeitig erhöht sich die Versicherungssumme für Hausrat im neuen Beitragszeitraum dynamisch um 1 %.
Wie viel Euro werden vom Konto unter Berücksichtigung der Gutschrift noch für das neue Beitragsjahr abgebucht?

22

Familie Haase möchte eine Rechtsschutzversicherung abschließen. Für den Jahresbeitrag von 129,90 € sind verschiedene Zahlweisen möglich:
Einmalzahlung; halbjährliche Zahlung mit 3 % Zuschlag vom Jahresbeitrag; vierteljährliche Zahlung mit 5 % Zuschlag vom Jahresbeitrag.
Welcher Jahresbeitrag ergibt sich bei halbjährlicher bzw. vierteljährlicher Zahlung?

Freizeit und Urlaub

23

Die Mitglieder eines Kleingartenvereins wollen auf ihrer Jahreshauptversammlung eine veränderte Satzung beschließen. Dazu müssen entsprechend einer Vereinbarung mehr als 60 % der Vereinsmitglieder anwesend sein.
Der Vorstand des Gartenvereins teilt mit, dass 39 von 63 eingetragenen Vereinsmitgliedern erschienen sind. Ist die Mitgliederversammlung beschlussfähig?

24

Sarahs großer Bruder ist sauer, er hat im Vorverkauf keine Karte mehr für ein Konzert seiner Lieblings-Rockgruppe bekommen. Sarah schlägt ihm einen Handel vor: „Ich besorge dir über einen Freund eine Karte, aber du musst sie für 25,25 € kaufen, das bedeutet 10 % Aufschlag. Außerdem kannst du mir für meine gute Idee ein kleines Dankeschön von 5 % des ursprünglichen Kartenpreises zahlen.
Wie „groß" ist das „Dankeschön" für Sarah?

25

Auf dem Campingplatz am Birkensee werden aus betriebstechnischen Gründen die Stellplatzgebühren für das kommende Kalenderjahr um 12 % angehoben.
Berechne den neuen Stellplatzpreis, wenn Karins Großeltern bisher für ihren Wohnwagen pro Saison 410 € zahlen mussten.

26

Renate und Dietmar haben nach der Schule mit den Großeltern in einer Gaststätte gut zu Mittag gegessen und wurden zuvorkommend bedient. Opa läßt sich die Rechnung bringen und zahlt 42 €. Enkeltochter Renate hat zuvor den Gesamtpreis entsprechend der Speisekarte zu 40,65 € errechnet.
Wie viel Prozent des Gesamtrechnungsbetrages gab Opa als Trinkgeld?

27

Fred berichtet am Abend begeistert von seiner Schulexkursion: „Wusstet ihr schon, dass die Fichte bei uns in Europa der höchste Baum mit etwa 30 bis 50 Metern ist, wobei die größten Exemplare eine Höhe von 70 Meter erreichen? Aber in Kalifornien ist der höchste Küstenmammutbaum (Sequoia) noch um 58,6 % höher als die höchsten unserer einheimischen Fichten."
Freds Vater greift schnell zum Taschenrechner, um die Höhe des Mammutbaumes zu ermitteln. Zu welchem Ergebnis kommt er?

28

Herr Bergmann entdeckt zwei interessante Angebote für 8 Tage Winterurlaub in den Bergen mit Übernachtung und Frühstück bei eigener Anreise.
Vergleiche die Preisangebote beider Pensionen, wenn Herr und Frau Bergmann mit der 10-jährigen Tochter und dem 13-jährigen Sohn eine Urlaubsfahrt unternehmen wollen.

Pension Bergdorf
pro Person 133 €
Sonderkinderermäßigung:
4– 9 Jahre 50 %
10–12 Jahre 30 %
13–16 Jahre 10 %

Pension Bergblick
pro Person 151 €
Sonderkinderermäßigung:
Kinder bis 6 Jahre 100 %
7–12 Jahre 50 %
13–16 Jahre 30 %

Ferienpension im Allgäu

29

Frau Bergmann informiert sich im Tourenatlas und in Regionalkarten schon mal für die Fahrtroute zum Urlaubsort. Sie entdeckt, dass auf dem letzten Streckenabschnitt im Winter unbedingt Schneeketten erforderlich sind.
Von der Hauptstraßenabzweigung bis zur Pension Bergdorf ist auf der Karte eine Entfernung von 1,5 km angegeben und es wird auf eine Steigung von 20 % hingewiesen. Bei Anfahrt zur Pension Bergblick ist auf 2 Kilometer ein Höhenunterschied von 450 Metern zu überwinden.

a) Veranschauliche an einer Zeichnung, was 20 % Steigung bedeutet.
b) Ermittle den Höhenunterschied, der vom Abzweig bis zur Pension Bergdorf zurückzulegen ist.
c) Wie groß ist die Steigung der Zufahrtsstraße zur Pension Bergblick?

BEISPIEL
10 % Steigung bedeutet, dass auf einer Strecke von 100 m ein Höhenunterschied von 10 m zu überwinden ist.

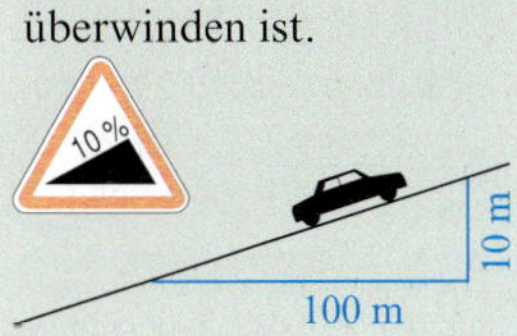

30

Andreas and his friends are going on a bicycle tour from Dresden to Hamburg, a distance of 498 kilometres. After one day of cycling they have covered twenty-two per cent of the entire distance.
How many kilometres are still ahead of Andreas?

VOKABELN
per cent: Prozent
entire: gesamt

Kleine Anteile – Promille

1

Caroline interessiert sich sehr für Geographie. Zum Geburtstag schenken ihr die Eltern ein neues Computerprogramm mit vielen wissenswerten Informationen. Beim Arbeiten mit dem Computerprogramm stößt sie auf folgende Angaben:
Salzgehalt des Nordseewassers: 35 Promille
Salzgehalt des Ostseewassers: 7 Promille
Was bedeutet die Zahlenangabe in Promille?

INFORMATION

In Geographielehrbüchern wird der Salzgehalt von Wasser im Allgemeinen in Gramm pro Liter angegeben.
Bei der Angabe des Salzgehalts in Promille geht man davon aus, dass 1 Liter Salzwasser eine Masse von rund 1 kg hat.

Sehr kleine Anteile gibt man mitunter in **Promille (‰)** an.
Ein Ganzes sind 1000 ‰.
1 Promille (1 ‰) ist ein Tausendstel des Ganzen.

$1\text{‰} = \frac{1}{1000} = 0{,}001$

BEISPIEL

Es sind 5 ‰ von 7 Liter zu berechnen.

Wir rechnen:
1 ‰ von 7 l sind $\frac{1}{1000}$ von 7 l, also 0,007 l bzw. 7 ml.
5 ‰ von 7 l sind 5 · 7 ml = 35 ml.

5 ‰ nennt man den Promillesatz, 7 l den Grundwert und 35 ml den Promillewert.

WUSSTEST DU SCHON?

„585er Gold“ bedeutet: Der reine Goldanteil beträgt 585 ‰.
Wie viel Gramm reinen Goldes enthält z. B. ein Ring aus 585er Gold, der $7\frac{1}{2}$ g wiegt?

2

Wie viel Gramm Salz sind in einem 10-Liter-Eimer gefüllt mit Nordseewasser und in einer 0,7-Liter-Flasche gefüllt mit Ostseewasser enthalten?
(Entnimm die notwendigen Angaben der Aufgabe 1.)

3L

Schreibe als Promille.

a) $\frac{27}{1000}$ **b)** $\frac{3}{4}$ % **c)** $\frac{5}{10\,000}$ **d)** $\frac{3}{100}$
e) 0,981 00 **f)** 0,004 **g)** 0,035 % **h)** 5,002 %

4L

Schreibe als Dezimalbruch.

a) 9 ‰ **b)** 1,12 ‰ **c)** 52 ‰ **d)** $1\frac{1}{4}$ ‰
e) 0,75 ‰ **f)** 5 050 ‰ **g)** 200 ‰ **h)** 0,000 01 ‰

5L

Berechne den Promillesatz.

a) 150 mg von 120 g **b)** $1\frac{1}{2}$ cm von 3 m **c)** 21 g von 4,5 kg
d) 3 m von 6,3 km **e)** 34 Cent von 12 500 € **f)** 3,4 von 2 059
g) 0,9 ml von 9 l **h)** 50 von 1 Mio. **i)** 0,8 mg von 11 g

BEACHTE

bei Aufgabe 5:
Für 17 mg von 35 g sei der Promillesatz zu berechnen:
35 g = 35 000 mg
Rechnet man mit einem Taschenrechner 17 : 35 000, so zeigt er evtl. Folgendes an:
4.857142857E-04 oder
4.857142857^{-04}.
Die „-04“ bedeutet:
Du musst 4 Nullen vor die Zahl setzen und das Komma um 4 Stellen nach links verschieben:
0,0004857142857.
Wegen 0,001 = 1 ‰ ist dann das Ergebnis rund 0,49 ‰.

6

Jeanettes Vater staunt über eine Zeitungsmeldung: „Da hat man doch bei einer Verkehrskontrolle einen Autofahrer mit einem Alkoholgehalt von 3,7 Promille geschnappt!" Jeanette überlegt: „Der menschliche Körper beinhaltet etwa 5 Liter Blut, das bedeutet ja, dass der Kraftfahrer … Milliliter Alkohol im Blut hatte."
Zu welchem Ergebnis kommt sie?

WUSSTEST DU SCHON?

Bereits bei 0,5 ‰ Alkoholgehalt im Blut sind manche Personen fahruntüchtig.
Bei Werten über 0,5 ‰ ist Fahren unter Alkohol in Deutschland strafbar.
Bei einem Unfall bewirkt jeder nachweisbare Alkoholgehalt eine Mitschuld.

7

a) Familie Schütze hat ihren Hausrat mit 55 000 € versichert. Der jährlich zu bezahlende Versicherungsbeitrag beträgt 1,6 ‰ der Versicherungssumme.
Welchen Jahresbeitrag zahlt Familie Schütze für die Hausratsversicherung?

b) Der Besitzer eines Einfamilienhauses zahlt im Jahr für sein Haus 350 € Versicherungsprämie, das sind 2 ‰ der Versicherungssumme für eine Hausratsversicherung. Ermittle die Höhe der Versicherungssumme.

INFORMATION

Für extrem kleine Anteile verwendet man in Wissenschaft und Technik folgende Abkürzungen, die sich aus dem Amerikanischen ableiten:

1 ppm $= \frac{1}{1\,000\,000} = 0{,}000\,001$	für 1 pro Million	(part per million)
1 ppb $= 0{,}000\,000\,001$	für 1 pro Milliarde	(part per billion)
1 ppt $= 0{,}000\,000\,000\,001$	für 1 pro Billion	(part per trillion)
1 ppq $= 0{,}000\,000\,000\,000\,001$	für 1 pro Billiarde	(part per quadrillion)

Beispielsweise sind 0,4 mg von 200 kg

$$\frac{0{,}4\text{ mg}}{2\text{ kg}} = \frac{0{,}4\text{ mg}}{2\,000\,000\text{ mg}} = 0{,}000\,000\,2 = 0{,}000\,2\text{ ‰} = 0{,}2\text{ ppm} = 200\text{ ppb}.$$

BEISPIELE
zur Veranschaulichung extrem kleiner Anteile

1 ppm
Eine Stecknadel in 1 t Heu

1 ppb
5 Personen unter der Weltbevölkerung

1 ppt
Ein Abschnitt von 0,4 mm Länge auf der Strecke Erde – Mond

1 ppq
1 Roggenkorn in einem 20 000 km langen Güterzug voller Weizen

8[L]

Berechne bei Aufgabe 5 die Anteile in part per million (ppm).

AUFGABEN ZUR WIEDERHOLUNG

1. Gegeben sind die Zahlen
$4{,}5;\ 7;\ 98;\ \frac{1}{3};\ \frac{8}{4};\ 45;\ 0{,}78;\ \frac{3}{1};\ 78;\ 9{,}08;\ \frac{56}{3};\ 32;$
$0{,}333\,33;\ 7{,}0;\ 8\,654;\ 6\,543{,}987;\ 0.$
   a) Schreibe auf, welche dieser Zahlen natürliche Zahlen sind.
   b) Schreibe auf, welche dieser Zahlen gebrochene, aber keine natürlichen Zahlen sind.

2. Entscheide, ob die folgenden Aussagen für natürliche und für gebrochene Zahlen gelten.
   a) Jede Zahl hat einen Nachfolger.
   b) Zwischen zwei beliebigen Zahlen liegen immer noch weitere Zahlen.
   c) Durch null kann man nicht dividieren.
   d) Die kleinere von zwei Zahlen liegt auf dem Zahlenstrahl weiter links.

3. Untersuche, ob die Gleichungen im Bereich der natürlichen und im Bereich der gebrochenen Zahlen lösbar sind. Gib ggf. die Lösung an.
   a) $3x = 7$ **b)** $7x + 4 = 25$
   c) $8x + 7 = 11$ **d)** $x + 7 = 3$
   e) $6x - 1 = 11$ **f)** $3x = 7x$

4. Entscheide, ob die gegebenen Zahlen Elemente der genannten Teilermenge sind.
Es gilt z. B. $3 \subset T_6$ (denn $3 \mid 6$) und $4 \not\subset T_6$ ($4 \nmid 6$).
   a) 1, 2, 3, 5, 6; T_{12} **b)** 2, 3, 5, 8, 11; T_{72}
   c) 2, 3, 9, 13; T_{117} **d)** 1, 3, 9, 13, 127; T_{127}

5. Gegeben sind die Teilermengen T_3, T_4, T_5, T_6, T_8 und T_{12}. Welche dieser Teilermengen sind eine Teilmenge einer anderen gegebenen Teilermenge?
Zum Beispiel gilt $T_3 \subset T_6$.

Umwelt

Regenwälder – vernichteter Reichtum

Tropischer Regenwald in Neuseeland

Es war 1989, als ein neunjähriger Grundschüler aus Schweden einen Diavortrag über den Regenwald und dessen Zerstörung sah. Anschließend hatte er die Idee Geld zu sammeln und davon ein Stück des Regenwaldes zu kaufen, um es vor der Vernichtung zu schützen. Seine Schule erwarb ein 1600 Hektar großes Waldstück, das mittlerweile zum Naturschutzgebiet erklärt wurde. Viele Kinder schlossen sich an. Der Regenwald der Kinder – er befindet sich in Costa Rica – war bis 1995 auf 25 000 Hektar angewachsen.
Auf diesen zwei Seiten wollen wir einige Anregungen zur Beantwortung folgender Fragen geben:
- Was ist das Besondere am tropischen Regenwald?
- Warum müssen wir sehr an seiner Erhaltung interessiert sein?
- Wodurch ist er so stark gefährdet?

1

Zur Vorbereitung; an die ganze Klasse:

a) Informiert euch in einem Lexikon, wo sich die größten Regenwälder unserer Erde befinden. Sucht diese Gebiete auch in einem Atlas auf.
Sammelt aus Zeitschriften Material über tropische Regenwälder. Tragt die Fragen zusammen, um die es in diesen Artikeln geht. Wie weit betreffen auch euch die Probleme des Regenwaldes?

b) Veranschaulicht euch die Größe des „Waldes der Kinder":
Der Größe wie vieler Fußballfelder von 100 Meter mal 75 Meter entspricht der „Wald der Kinder". Oder: Welche Seitenlängen könnte ein Rechteck haben, dessen Inhalt so groß ist wie der „Wald der Kinder"?

Orang Utan im Regenwald Indonesiens

Artenvielfalt im Regenwald: Sicher weißt du, dass es im Regenwald das ganze Jahr über warm und feucht ist und die Pflanzen deshalb in einer Vielfalt, Größe und Schönheit gedeihen, wie es das auf der gesamten Erde nicht noch einmal gibt. Auch Tiere, vor allem Vögel und Insekten, haben sich im Laufe der 60 bis 100 Millionen Jahre währenden Entwicklung des Regenwaldes in einem einzigartigen Artenreichtum herausgebildet.
Es ist den Forschern noch nicht genau bekannt, wie viele Pflanzen- und Tierarten es auf der Erde gibt. Es wird geschätzt, dass es zwischen 3 und 10 Millionen sind, von denen 25 bis 40 Prozent in den Tropischen Regenwäldern beheimatet sind.
Die größte Artenvielfalt ist in den Regenwäldern Südamerikas vorhanden. Mindestens 30 000 höhere Pflanzenarten sind dort bekannt. In den Regenwäldern Südostasiens sind es etwa 25 000 und in denen Afrikas „nur" rund 17 000.
In Deutschland findet man höchstens 2 500 Arten von Blütenpflanzen und Bäumen.

Aufsitzerpflanzen im Regenwald auf Guadeloupe (Kleine Antillen)

Vernichtung von Regenwald: Bis 1980 wurde der ursprüngliche Bestand des Regenwaldes etwa auf die Hälfte reduziert. Er nahm damals noch eine Fläche von ca. 19,5 Millionen Quadratkilometer ein. Das waren rund 13 Prozent der Landoberfläche der Erde.
Im Jahr 1980 wurden 115 000 Quadratkilometer Regenwald vernichtet. In den Jahren 1980 bis 1989 wurden etwa 1,5 Millionen Quadratkilometer vernichtet. Dabei waren es im Jahr 1989 sogar 90 Prozent mehr als 1980.

2

a) Wie viele Tier- und Pflanzenarten sind nach der genannten Schätzung mindestens im Regenwald zu finden? Wie viele könnten es sogar maximal sein?
b) In welchem Verhältnis steht die Artenzahl in Deutschland zu der Anzahl von Arten in den Regenwäldern Afrikas, Südostasiens und Südamerikas?
c) Durch die fortschreitende Vernichtung des Regenwaldes sind bis zum heutigen Tage etwa 15 Prozent der Arten vernichtet worden.
Berechne, wie viele das in den drei genannten Regenwaldgebieten wären und vergleiche diese Zahl mit der Artenzahl in Deutschland.

Geht die Vernichtung des Regenwaldes mich etwas an? Kann ich etwas zum Erhalt tun? Was sind die Ursachen der Waldvernichtung?

3

a) Wie viel Quadratkilometer wurden im Jahr 1989 vernichtet? Wie viel Quadratkilometer waren am Anfang des Jahres 1989 noch vorhanden?
b) Wie viel Prozent der am Jahresanfang noch vorhandenen Fläche wurde 1989 vernichtet?

4

Wissenschaftler versuchen die weitere Entwicklung des Regenwaldes abzuschätzen. Sie kommen dabei zu unterschiedlichen Schätzungen, z. B.:
A: Die jährlich vernichtete Fläche bleibt gleich groß.
B: Der prozentuale Anteil der pro Jahr vernichteten Fläche bleibt gleich groß.
Bei Berechnungen nach diesen Schätzungen kann man von etwa 17,8 Mio. km^2 Regenwald im Jahre 1990 ausgehen. Nach den Werten der 90er-Jahre müsste man bei A annehmen, dass alle 10 Jahre 1,15 Mio. km^2 Regenwald vernichtet werden, bei B wären es alle 10 Jahre 6 % der jeweils verbliebenen Regenwaldfläche.
a) Überlege ohne zu rechnen: Nach welcher der beiden Prognosen nimmt die Fläche des Regenwaldes schneller ab? Begründe deine Antwort.
b) Berechne nach beiden Schätzungen die Größe des verbleibenden Regenwaldes in den Jahren 2000, 2010, 2020, 2030, 2040 und 2050.
c) Fertige mit den Daten aus b) ein anschauliches Diagramm an.

ANREGUNG
Versuche aktuelles Material über den Verlauf der Vernichtung tropischer Regenwälder zu erhalten. Kann man daraus schon erkennen, welche der beiden Schätzungen den wirklichen Verlauf besser vorher sagt?

Böden im tropischen Regenwald: Organische Abfallprodukte werden im tropischen Regenwald in kurzer Zeit abgebaut, da es keinen Winter gibt. Deshalb besitzt der Boden des Regenwaldes im Gegensatz zu Wäldern in gemäßigten Klimazonen nur einen geringen Nährstoffgehalt (s. Bild 2). Die Nährstoffvorräte sind zu einem großen Teil in den lebenden Pflanzen selbst gespeichert.
Die Nährstoffarmut des Bodens führt zu einem sehr schnellen Ertragsrückgang auf gerodeten feuchttropischen Böden. Bild 1 zeigt das für den Maisanbau.

5

a) Lies aus den Diagrammen im Bild 2 ab, wie viel Prozent der Nährstoffe jeweils in der Erde, in den abgestorbenen Pflanzen und in den lebenden Pflanzen gebunden sind. Lies aus dem Diagramm im Bild 1 ab, auf wie viel Prozent die Erträge jeweils zurückgehen.
b) Fertige ein dem Bild 1 entsprechendes Diagramm für Baumwollerträge an: 2. Jahr 100 %, 3. Jahr 88 %, 4. Jahr 58 %, 5. Jahr 42 %.
c) Welche Probleme ergeben sich aus dem schnellen Ertragsrückgang auf gerodeten feuchttropischen Böden?

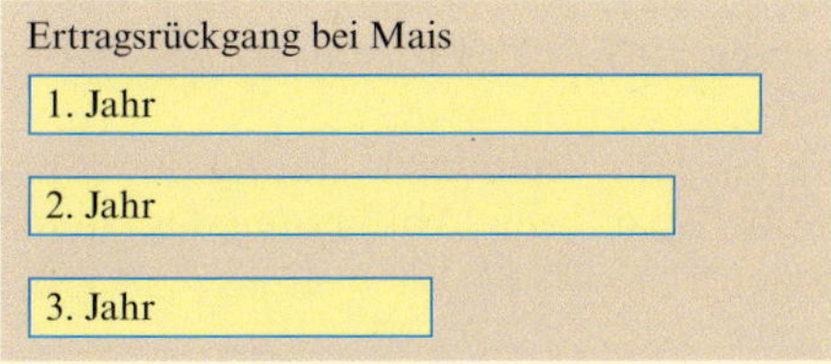

B1

Verteilung der Nährstoffe

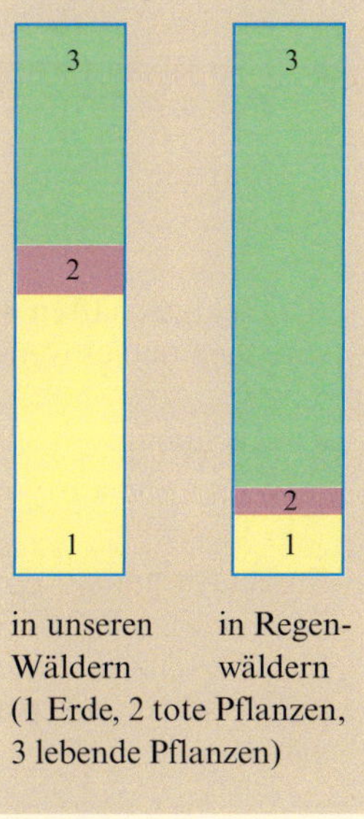

in unseren Wäldern in Regenwäldern
(1 Erde, 2 tote Pflanzen, 3 lebende Pflanzen)
B2

Zinsrechnung

1

Tobias hat von seinen Großeltern zu seinem 14. Geburtstag ein Sparbuch mit einem Guthaben von 500 € geschenkt bekommen.
Versuche herauszubekommen, wie viel Euro er zu seinem 18. Geburtstag abholen kann, wenn jährlich 3 % Zinsen gezahlt wurden, die zum Guthaben hinzukommen, und sonst nichts abgeholt und nichts eingezahlt wurde.

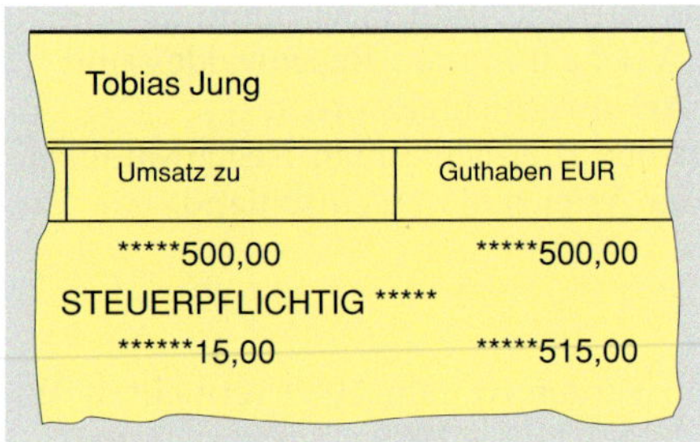

2

Herr Kohl hat sich zum Kauf eines neuen Autos für ein Jahr bei einer Bank 2500 € geliehen. Dafür muss er 8 % Zinsen und $\frac{1}{2}$ % der Kreditsumme als Bearbeitungsgebühr bezahlen.
Welchen Betrag muss Herr Kohl seiner Bank nach Ablauf des Jahres zurückzahlen?

BEISPIELE

a) Mathias hat ein Festgeldkonto über 400 €, das mit 5,5 % verzinst wird. Wie viel Zinsen bekommt er nach einem Jahr?

b) Martina freut sich, dass sie von den Zinsen, die sie für das vergangene Jahr erhalten hat, den gewünschten Walkman für 30 € kaufen kann.
Wie viel Geld hatte Martina auf dem Konto, wenn der Zinssatz 5 % betrug?

Es handelt sich auch hier um Grundaufgaben der Prozentrechnung.

a) Hier ist der Prozentwert gesucht:
$W = 400\,€ \cdot 0{,}055 = 22\,€$
Mathias erhält 22 € Zinsen gutgeschrieben.

b) Hier ist der Grundwert auszurechnen:
$G = 30\,€ : 0{,}05 = 600\,€$ oder $G = 30\,€ \cdot \frac{100}{5} = 600\,€$
Martina hatte also 600 € auf ihrem Konto.

Bei Geldgeschäften wird anstelle von Prozentrechnung von Zinsrechnung gesprochen und es werden folgende Begriffe verwendet:

Zinsrechnung:	**Kapital *K*** oder **Guthaben**	**Zinssatz *p* %**	**Jahreszinsen *Z***
	↕	↕	↕
Prozentrechnung:	Grundwert *G*	Prozentsatz *p* %	Prozentwert *W*

Der Zinssatz wird meist für ein Jahr vereinbart. Häufig findet man deshalb die Schreibweise „5 % p.a.“, wobei „p.a.“ eine Abkürzung des lateinischen *per annum* ist und pro Jahr bedeutet.

WUSSTEST DU SCHON?
Zins im weiteren Sinne bedeutet Miete oder Pacht und wird auch zur Bezeichnung von Tributleistungen (z. B. Abgaben oder Steuern) verwendet. Im engeren Sinne sind Zinsen eine Vergütung für geliehenes Geld. Das Zinsennehmen wurde von Aristoteles und später von den Scholastikern als Wucher abgelehnt, da aus Geld kein Erwerb gezogen werden sollte.

Genau wie bei der Prozentrechnung gibt es auch hier 3 Grundaufgaben:

Es werden die Jahreszinsen gesucht.
Das entspricht dem Berechnen des Prozentwertes. $Z = K \cdot \frac{p}{100}$

Es wird das Kapital gesucht.
Das entspricht der Berechnung des Grundwertes. $K = Z \cdot \frac{100}{p}$

Es wird der Zinssatz gesucht.
Das entspricht der Berechnung des Prozentsatzes. $p\% = \frac{p}{100} = \frac{Z}{K}$

3

Ermittle die in der Tabelle fehlenden Werte.

	a)	b)	c)	d)	e)
Kapital	750 €	1 245 €		68,90 €	
Zinssatz	3,5 %		2,5 %	3,75 %	3,25 %
Jahreszinsen		49,80 €	14,20 €		21,25 €

	f)	g)	h)	i)	j)
K	480 €		303 €	235 €	
$p\%$		4,5 %		4,2 %	4,5 %
Z	13,20 €	4,41 €	9,09 €		39,46 €

4

Wie hoch war der jeweilige Zinssatz?

	a)	b)	c)	d)	e)
Kapital am Jahresanfang	142 €	987 €	3 564 €	19 685 €	245 €
Kapital am Jahresende	146,26 €	1 021,54 €	3 760,02 €	20 570,82 €	249,90 €

	f)	g)	h)	i)	j)
Kapital am Jahresanfang	424 €	875 €	5 604 €	17 648 €	472 €
Kapital am Jahresende	440,96 €	905,62 €	5 884,20 €	18 309,80 €	481,44 €

5L

Esther hat zur Konfirmation 400 € geschenkt bekommen, die sie sparen möchte. In der Bank entdeckt sie das abgebildete Angebot.

a) Berechne die Jahreszinsen für jedes der Angebote.

b) Esther will, dass die Jahreszinsen jeweils als Guthaben auf dem Sparbuch bleiben.
Berechne das Sparguthaben, das Esther nach Ablauf von 4 Jahren bei jedem der Angebote haben könnte.

Zinssätze für Spareinlagen

3-monatige Kündigungsfrist:	2 %
Kündigungsfrist 1 Jahr	2,5 %
Kündigungsfrist 3 Jahre	4 %
Kündigungsfrist 4 Jahre	4,5 %

6

a) Zur Modernisierung ihrer Wohnung nimmt Frau Baudisch einen Kredit in Höhe von 5 000 € bei Ihrer Bank auf. Dafür muss sie 8,5 % Zinsen zahlen.
Wie viel Euro muss Frau Baudisch nach einem Jahr an ihre Bank zurückzahlen?

b) Herr Lange hat sich 5 500 € bei einer Bank geliehen und muss dafür im Jahr 495 € Zinsen bezahlen. Wie hoch ist der Zinssatz?

c) Frau Dr. Hoffmann hat zur Einrichtung ihrer Praxis einen Kredit aufgenommen. Die Bank verlangt 8,2 % Zinsen. Frau Dr. Hoffmann muss jährlich 3 280 € Zinsen bezahlen. Wie hoch ist der Kredit?

7

a) Danny hatte zu Jahresbeginn auf seinem Konto 375 €. Er hat nichts abgeholt und nichts eingezahlt. Am Ende des Jahres hat er 391,25 €.
Wie hoch war der Zinssatz?

b) Frau Stark hat 16 800 € im Lotto gewonnen. Davon zahlt sie 60 % auf ein Sparbuch ein. Sie erhält 3,5 % Zinsen.
Wie groß ist das Guthaben nach einem Jahr?

c) Anke und Karsten haben im vergangenen Jahr je 15 € Zinsen erhalten. Anke bekommt 3 % und Karsten 2,5 % Zinsen.
Wie viel Geld hatte jeder zu Beginn des Jahres auf seinem Konto?

8

Legt man sein Geld im Ausland an, sind die Risiken deutlich höher, sein Geld zu verlieren. Man erhält aber auch deutlich höhere Zinsen.
Wie viel Euro Zinsen kann man jährlich erhalten?

a) 15 000 € für 9,5 % Zinsen
b) 25 000 € für 10,5 % Zinsen
c) 9 000 € für 8,5 % Zinsen
d) 50 000 € für 11 % Zinsen

9

Frau Hirt nimmt einen Kredit von 4 500 € auf. Sie muss 8,5 % Zinsen und 1,5 % Bearbeitungsgebühren bezahlen.

a) Wie viel Euro muss Frau Hirt nach einem Jahr insgesamt zurückzahlen?

b) Wie hoch sind die monatlichen Raten, wenn die Schuld innerhalb eines Jahres in gleich großen Monatsraten zurückgezahlt wird?

10

Herr Kurz will sich für ein Jahr 5 000 € leihen. Er hat drei Angebote.
1. Angebot: Zinssatz 8,5 %
2. Angebot: Zinssatz 7,5 % plus 150 € Bearbeitungsgebühren
3. Angebot: Rückzahlung nach einem Jahr 5 445 €

Für welches Angebot soll Herr Kurz sich entscheiden? Um wie viel Prozent liegt der bei diesem Angebot zu zahlende Betrag unter dem des ungünstigsten Angebots?

11

Familie Dureck will eine Eigentumswohnung erwerben. Dazu fehlen der Familie noch 30 000 €. Sie hat zwei verschiedene Finanzierungsangebote.
1. Angebot: 20 000 € für 8,5 % und 10 000 für 10,5 % Zinsen
2. Angebot: 22 500 € für 8 % und 7 500 € für 11 % Zinsen

Welches Angebot soll die Familie wählen, wenn die Laufzeit beider Kredite gleich ist.

12

Für den Bau eines Hauses muss Familie Fischer 125 000 € Kredit aufnehmen. Sie können entweder drei Kredite aufnehmen oder die Gesamtsumme von einer Finanzierungsgesellschaft erhalten. Dabei gelten folgende Konditionen:
Drei Kredite: 60 000 € zu 6,75 %; 45 000 € zu 8,25 % und 20 000 € zu 10 % Zinsen
Finanzierung: Gesamtsumme für 8 %.
Für welches Angebot wird sich Familie Fischer entscheiden?

13

Familie Fänger hat ein Grundstück für 32 000 € gekauft und darauf für 75 000 € ein Ferienhaus gebaut. Die jährlichen Mieteinnahmen betragen 4 900 €.

a) Wie viel Prozent des investierten Geldes betragen die jährlichen Mieteinnahmen?

b) Wie viel Euro würde die Familie Fänger jährlich erhalten, wenn sie ihr Kapital mit einem Zinssatz von 4,5 % bei einer Bank angelegt hätte?

14

Frau Blechinger freut sich. Allein von den Zinsen ihres Lottogewinns kann sie sich jährlich eine Urlaubsreise leisten. Sie hat das Geld für 4 % Zinsen angelegt.
Wie hoch war der Lottogewinn, wenn Frau Blechinger für ihre Urlaubsreise
a) 900 €, **b)** 1 100 €, **c)** 1 400 € ausgeben kann?

15

a) Frau Kunstmann hat ausgerechnet, dass sie bei einem Zinssatz von 4 % täglich 1 € Zinsen erhält. Wie hoch ist das Guthaben von Frau Kunstmann?

b) Herr Ulrich zahlt 1 € Zinsen am Tag. Wie hoch ist der Kredit, wenn der Zinssatz 7,5 % beträgt?

HINWEIS
Frau Kunstmann und Herr Ulrich rechnen – wie die Bank – das Jahr mit 360 Tagen.

16^L

a) Herr Peters hat einen Kredit von 3 000 € für einen Zinssatz von 7,5 % p. a. aufgenommen. Er kann diesen Kredit bereits nach einem halben Jahr zurückzahlen. Wie viel Euro Zinsen muss er zahlen?

b) Frau Neitzel hat ein günstiges Angebot für ihr Wunschauto gesehen. Deshalb holt sie ihr Guthaben von 12 000 € bereits nach einem Vierteljahr bei der Bank ab. Wie viel Euro Zinsen erhält Frau Neitzel, wenn das Guthaben mit 3,5 % p. a. verzinst war?

c) Familie Sorge hat eine Autoreparatur bezahlen müssen und deshalb das Girokonto um 325 € überzogen. Die Bank hat der Familie einen Dispokredit eingeräumt, der mit 11,9 % p. a. verzinst wird.
Wie viel Euro Zinsen müssen bezahlt werden, wenn das Konto nach 10 (5, 25) Tagen wieder ausgeglichen ist?

WUSSTEST DU SCHON?
Ein Dispositionskredit kann einem Bankkunden über eine bestimmte Summe eingeräumt werden. Er gestattet es, ein Konto bis zu diesem Betrag zu belasten (zu überziehen), wobei geringere Schuldzinsen als bei „gewöhnlichen" Kontoüberziehungen zu zahlen sind.

> Zinssätze werden in der Regel für Jahre vereinbart. Die zu zahlenden Zinsen richten sich nach der Zeitdauer, für die man Geld leiht oder anlegt.
> So wird für $\frac{1}{2}$ Jahr die Hälfte, für $\frac{1}{4}$ Jahr ein Viertel für einen Monat $\frac{1}{12}$ der jährlichen Zinsen gezahlt.
> Beim Berechnen von Zinsen für Tage wird mit 360 Tagen für das Jahr gerechnet. Jeder Monat wird mit 30 Tagen gerechnet.

BEISPIELE

Herr Winzer kann seinen Kredit von 1100 € bereits nach einem Vierteljahr zurückzahlen.
Wie viel Euro Zinsen muss er bei einem Zinssatz von 7,5 % zahlen?

Zinsen für ein Jahr: $Z = 1100\,€ \cdot 0{,}075 \approx 82{,}50\,€$

Zinsen für ein Vierteljahr: $82{,}50\,€ \cdot \frac{1}{4} = 20{,}63\,€$ $\left(\text{Zeitfaktor: } \frac{1}{4}\right)$

Herr Winzer muss 20,63 € Zinsen zahlen.

Frau Steinmetz nimmt ihren Dispokredit von 1500 € für 15 Tage in Anspruch.
Wie viel Euro Zinsen muss sie bei einem Zinssatz von 12,5 % zahlen?

Zinsen für 1 Jahr: $Z = 1500\,€ \cdot 0{,}125 = 187{,}50\,€$

Jeden Tag fallen $\frac{1}{360}$ von 187,50 € als Zinsen an.

Zinsen für 15 Tage: $187{,}50\,€ \cdot \frac{15}{360} = 7{,}81\,€$ $\left(\text{Zeitfaktor: } \frac{15}{360}\right)$

Frau Steinmetz muss also 7,81 € Überziehungszinsen zahlen.

MERKE

Werden Zinsen für Monate oder Tage berechnet, so werden zunächst Jahreszinsen berechnet und diese dann mit dem jeweiligen Zeitfaktor multipliziert.

17[L]

Berechne die Zinsen für den angegebenen Zeitraum.

	a)	b)	c)	d)	e)	f)
K	450 €	1200 €	980 €	2500 €	3200 €	12000 €
p%	3 %	3,5 %	2 %	2,5 %	4 %	3,25 %
Zeit	$\frac{1}{2}$ Jahr	$\frac{1}{4}$ Jahr	10 Monate	2 Monate	$\frac{3}{4}$ Jahr	7 Monate

	g)	h)	i)	j)	k)	l)
K	820 €	4000 €	750 €	1250 €	500 €	3450 €
p%	3 %	4 %	5 %	7,5 %	12 %	14 %
Tage	10	7	15	25	30	5

18[L]

Wie hoch war das Guthaben?

	a)	b)	c)	d)	e)	f)
p%	3 %	3,5 %	4 %	3,75 %	4,25 %	7,25 %
Zinsen	90 €	428,75 €	25 €	253,12 €	253,22 €	229,07 €
Zeit	$\frac{1}{4}$ Jahr	7 Monate	30 Tage	$\frac{3}{4}$ Jahr	11 Monate	175 Tage

	g)	h)	i)	j)	k)	l)
p%	2,75 %	3,25 %	7 %	9 %	4,5 %	5 %
Zinsen	71,50 €	17,60 €	33,05 €	345,93 €	232,93 €	377,88 €
Zeit	$\frac{1}{2}$ Jahr	2 Monate	20 Tage	75 Tage	5 Monate	190 Tage

19

Ein Baubetrieb muss wegen unpünktlicher Zahlungen seiner Kunden für 80 Tage einen Kredit von 230 000 € zu 8,5 % p. a. aufnehmen. Wie groß ist der Schaden?

20

a) Karsten hat ein Guthaben von 250 €. Wie viel Geld kann er nach 9 Monaten abholen, wenn der Zinssatz 3,75 % beträgt?

b) Herr Kunstmann leiht sich für ein Vierteljahr 1200 € zu einem Zinssatz von 8,25%. Wie viel Euro muss er nach dem Vierteljahr insgesamt zurückzahlen?

c) Frau Brieger hat ein Darlehen zu 8 % Zinsen bei ihrer Bank aufgenommen. Als sie es nach einem halben Jahr zurückzahlt, muss sie außer dem geliehenen Betrag noch 240 € Zinsen bezahlen. Wie hoch war das Darlehen?

d) Herr Stock hat sich für 5 Monate bei einem Bekannten 6 000 € geliehen. Nach Ablauf der Frist zahlt er 6 081,25 € zurück. Wie hoch war der Zinssatz?

21

a) Herr Keihl will sich für ein Jahr 3 500 € leihen. Er interessiert sich für das obere Angebot in der Anzeige. Bei seiner Bank müsste Herr Keihl nämlich für das Darlehen 8 % Zinsen im Jahr bezahlen.
Wie viel Euro Zinsen müsste Herr Keihl in einem Jahr entsprechend der Anzeige und bei seiner Bank bezahlen?

b) Timo liest in einer Zeitung das untere Angebot zur Finanzierung und stutzt.
Wie hoch ist der Zinssatz für ein Jahr?

Anzeige

Günstige Konditionen!!! Nur 0,9 % Zinsen pro Monat.
Finanzmarkt Günstiges Angebot: Nur 160 € monatliche Zinsen für 10 000 €!

22

a) Frau Zorn nutzt vom 15. Januar bis zum 3. Februar ihren Überziehungskredit von 1 200 € aus. Sie muss dafür 12,5 % Zinsen bezahlen.
Wie viel Euro Zinsen werden am 3. Februar fällig?

b) Herr Tietze überzieht sein Konto vom 23. März bis zum 8. April um 350 €. Da er keinen Dispokredit hat, muss er 14,9 % Zinsen bezahlen.
Wie viel Euro Zinsen sind für die Überziehung seines Kontos zu bezahlen?

c) Frau Lübcke überzieht ihr Konto vom 25. Juni bis zum 6. August um 1 250 €.
Wie viel Euro Zinsen muss sie dafür bei einem Zinssatz von 11,9 % bezahlen?

ANREGUNG
für die ganze Klasse:
Sucht aus dem Anzeigenteil von Zeitungen Angebote für Kredite heraus und bringt sie in den Unterricht mit.
Vergleicht sie mit Angeboten von Banken und Sparkassen.
Diskutiert, ob die Angebote in den Anzeigen „seriös“ sind.
Was würdet ihr Kreditsuchenden raten?

23

Frau Beckmann hat eine Eigentumswohnung für 175 000 € erworben. Sie vermietet diese Wohnung für 545 € monatlich.

a) Welchem jährlichen Zinssatz entsprechen die Mieteinnahmen?

b) 35 % der Mieteinnahmen werden für den Unterhalt der Wohnung benötigt. Wie viel Euro sind das im Jahr?

c) Wie viel Euro Zinsen würde Frau Beckmann jährlich erhalten, wenn sie ihr Geld bei der Bank mit einem Zinssatz von 5,5 % angelegt hätte?

24

Frau Drostal überlegt den Fernseher im Bild auf Raten zu kaufen.

a) Wie viel Euro kostet der Fernseher beim Ratenkauf?

b) Wie viel Prozent des Barpreises verlangt der Händler als Aufschlag beim Ratenkauf?

c) Bei einer Bank könnte sich Frau Drostal für 7,5 % Zinsen p. a. das notwendige Geld leihen und den Fernseher sofort bar bezahlen. Wie viel Euro Zinsen müsste sie nach den 10 Monaten bezahlen?

BEISPIEL
Rita hat ein Guthaben von 1200 €, das mit 4 % verzinst wird.
Nach welcher Zeit erhält Rita 16 € Zinsen?

Wir berechnen zunächst die Zinsen für ein Jahr.
$Z = 1200\,€ \cdot 0{,}04 = 48\,€$
16 € erhält Rita in $\frac{16}{48}$ eines Jahres, das ist $\frac{1}{3}$ eines Jahres, also 4 Monate.
Nach 4 Monaten erhält Rita für ihr Guthaben 16 € Zinsen.

MERKE
Auch wenn die Zinszeit gesucht ist, bestimmt man zunächst stets die Jahreszinsen.

25

Wie viele Monate war das Guthaben jeweils verzinst?

	a)	b)	c)	d)	e)
Guthaben	1 500 €	800 €	4 800 €	840 €	12 000 €
Zinssatz	3 %	4 %	3 %	3,5 %	4,5 %
Zinsen	15 €	8 €	12 €	22,05 €	315 €

26

Ermittle die in der Tabelle fehlenden Werte.

	a)	b)	c)	d)	e)	f)
Kapital	2 400 €		3 600 €			16 000 €
Zinssatz	3 %	4,5 %	4 %	3,5 %	6 %	
Jahreszinsen		225 €				720 €
Laufzeit	7 Monate	$\frac{3}{4}$ Jahr		20 Tage	2 Monate	
Zinsen			24 €	12,44 €	4 €	470 €

27[L]

a) Frau Stock bringt 980 € zur Bank. Das Guthaben wird mit 4 % verzinst. Nach welcher Zeit ist das Guthaben auf 1000 € angewachsen?
b) 1800 € werden mit 5 % verzinst. Wann ist das Guthaben auf 2 000 € angewachsen?

INFORMATION
Von „Zinseszinsen“ spricht man, wenn die angefallenen Zinsen wieder mit verzinst werden.
Dazu werden häufig die im Laufe eines Jahres angefallenen Zinsen am Anfang des nächsten Jahres dem Kapital hinzu addiert. Manchmal werden die Zinsen aber auch nach kürzeren Zeiten, z. B. nach 3 Monaten, berechnet und dem Kapital hinzu addiert.
Warum sind kurze Zeiten der Zinsberechnung für den Sparer günstig?

BEISPIEL
Frau Stein hat 20 000 € geerbt. Sie bringt das Geld zur Bank, wo es mit 4,5 % verzinst wird. Auf welche Summe ist das Kapital nach 3 Jahren angewachsen, wenn Frau Stein von dem Konto kein Geld abhebt?

1. Lösungsweg
Zinsen für das erste Jahr: $Z = 20\,000\,€ \cdot 0{,}045 = 900\,€$
Das zu verzinsende Kapital beträgt im zweiten Jahr 20 900 €.

Zinsen für das zweite Jahr: $Z = 20\,900\,€ \cdot 0{,}045 = 940{,}50\,€$
Das Kapital beträgt nach zwei Jahren
20 900 € + 940,50 € = 21 840,50 €.

Zinsen für das dritte Jahr: $Z = 21\,840{,}50\,€ \cdot 0{,}045 = 982{,}82\,€$
Nach drei Jahren beträgt das Kapital
21 840,50 € + 982,82 € = 22 823,32 €.

BEISPIEL (Fortsetzung von Seite 42)

2. Lösungsweg

Das Kapital nach dem ersten Jahr erhalten wir, indem wir das Ausgangskapital mit dem Faktor 1,045 multiplizieren: 20 000 € · 1,045 = 20 900 €.

Für die weiteren Jahr erhalten wir auf diese Weise:

Kapital nach zwei Jahren:	20 900 € · 1,045 = 21 840,50 €
Kapital nach 3 Jahren:	21 840,50 € · 1,045 = 22 823,32 €

Damit beträgt das Kapital nach drei Jahren 22 823,32 €.
Frau Stein hat insgesamt 2 823,32 € Zinsen erhalten.

ANREGUNG
für Computerfreaks: Mithilfe eines Tabellenkalkulationsprogramms könnt ihr das Anwachsen des Kapitals z. B. über 25 Jahre automatisch berechnen lassen. (Gebt euch ein Ausgangskapital und einen Zinssatz vor.) Aus der berechneten Tabelle könnt ihr u.a. sehen, nach wie vielen Jahren sich das Kapital verdoppelt haben wird. Lasst die Zinsen nicht nur jährlich, sondern zum Vergleich auch 3-monatlich berechnen. Ihr erkennt so gut die Auswirkung eines kürzeren Berechnungszeitraumes der Zinsen.

28L

Cindy hat zu ihrem 10. Geburtstag ein Sparbuch mit 150 € geschenkt bekommen.

a) Auf welche Summe ist das Geld bis zu ihrem 18. Geburtstag angewachsen, wenn das Guthaben mit 4 % verzinst wird?

b) Nach welcher Zeit hat sich das Geld beim gleichen Zinssatz verdoppelt?

29

Frau Friedrich legt 5 000 € für 3 Jahre mit einem steigenden Zinssatz an:
1. Jahr 3 %; 2. Jahr 3,5 % und 3. Jahr 4,5 % Zinsen.
Wie viel Euro erhält Frau Friedrich nach Ablauf der 3 Jahre von ihrer Bank, wenn die jährlichen Zinsen auf dem Konto bleiben und mitverzinst werden?

30

Wer sein Geld längerfristig anlegen will, hat auch die Möglichkeit Bundesschatzbriefe zu kaufen (s. INFORMATION).
Das Bild demonstriert den jährlich steigenden Zinssatz. Bei den Teilaufgaben a) bis c) kannst du mit den Zinssätzen aus dem Bild oder mit den aktuellen Zinssätzen rechnen, die du bei einer Bank oder Sparkasse erfährst.

a) Frau Zabel kauft Bundesschatzbriefe vom Typ A im Wert von 3 000 €. Wie viel Euro Zinsen erhält sie jährlich? Wie viel Euro Zinsen erhält sie insgesamt?

b) Familie Strobel kauft für 4 000 € Bundesschatzbriefe vom Typ B. Auf wie viel Euro ist der Wert der Geldanlage nach 7 Jahren gestiegen? Welchen Gewinn macht die Familie, wenn jährlich 10 € Depotgebühren zu zahlen sind?

c) Herr Mayer überlegt, ob er 8 000 € für 7 Jahre in Bundesschatzbriefen oder zu einem festen Zinssatz von 5 % anlegt. Berechne für beide Angebote das Endkapital nach 7 Jahren.

INFORMATION
Bei Bundesschatzbriefen steigt der Zinssatz von Jahr zu Jahr.
Sie haben eine feste Laufzeit: Das angelegte Kapital wird nicht vor Ende der Laufzeit ausgezahlt. (Allerdings kann man seine Schatzbriefe an andere weiterverkaufen.)
Bundesschatzbriefe werden in zwei Typen herausgegeben:

Typ A:
Laufzeit 6 Jahre
jährliche Auszahlung der Zinsen

Typ B:
Laufzeit 7 Jahre
Zinsen und Zinseszinsen werden erst nach Ablauf, also nach 7 Jahren, ausgezahlt.

AUFGABEN ZUR WIEDERHOLUNG

1. Ordne die folgenden Zahlen der Größe nach. Beginne mit der kleinsten.
   a) 6,7; 7,05; $6\frac{2}{3}$; $\frac{69}{100}$; 6,6; 7,5; 0,7
   b) $\frac{1}{3}$; $\frac{3}{1}$; 0,03; 0,33; $\frac{13}{3}$
   c) 0,87; $\frac{7}{8}$; 5; 0,08; 8,79; 6,3

2. Setze für ▢ das richtige Zeichen (<, >, =).
   a) 2,5 ▢ 5,2 **b)** 7,04 ▢ 7,040
   c) $\frac{2}{3}$ ▢ $\frac{3}{2}$ **d)** $\frac{17}{5}$ ▢ $\frac{17}{5}$
   e) 0,06 ▢ 0,007 **f)** 56,89 ▢ 56,98
   g) $\frac{34}{6}$ ▢ 5,1 **h)** 0,76 ▢ $\frac{3}{4}$

3. Gib jeweils drei gebrochene Zahlen an, die zwischen den gegebenen liegen.
   a) 0,5; 1 **b)** 3,4; 3,5 **c)** 5,669; 5,671
   d) $0,\overline{6}$; 0,7 **e)** $\frac{7}{24}$; $\frac{17}{24}$ **f)** $\frac{1}{4}$; $\frac{1}{3}$
   g) 0,333 3; $\frac{1}{3}$ **h)** $\frac{3}{4}$; 0,8 **i)** $\frac{1}{8}$; 0,126

4. Welche gebrochene Zahl liegt in der Mitte zwischen den beiden gegebenen Zahlen?
   a) 1,5; 3,3 **b)** 4,99; 5 **c)** 0,73; 11,05
   d) $\frac{1}{3}$; $\frac{2}{3}$ **e)** $\frac{1}{5}$; $\frac{1}{3}$ **f)** $\frac{1}{2}$; $\frac{5}{7}$

5. Erläutere, was es heißt: Die gebrochenen Zahlen liegen überall dicht.

ZUSAMMENFASSUNG

Begriffe	**bei der Prozentrechnung**	**bei der Zinsrechnung**
Das Ganze (100 %)	Grundwert G	Kapital K
der Anteil am Ganzen	Prozentsatz $p\,\%$ $1\,\% = \frac{1}{100} = 0{,}01$	Zinssatz $p\,\%$ $1\,\% = \frac{1}{100} = 0{,}01$
die Größe des Anteils	Prozentwert W	Jahreszinsen Z

Grundaufgaben der Prozent- und Zinsrechnung	**Formel in der Prozentrechnung**	**Formel in der Zinsrechnung**
Gesucht ist die Größe des Anteils (W, Z).	$W = G \cdot \frac{p}{100}$	$Z = K \cdot \frac{p}{100}$
Gesucht ist das Ganze (G, K).	$G = W \cdot \frac{100}{p}$	$K = Z \cdot \frac{100}{p}$
Gesucht ist der Anteil ($p\,\%$).	$p\,\% = \frac{p}{100} = \frac{W}{G}$	$p\,\% = \frac{p}{100} = \frac{Z}{K}$

Prozentwert und Prozentsatz (Zinsen und Zinssatz) sind bei gegebenem Grundwert (Kapital) zueinander proportional. Man kann die Grundaufgaben deshalb auch mithilfe des Dreisatzes oder über das Aufstellen einer Verhältnisgleichung lösen.

Weitere wichtige Zusammenhänge

Sehr kleine Anteile von Größen werden in Promille, d. h. in Tausendstel (Zeichen: ‰) angegeben. Das Ganze wird dabei nicht in 100, sondern in 1000 Teile geteilt.
Für noch viel kleinere Anteile gibt es weitere Abkürzungen (siehe Seite 65).

Die Höhe der Zinsen ist von der Zeitdauer abhängig.

Für einen Monat gibt es $\frac{1}{12}$ der Jahreszinsen;
für einen Tag gibt es $\frac{1}{360}$ der Jahreszinsen.

Rationale Zahlen

Vorstoß zum Meeresgrund

Forscher vieler Nationen beteiligen sich an der Erkundung der Tiefsee. Als Taucher, mit unbemannten Robotern und in Tauchbooten sind sie unterwegs, um die Materialien und die Lebewesen unter der Meeresoberfläche kennen zu lernen.

Sogar die tiefste Stelle der Erde, die „Challenger-Tiefe“ im pazifischen Marianengraben, wurde bereits 1960 von dem Schweizer JAQUES PICCARD und dem Amerikaner DON WALSH mit ihrem Tauchboot „Trieste“ und erneut 1995 vom japanischen Tauchroboter „Kaiko“ erreicht. Während WALSH und PICCARD an ihren Messinstrumenten –10 912 m abgelesen hatten, zeigten die von Kaiko –10 911,4 m.

Was solche Zahlenangaben bedeuten, weißt du sicher schon, und du erkennst auch, wer einen etwas tieferen Punkt erreicht hat (falls beide Messungen gleich genau waren).

Bekommst du aber auch heraus, um wie viel Zentimeter beide Tiefen sich unterscheiden?

Positive und negative Zahlen

1

a) Erzähle, was du der nebenstehenden Darstellung entnehmen kannst.
b) Findest du in einem Biologiebuch oder Lexikon auch Angaben über Höhen, in denen verschiedene Landlebewesen zu finden sind?
c) Zeichne eine Skala, in die du sowohl die Höhe des Mount Everest (8848 m) als auch die größte Meerestiefe eintragen kannst. Trage die Namen von Lebewesen an den entsprechenden Stellen deiner Skala an.
d) Welcher Höhenunterschied besteht zwischen der höchsten Erhebung der Erde und dem tiefsten Punkt am Meeresboden?

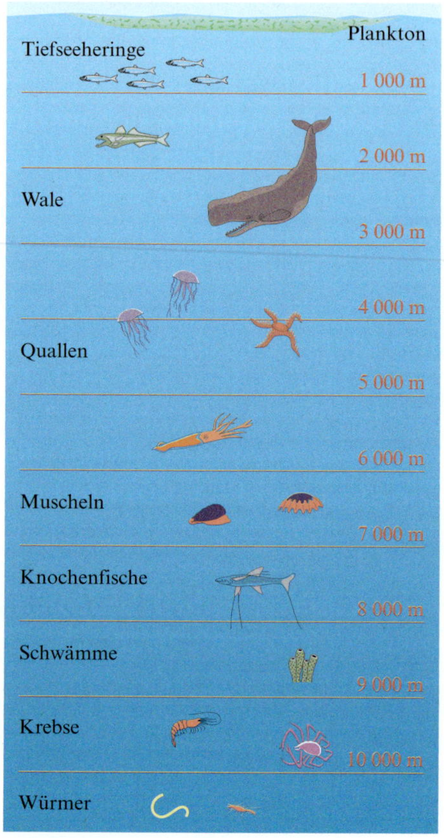

Leben in den Tiefen des Meeres

INFORMATION
Die Meeresoberfläche ist die natürliche Grenze zwischen den Abgründen der Tiefsee und den Erhebungen an Land.
Die Wissenschaftler setzten deshalb den Meeresspiegel als Nullpunkt ihrer Höhenskalen fest, als „Normalnull" (NN).
Dementsprechend hat der Meeresspiegel die Höhe 0 m.
Statt der Angabe „300 m Tiefe" oder „300 m unter dem Meeresspiegel" schreibt man manchmal kurz „– 300 m".
Höhen über dem Meeresspiegel werden dagegen ohne Vorzeichen oder mit einem Pluszeichen angegeben (z. B. 300 m oder +300 m).

2

Justus und Hanna haben sich ein einfaches Würfelspiel ausgedacht. Sie würfeln abwechselnd 10-mal und zählen ihre Punkte zusammen. Damit es nicht langweilig wird, zählen die 4 und die 5 jeweils als Minuspunkte.
Wer gewinnt bei den folgenden Würfelserien?

Hanna:	3	–4	–5	–4	2	2	6	3	2	3
Justus:	1	6	1	2	–4	3	–4	1	6	–4

ANREGUNG
Probiert das Spiel aus Aufgabe 2 aus.

3

a) Suche die Orte aus der Tabelle in einem Atlas auf. Kannst du weitere Orte nennen, bei denen es im Januar kälter als 0 °C ist?
b) Zeichne eine Temperaturskala auf Millimeterpapier, auf der du alle Temperaturen aus der Tabelle eintragen kannst. Markiere die Temperaturen aus der Tabelle auf der Skala und beschrifte sie mit den dazugehörigen Ortsnamen.
c) Wie groß ist der Temperaturunterschied zwischen Murmansk und Jakutsk?

Mittlere Januartemperaturen an verschiedenen Orten der Erde

Adelaide (Australien)	22,6 °C	Murmansk (Russland)	–9,9 °C
Alexandria (Ägypten)	13,3 °C	Neapel (Italien)	9,0 °C
Bergen (Norwegen)	1,5 °C	Nome (Alaska, USA)	–15,3 °C
Göteborg (Schweden)	–1,1 °C	Nordpol	–31,1 °C
Havanna (Kuba)	22,2 °C	Osaka (Japan)	4,5 °C
Jakutsk (Russland)	–43,2 °C	Potsdam (BRD)	–1,1 °C
Jerusalem (Israel)	8,9 °C	Südpol	–26,7 °C
Lillehammer (Norwegen)	–9,1 °C	Zugspitze (BRD)	–11,6 °C

WAS MEINST DU DAZU?
Wieso gibt es innerhalb Deutschlands, Norwegens und Russlands so große Temperaturunterschiede?

4

Frau Klein liest auf ihrem Kontoauszug: „Gehalt 1125,15; Miete 312,50 –“
Was bedeutet das?

Bei vielen Sachverhalten in Alltag, Wissenschaft und Technik ist es sinnvoll, ausgehend von einem Nullpunkt zwei „Richtungen“ zu unterscheiden. Beispielsweise werden unterschieden: Temperaturen über und unter null Grad, Höhen über und Tiefen unter dem Meeresspiegel, Guthaben („Haben“) und Schulden („Soll“), Zeitpunkte nach und vor Christus, Plus- und Minuspunkte bei Spielen.

Zur Angabe, wie weit etwas unter bzw. vor dem Nullpunkt liegt, verwendet man häufig **negative Zahlen**. Sie erhalten das **Vorzeichen „–“** (z. B. – 3,7).
Zur Angabe, wie weit etwas über bzw. nach dem Nullpunkt liegt, nutzt man dagegen **positive Zahlen**.
Die natürlichen und die gebrochenen Zahlen außer der Null sind positive Zahlen.
Manchmal schreibt man die positiven Zahlen zur besseren Unterscheidung von den negativen mit dem Vorzeichen „+“ (z. B. + 3,7 statt 3,7).

Positive und negative Zahlen kann man an einer **Zahlengeraden** veranschaulichen:

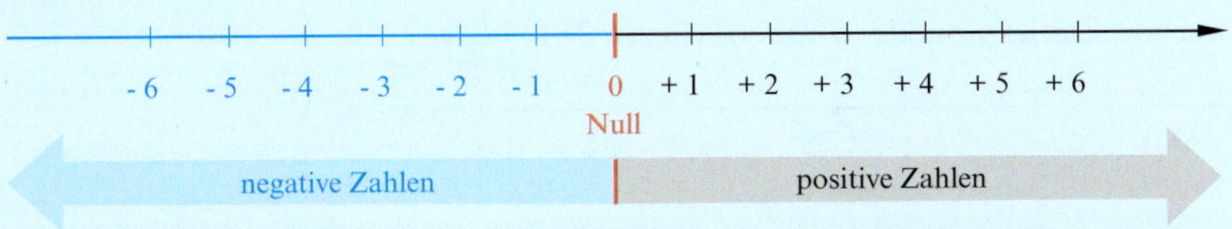

Die Zahlengerade kann man sich auf folgende Weise entstanden denken: Der Zahlenstrahl wird am Nullpunkt gespiegelt. Die Spiegelbilder der positiven Zahlen werden durch „–“ gekennzeichnet. Die Null bleibt dabei fest, sie stimmt mit ihrem Spiegelbild überein.

INFORMATION
Zur Angabe von Zeitpunkten aus der Geschichte ist es i. Allg. nicht üblich, negative Zahlen zu verwenden. Man schreibt z. B. „300 v. Chr.“ und nicht „– 300“.
In der Technik werden dagegen auch zur Angabe von Zeitpunkten negative Zahlen verwendet.
Wird der Zeitpunkt des Zündens der Triebwerke einer Rakete mit – 5 s angegeben, so bedeutet das: 5 s vor dem Abheben.

5

Kennst du weitere Sachverhalte, bei denen die Verwendung negativer Zahlen üblich oder möglich ist? Erläutere einen solchen Sachverhalt.

6

Welche positiven bzw. negativen Zahlen gehören zu den Buchstaben?
Achte auf die unterschiedliche Einteilung der Zahlengeraden.

a)

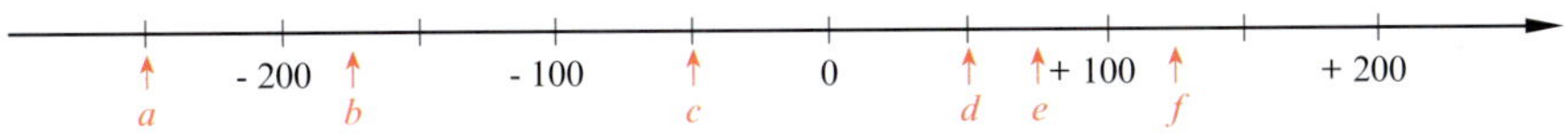

b)

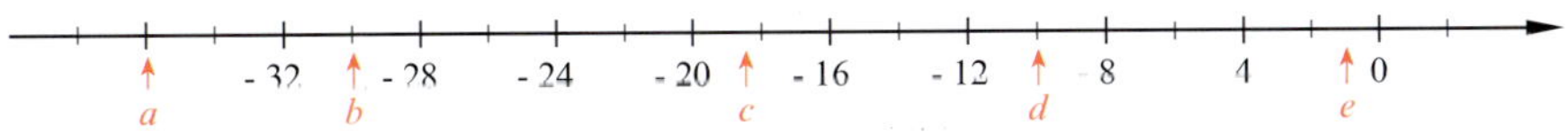

7

Zeichne eine Zahlengerade und trage folgende Zahlen ein.

a) – 13; + 8; – 21; + 5 **b)** – 2550; + 450; – 1000 **c)** + 0,1; + 1,4; $-\frac{1}{4}$

d) 0; + 4; – 4; + 15 **e)** +3100; + 200; – 550 **f)** – 0,35; – 0,5; + 0,2

TIPP
Wähle jeweils einen geeigneten Maßstab.

8

Im Folgenden wird die Lage von Zahlen auf der Zahlengeraden beschrieben. 1 Skalenteil entspricht dabei 1. Welche Zahl ist gemeint?

a) zwei Skalenteile links von der 0
b) 10 Skalenteile rechts von der – 3
c) 1 Skalenteil rechts von der – 1
d) 3 Skalenteile rechts von der – 15
e) 4 Skalenteile links von der 1
f) 6 Skalenteile links von der – 11

9

Setze die Zahlenfolgen um jeweils vier Zahlen fort.

a) + 10; + 8; + 6; + 4; + 2; …
b) – 100; – 70; – 40; – 10; + 20; …
c) – 0,15; – 0,08; – 0,01; + 0,06; …
d) + 4; + 3; + 1; – 2; – 6; …

TIPP
zur Aufgabe 9
Vielleicht hilft es dir, wenn du dir die Zahlenfolgen als „Sprünge“ auf der Zahlengerade vorstellst.

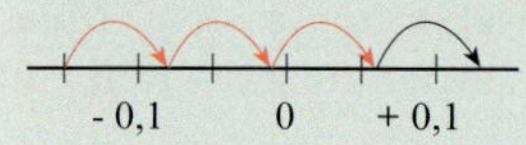

(Aufgabenteil c)

10

Welche Zahl liegt in der Mitte zwischen den beiden gegebenen Zahlen?

a) 0 und + 4
b) – 2 und – 5
c) + 3 und – 3
d) – 14 und – 9
e) 7 und – 3
f) – 5 und 3

11

Gib vier Zahlenpaare an, die auf der Zahlengeraden symmetrisch zur Null liegen.

Zahlenpaare, die auf der Zahlengeraden symmetrisch zur Null liegen, heißen **zueinander entgegengesetzte Zahlen**.

Man sagt zum Beispiel:
– 3 ist die entgegengesetzte Zahl zu 3 (oder zu + 3).
11 (oder +11) ist die entgegengesetzte Zahl zu – 11.

Für alle Zahlen m gilt: $-m$ ist die entgegengesetzte Zahl zu m.

BEACHTE
Die Null ist zu sich selbst entgegengesetzte Zahl.
Wenn m positiv ist, dann ist $-m$ negativ.
Wenn m negativ ist, dann ist $-m$ positiv.

12

Zeichne eine Zahlengerade. Trage die folgenden Zahlen und die zu ihnen entgegengesetzten Zahlen ein. Wähle für jedes Zahlenpaar eine andere Farbe.

$4{,}3;\ -6;\ 0{,}5;\ 0;\ -\frac{10}{4};\ \frac{38}{10}$

NACHGEDACHT
Warum ist $-(-m) = m$?

13

Finde die Paare von zueinander entgegengesetzten Zahlen heraus.

a) $-2;\ +\frac{8}{2};\ +6;\ -4;\ -6;\ +2$
b) $+3;\ -0{,}5;\ -3;\ +1{,}6;\ \frac{1}{2};\ -\frac{8}{5}$

14

Schreibe die Zahlen mit dem richtigen Vorzeichen auf. Überlege, was die jeweils entgegengesetzte Zahl bedeuten würde.

a) 21 °C unter Null
b) 1260 m unter dem Meeresspiegel
c) 1300 € Schulden
d) 15 € Guthaben
e) um 2 % gesunkene Produktion
f) in 1868 m Höhe
g) 1 h Vorsprung
h) um 1 km gekürzte Wanderung
i) 2. Untergeschoss

15

Löse die folgenden Aufgaben. Ist das im Bereich der gebrochenen Zahlen nicht möglich, so schreibe „n. l."

a) $174 + 83$ **b)** $45{,}6 - 29{,}7$ **c)** $15 - 18{,}3$ **d)** $16 : 5$

e) $0{,}078 - \frac{1}{4}$ **f)** $\frac{4}{9} + \frac{17}{3}$ **g)** $\frac{4}{5} - \frac{17}{20}$ **h)** $\frac{12}{13} : \frac{4}{39}$

16

Mittags hört Steffi im Radio, dass am nächsten Tag die Mittagstemperaturen 8 Grad unter der Mittagstemperaturen von heute liegen werden. Sie blickt aufs Thermometer. Welche Mittagstemperatur ist am nächsten Tag zu erwarten, wenn Steffi den folgenden Wert abliest?

a) 23 °C **b)** 17 °C **c)** 0 °C **d)** 7 °C **e)** –3 °C

BEISPIEL zur Aufgabe 16

Abgelesen: 9 °C Rechnung: 9 – 8 = 1 Antwort: 1 °C

Abgelesen: 3 °C Rechnung: 3 – 8 = ?
3 – 8 ist im Bereich der gebrochenen Zahlen nicht lösbar. Offensichtlich muss die Antwort aber – 5 °C sein.
Wir wollen den Zahlenbereich so erweitern, dass auch Aufgaben wie 3 – 8 eine Lösung haben (3 – 8 = – 5).

Mithilfe von negativen Zahlen kann man einen Zahlenbereich bilden, in dem auch die Subtraktionsaufgaben lösbar sind, die im Bereich der natürlichen bzw. der gebrochenen Zahlen keine Lösung haben.

Die gebrochenen Zahlen und die zu ihnen entgegengesetzten Zahlen bilden zusammen den Bereich der **rationalen Zahlen**.
Für den Bereich der rationalen Zahlen verwenden wir das Symbol $\mathbb{Q}$.

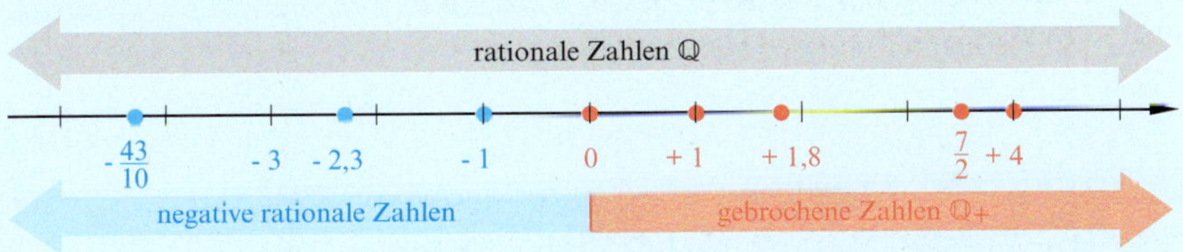

Die natürlichen Zahlen und die zu ihnen entgegengesetzten Zahlen bilden zusammen den Bereich der **ganzen Zahlen**.
Für den Bereich der ganzen Zahlen verwenden wir das Symbol $\mathbb{Z}$.

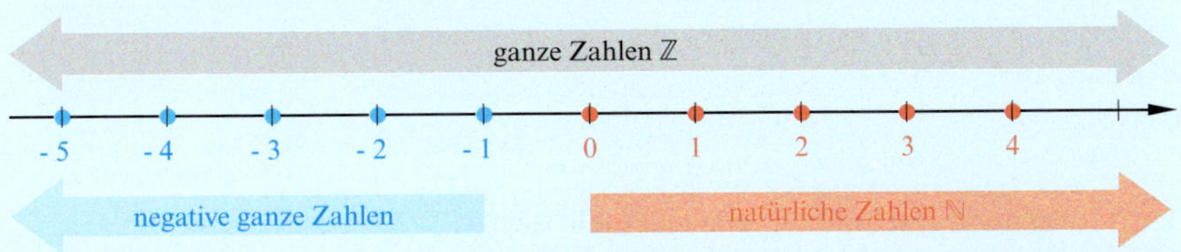

Die ganzen Zahlen sind eine Teilmenge der rationalen Zahlen ($\mathbb{Z} \subset \mathbb{Q}$).
Das heißt: Jede ganze Zahl ist zugleich auch eine rationale Zahl. Es gibt aber rationale Zahlen, die keine ganzen Zahlen sind (z. B. $-\frac{43}{10}$, $-2{,}3$, $1{,}8$ oder $\frac{7}{2}$).

BEACHTE
Die Null und die positiven rationalen Zahlen ergeben zusammen die gebrochenen Zahlen.
Wir verwenden für den Bereich der gebrochenen Zahlen das Symbol $\mathbb{Q}_+$.
Die Null und die positiven ganzen Zahlen ergeben zusammen die natürlichen Zahlen.
Wir verwenden für den Bereich der natürlichen Zahlen das Symbol $\mathbb{N}$.

17[L]

Entscheide, ob eine natürliche, eine gebrochene, eine ganze oder eine rationale Zahl vorliegt. Schreibe deine Ergebnisse wie im Beispiel auf.

a) 11,6 **b)** –13 **c)** $-\frac{11}{3}$ **d)** $\frac{5}{7}$ **e)** $-0,\overline{3}$ **f)** 0 **g)** $\frac{12}{3}$ **h)** $-\frac{125}{5}$

BEISPIEL
$7 \in \mathbb{N},\ 7 \in \mathbb{Q}_+,$
$7 \in \mathbb{Z},\ 7 \in \mathbb{Q}$
$-1,3 \notin \mathbb{N},\ -1,3 \notin \mathbb{Q}_+,$
$-1,3 \notin \mathbb{Z},\ -1,3 \in \mathbb{Q}$

18[L]

Gib – wenn möglich – jeweils drei Zahlen für x an, die alle Bedingungen erfüllen. Begründe, wenn es keine Zahl gibt, die alle Bedingungen erfüllt.

a) $x \notin \mathbb{N},\ x \in \mathbb{Q}_+,\ x \notin \mathbb{Z},\ x \in \mathbb{Q}$
b) $x \notin \mathbb{N},\ x \notin \mathbb{Q}_+,\ x \in \mathbb{Z},\ x \in \mathbb{Q}$
c) $x \in \mathbb{N},\ x \in \mathbb{Q}_+,\ x \in \mathbb{Z},\ x \in \mathbb{Q}$
d) $x \notin \mathbb{N},\ x \notin \mathbb{Q}_+,\ x \notin \mathbb{Z},\ x \in \mathbb{Q}$
e) $x \in \mathbb{N},\ x \notin \mathbb{Q}_+,\ x \in \mathbb{Z},\ x \in \mathbb{Q}$
f) $x \in \mathbb{N},\ x \in \mathbb{Q}_+,\ x \notin \mathbb{Z},\ x \in \mathbb{Q}$
g) $x \notin \mathbb{N},\ x \notin \mathbb{Q}_+,\ x \in \mathbb{Z},\ x \notin \mathbb{Q}$
h) $x \notin \mathbb{N},\ x \in \mathbb{Q}_+,\ x \in \mathbb{Z},\ x \in \mathbb{Q}$

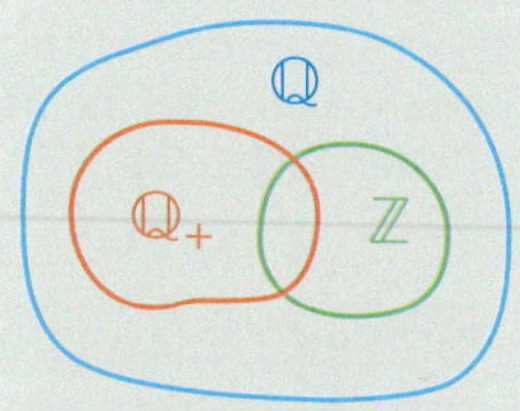

Zusammenhang zwischen den Zahlenbereichen $\mathbb{Q}_+$, $\mathbb{Z}$ und $\mathbb{Q}$

19

a) Übertrage das Mengendiagramm aus der Randspalte ins Heft und kennzeichne darin den Bereich der natürlichen Zahlen ℕ farbig. Begründe.
b) Welche Teilmengenbeziehungen erkennst du in dem Diagramm?

20

Das nebenstehende Bild zeigt verschiedene Pegelstände der Elbe an einer Stelle.
a) Wann war der niedrigste, wann der höchste Wasserstand an dieser Stelle?
b) Bis zu einem Pegelstand von ±0,50 m bestehen keine Probleme für den Schiffsverkehr. An welchen Tagen wurde diese Grenze überschritten?

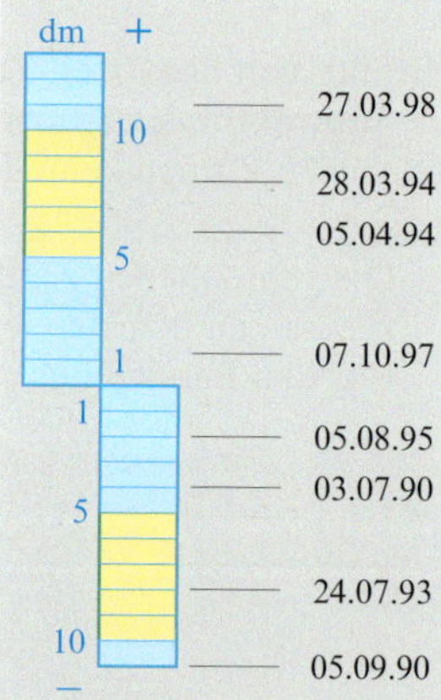

21[L]

Ermittle aus der in Klammern angegebenen Veränderung des Pegelstandes und dem dahinter angegebenen neuen Pegelstand den vorhergehenden Pegelstand.

a) (+5 cm) +20 cm **b)** (–8 cm) +2 cm **c)** (–6 cm) +2 cm
d) (+13 cm) –1 cm **e)** (–7 cm) –5 cm **f)** (+6 cm) 0 cm

22

	1. Woche	2. Woche	3. Woche	4. Woche
Montag	9 €	1,50 €	7 €	5,50 €
Dienstag	6,50 €	0,20 €	6 €	9,50 €
Mittwoch	2,75 €	0 €	5,50 €	6 €
Donnerstag	–3,25 €	–4 €	5,50 €	6 €
Freitag	–3,25 €	2 €	5,50 €	6 €
Sonnabend	–3,25 €	2 €	0,50 €	6 €
Sonntag	–3,50 €	2 €	0,50 €	–1,25 €

Jan hat sich 4 Wochen lang jeden Morgen aufgeschrieben, wie viel Geld er hat.
a) Wann besaß er das meiste Geld, wann waren seine Schulden am größten?
b) Jeden Montag früh gibt es Taschengeld. Wie viel?
c) In der ersten Woche war Jan am Mittwoch in der Eishalle. In der dritten Woche am Freitag im Kino und in der vierten Woche am Sonnabend mit Freunden in der Disko. Wie viel Geld kosteten diese „Ausflüge“ jeweils?

23

a) Übertrage das Koordinatensystem und das Viereck $ABCD$ in das rechte obere Viertel deines Hefts.
Welche Koordinaten haben die Eckpunkte des Vierecks?

b) Spiegele das Viereck $ABCD$ an der y-Achse. Das Bild ist das Viereck $A'B'C'D'$. Spiegele dann $A'B'C'D'$ an der x-Achse. Du erhältst $A''B''C''D''$.

c) Suche nach Möglichkeiten, um die Lage der Eckpunkte der beiden Bildfiguren zu beschreiben.

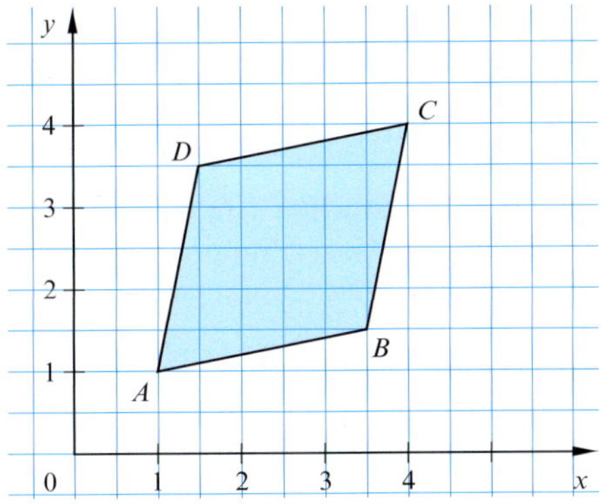

ERINNERE DICH

Zur x-Achse sagt man auch Abszissenachse, zur y-Achse auch Ordinatenachse.
Die x-Koordinate eines Punktes heißt auch Abszisse. Sie wird immer zuerst aufgeschrieben.
Die y-Koordinate nennt man auch Ordinate.

So wie wir den Zahlenstrahl zu einer Zahlengeraden erweitert haben, können wir auch die x- und die y-Achse des Koordinatensystems zu Geraden erweitern. Mithilfe eines so erweiterten Koordinatensystems kann man jeden Punkt einer Ebene durch Koordinaten beschreiben.

INFORMATION

Die vier Teile, die durch die beiden Achsen eines Koordinatensystems gebildet werden, heißen **Quadranten**.
Man nummeriert sie in mathematisch positiven Drehsinn. Zur Bezeichnung verwendet man oft römische Zahlzeichen.

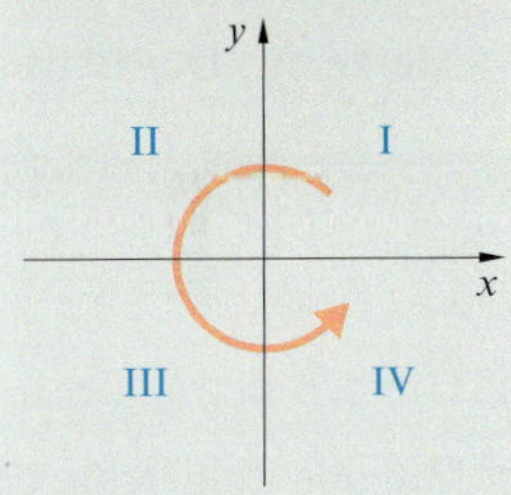

24

Im Bild haben z. B. die Punkte F und J die Koordinaten $F(-1{,}5\,|\,0{,}5)$ und $J(-2\,|-2)$. Gib auch die Koordinaten aller übrigen Eckpunkte der Figuren an.

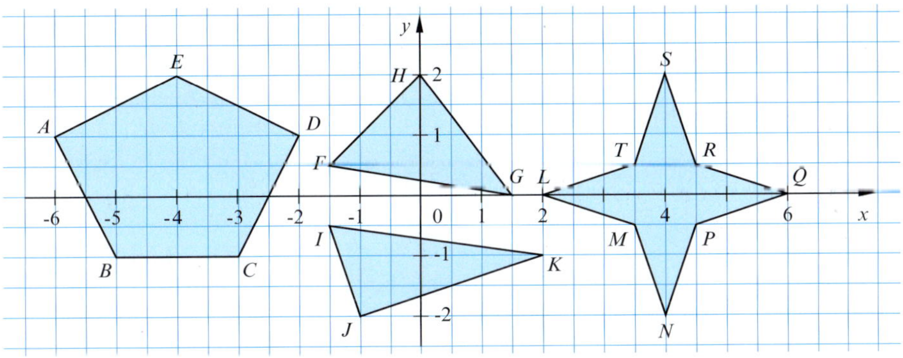

25

Gegeben sind $A(2\,|\,1)$, $B(-1\,|\,1)$, $C(-1\,|-2)$, $D(0\,|-1)$, $E(3\,|-4)$, $F(4\,|-3)$, $G(1\,|\,0)$. Zeichne den geschlossenen Streckenzug $ABCDEFG$ in ein Koordinatensystem. Welche Figur ist entstanden?

26

Zur Partnerarbeit: Schneidet jeder eine Figur aus Pappe oder Papier aus und legt sie auf ein Koordinatensystem. Teilt euch gegenseitig die Koordinaten markanter Randpunkte mit. Wer erkennt zuerst die Figur der/des anderen?

NACHGEDACHT

In welchem Teil des Koordinatensystems findet man alle Punkte mit gebrochenen Zahlen als Koordinaten?
Wo findet man alle Punkte mit positiven Zahlen als Koordinaten?

27

Ein Kreis mit dem Radius von 5 cm habe seinen Mittelpunkt im Koordinatenursprung. In welchen Punkten schneidet er die Koordinatenachsen?

Betrag rationaler Zahlen

1 L

Die Schülerinnen und Schüler der 7 c schätzen die Länge der Donau. Schätze auch du die Länge der Donau.
Die Werte der Schülerinnen und Schüler weichen von der wirklichen Länge ganz unterschiedlich ab (s. Lösungsteil). Einige Abweichungen findest du in der Tabelle Dabei bedeutet z. B. +150 km (–150 km): Die Donau wurde um 150 km zu lang (zu kurz) geschätzt.

a) Wie stark weicht dein Schätzwert ab?
b) Welche Abweichungen findest du noch „in Ordnung"?
c) Wer weicht am meisten und wer am wenigsten vom wirklichen Wert ab?

Name	Abweichung
Anne	–450 km
Jens	+250 km
Lisa	–750 km
Nele	–50 km
Arne	+50 km
Max	+150 km
Eva	–250 km
Sonja	+550 km

Oft interessieren nur die Abweichungen von einem festgelegten Wert (in Aufgabe 1 z. B. von der Länge der Donau). Für die Genauigkeit der Schätzung ist es dort zum Beispiel egal, ob man 250 km zu wenig (–250 km) oder zu viel (+250 km) schätzt.

Der **Betrag |*a*|** einer rationalen Zahl *a* gibt ihren Abstand von null an.

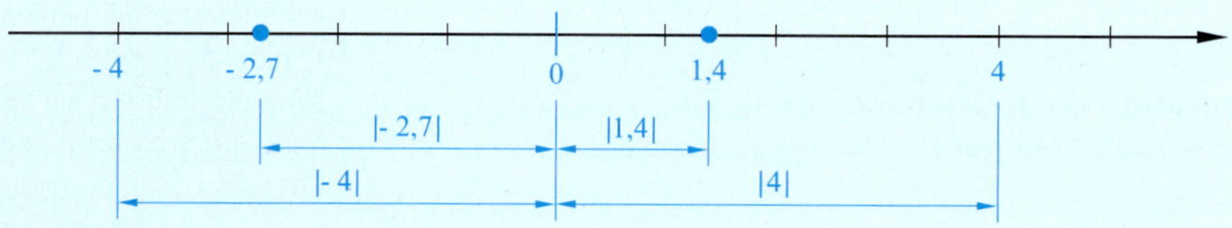

Zum Beispiel ist: $|-2{,}7| = 2{,}7$; $|1{,}4| = 1{,}4$; $|-4| = |4| = 4$; $|0| = 0$.

Merke dir: Der Betrag einer Zahl ist nie negativ.

BEACHTE
Für den Abstand $|a|$ einer Zahl a von null gilt:

$$|a| = \begin{cases} a, & \text{falls } a \text{ positiv} \\ 0, & \text{falls } a = 0 \\ -a, & \text{falls } a \text{ negativ} \end{cases}$$

Beispielsweise ist $|-4| = -(-4)$.
$-(-4)$ ist die entgegengesetzte Zahl zu -4, also 4.
Daraus folgt: $|-4| = 4$.

2

a) Gib den Betrag der folgenden Zahlen an: –1; –67; –19; 5,4; –7; 0,6; 2; 1000.
b) Gib alle Zahlen an, deren Betrag $\frac{1}{7}$; 8; $\frac{67}{8}$; 99; 0; $\frac{3}{2}$; 0,000 5 ist.

3

Zeichne einen Zahlenstrahl. Trage die folgende Zahlen und ihre entgegengesetzten Zahlen ein. Gib jeweils den Betrag der Zahlen an.

a) 2,7; 7; –4; 0; –0,8 **b)** 65; 20; –35; –100; 10

4

Gib alle rationalen Zahlen an, die die Gleichungen erfüllen.

a) $|b| = 4$ **b)** $|m| = 0$ **c)** $|x| = -6$ **d)** $-|a| = -9$

5

Welchen Abstand haben die zueinander entgegengesetzten Zahlen voneinander?

a) –6 und 6 **b)** +3,4 und –3,4 **c)** $-\frac{1}{2}$ und $\frac{1}{2}$ **d)** –543 und 543
e) –13 und +13 **f)** +4,6 und –4,6 **g)** 0,87 und –0,87 **h)** –15 und 15

6

Übertrage die Tabelle ins Heft und ergänze sie.

Zahl	5			$-\frac{1}{3}$		
entgegengesetzte Zahl		+1,7			−0,8	
Betrag			3			0

7

a) Welche Zahlen haben einen doppelt so großen Betrag wie −3?
b) Trage auf einer Zahlengeraden die ganzen Zahlen von −10 bis +10 ein. Markiere die ganzen Zahlen mit einem Betrag größer als 5 rot und kleiner als 5 blau.

8

Stichpunktartig wurden 10 Mehltüten geprüft, ob sie wie aufgedruckt 1000 g Mehl enthalten. Geringe Abweichungen sind normal. Unzulässig sind Abweichungen nach unten oder oben von mehr als 20 g. Die Wägungen ergaben:
998 g; 1019 g; 1007 g; 978 g; 1024 g; 1057 g; 964 g; 999 g; 1000 g; 1001 g.
a) Wie viel Prozent der kontrollierten Tüten waren in Ordnung?
b) Welche größte Abweichung wurde festgestellt?

9

Arbeitet in Gruppen.
a) Ermittelt die Körpergrößen eurer Mitschüler/innen und errechnet die durchschnittliche Körpergröße.
b) Stellt in einer Tabelle die Abweichungen vom Durchschnittswert dar.
c) Welche Größen wichen am stärksten (wenigsten) vom Durchschnittswert ab?
d) Sucht weitere Beispiele bei denen es eigentlich um den Betrag einer Zahl und nicht um die Zahl selbst geht.

AUFGABEN ZUR WIEDERHOLUNG

1. **a)** Vergleiche die Streckenlängen ohne zu messen und ordne sie der Größe nach.
   b) Schätze die Längen der kürzesten und der längsten Strecke.
   c) Miss die Streckenlängen und überprüfe deine Ergebnisse von a) und b).

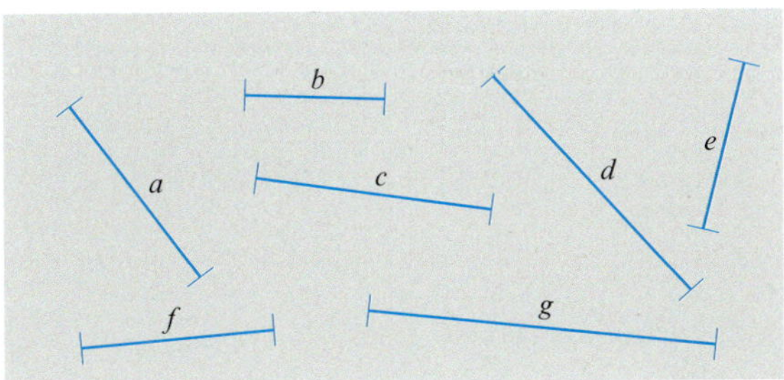

2. Welche Fläche hat den kleinsten Flächeninhalt? Ordne die Flächen nach ihrem Flächeninhalt.

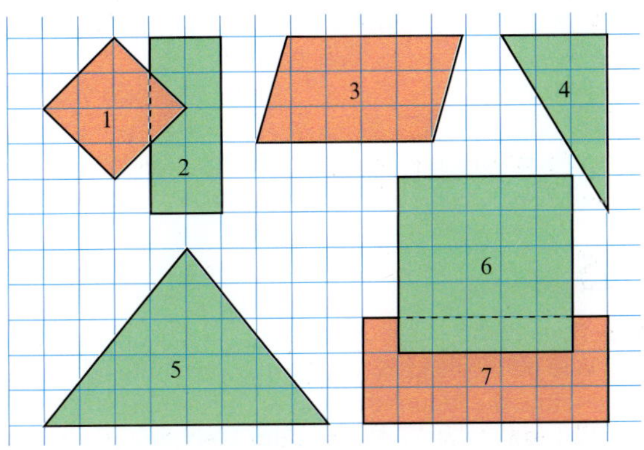

Die Ordnung rationaler Zahlen

1

Höhe in km	0	1	2	3	10	50	80	150
Temperatur in °C	+15	+8,6	+2,3	−4,6	−60	0	−90	+1000

Die Tabelle gibt die in verschiedenen Höhen gemessenen Temperaturen an.

a) In welcher Höhe herrschen die niedrigsten bzw. höchsten Temperaturen?

b) Ordne die Messwerte nach der Temperatur. Beginne mit der niedrigsten.

WUSSTEST DU SCHON?
Aus Erfahrungen im Gebirge oder beim Fliegen könnte man annehmen: Je höher man kommt, desto kälter wird es. Das gilt jedoch nur in bestimmten Schichten der Erdatmosphäre: etwa von 0 km bis 12 km und von 50 km bis 80 km. Zwischen 12 km und 50 km sowie ab 80 km wird es mit zunehmender Höhe immer wärmer.

2

Nachfolgend findest du einige historische Daten. Ordne sie in zeitlicher Reihenfolge. Beginne mit dem am weitesten zurückliegenden Ereignis.
Zeichne dazu eine Zeitgerade und trage die Ereignisse ein.

63 v. Chr.	Kaiser Augustus geboren	800 n. Chr.	Krönung Karls des Großen
753 v. Chr.	Gründung Roms	64 n. Chr.	Brand von Rom
50 n. Chr.	Köln gegründet	2530 v. Chr.	Bau der Cheopspyramide

Von zwei rationalen Zahlen ist diejenige kleiner, die auf der Zahlengeraden weiter links liegt.

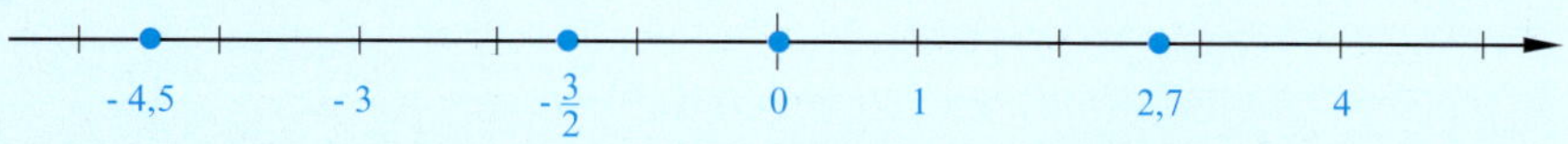

So ist z. B.: $-4{,}5 < -\frac{3}{2}$; $-4{,}5 < 0$; $-4{,}5 < 2{,}7$; $-\frac{3}{2} < 0$; $-\frac{3}{2} < 2{,}7$; $0 < 2{,}7$

Jede negative Zahl ist kleiner als jede positive Zahl.

3

Ordne die folgenden rationalen Zahlen der Reihe nach. Beginne mit der kleinsten. Trage sie dann auf einer Zahlengeraden ein und überprüfe.

$+9$; -5; $-4{,}5$; 2; -2; $-\frac{9}{2}$; $+3{,}5$; $-5{,}3$

NACHGEDACHT
Wenn man zwei negative Zahlen miteinander vergleicht, kann man an ihren Beträgen leicht erkennen, welche auf der Zahlengeraden weiter links liegt und damit kleiner ist.
Überlege dir das am Beispiel der Zahlen −3,41 und −7,86.
Ihre Beträge sind 3,41 und 7,86.

4

Setze das richtige Zeichen für ▢ ein (<; >).

a)	-15 ▢ -9	$2{,}3$ ▢ -3	-7 ▢ $+1$	$-8{,}6$ ▢ $-6{,}8$
b)	155 ▢ $15{,}5$	$4{,}5$ ▢ $4{,}05$	$-0{,}7$ ▢ $+0{,}1$	-23 ▢ $-23{,}3$
c)	$-\frac{2}{3}$ ▢ $-\frac{3}{2}$	$0{,}5$ ▢ $+\frac{1}{2}$	12 ▢ $-\frac{45}{3}$	$\frac{1}{2}$ ▢ $-0{,}49$
d)	$-3{,}3$ ▢ $-3{,}33$	$0{,}95$ ▢ $0{,}905$	$-6{,}78$ ▢ $+6{,}87$	0 ▢ $-0{,}5$

5

Überlege gut.

a) Wie heißt die größte negative zweistellige ganze Zahl?

b) Nenne die kleinste negative dreistellige Zahl, deren Betrag kleiner als 200 ist.

c) Wie heißt der Vorgänger der kleinsten positiven ganzen Zahl?

6

Ordne der Reihe nach. Beginne mit der kleinsten Zahl.

a) –5; –6,2; –9; –0,6; 7,5; 4; –3
b) –3,4; –4,3; –4,03; –3,04; $-\frac{3}{4}$; $-\frac{4}{3}$
c) –346; –564; –987; 56; –32; –324; 765
d) 0,1; –0,54; –0,08; –0,006 5; 0,78
e) $\frac{4}{7}$; $-\frac{1}{5}$; $\frac{3}{4}$; $-\frac{2}{10}$; $\frac{6}{8}$
f) $-\frac{14}{3}$; $\frac{6}{36}$; $\frac{6}{42}$; $-\frac{7}{2}$; –3

7

Kleiner oder größer, weniger oder mehr, niedriger oder höher?
Ordne der Reihe nach. Beginne jeweils mit dem kleinsten Wert.

a) –8 °C, 19 °C; –12 °C; 0 °C; –4,5 °C, 100 °C
b) 34 m über NN, 345 m unter NN; 87 m unter NN, 56 m über NN
c) 10 € Schulden; 62 € Schulden, 15 € Schulden, 17 € Schulden, 56 432 € Schulden, 78 € Guthaben, 456 € Schulden; 67 890 € Schulden

8

Überprüfe mithilfe der Zahlengeraden.

a) Liegt –4,5 näher an –4,7 oder an –4?
b) Liegt –7,8 näher an –8 oder an –9?
c) Liegt –2,6 näher an –5 oder an 1?
d) Liegt 0 näher an 1 oder an +0,1?
e) Liegt –5,3 näher an –6 oder an –5?
f) Liegt 9,1 näher an –18 oder an 28?

ZUM KNOBELN

Wenn du die Zahlen richtig ordnest, ergeben die Buchstaben ein fernes Ferienparadies.

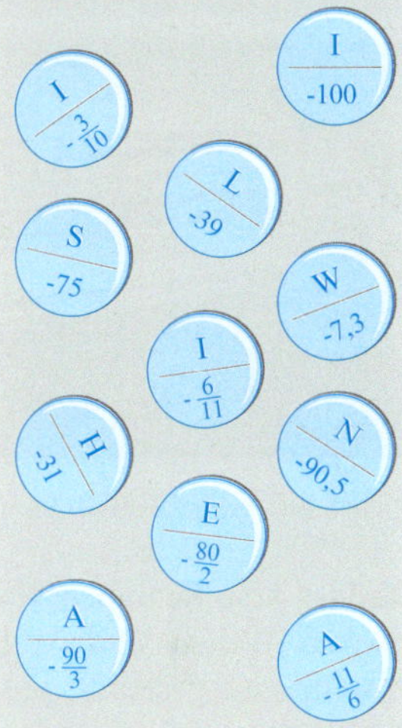

9

Suche jeweils 3 rationale Zahlen, die zwischen den beiden vorgegebenen liegen.
Findest du noch mehr Zahlen, die dazwischen liegen?

a) 15 und 19
b) 2 und 3
c) –2 und –2,31
d) –5 und –4,9
e) –0,01 und 0
f) –6 und 2
g) –0,004 und –0,005
h) 0,333 3 und $0,\overline{3}$
i) –1 und –0,999 999

> Zu zwei beliebigen verschiedenen rationalen Zahlen findet man immer eine, die dazwischen liegt (egal wie eng die Zahlen nebeneinander liegen).
>
> Man sagt: **Die rationalen Zahlen liegen überall dicht.**

ERINNERE DICH

Auch die gebrochenen Zahlen liegen überall dicht.
Wenn die Zahlen eines Zahlenbereichs überall dicht liegen, dann findet man zwischen zwei Zahlen sogar beliebig viele weitere Zahlen.

AUFGABEN ZUR WIEDERHOLUNG

1. Rechne im Kopf.
   a) $\frac{1}{2} + \frac{4}{2} + \frac{8}{4} + \frac{1}{4}$
   b) $\frac{3}{7} + \frac{1}{14} + 1$
   c) $\frac{5}{6} - \frac{3}{2} + \frac{3}{4}$
   d) $\frac{1}{9} + \frac{2}{7}$
   e) $5 - \frac{5}{2} + \frac{1}{4}$
   f) $\frac{3}{8} + \frac{9}{4} - 3$

2. Rechne im Kopf.
   a) 0,75 + 2,1 – 3,8 + 0,01
   b) 0,1 + 0,01 + 1,01
   c) 4,7 + 4,07 – 3 + 0,4
   d) 10,2 + 102 + 1,02
   e) 6 – 3,2 – 2,1 + 5,6
   f) 15,7 – 7,5 – 5,7
   g) 99,9 + 0,2 – 30,5 + 1
   h) 999 – 9,9 + 99,9
   i) 14 – 2,2 + 3,003 – 5
   j) 18 + 81 – 8,12.
   k) 101 – 3,7 – 4 – 0,8
   l) 33 – 5,7 + 19

3. Ein Spiel zu zweit: „Dominobrüche“
   Entfernt aus einem Dominospiel alle Steine, die nur eine Augenzahl enthalten. Die verbleibenden Steine könnt ihr als Brüche interpretieren.

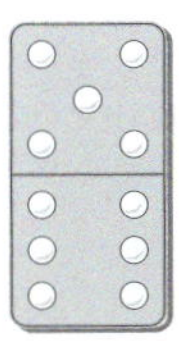 bedeutet z. B. $\frac{5}{6}$ und 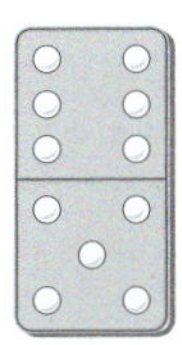 $\frac{6}{5}$

Jeder zieht drei verdeckt liegende Dominosteine. Es gewinnt, wer die kleinere (größere) Summe legen kann.

Mathematik und Technik

Längen und Winkel als Koordinaten

Schiff mit Radarantennen

Radarmast eines Schiffes

Radar: Schiffe haben Radaranlagen an Bord. Diese arbeiten mit elektromagnetischen Wellen. Die Wellen werden von einem Sender über eine sich drehende Antenne ausgestrahlt und von festen Gegenständen als Echo zurückgeworfen. Die zurückgeworfenen Wellen werden wieder über die Antenne empfangen.
Aus der vergangenen Zeit, bis das Echo empfangen wird, kann man die Entfernung zum Gegenstand ermitteln. Aus der Stellung der Antenne, bei der das Echo empfangen wird, weiß man die Richtung, in der sich der Gegenstand befindet.
Für den Ort des Gegenstandes erhält man also zwei Angaben: die Entfernung zwischen Messstelle und Gegenstand sowie einen Winkel (den jeweiligen Drehwinkel der Antenne).

Radar ist die Abkürzung von *Radio detecting and ranging* (engl.) und bedeutet Ermittlung und Messung per Funk.

Radaranlagen dienen im Verkehrswesen vor allem dem Kollisionsschutz. Beispielsweise soll eine Schiffsführung unabhängig von den Sichtbedingungen näherkommende Schiffe und andere Hindernisse so frühzeitig erkennen, dass sie ausweichen kann.

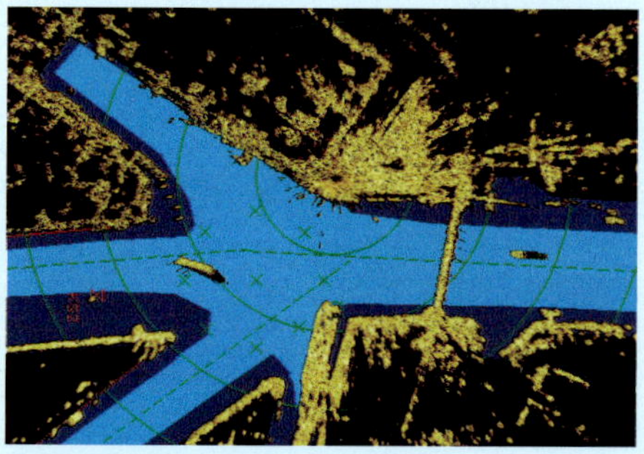

Radarbild des Hamburger Hafens

INFORMATION
Im Unterschied zum Radarbildschirm wird in der Mathematik der Winkel α mathematisch positiv, d. h. entgegen dem Uhrzeigersinn gemessen.

Polarkoordinaten: Auf dem Radarbildschirm ist nicht das dir bekannte Koordinatensystem zu sehen. Man verwendet so genannte Polarkoordinaten.

In der Mathematik werden Polarkoordinaten wie folgt festgelegt:
In einer Ebene wird ein Punkt O, der Pol, markiert. Von diesem Punkt aus wird ein Strahl $\overrightarrow{OS}$, die Polarachse, gezeichnet. Auf der Polarachse werden Längeneinheiten abgetragen.
Jetzt kann man einen beliebigen Punkt P der Ebene durch ein Zahlenpaar bestimmen: Länge der Strecke $r = \overline{OP}$ und Größe des Winkels $\alpha = \sphericalangle SOP$.
Man schreibt die Koordinaten des Punktes P in der Form $P(r|\alpha)$. Der Punkt P im Bild hat die Koordinaten $P(3|45°)$.

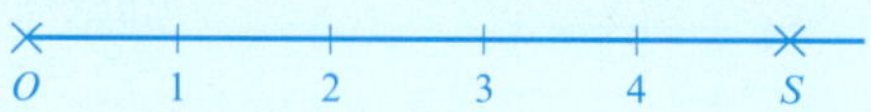

Pol und Polarachse

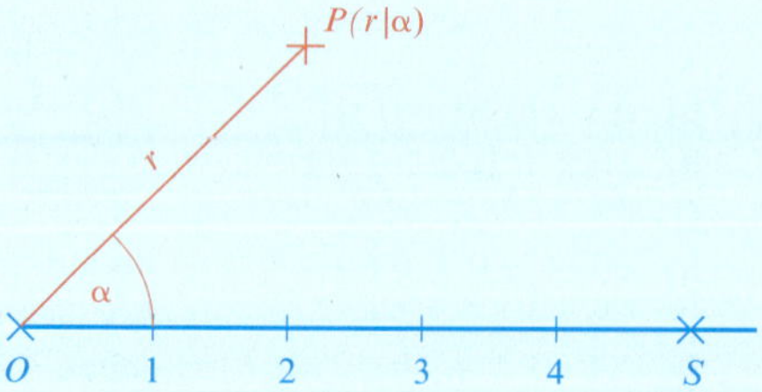

Polarkoordinaten eines Punktes

TIPP
Die Länge von r kann man auf der Polarachse ablesen, wenn man mit dem Zirkel einen Kreisbogen vom Punkt P auf die Polarachse schlägt.

1

Bestimme die Polarkoordinaten der im nebenstehenden Bild gezeichneten Punkte.

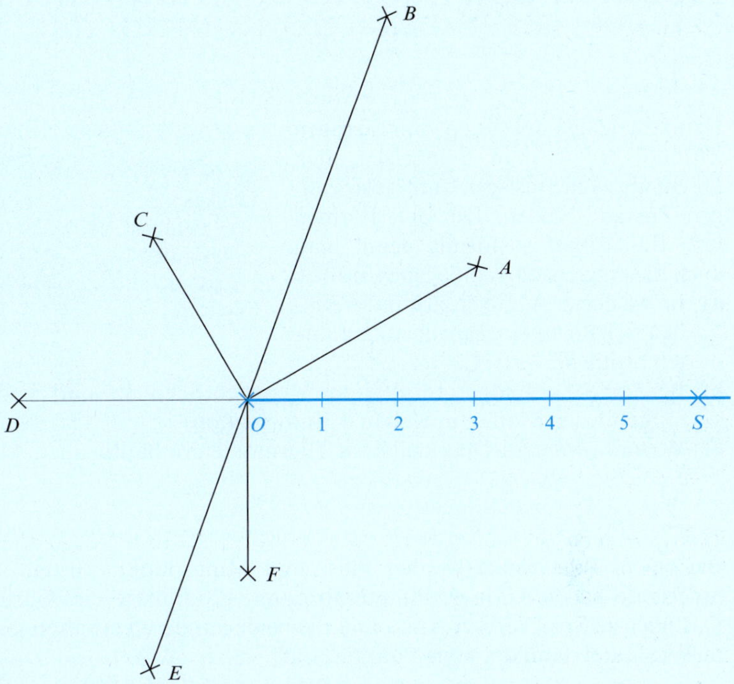

2

Zeichne das Viereck $ABCD$ mit den Eckpunkten $A(2{,}5|20°)$, $B(2|110°)$, $C(2{,}5|200°)$, $D(6|290°)$.
Um was für ein besonderes Viereck handelt es sich? Begründe deine Aussage.

3

Zeichne die Punkte
$P(3|140°)$, $Q(3|270°)$, $R(3|225°)$, $S(3|40°)$, $T(3|300°)$, $U(3|100°)$.
Wo liegen alle Punkte mit $r = 3$?

4

Wo liegen alle Punkte mit $\alpha = 135°$?

5

Zeichne ein beliebiges Quadrat. Verwende als Pol den Schnittpunkt der Diagonalen. Die Polarachse kann beliebig gewählt werden. Bestimme die Polarkoordinaten der Eckpunkte. Formuliere eine Gesetzmäßigkeit.

6

a) Lies die Polarkoordinaten der Eckpunkte des Dreiecks ABC ab.

b) Das Dreieck ABC wird um den Pol um 120° gedreht.
Gib die Polarkoordinaten der Eckpunkte des Bilddreiecks $A'B'C'$ an.

c) Das Dreieck ABC wird am Pol gespiegelt.
Gib die Polarkoordinaten der Eckpunkte des Bilddreiecks $A''B''C''$ an.

d) Das Dreieck $A''B''C''$ wird um den Pol um 180° gedreht.
Gib die Koordinaten der Eckpunkte des Bilddreiecks an.
Was stellst du jetzt fest?

e) Ein wichtiges Wort wurde mit Polarkoordinaten und nebenstehender Figur verschlüsselt: (4|210°), (2|30°), (4|240°), (2|240°), (3|90°).
Wie heißt es?

f) Verschlüssele den Namen deines Freundes bzw. deiner Freundin.

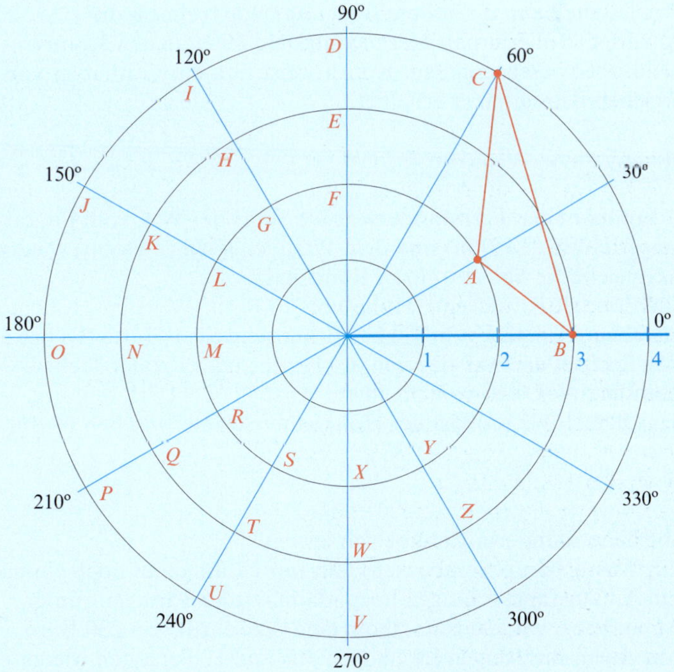

Addition und Subtraktion rationaler Zahlen

1

Den Übergang vom festen zum flüssigen Zustand nennt man Schmelzen, den Übergang vom flüssigen zum gasförmigen Zustand Sieden. Die drei Formen fest, flüssig und gasförmig nennt man auch die Aggregatzustände eines Stoffes.

	Schmelzpunkt	Siedepunkt
Wasser	0 °C	+ 100 °C
Quecksilber	– 39 °C	+ 357 °C
Stickstoff	– 210 °C	– 196 °C
Alkohol	– 114 °C	+ 78 °C
Benzol	+ 5,5 °C	+ 80 °C

a) In welchem Aggregatzustand befinden sich die in der Tabelle aufgeführten Stoffe bei – 20 °C?

b) Berechne die Temperaturdifferenz zwischen Schmelz- und Siedepunkt bei den aufgeführten Stoffen in Kelvin (s. Information).

c) Warum wird statt Quecksilber in Thermometern häufig auch Alkohol benutzt?

INFORMATION
In der Physik ist es üblich, Temperaturdifferenzen mit der Einheit Kelvin (K) anzugeben. Beispielsweise wird die Temperaturdifferenz zwischen 25 °C und 32 °C mit 7 K angegeben.
Die Einheit der Temperaturänderung ist nach dem englischen Physiker Lord Kelvin (1824–1907) benannt.

2

Bei einem Kartenspiel werden Plus- und Minuspunkte verteilt. Beim aktuellen Spielstand haben Anita 40 Punkte, Brigitte – 120 Punkte und Christel – 20 Punkte. Das nächste Spiel verliert Anita und die beiden anderen erhalten jeweils + 80 Punkte. Wie lautet dann der neue Punktestand?

3

Am 10. Oktober hatte Herr Königsfeld einen Kontostand von + 500,00 € (Haben). Am 17. Oktober zeigte der Kontoauszug – 200,00 € (Soll).

a) Welche Gesamtveränderung hat das Konto inzwischen erfahren?

b) Ein Kontoauszug vom 15. Oktober ist verloren gegangen. Er enthielt zwei Buchungen, eine davon war eine Gutschrift von + 250,00 €.
Wie lautete dann die andere Buchung? Wie rechnest du?

c) Am 18. Oktober erhält Herr Königsfeld einen neuen Kontoauszug. Ihm wurde Geld überwiesen und sein Konto weist nun ein Guthaben von + 170,00 € aus. Welchen Betrag hat er erhalten?

4

Beim Europäischen Fernwanderweg E 5 führt der Weg vom Pitztal über die Braunschweiger Hütte (2 759 m) und dem Pitztaler Jöchl (2 995 m) wieder runter ins Ötztal. Vergleiche die Skizze auf der Randspalte.

a) Das Pitztal (P) hat eine Höhe von 1 740 m. Welchen Höhenunterschied muss man beim Aufstieg vom Tal zur Braunschweiger Hütte (B) bewältigen?

b) Wie hoch ist der Aufstieg von der Hütte zum Pitztaler Jöchl (J)?

c) Zum Ötztal (Ö) ist vom Jöchl ein Abstieg von 1 545 m nötig. Welche Höhe hat das Ötztal? Wie groß ist der Höhenunterschied zwischen Ötztal und Pitztal?

5

Welche Gesamtänderung ergibt sich jeweils?

a) Ein Wasserstand (Staubecken) fällt um 15 cm, dann noch einmal um 12 cm.

b) Ein Aufzug fährt 6 Etagen hoch, dann wieder 3 Etagen runter.

c) Abbuchung von 500 Euro, dann eine Gutschrift von 230 Euro.

d) Aus einem Bus steigen 8 Personen aus und 12 Personen wieder ein.

Wir veranschaulichen uns rationale Zahlen durch Pfeile.

BEISPIEL

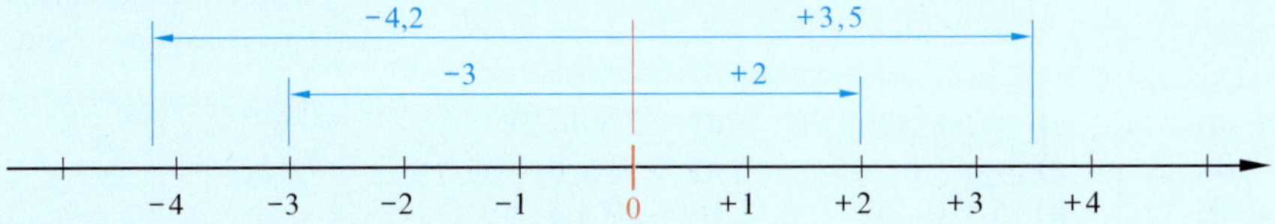

Der Null entspricht ein Pfeil der Länge 0.

BEACHTE

Die Länge des Pfeiles gibt den Betrag der rationalen Zahl an, die Richtung gibt das Vorzeichen an.

Der Addition rationaler Zahlen entspricht das Aneinanderlegen der Pfeile.

BEISPIEL: Addition zweier rationaler Zahlen mit gleichen Vorzeichen

Wie die Veranschaulichung zeigt ist:

(+ 2) + (+ 3) = + (2 + 3) = + 5 (– 1) + (– 3) = – (1 + 3) = – 4

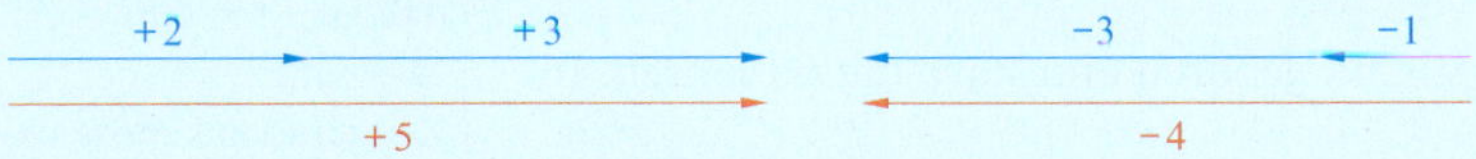

MERKE
Bei der grafischen Addition gilt:
Anfang des 2. Pfeils an Spitze des 1. Pfeils.

> Bei der Addition zweier rationaler Zahlen mit gleichen Vorzeichen gilt:
> Die Summe hat dasselbe Vorzeichen wie die Zahlen.
> Der Betrag der Summe ist die Summe der Beträge beider Zahlen.

6

Zeichne und berechne.

a) (– 1) + (– 4) **b)** (– 3) + (– 6) **c)** (+ 2) + (+ 4) **d)** (– 6) + (– 1)
e) (– 4) + (– 4) **f)** (+ 6) + (+ 1,5) **g)** (– 1) + (– 5,5) **h)** (– 2,5) + (– 3,5)

BEISPIEL: Addition zweier rationaler Zahlen mit verschiedenen Vorzeichen

Wie die Veranschaulichung zeigt ist:

(+ 3) + (– 5) = – (5 – 3) = – 2 (– 2) + (+ 4) = + (4 – 2) = + 2

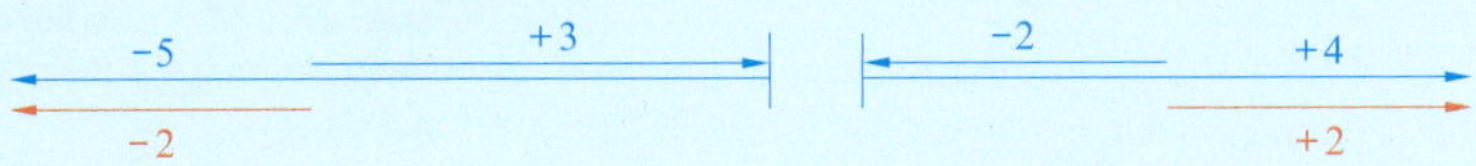

> Bei der Addition zweier rationaler Zahlen mit verschiedenen Vorzeichen gilt:
> Die Summe hat dasselbe Vorzeichen wie die Zahl mit dem größeren Betrag.
> Der Betrag der Summe ist die Differenz der Beträge beider Zahlen (größerer minus kleinerer Betrag).
> Haben beide Zahlen denselben Betrag, so ist die Summe null.

MERKE
Für alle rationalen Zahlen a gilt:
$a + (-a) = (-a) + a = 0$
$0 + a = a + 0 = a$

7

Zeichne und berechne.

a) (+ 4) + (– 6) **b)** (– 1) + (+ 3) **c)** (+ 6) + (– 3) **d)** (+ 4) + (– 4)
e) (– 3) + (+ 2) **f)** (+ 5) + (– 7) **g)** (– 4,2) + (+ 6,5) **h)** (+ 10,5) + (– 8,4)

Im Weiteren werden die positiven Zahlen ohne das Vorzeichen „+“ geschrieben. Steht die negative Zahl an erster Stelle, werden die Klammern weggelassen.

8[L]

Berechne die Summe im Kopf.

a) $2+(-5)$ **b)** $-4+(-6)$ **c)** $-2+5$ **d)** $-2+(-2)$
e) $-3+6$ **f)** $8+(-10)$ **g)** $-6+6$ **h)** $7+(-8)$
i) $1+(-4)$ **j)** $-1+(-3)$ **k)** $5+(-5)$ **l)** $-10+(-5)$

9

Berechne im Kopf.

a) $11+(-13)$ **b)** $-10+(-12)$ **c)** $19+(-12)$
d) $-60+25$ **e)** $29+(-28)$ **f)** $-33+22$
g) $-14+(-58)$ **h)** $-99+90$ **i)** $-78+78$

10

a) Der Dichter Ovid wurde im Jahre 43 v. Chr. geboren und starb mit 60 Jahren. In welchem Jahr?
b) Der römische Staatsmann Cäsar wurde im Jahre 100 v. Chr. geboren und war bei seinem Tod 56 Jahre alt. In welchem Jahr wurde er ermordet?

11

Berechne.

a) $875+(-225)$ **b)** $-1470+580$ **c)** $444+(-545)$
d) $-124+670$ **e)** $-868+428$ **f)** $-190+(-810)$
g) $-1250+1070$ **h)** $2500+(-1865)$ **i)** $-1500+(-1250)$

12

a) Das Death Valley (Kalifornien) hat eine geografische Höhe von – 85 m.
Ein Heißluftballon steigt vom Boden des Tales um 150 m hoch. Welche Höhe hat der Ballon dann über dem Meeresspiegel?
b) Der Meeresspiegel des Toten Meeres hat die geografische Höhe von – 397 m.
Die größte Wassertiefe beträgt 432 m. Auf welcher Höhe liegt der Meeresgrund?

13

Berechne.

a) $6{,}2+(-2{,}4)$ **b)** $-11{,}5+2{,}5$ **c)** $-8{,}7+(-2{,}3)$
d) $-40{,}9+81{,}8$ **e)** $20{,}4+(-15{,}2)$ **f)** $30{,}1+(-31{,}1)$
g) $0{,}05+(-1{,}07)$ **h)** $-23{,}08+(-45{,}97)$ **i)** $11{,}11+(-22{,}12)$

14[L]

Berechne.

a) $\frac{3}{4}+\left(-\frac{1}{4}\right)$ **b)** $-\frac{5}{8}+\frac{3}{8}$ **c)** $-\frac{6}{11}+\left(-\frac{4}{11}\right)$ **d)** $\frac{4}{7}+\left(-\frac{5}{7}\right)$
e) $\frac{7}{8}+\left(-\frac{3}{4}\right)$ **f)** $-\frac{4}{5}+\left(-\frac{7}{10}\right)$ **g)** $-\frac{5}{12}+\left(-\frac{2}{3}\right)$ **h)** $\frac{8}{15}+\left(-\frac{8}{5}\right)$
i) $3\frac{1}{2}+\left(-5\frac{1}{2}\right)$ **j)** $-2\frac{3}{4}+\left(-4\frac{1}{4}\right)$ **k)** $-4\frac{2}{9}+7\frac{1}{3}$ **l)** $-12\frac{4}{5}+4\frac{3}{10}$

ZUM KNOBELN

Die Summe in allen Waagerechten, Senkrechten und Diagonalen soll – 3 sein.

–4		–2
	–1	

BEACHTE

Es gibt kein Jahr „null“. Dem Jahr 1 v. Chr. folgt das Jahr 1 n. Chr.
Die Zahlen auf der Zeitgeraden kennzeichnen den Anfang bzw. das Ende eines Jahres.

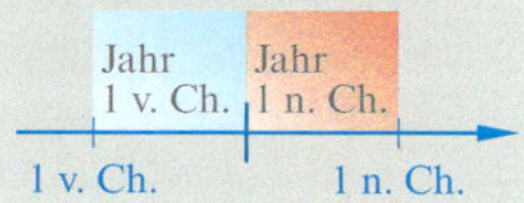

WUSSTEST DU SCHON?

Abflusslose Landsenken, die bis unter die Höhe des Meeresspiegel reichen, nennt man Depressionen. Das Tote Meer ist die tiefste Depression der Erde. Der Meeresspiegel senkt sich laufend wegen der Verdunstung.

ZUM KNOBELN

Ergänze den Additionsturm.

	–0,1		
1,2	–0,8	3,5	–9,4

15

Der Wasserstand eines Flusses ist noch 13 cm unter der Höchstmarke 5,55 m, bei der die Altstadt überflutet wird. Über Nacht fällt das Wasser um 21 cm.
Am Morgen wird wieder Hochwasserwarnung gegeben und die Flut steigt wieder um 29 cm. Welchen Stand hat das Wasser? Wie viel darf es noch steigen, bis die Altstadt überflutet wird?

BEISPIEL für das Addieren mit dem Taschenrechner

a) $-734{,}5 + 183{,}7$
Ü: $-700 + 200 = -500$
734,5 [+/–] [+] 183,7 [=]
Ergebnis: $-550{,}8$

b) $0{,}0356 + (-0{,}2091)$
Ü: $0{,}04 + (-0{,}21) = -0{,}17$
0,0356 [+] 0,2091 [+/–] [=]
Ergebnis: $-0{,}1735$

BEACHTE
bei der Eingabe negativer Zahlen:
Zuerst wird die Zahl ohne das Vorzeichen „–“ eingegeben. **Anschließend** wird die Vorzeichenwechseltaste [+/–] gedrückt.
Aber aufgepasst:
Es gibt Rechner mit einer Vorzeichentaste [–].
Diese wird **vor** der Zahleneingabe betätigt.

16^L

Berechne mithilfe eines Taschenrechners.

a) $17301 + (-111023)$ **b)** $-47825 + (-599)$ **c)** $-999003 + 1000031$
d) $-35{,}47 + 12{,}26$ **e)** $135{,}11 + (-10{,}99)$ **f)** $-1{,}9987 + (-3{,}4421)$
g) $-12{,}48 + (-57{,}8)$ **h)** $-0{,}000023 + 0{,}0094$ **i)** $777{,}11 + (-111{,}77)$

17^L

Überlege für welche Zahlen die Gleichung gilt. Nutze ggf. die Pfeildarstellung.

a) $-4 + x = 5$ **b)** $x + (-3) = -8$ **c)** $x + 4 = -6$
d) $-10 + x = -4$ **e)** $x + (-14) = 0$ **f)** $18 + x = 0$
g) $12 + x = 9$ **h)** $-25 + x = 25$ **i)** $x + (-10) = -5$
j) $x + 12 = 12$ **k)** $x + (-56) = -65$ **l)** $x + 198 = 99$

BEISPIEL
Für $-1 + x = 2$ erkennt man die Lösung $x = 3$.

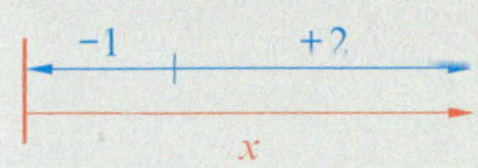

18

a) Das Thermometer steigt über Nacht von –5 °C auf +4 °C. Wie groß ist die Temperaturdifferenz?
b) Abends zeigt das Thermometer +3 °C und am nächsten Morgen –7 °C. Wie groß war der Temperatursturz?

19

Gib an, welche Änderung das Konto erfahren hat.

	a)	b)	c)	d)
Neuer Kontostand	+ 500 €	– 800 €	0 €	– 200 €
Alter Kontostand	– 250 €	– 250 €	+ 720 €	+ 700 €

INFORMATION
Die negativen Zahlen wurden (wie die Null), von den indischen Mathematikern eingeführt. Brahmagupta (geb. 598) verwendete die Begriffe Vermögen (positiv) und Schuld (negativ) und gab Regeln für das Rechnen mit diesen, wie wir heute sagen, rationalen Zahlen an.

Bei den Aufgaben 18 und 19 waren jeweils Differenzen zwischen zwei Zahlen zu berechnen. In den Differenzen traten auch negative Zahlen auf.
Wir wollen uns überlegen, wie man Differenzen rationaler Zahlen berechnet.
Wir wissen bereits: Die Subtraktion ist die Umkehrung der Addition.
Eine Subtraktion konnten wir bisher aber nur für positive Zahlen ausführen und auch nur dann, wenn der Minuend mindestens so groß ist wie der Subtrahend. Beispielsweise lässt sich 2 – 5 im Bereich der gebrochenen Zahlen nicht berechnen.

BEISPIEL: Berechnen von $2-5$ und $-5-(-3)$ im Bereich der rationalen Zahlen

1. Möglichkeit

Wir wollen die nachfolgenden Gleichungen lösen.

$x = 2 - 5$ $\qquad$ $x = -5 - (-3)$

Wir nutzen, dass die Subtraktion die Umkehrung der Addition ist (und umgekehrt). Demnach muss gelten:

$x + 5 = 2$ $\qquad$ $x + (-3) = -5$

Diese Gleichungen können wir im Bereich der rationalen Zahlen bereits lösen:

$x = -3$, denn $-3 + 5 = 2$ $\qquad$ $x = -2$, denn $-2 + (-3) = -5$

Also ist im Bereich der rationalen Zahlen:

$2 - 5 = -3$ $\qquad$ $-5 - (-3) = -2$

2. Möglichkeit

Veranschaulichen wir die Subtraktion mithilfe von Pfeilen, erhalten wir dieselben Ergebnisse:

3. Möglichkeit

Aus der Veranschaulichung erkennt man:

Statt von 2 die 5 zu subtrahieren, ren, kann man auch zu 2 die entgegengesetzte Zahl von 5, also –5, addieren.

$2 - 5 = 2 + (-5) = -3.$

Statt von –5 die –3 zu subtrahie- kann man auch zu –5 die entgegengesetzte Zahl von –3, also 3, addieren.

$-5 - (-3) = -5 + 3 = -2$

ERINNERE DICH

Die Gleichung $x = a - b$ ist gleichwertig zur Gleichung $x + b = a$.

MERKE

Bei der grafischen Subtraktion gilt:

Pfeile Spitze an Spitze.

Beispielsweise kann man sich $1 - (-2) = 3$ so veranschaulichen:

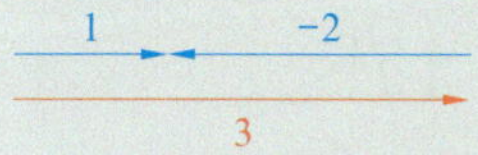

20[L]

Berechne.

a) $7-8$ **b)** $4-9$ **c)** $-5-1$ **d)** $2-3$
e) $3-(-2)$ **f)** $5-(-3)$ **g)** $6-(-1)$ **h)** $-2-(-3)$
i) $5-7$ **j)** $-4-6$ **k)** $-4-(-2)$ **l)** $5-(-5)$
m) $-3-1$ **n)** $-9-(-7)$ **o)** $1-20$ **p)** $0-(-4)$

Im Bereich der rationalen Zahlen ist die Subtraktion immer ausführbar.

Statt eine rationale Zahl zu subtrahieren, kann man die entgegengesetzte Zahl addieren.

MERKE

Sind a und b rationale Zahlen, so gilt:

$a - b = a + (-b)$

21

Berechne im Kopf.

a) $3-(-3)$ **b)** $6-8$ **c)** $-4-5$ **d)** $2-(-5)$
e) $-9-(-9)$ **f)** $12-11$ **g)** $-8-8$ **h)** $-1-(-9)$
i) $5-8$ **j)** $-10-(-20)$ **k)** $13-(-13)$ **l)** $-30-30$

22

Schreibe wie im Beispiel als Summe und berechne.

a) $32-44$ **b)** $-24-(-12)$ **c)** $11-23$
d) $-43-(-14)$ **e)** $54-(-45)$ **f)** $-100-(-50)$
g) $125-(-176)$ **h)** $-948-761$ **i)** $-556-122$

BEISPIEL

$26 - 30 = 26 + (-30)$
$= -4$

23

a) Der größte See der Welt ist das Kaspische Meer. Die Oberfläche hat die geografische Höhe von – 28 m, die tiefste Stelle hat die geografische Höhe von – 1 008 m. Welche größte Tiefe hat der See?
b) Der Obere See in Kanada hat eine Tiefe von 406 m. Die Wasseroberfläche liegt auf + 183 m. Auf welcher geografischen Höhe befindet sich sein Grund?

24

Welche Höhe muss ein Hubschrauber überwinden, wenn er
a) vom Bodensee (+ 396 m) aufsteigt und zum Pfänder (+ 1 064 m) fliegt;
b) vom See Genezareth (– 212 m) nach Nazareth (+ 298 m) fliegt?

25

Berechne.
a) $6{,}1-(-2{,}5)$
b) $-5{,}9-3{,}6$
c) $2{,}8-4{,}9$
d) $-11{,}9-(-2{,}9)$
e) $23{,}5-14{,}5$
f) $-30{,}5-(-31{,}6)$
g) $5{,}55-(-4{,}44)$
h) $-2{,}78-(-3{,}22)$
i) $-4{,}98-3{,}89$

26[L]

Berechne mithilfe eines Taschenrechners. Kontrolliere durch einen Überschlag.
a) $735{,}2-1\,028{,}1$
b) $3\,208-(-2\,999)$
c) $-4\,015-6\,731$
d) $-10\,344-(-729)$
e) $-0{,}788-(-0{,}93)$
f) $0{,}072-2{,}856$
g) $84{,}23-(-44{,}85)$
h) $-111{,}1-2\,369{,}4$
i) $-23\,007-13\,629$
j) $7\,392-(-4\,681)$
k) $-2{,}83-(-18{,}96)$
l) $0{,}152-0{,}922$

HINWEIS
Denke daran, dass du das Vorzeichen „–" nicht mit der Operationstaste [–] eingeben kannst.

27

Berechne.
a) $\frac{1}{4}-\frac{3}{4}$
b) $-\frac{3}{8}-\left(-\frac{5}{8}\right)$
c) $\frac{5}{11}-\left(-\frac{3}{11}\right)$
d) $\frac{6}{7}-\frac{4}{7}$
e) $-\frac{3}{4}-\left(-\frac{5}{8}\right)$
f) $-\frac{3}{5}-\frac{7}{10}$
g) $-\frac{7}{12}-\left(-\frac{2}{3}\right)$
h) $-\frac{7}{15}-\left(-\frac{7}{5}\right)$
i) $-3\frac{1}{4}-5\frac{3}{4}$
j) $-2\frac{3}{5}-\left(1\frac{4}{5}\right)$
k) $-4\frac{3}{8}-2\frac{5}{8}$
l) $2\frac{3}{4}-5\frac{5}{8}$

ZUM KNOBELN
Die Differenz der nebeneinander stehenden Zahlen (linke minus rechte) ergibt jeweils die Zahl darunter.

–12	8	–26	
		–71	
–159			

28

Übertrage ins Heft und ergänze die Tabelle.

Minuend	–14		18	26	–100			2,5	–4,1
Subtrahend	12	–16		–54		18	–87		8,7
Differenz		–9	–67		–50	–26	–12	6	

29[L]

Löse die Gleichungen.
a) $x-(-12)=25$
b) $-32-x=30$
c) $-75-x=-10$
d) $x-45=-45$
e) $66-x=0$
f) $-99-x=-99$
g) $-60-x=-100$
h) $-12-x=24$
i) $x-(-45)=20$

ERINNERE DICH
$x-a=b$ ist gleichwertig zu $x=a+b$.
$a-x=b$ ist gleichwertig zu $x+b=a$ und $x=a-b$.

30

a) Wie weit sind die folgenden Zahlen auf der Zahlengeraden voneinander entfernt: (1) –28,5 und 125,5 (2) –67 und –11,2 (3) 123,1 und –321,2?
b) Wie lauten die beiden Zahlen, die von 15,5 den Abstand 30 haben?
c) Welche positive Zahl ist von 55 genau so weit entfernt wie –10?

31

a) Um wie viel Grad müssen die Stoffe aus der Tabelle mindestens erhitzt werden, um vom festen in den gasförmigen Zustand gebracht zu werden?
b) Wolfram wird häufig als Glühfaden in Glühbirnen benutzt. Warum wohl?

Stoff	Schmelzpunkt	Siedepunkt
Chlor	–103 °C	–34 °C
Äther	–120 °C	+34,6 °C
Zinn	+232 °C	+2 680 °C
Wolfram	+3 390 °C	+5 500 °C

32

Übertrage die Tabellen ins Heft und fülle sie aus.

⊕	5		11	–31
			10	
3		–3		
				–36
31				

⊖	2,5	–6,9	15,7	–25
1,8				
–8,7				
15,1				
–2,5				

33

Es gibt 3 verschiedene Bedeutungen des Minuszeichens:
1. als Vorzeichen bei negativen Zahlen: –4; –2,5
2. als Rechenzeichen für die Subtraktion: 6 – 4; 3 – (–4)
3. als Zeichen für die entgegengesetzte Zahl: –2 zu +2; –(–4) zu (–4); $-a$ zu a

Bei negativen Zahlen wie zum Beispiel –3 ist das Minuszeichen sowohl Vorzeichen als auch das Zeichen für die entgegengesetzte Zahl zu 3.

a) Erläutere die jeweilige Bedeutung der Minuszeichen und berechne.
$(1-5)-(-2)$ $1-(1-(1-(-1)))$ $5-(-(-(-5)))$
b) Welche Aussage ist wahr?
$-a$ ist immer negativ. $-a-(-a)=0$ $|a|=-a$ für negative a

MERKE
dir die drei Bedeutungen des Minuszeichens.

34

Ein Bürogebäude hat ein Erdgeschoss, 12 Ober- und zwei Untergeschosse. Der Aufzug steht im 4. Obergeschoss. Er fährt 6 Etagen hoch, dann 5 Etagen abwärts, dann weiter 3 Stationen abwärts und wieder 7 Etagen hoch. Auf welcher Etage steht er jetzt? Wie viele Stationen sind es jetzt nach unten ins zweite Untergeschoss?

35

Herr Bousonville hat bei seiner Bank einen Dispositionskredit von 6 000,00 €. Er kann deshalb sein Konto bis zu diesem Betrag überziehen. Der letzte Kontostand war 2 487,00 € Soll. Danach wurden Rechnungen über 1 830,00 € und 1 119,00 € bezahlt. Wie viel darf er noch ohne Rücksprache mit der Bank abheben?

ZUM KNOBELN
Welches ist die magische Zahl im Quadrat? Übertrage ins Heft und vervollständige.

$-\frac{3}{2}$		$-\frac{7}{2}$
	-2	
$-\frac{1}{2}$		

36

Berechne und vergleiche jeweils **a)** $a + b$ mit $b + a$ sowie **b)** $a - b$ mit $b - a$.

a	3	−8	18	−35	45	155	−2,5	0,15
b	−12	−15	−25	54	−54	−266	4,9	−1,25

ERINNERE DICH
Für die Addition gebrochener Zahlen gelten das Kommutativgesetz und das Assoziativgesetz. Mache dir die Aussagen dieser Gesetze noch einmal klar.

37

Berechne jeweils und vergleiche $(a + b) + c$ mit $a + (b + c)$.

a	−4	15	28	−6,5	19,7	0,001
b	−8	−7	19	4,3	−12,3	−0,002
c	10	9	−35	−2,1	−5,5	0,005

Unter Berücksichtigung des Vorzeichens darf man auch bei rationalen Zahlen die Summanden vertauschen und bei der Addition beliebig Klammern setzen.

Kommutativgesetz der Addition
Für alle rationalen Zahlen a, b gilt:
$\boldsymbol{a + b = b + a}$

Assoziativgesetz der Addition
Für alle rationalen Zahlen a, b, c gilt:
$\boldsymbol{a + (b + c) = (a + b) + c}$

38

Berechne möglichst geschickt.

a) 16 − 5 + 14 **b)** −28 − 22 + 25 **c)** −34 + 17 − 66
d) 44 + 34 − 78 **e)** −11 − 89 + 43 **f)** −82 + 32 + 50

TIPP
Benutze das Kommutativ- oder das Assoziativgesetz.

AUFGABEN ZUR WIEDERHOLUNG

1. Welche der dargestellten Bauteile gehören zusammen und bilden einen Würfel?

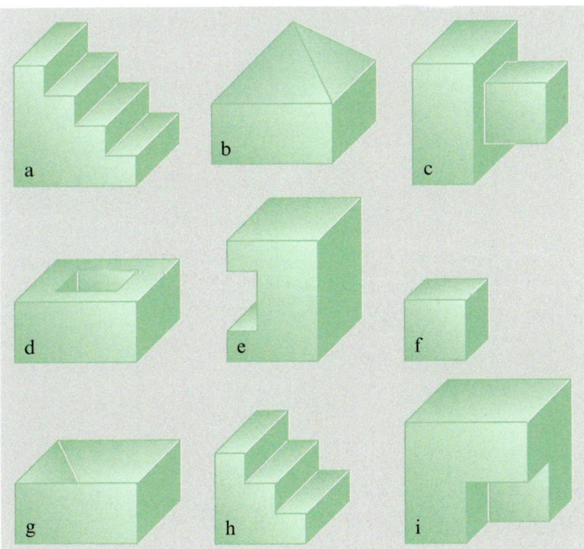

2. Ein hölzerner Würfel mit einer Kantenlänge von 3 cm ist außen rot angestrichen. Er soll in Würfel mit 1 cm Kantenlänge zerlegt werden. Überlege:
   a) Wie viele Schnitte sind dazu notwendig?
   b) Wie viele Würfel entstehen dabei?
   c) Wie viele haben vier rote Flächen?
   d) Wie viele haben drei rote Flächen?
   e) Wie viele haben zwei rote Flächen?
   f) Wie viele haben gar keine rote Fläche?

3. Welcher Quader gehört zu dem Netz?

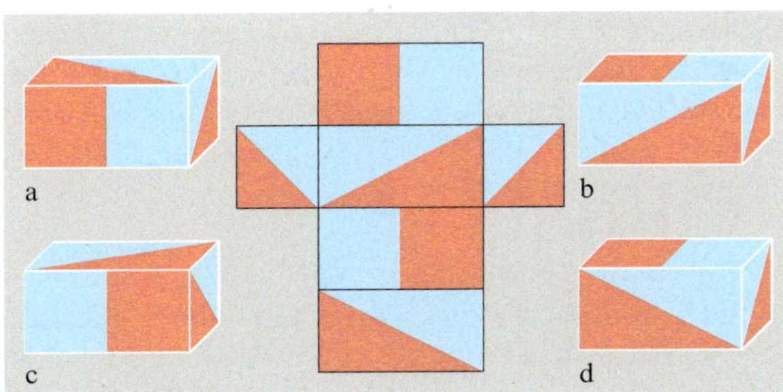

Multiplikation und Division rationaler Zahlen

1

Jörn, Nicole und Yvonne diskutieren vor der Tafel, was $3 \cdot (-2)$ und was $(-2) \cdot 3$ ergeben könnte.
Sie kommen zu dem Schluss:
$3 \cdot (-2) = -6$
$(-2) \cdot 3 = -6$

a) Kannst du erkennen, was sie überlegt haben?
b) Was muss entsprechend diesen Überlegungen $(-4) \cdot 0$ ergeben?

Die Multiplikation rationaler Zahlen soll so festgelegt werden, dass die von den natürlichen und den gebrochenen Zahlen bekannten Rechengesetze weiter gültig bleiben.

2

Ein Skatspieler spielt Herz mit „Dreien". Das bedeutet bei einem Gewinn des Spiels 40 Pluspunkte. Leider verliert er und bekommt jetzt doppelt so viele Minuspunkte („Miese"). Wie viele Punkte werden auf dem Spielblock notiert?

> ERINNERE DICH
> Sind a, b und c natürliche oder gebrochene Zahlen, so gilt:
>
> $a \cdot b = b \cdot a$
> (Kommutativgesetz der Multiplikation)
>
> $a \cdot (b \cdot c) = (a \cdot b) \cdot c$
> $= a \cdot b \cdot c$
> (Assoziativgesetz der Multiplikation)
>
> $a \cdot 0 = 0 \cdot a = 0$
>
> $1 \cdot a = a \cdot 1 = a$
>
> $a \cdot (b + c) = a \cdot b + a \cdot c$
> (Distributivgesetz)

Das Produkt einer positiven und einer negativen rationalen Zahl ist negativ.
Der Betrag des Produkts ist das Produkt der beiden Beträge.

Ist a eine rationale Zahl, so gilt
$a \cdot 0 = 0 \cdot a = 0$ und $1 \cdot a = a \cdot 1 = a$.

BEISPIELE
$5 \cdot (-14) = -(5 \cdot 14) = -70$ $(-2{,}5) \cdot 8 = -(2{,}5 \cdot 8) = -20$ $(-7{,}5) \cdot 0 = 0$

3

Was könnte $(-3) \cdot (-2)$ ergeben? Experimentiere mit.

a) Ergänze die fehlenden Ergebnisse in der nebenstehenden Aufgabenfolge. Nimm dabei an, dass sich die erkannte Gesetzmäßigkeit fortsetzt.
b) Versuche $(-3) \cdot (-2)$ grafisch zu lösen.
c) Wenn auch das Distributivgesetz für alle rationalen Zahlen gelten soll, muss Folgendes richtig sein:
$(-3) \cdot (-2) + (-3) \cdot 2 = (-3) \cdot ((-2) + 2) = (-3) \cdot 0 = 0.$
Wir wissen: $(-3) \cdot 2 = \;\; 6.$
Was folgt daraus für $(-3) \cdot (-2)$?

$4 \cdot (-2) = -8$
$3 \cdot (-2) = -6$
$2 \cdot (-2) = -4$
$1 \cdot (-2) = -2$
$0 \cdot (-2) = 0$
$(-1) \cdot (-2) = \;?$
$(-2) \cdot (-2) = \;?$
$(-3) \cdot (-2) = \;?$

Das Produkt zweier negativer rationaler Zahlen ist positiv.
Der Betrag des Produkts ist das Produkt der beiden Beträge.

BEISPIELE

a) $(-3) \cdot (-7) = +(3 \cdot 7) = 21$ **b)** $(-0{,}5) \cdot (-8{,}4) = +(0{,}5 \cdot 8{,}4) = 4{,}2$

c) $(-2) \cdot \left(-\frac{1}{4}\right) \cdot (-10) = \left((-2) \cdot \left(-\frac{1}{4}\right)\right) \cdot (-10) = \left(+\frac{1}{2}\right) \cdot (-10) = -5$

MERKE

Präge dir die folgenden Vorzeichenregeln bei der Multiplikation rationaler Zahlen ein:

(–) · (+) = (–)
(+) · (–) = (–)
(–) · (–) = (+)
(+) · (+) = (+)

4L

Berechne wenn möglich im Kopf.

a) $(-12) \cdot 3$ **b)** $(-15) \cdot (-2)$ **c)** $(-25) \cdot 6$ **d)** $(-7) \cdot (-1)$
e) $(-11) \cdot (-10)$ **f)** $12{,}5 \cdot (-8)$ **g)** $(-0{,}75) \cdot 4$ **h)** $(-25) \cdot 7$
i) $\left(-\frac{3}{4}\right) \cdot (-4)$ **j)** $\left(-\frac{2}{5}\right) \cdot \left(-\frac{5}{3}\right)$ **k)** $(-1{,}5) \cdot \frac{2}{5}$ **l)** $1{,}2 \cdot \left(-\frac{10}{3}\right)$
m) $(-1) \cdot 18{,}7$ **n)** $0 \cdot (-16{,}3)$ **o)** $(-121{,}5) \cdot (-1)$ **p)** $10 \cdot (-13{,}7)$

5

Berechne.

a) $28 \cdot (-10)$ **b)** $(-50) \cdot 16$ **c)** $3 \cdot (-450)$ **d)** $(-11) \cdot 15$
e) $176 \cdot (-2)$ **f)** $(-10) \cdot (-150)$ **g)** $20 \cdot (-12)$ **h)** $(-16) \cdot 16$
i) $(-105) \cdot (-20)$ **j)** $15 \cdot (-250)$ **k)** $64 \cdot (-32)$ **l)** $(-77) \cdot (-77)$
m) $(-450) \cdot 12$ **n)** $(-36) \cdot (-200)$ **o)** $(-99) \cdot 101$ **p)** $(-100) \cdot (-100)$

6

Berechne die Produkte.

a) $6 \cdot (-1{,}2)$ **b)** $(-1{,}5) \cdot (-4)$ **c)** $(-2{,}6) \cdot 5$ **d)** $12{,}5 \cdot (-8)$
e) $(-30) \cdot 0{,}1$ **f)** $(-0{,}01) \cdot 520$ **g)** $(-10) \cdot 0{,}35$ **h)** $100 \cdot (-0{,}002)$
i) $2{,}5 \cdot (-2{,}5)$ **j)** $(-1{,}3) \cdot 3{,}1$ **k)** $(-7{,}5) \cdot (-1{,}2)$ **l)** $(-10{,}5) \cdot (-5{,}1)$
m) $0{,}1 \cdot (-0{,}002)$ **n)** $(-0{,}05) \cdot (-0{,}4)$ **o)** $0{,}7 \cdot (-0{,}8)$ **p)** $(-0{,}01) \cdot 0{,}01$

SPIEL MIT

Wer findet den Schatz? Hinter dem Stein mit der 20 ist in einer alten Burgruine ein Schatz versteckt.
Das Produkt zweier Zahlen nebeneinander ergibt die Zahl darüber. Übertrage ins Heft und suche den Schatz.

7

Berechne die Produkte.

a) $\left(-\frac{1}{2}\right) \cdot \frac{1}{3}$ **b)** $\frac{3}{4} \cdot \left(-\frac{8}{7}\right)$ **c)** $\left(-\frac{2}{3}\right) \cdot \left(-\frac{9}{8}\right)$ **d)** $\left(-\frac{3}{8}\right) \cdot \frac{5}{2}$
e) $\left(3\frac{1}{2}\right) \cdot \left(-\frac{1}{2}\right)$ **f)** $\left(-\frac{2}{3}\right) \cdot \left(2\frac{1}{5}\right)$ **g)** $\left(-1\frac{2}{7}\right) \cdot \left(-\frac{1}{9}\right)$ **h)** $\frac{11}{28} \cdot \left(-3\frac{2}{11}\right)$
i) $0{,}2 \cdot \left(-3\frac{1}{3}\right)$ **j)** $(-1{,}2) \cdot \frac{3}{4}$ **k)** $(-5{,}5) \cdot \frac{2}{5}$ **l)** $(-7{,}5) \cdot 2\frac{1}{2}$

8

Wandle in gemeine Brüche um und berechne.

a) $1\frac{1}{2} \cdot \left(\ 2\frac{2}{3}\right)$ **b)** $\left(-6\frac{2}{3}\right) \cdot \left(-2\frac{1}{4}\right)$ **c)** $\left(-1\frac{3}{7}\right) \cdot 17\frac{1}{2}$ **d)** $4\frac{4}{5} \cdot \left(-3\frac{3}{4}\right)$
e) $11\frac{3}{8} \cdot \left(-4\frac{10}{13}\right)$ **f)** $\left(-20\frac{2}{11}\right) \cdot \left(-3\frac{10}{37}\right)$ **g)** $3{,}6 \cdot \left(-4\frac{7}{12}\right)$ **h)** $(-11{,}25) \cdot \left(-4\frac{4}{9}\right)$

9L

Berechne.

a) $(-2) \cdot (-4) \cdot (-5)$ **b)** $(-1) \cdot (-5) \cdot 3$ **c)** $(-2) \cdot 7 \cdot (-8)$
d) $(-10) \cdot 12 \cdot 10$ **e)** $(-12) \cdot (-12) \cdot 2$ **f)** $(-1) \cdot 105 \cdot (-1)$
g) $2{,}5 \cdot 8 \cdot (-6)$ **h)** $(-1{,}2) \cdot 7 \cdot (-5)$ **i)** $(-0{,}5) \cdot (-18) \cdot (-4)$
j) $(-5) \cdot (-1{,}4) \cdot (-3)$ **k)** $(-2) \cdot (-1) \cdot 0$ **l)** $3 \cdot 0 \cdot (-6)$

10

Berechne mit einem Taschenrechner. Führe zuvor einen Überschlag durch.

a) $3{,}17 \cdot (-12{,}86)$ **b)** $(-23{,}65) \cdot (-7{,}19)$ **c)** $(-0{,}362) \cdot 3{,}002$
d) $(-11{,}87) \cdot (-13{,}47)$ **e)** $0{,}007\,28 \cdot (-0{,}893)$ **f)** $(-133{,}1) \cdot 5{,}04$
g) $11\,353 \cdot (-33)$ **h)** $7{,}803 \cdot 44{,}33$ **i)** $(-2003{,}5) \cdot (-0{,}001\,03)$

TIPP
Wenn du dir das Vorzeichen des Ergebnisses im Kopf überlegst, kannst du mit den Beträgen rechnen. Du brauchst dann also nicht die Vorzeichenwechseltaste.

11

Wann ist ein Produkt aus 3 Faktoren **a)** negativ, **b)** positiv, **c)** gleich 0?
Gib dazu Beispiele an.
Untersuche dieselbe Frage bei einem Produkt aus 4 Faktoren.

Da das Vorzeichen eines Produkts nur von der Anzahl der Minuszeichen abhängt, gelten auch im Bereich der rationalen Zahlen das Kommutativ- und das Assoziativgesetz der Multiplikation. (Siehe Seite 66, Randspalte.)

12[L]

Berechne die folgenden Potenzen:

a) $(-5)^2$ **b)** $(-1)^2$ **c)** $(-100)^2$ **d)** $(-50)^2$ **e)** $(-2)^3$ **f)** $(-1)^4$
g) $(-4)^3$ **h)** $(-3)^4$ **i)** $(-0{,}5)^3$ **j)** $(-0{,}1)^4$ **k)** $(-0{,}01)^2$ **l)** $(-0{,}2)^4$

13[L]

Berechne.

a) $\left(-\frac{1}{2}\right) \cdot \frac{2}{3} \cdot \left(-\frac{3}{7}\right)$ **b)** $\left(-\frac{2}{7}\right) \cdot \left(-\frac{2}{3}\right) \cdot \frac{3}{4}$ **c)** $\frac{3}{11} \cdot \left(-\frac{4}{5}\right) \cdot \frac{11}{6}$

d) $\left(-\frac{1}{10}\right) \cdot \left(-\frac{4}{7}\right) \cdot 10$ **e)** $\left(-\frac{1}{12}\right) \cdot \frac{2}{11} \cdot (-12)$ **f)** $(-18) \cdot \left(-\frac{11}{16}\right) \cdot \left(-\frac{1}{9}\right)$

ZUM KNOBELN
Gibt es zwei verschiedene natürliche Zahlen a und b für die gilt:
$(-a)^b = (-b)^a$?

14

Welche Zahlen erfüllen die Gleichungen?

a) $x \cdot x = \frac{4}{9}$ **b)** $x^3 = -216$ **c)** $x^{10} = 1024$ **d)** $\left(-\frac{3}{4}\right) \cdot x = 1$

e) $x \cdot \frac{5}{2} = 1$ **f)** $0 = \frac{1}{2} \cdot (x-2)$ **g)** $x \cdot (x+2) = 0$ **h)** $(-0{,}4) \cdot x = 2$

15[L]

In englischsprachigen Ländern wird die Temperatur nicht in Grad Celsius gemessen, sondern in Grad Fahrenheit (°F). Dabei wird der Eispunkt (0 °C) mit 32 °F und der Siedepunkt (100 °C) mit 212 °F festgelegt. Ein Grad Fahrenheit ist demnach der 180ste Teil der Temperaturdifferenz zwischen Eispunkt und Siedepunkt.

a) Es gilt $T_C = \frac{5}{9} \cdot (T_F - 32)$. Kannst du diese Gleichung erklären?
b) Welche entsprechende Gleichung gilt dann für die Umrechnung von Celsiusgraden in Fahrenheitgraden?
c) Zeichne ein Thermometer ins Heft mit zwei Skalen: links die bekannte Celsiusskala und rechts die Fahrenheitskala. Wähle die Celsiusskala von −60 °C bis +60 °C in Schritten von je 5 °C.
Gibt es eine Temperatur, die in beiden Fällen dieselbe Gradzahl hat?
d) Wie viel Grad Celsius entsprechen 131 °F, 104 °F, 59 °F, 23°F, −4 °F, −31 °F?
e) Wie viel Grad Fahrenheit sind 60 °C, 50 °C, 25 °C, 10 °C, −10 °C, −45 °C?

WUSSTEST DU SCHON?
Daniel G. Fahrenheit (1686–1736) war Physiker und stellte wissenschaftliche Thermometer her, zunächst mit Weingeist, ab 1718 auch mit Quecksilber als Thermometersubstanz.
Als 100 °F hatte er ursprünglich die „normale“ Körpertemperatur des Menschen gewählt.

16

Welche Zahl erfüllt die Gleichung?

a) $x \cdot 6 = -24$ **b)** $(-12) \cdot x = -60$ **c)** $x \cdot (-9) = 81$ **d)** $x \cdot 3 = -2$
e) $(-6) \cdot x = -180$ **f)** $x \cdot 2{,}5 = -17{,}5$ **g)** $150 = (-0{,}15) \cdot x$ **h)** $0{,}01 \cdot x = 0{,}1$

Wir wissen bereits: Die Division ist die Umkehrung der Multiplikation.
Für gebrochene Zahlen ist die Gleichung $x \cdot b = a$ gleichwertig zu $x = a : b$.
Der Quotient $a : b$ ist die eindeutige Lösung der Gleichung $x \cdot b = a$ $(b \neq 0)$.

17

Aus den Lösungen der Aufgabe 16 erkennt man z. B.:
Da die Gleichung $x \cdot 6 = -24$ die Lösung $x = -4$ hat, ist $(-24) : 6 = -4$.
Bilde aus den Gleichungen 16 b) bis h) und ihren Lösungen entsprechende Divisionsaufgaben. Vergleiche die Vorzeichen und Beträge der Zahlen.

Es ist $a : b = a \cdot \frac{1}{b}$ $(b \neq 0)$. Man kann also durch eine rationale Zahl dividieren, indem man mit dem Kehrwert multipliziert. Damit lassen sich die Regeln der Multiplikation für die Division sinngemäß übernehmen.

> Der Quotient einer positiven und einer negativen rationalen Zahl ist negativ.
> Der Quotient zweier negativer rationaler Zahlen ist positiv.
> Der Betrag des Quotienten ist der Quotient der beiden Beträge.

18

Berechne im Kopf.

a) $(-18) : 9$ **b)** $51 : (-17)$ **c)** $(-72) : (-9)$ **d)** $(-100) : (-10)$
e) $125 : (-25)$ **f)** $(-55) : 5$ **g)** $28 : (-1)$ **h)** $(-14) : (-14)$
i) $(-272) : (-17)$ **j)** $(-576) : (-18)$ **k)** $361 : (-19)$ **l)** $(-256) : (-16)$

19[L]

Berechne den Quotienten als Dezimalbruch.

a) $(-12) : 0{,}2$ **b)** $3 : (-0{,}1)$ **c)** $(-8) : (-0{,}4)$ **d)** $(-5) : (-2{,}5)$
e) $25 : (-0{,}25)$ **f)** $(-2{,}4) : (-0{,}4)$ **g)** $(-1) : (-0{,}001)$ **h)** $(-30) : 0{,}6$
i) $(-0{,}35) : 0{,}07$ **j)** $91 : (-1{,}3)$ **k)** $(-0{,}05) : (-0{,}2)$ **l)** $1{,}19 : (-17)$

20

Schreibe den Quotienten als gemeinen Bruch und kürze so weit wie möglich.
Beispiel: $5 : (-2) = 5 \cdot \left(-\frac{1}{2}\right) = -\frac{5}{2}$.

a) $4 : (-7)$ **b)** $(-9) : (-4)$ **c)** $(-7) : 3$ **d)** $12 : (-5)$
e) $(-21) : 9$ **f)** $(-40) : (-6)$ **g)** $(-60) : (-8)$ **h)** $30 : (-12)$
i) $(-70) : 20$ **j)** $(-100) : 12$ **k)** $(-35) : (-20)$ **l)** $55 : (-55)$

21

Berechne jeweils den Kehrwert als gemeinen Bruch und als Dezimalbruch.

a) -4 **b)** $0{,}2$ **c)** $-2{,}5$ **d)** $-0{,}8$ **e)** $1{,}6$ **f)** -10
g) $-1{,}25$ **h)** $-6{,}25$ **i)** -20 **j)** 500 **k)** $-0{,}01$ **l)** $0{,}125$

ERINNERE DICH
Der Kehrwert (oder das Reziproke) einer Zahl $b \neq 0$ ist die Zahl $\frac{1}{b}$.

MERKE
Präge dir die folgenden Vorzeichenregeln für die Division rationaler Zahlen ein:
(–) : (+) = (–)
(+) : (–) = (–)
(–) : (–) = (+)
(+) : (+) = (+)

ZUM KNOBELN
aus einem altägyptischen Rechenbuch:
Ein Hirte trieb 70 Rinder und sagte auf Nachfrage: „Das sind $\frac{2}{3}$ von $\frac{1}{3}$ des Viehs“.
Wie groß ist die gesamte Herde?

22

Berechne.

a) $\left(-\frac{1}{4}\right) : 2$ **b)** $\frac{3}{8} : (-3)$ **c)** $\frac{1}{2} : \left(-\frac{1}{4}\right)$ **d)** $\frac{1}{2} : \left(-\frac{1}{2}\right)$

e) $\left(-\frac{4}{7}\right) : \left(-\frac{1}{7}\right)$ **f)** $\frac{3}{4} : (-7)$ **g)** $\left(-\frac{4}{7}\right) : (-2)$ **h)** $(-11) : \left(-\frac{1}{11}\right)$

i) $(-1) : \frac{2}{3}$ **j)** $2 : \frac{1}{7}$ **k)** $(-15) : \frac{3}{4}$ **l)** $\frac{5}{7} : \left(-\frac{5}{2}\right)$

BEACHTE
$a : b = a \cdot \frac{1}{b}$ $(b \neq 0)$
$a : \frac{1}{b} = a \cdot b$ $(b \neq 0)$

23

Berechne.

a) $0{,}5 : (-2)$ **b)** $3 : (-0{,}2)$ **c)** $(-4) : (-0{,}5)$ **d)** $2{,}5 : (-0{,}1)$

e) $\frac{2}{3} : (-0{,}2)$ **f)** $(-2{,}5) : \left(-\frac{1}{3}\right)$ **g)** $(-5{,}2) : \frac{1}{2}$ **h)** $0{,}03 : \left(-\frac{3}{10}\right)$

i) $(-1) : \frac{2}{7}$ **j)** $\left(-\frac{4}{3}\right) : \frac{3}{4}$ **k)** $1 : \left(-\frac{2}{11}\right)$ **l)** $(-5) : \frac{1}{5}$

24

Übertrage die Tabellen ins Heft und fülle sie aus.

$\odot$	-5			$-1{,}5$
-7		-91		
	-90			
$-0{,}2$			4	
				75

$\odot$	$-\frac{1}{2}$	4	-3	$\frac{2}{7}$
1				
-2		$-\frac{1}{2}$		
$\frac{3}{4}$				
$-\frac{1}{5}$				

25

Warum macht die Division durch 0 so viel Probleme?

a) Schreibe $x = 2 : 0$ als Produkt. Welche Zahl erfüllt die Gleichung?
b) Was ergibt sich entsprechend für die Gleichung $x = 0 : 0$?
c) Verfahre ebenso mit $x = 0 : 3$.

Wir wissen: Jede Zahl ergibt mit 0 multipliziert die Zahl 0. Das bedeutet, dass alle rationalen Zahlen eine Lösung der Gleichung $x \cdot 0 = 0$ sind.
Dagegen gibt es keine Lösung der Gleichung, wenn auf der rechten Seite eine von 0 verschiedene Zahl steht, zum Beispiel $x \cdot 0 = 1$.
Weil die Gleichung $x = a : 0$ gleichwertig ist zu $x \cdot 0 = a$, folgt daraus:
Für $a \neq 0$ gibt es überhaupt keine Lösung der Gleichung $x \cdot 0 = a$. Für $a = 0$ wäre jede Zahl eine Lösung; es gibt also kein eindeutiges Ergebnis.
In der Mathematik sagt man: Die Division durch 0 ist nicht definiert.

MERKE
Auch für das Rechnen im Bereich der rationalen Zahlen gilt:
Die Division durch null ist nicht definiert.

26

a) Schreibe als Produkt und berechne x, falls möglich.
$0 : 5 = x$ $4 : 0 = x$ $0 : 0 = x$ $0 : x = 0$

b) Schreibe als Divisionsaufgabe und berechne wenn möglich den Quotienten.
$3 \cdot 0 = 0$ $(-7) \cdot 0 = 0$ $0 \cdot 0 = 0$ $0 \cdot 4 = 0$

27

Die Schülerinnen und Schüler der 7 b erhalten folgende Aufgabe:
Dividiere 150 durch das Produkt aus –2,5 und 0,16. Schreibe die Aufgabe mit Bruchstrich und rechne mit dem Taschenrechner.
Hans und Sabine rechnen gleich los. Sabine bekommt –375 heraus, Hans –9,6.
Kathrin, Uwe und Jens rechnen noch anders.

Hans:	150 [÷] 2.5 [+/–] [×] 0.16 [=]
Sabine:	150 [÷] 2.5 [+/–] [÷] 0.16 [=]
Kathrin:	150 [÷] [(] 2.5 [+/–] [×] 0.16 [)] [=]
Uwe:	2.5 [+/–] [×] 0.16 [=] [1/x] [×] 150 [=]

Jens überlegt sich zuerst das Vorzeichen des Ergebnisses (–) und rechnet dann:
150 [÷] 2.5 [÷] 0.16 [=]

Diskutiert in der Klasse über die verschiedenen Lösungswege: Wer rechnet richtig, wer falsch? Was wurde falsch gemacht? Welche Überlegungen liegen den richtigen Lösungswegen zugrunde? Gibt es einen besonders zweckmäßigen Lösungsweg?

INFORMATION
Die Vorzeichenwechseltaste [+/–] ändert das Vorzeichen der Zahl.
Die Kehrwerttaste [1/x] bildet den Kehrwert der Zahl.
Zum Beispiel:
Aus 5 wird 0,2, aus –0,1 wird –10.
[(] und [)] sind Klammertasten.
Die Quadrattaste [x^2] quadriert die Zahl.

28^L

Berechne mit dem Taschenrechner.

a) $\frac{7{,}8}{1{,}6 \cdot (-0{,}75)}$ **b)** $\frac{112 \cdot (-0{,}36)}{(-1{,}6) \cdot 0{,}09}$ **c)** $\frac{-0{,}864}{2{,}4^2}$ **d)** $\frac{(-1{,}6) \cdot (-5{,}7)}{(-9{,}12) \cdot 0{,}0625}$

e) $\frac{(-13{,}2) \cdot (-112{,}5)}{-0{,}567}$ **f)** $\frac{(-6{,}73)^2}{2{,}62 \cdot 44{,}9}$ **g)** $\frac{501 \cdot (-63{,}7)}{-1024}$ **h)** $\frac{0{,}738 \cdot (-1{,}006)}{(-1{,}345) \cdot 0{,}526}$

29

Metalle dehnen sich beim Erwärmen aus und ziehen sich beim Abkühlen wieder zusammen. Vergleiche dazu die Tabelle in der Randspalte.
Beispielsweise wird ein 3 m langes Eisenrohr bei Erwärmung um 250 Grad um
$s = 3 \cdot 2{,}5 \cdot 1{,}2$ mm = 9 mm länger.

a) Der Eiffelturm hat eine Höhe von rund 300 m. Wie groß ist der Längenunterschied zwischen Winter (–10 °C) und Sommer (+35 °C)?
b) Um wie viel Millimeter wird die Lücke zwischen Eisenbahnschienen (der Schienenstoß) der Länge 20 m größer, wenn die Temperatur um 30 Grad fällt?
c) Wie lang ist ein Aluminiumstab (Kupferstab), der sich bei Erwärmung um 150 Grad um 18 mm ausdehnt?

Ausdehnung eines 1 m langen Metallstabes bei Erwärmung um 100 Grad (K)

Eisen	1,2 mm
Kupfer	1,7 mm
Aluminium	2,4 mm

30

Löse die Gleichungen.

a) $x \cdot \left(-\frac{2}{7}\right) = 1$ **b)** $\frac{4}{3} \cdot x = -\frac{8}{9}$ **c)** $x : \frac{7}{8} = \frac{8}{7}$ **d)** $\frac{11}{7} : x = -\frac{11}{7}$

e) $x \cdot \left(-\frac{2}{27}\right) = \frac{4}{9}$ **f)** $\left(-\frac{5}{7}\right) : x = \frac{12}{7}$ **g)** $\frac{3}{5} \cdot x = \left(-\frac{5}{9}\right)$ **h)** $x : \left(-\frac{2}{3}\right) = \frac{2}{3}$

TIPP
Auch für die rationalen Zahlen sind gleichwertig:
$x \cdot b = a$ und $x = a : b$
$x : b = a$ und $x = a \cdot b$
$a : x = b$ und $a = b \cdot x$

31

a) Berechne von dem Produkt $\left(-\frac{1}{2}\right) \cdot \left(-\frac{2}{3}\right) \cdot \left(-\frac{3}{4}\right) \cdot \ldots$ das Ergebnis der ersten 2, 3, 4 Faktoren.
b) Vermute: Was ergibt das Produkt der ersten 10 (11) Faktoren?
c) Bei wie vielen Faktoren kommt als Ergebnis der Wert $-\frac{1}{1000}$ heraus?

Nacheinanderausführung verschiedener Rechenoperationen

1

Berechne und erläutere, wie du dabei schrittweise vorgehst.

a) $(-3) \cdot 4 + (-3) \cdot (-3)$ **b)** $5 \cdot (-3 + (-2))$

2

Berechne $a \cdot (b + c)$ und $a \cdot b + a \cdot c$ und vergleiche die Ergebnisse.

	a)	b)	c)	d)	e)	f)	g)	h)	i)
a	–3	5	–8	4	–6	–2	9	–4	10
b	4	–7	–5	–3	–4	8	6	0	1
c	3	2	–12	–2	5	–10	–3	7	0

Im Bereich der rationalen Zahlen lassen sich Addition, Subtraktion, Multiplikation und Division (außer durch 0) uneingeschränkt ausführen.
Es gelten dieselben Rechengesetze wie in den Bereichen der natürlichen und der gebrochenen Zahlen. Speziell gilt auch das **Distributivgesetz**:

Für alle rationalen Zahlen a, b und c ist $\boldsymbol{a \cdot (b + c) = a \cdot b + a \cdot c}$.

ERINNERE DICH

Die Multiplikation rationaler Zahlen sollte so erklärt werden, dass die von den natürlichen und gebrochenen Zahlen bekannten Rechengesetze auch für rationale Zahlen gelten. Dass das Kommutativ- und das Assoziativgesetz der Multiplikation auch für rationale Zahlen gelten, wissen wir bereits. Jetzt können wir auch das Distributivgesetz untersuchen.

BEISPIELE

Ausmultiplizieren:

$$(-5) \cdot \left(\frac{1}{2} + \left(-\frac{3}{5}\right)\right) = (-5) \cdot \frac{1}{2} + (-5) \cdot \left(-\frac{3}{5}\right) = -\frac{5}{2} + \frac{15}{5} = -\frac{5}{2} + 3 = \frac{1}{2}$$

Ausklammern:

$$\left(-\frac{4}{5}\right) \cdot 3 + \left(-\frac{4}{5}\right) \cdot (-1) = \left(-\frac{4}{5}\right) \cdot (3 + (-1)) = \left(-\frac{4}{5}\right) \cdot 2 = -\frac{8}{5}$$

BEACHTE

Beim Ausmultiplizieren und beim Ausklammern wird jeweils das Distributivgesetz genutzt.

3[L]

Berechne durch Ausmultiplizieren.

a) $(-8) \cdot \left(4 + \frac{1}{2}\right)$ **b)** $7 \cdot \left(5 + \frac{2}{7}\right)$ **c)** $(-3) \cdot \left(\frac{2}{3} + 6\right)$

d) $\left(12 - \frac{2}{3}\right) \cdot 6$ **e)** $\left(4 - \frac{1}{3}\right) \cdot (-9)$ **f)** $(-8) \cdot \left(2 - \frac{1}{4}\right)$

g) $\left(13 - \frac{5}{2}\right) \cdot (-4)$ **h)** $\left(-\frac{1}{2} + \frac{2}{3}\right) \cdot 6$ **i)** $12 \cdot \left(\frac{1}{3} - \frac{1}{4}\right)$

j) $1{,}6 \cdot (4 - 0{,}5)$ **k)** $\left(20 + \frac{10}{3}\right) \cdot (-2{,}1)$ **l)** $\left(1 - \frac{1}{7}\right) \cdot (-7)$

4[L]

Berechne durch Ausklammern.

a) $(-12) \cdot 4 + (-12) \cdot (-2)$ **b)** $2 \cdot (-7) + 2 \cdot 8$ **c)** $(-14) \cdot (-3) + 10 \cdot (-3)$

d) $21 \cdot 7 - 21 \cdot 5$ **e)** $(-3) \cdot 5 - (-3) \cdot 3$ **f)** $17 \cdot (-4) + 5 \cdot 17$

g) $\left(-\frac{3}{4}\right) \cdot 5 + \left(-\frac{3}{4}\right) \cdot 3$ **h)** $\frac{1}{3} \cdot (-4) + \frac{2}{3} \cdot (-4)$ **i)** $\left(-\frac{1}{2}\right) \cdot \frac{2}{3} + \frac{2}{3} \cdot \frac{1}{2}$

NACHGEDACHT

Wieso folgt aus dem Distributivgesetz auch die Gültigkeit der folgenden Gesetze?
Für alle rationalen Zahlen a, b und c gilt:
$(a + b) \cdot c = a \cdot c + b \cdot c$
$a \cdot (b - c) = a \cdot b - a \cdot c$
$(a - b) \cdot c = a \cdot c - b \cdot c$

5

Berechne möglichst geschickt.

a) $(-24) \cdot 15 + (-24) \cdot 5$ **b)** $5 \cdot (-4) + (-2) \cdot (-4)$ **c)** $16 \cdot 0{,}7 - 14 \cdot 0{,}7$

d) $\frac{4}{3} \cdot \frac{1}{2} - \frac{1}{3} \cdot \frac{1}{2}$ **e)** $12 \cdot \left(\frac{1}{2} + \frac{1}{3}\right)$ **f)** $\frac{8}{7} \cdot (-14) - \frac{8}{7} \cdot 14$

g) $1{,}2 \cdot 0{,}9 - 0{,}9 \cdot 2$ **h)** $(-5) \cdot (-3 + 2)$ **i)** $(-4) \cdot (2{,}2 - 3{,}7)$

j) $3\frac{2}{3} \cdot 6$ **k)** $20 \cdot 5\frac{1}{2}$ **l)** $8\frac{2}{7} \cdot 14$

6

Begründe, warum für alle rationalen Zahlen a, b und c ($c \neq 0$) gilt:

a) $(a + b) : c = a : c + b : c$ **b)** $(a - b) : c = a : c - b : c$

7[L]

Berechne.

a) $(35 + 42) : 7$ **b)** $(18 + 81) : (-9)$ **c)** $(120 - 48) : 12$

d) $(2{,}4 - 5{,}6) : (-8)$ **e)** $(12{,}5 + 7{,}5) : 2{,}5$ **f)** $(4{,}4 - 11) : 1{,}1$

g) $\frac{16 - 44 + 28}{4}$ **h)** $\frac{28 - 70 - 56}{14}$ **i)** $\frac{14 - 35 + 21}{7}$

8

Was macht der Taschenrechner?

a) Helga und Udo haben zwei unterschiedliche Taschenrechner. Beide geben für die Aufgabe $-7 + 3 \cdot (-4)$ die Tastenfolge 7 [+/–] [+] 3 [×] 4 [+/–] [=] ein. Helga erhält als Ergebnis –19, Udo dagegen 16. Kannst du dir das erklären?

b) Welches Ergebnis zeigt dein Taschenrechner?

c) Wie hätte Udo eintippen können, um auch das richtige Ergebnis zu erhalten?

Moderne Taschenrechner haben eine so genannte Vorrangautomatik, sie beachten die Regel „Punktrechnung vor Strichrechnung".

> **BEISPIEL**
>
> Es ist $-5 + 10 \cdot (-3) = -35$. Ein Taschenrechner mit Vorrangautomatik liefert bei der Tastenfolge 5 [+/–] [+] 10 [×] 3 [+/–] [=] das richtige Ergebnis.
>
> Es ist $(-5 + 10) \cdot (-3) = -15$. Das kann man mit einem Taschenrechner z. B. so berechnen: 5 [+/–] [+] 10 [=] [×] 3 [+/–] [=]
>
> Das erste Gleichheitszeichen sorgt dafür, dass zuerst die Klammer berechnet wird. Man hätte auch die Klammertasten benutzen können.

HINWEIS

Die beiden Rechenbäume veranschaulichen die beiden Rechnungen aus dem Beispiel.

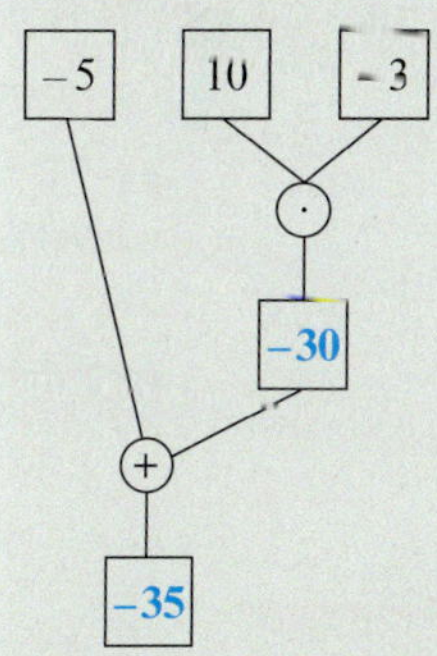

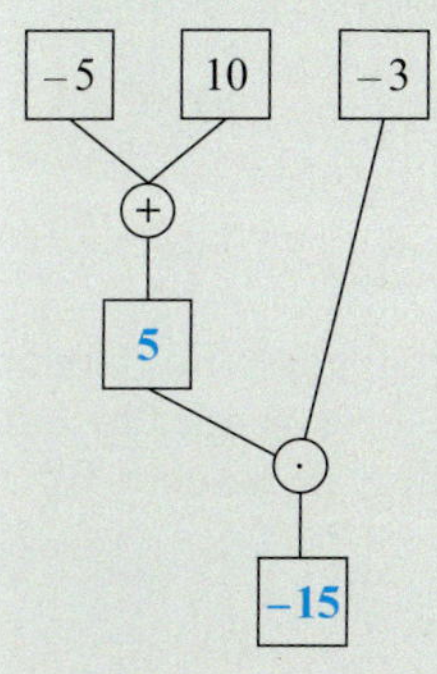

9

Führe die Schritte durch und vergleiche. Schreibe die Aufgabe ausführlich auf. Zeichne jeweils einen zugehörigen Rechenbaum.

a) 30 [+/–] [–] 20 [=] [÷] 5 [+/–] [=] und
30 [+/–] [–] 20 [÷] 5 [+/–] [=]

b) 3 [+/–] [×] 4 [x^2] [=] und 3 [+/–] [×] 4 [=] [x^2]

10

Gib eine beliebige Zahl a in den Taschenrechner ein und führe die angegebenen Schritte aus.
Gib den berechneten Rechenausdruck mithilfe von a ausführlich an.
Welcher Wert ergibt sich jeweils für die Zahlen $a = -1$, 0, 3 und 7?

a) a [×] 12 [+] 9 [÷] 3 [=] **b)** a [+] 8 [+/–] [=] [×] 5 [=]

c) a [+] 2 [=] [x^2] **d)** a [×] 3 [–] 1 [=] [1/x]

BEACHTE
Ein Taschenrechner mit Vorrangautomatik arbeitet die Rechenoperationen in der Reihenfolge ab, nach der auch du rechnen musst:
1. Klammern berechnen
2. Potenzieren (z. B. Quadrieren)
3. Multiplizieren und Dividieren (Punktrechnung)
4. Addieren und Subtrahieren (Strichrechnung)

11 L

Berechne mit dem Taschenrechner.

a) $\frac{150}{(1{,}1-3{,}65)^2}$ **b)** $\frac{(487-231)\cdot(487+231)}{(-32)^2}$ **c)** $0{,}99\cdot(-1{,}23)+0{,}782$

d) $\frac{125\cdot(41{,}2-31{,}5)}{(-2{,}5)^2}$ **e)** $\frac{11{,}2}{0{,}125}+\frac{2}{0{,}5}-\frac{0{,}8}{0{,}25}$ **f)** $\frac{(23{,}7+56{,}8)^2}{549{,}7-3{,}5\cdot 14{,}2}$

12

Berechne ohne Taschenrechner.

a) $\frac{3-8}{6-1}$ **b)** $\frac{2\cdot 5-3\cdot 8}{5-12}$ **c)** $\frac{4\cdot(-3)+8\cdot(-1)}{4-2\cdot(-3)}$

d) $\frac{2\cdot(4-7)}{6\cdot(3-5)}$ **e)** $\frac{2\cdot(-6)-4\cdot(-3)}{4-5}$ **f)** $\frac{(-4)\cdot 3+2\cdot 7}{5\cdot(-3)+3\cdot 4}$

g) $\frac{(-10)-(-2)\cdot 8}{(-8)\cdot 3-6}$ **h)** $\frac{(-5)\cdot 7-(-12)\cdot 3}{4\cdot(-5)+(-2)\cdot(-6)}$ **i)** $\frac{(-2)\cdot(-3)-(-1)\cdot(-7)}{(-4)\cdot(-2)-(-3)\cdot(-6)}$

13 L

Berechne.

a) $\frac{-\frac{2}{5}}{-\frac{1}{4}}$ **b)** $\frac{\frac{1}{3}}{-\frac{6}{7}}$ **c)** $\frac{-3}{\frac{1}{5}}$ **d)** $\frac{\frac{1}{3}+1}{\frac{1}{3}-1}$

e) $\frac{\frac{1}{5}-\frac{1}{4}}{\frac{1}{5}\cdot\frac{1}{4}}$ **f)** $\frac{3\cdot\left(-\frac{1}{4}\right)+2}{3\cdot\left(-\frac{1}{4}+2\right)}$ **g)** $\frac{4\cdot\left(-\frac{3}{4}\right)+8{,}8}{\frac{9}{10}-3}$ **h)** $\frac{2{,}4-\frac{1}{10}}{-\frac{13}{5}+0{,}3}$

14

Setze für x die Zahlen -1, 0, $\frac{1}{2}$, $\frac{3}{2}$, 4, -3 ein und berechne (falls möglich).

a) $\frac{x+1}{x-1}$ **b)** x^2-1 **c)** $x\cdot(x+2)$ **d)** $(x+1)\cdot(x-2)$ **e)** $\frac{4}{x\cdot(x-4)}$

15

Annika misst im Januar zwei Wochen lang die morgendliche Außentemperatur in °C und vergleicht dann die morgendlichen Durchschnittstemperaturen beider Wochen. In welcher Woche war es kälter?

So	Mo	Di	Mi	Do	Fr	Sa	So	Mo	Di	Mi	Do	Fr	Sa
–14	–9	–3	0	+6	+2	+1	+3	+1	–1	–2	–4	–8	–13

16

Die 24 Schülerinnen und Schüler der Klasse 7 a planen eine Klassenfahrt in die Sächsische Schweiz. Sie möchten mit einem Bus in eine Jugendherberge fahren. Ein zusätzliches Programm ist vorgesehen. Dazu gibt es von der Stadt und vom Verein der Ehemaligen der Schule einen Zuschuss.

Kosten/Zuschuss	Betrag in Euro
Fahrtkosten	864,00
Unterbringung	1 392,00
Essen	1 584,00
Museum	78,00
Konzert	276,00
Zuschuss Stadt	360,00
Zuschuss Schule	132,00

a) Berechne die Kosten pro Schüler für Fahrt, Unterkunft und Essen.
b) Wie viel muss jeder für die Sonderveranstaltungen ausgeben?
c) Wie hoch sind die Kosten der Klassenfahrt für jeden Schüler insgesamt?

17

a) Eine Arbeitsgruppe hat die Aufgabe, eine Strecke von 8 cm nach Augenmaß zu zeichnen. Das Nachmessen ergibt folgende Abweichungen in mm: −6, +4, +11, +1, −6, −13, +3, −2, +6.
Wurde im Durchschnitt die Strecke eher zu kurz oder zu lang gezeichnet?
b) Herr Reinhard erhält monatlich seine Kontoauszüge von der Bank zugeschickt. Diese wiesen innerhalb eines Jahres folgende Kontostände (in Euro) aus:
+2 723,56; +2 863,79; +1 345,12; +1 318,74; +212,01; −2 384,35; −2 002,85; −2 113,34; −974,11; −800,25; −345,11; +135,28.
War Herr Reinhard im Jahresdurchschnitt im Plus oder im Minus?

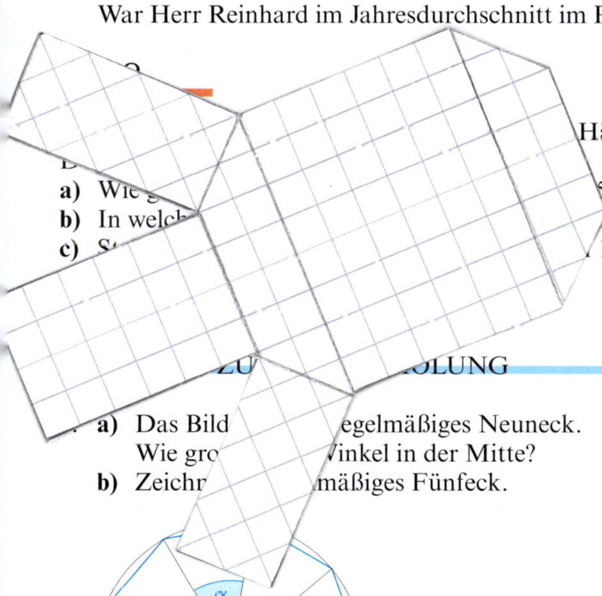

[illegible] Hälfte ab.
a) Wie [illegible] 5 km, 50 km Höhe?
b) In welch[illegible] a, 64 hPa, 4 hPa, 1 hPa?
c) S[illegible] (1 bis 10) den Luftdruck in $5x$ km

INFORMATION
Der Luftdruck entsteht durch das Gewicht der Luft. Die Einheit des Luftdrucks ist Hektopascal (hPa). Früher wurde der Druck in Millibar (mbar) gemessen.
Es ist 1 hPa = 1 mbar.
Bei uns beträgt der Luftdruck etwa 1 000 hPa.

ZU[illegible]OLUNG

1. **a)** Das Bild [illegible] egelmäßiges Neuneck. Wie gro[illegible] Winkel in der Mitte?
b) Zeichn[illegible] mäßiges Fünfeck.

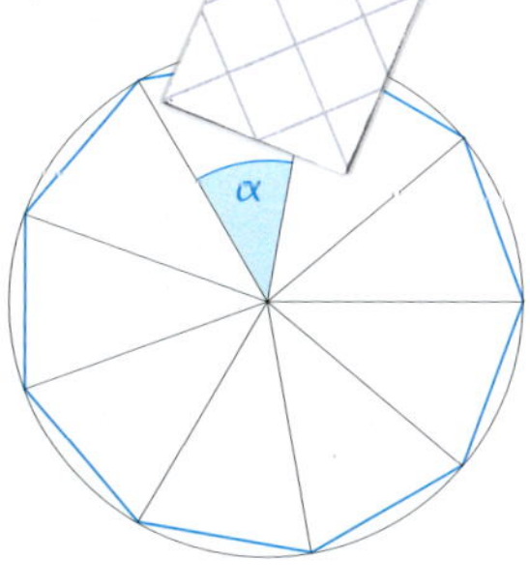

c) Zeichne mithilfe eines Kreises einen sechszackigen Stern.

2. Gib die Größe der eingezeichneten Winkel an.

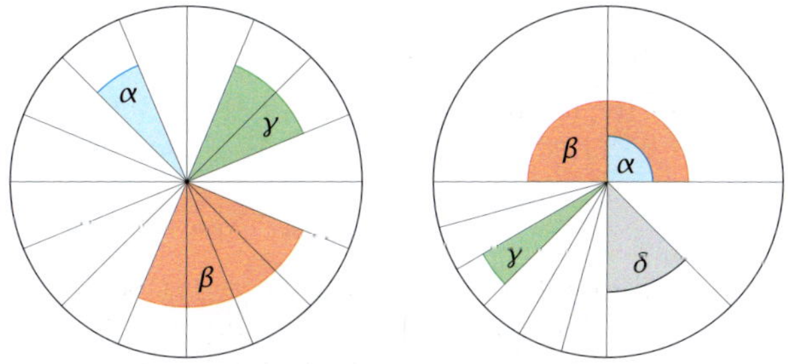

3. Zeichne nach Augenmaß Winkel der Größe:
a) 37° **b)** 72° **c)** 130° **d)** 310°
Miss die Größe der Winkel und gib den Betrag der Abweichung von der vorgegebenen Größe an.

Quadrate und Wurzeln

1

Versuche dir 6 400 Quadratmeter Verkaufsfläche vorzustellen. Gib Maße von Flächen an, die diesen Inhalt haben.

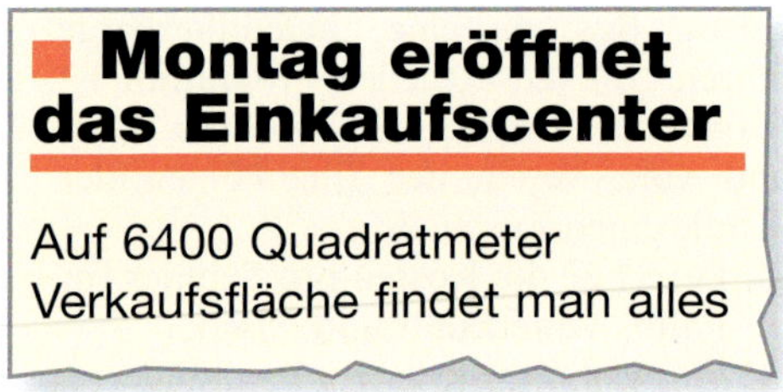
Montag eröffnet das Einkaufscenter

Auf 6400 Quadratmeter Verkaufsfläche findet man alles

2

Ermittle alle Quadratzahlen in den Bereichen
a) von 1 bis 500, **b)** von 1 000 bis 1 500, **c)** von 10 000 bis 10 500.
Was fällt dir auf? Hast du eine Erklärung dafür?

3

Zerlege die folgenden Zahlen in zwei sich möglichst wenig voneinander unterscheidende Faktoren. Welche der Zahlen sind Quadratzahlen?
a) 10, 36, 27, 55, 121, 99, 369, 400, 49 **b)** 169, 1 089, 144, 225, 125, 10 000
c) 88, 1, 196, 1 000, 289, 900, 50, 625, 4 **d)** 100, 361, 391, 324, 900, 441, 256

BEACHTE
Nicht jedes Quadrat einer Zahl heißt Quadratzahl. Nur die Quadrate ganzer Zahlen heißen Quadratzahlen. Beispielsweise ist 36 eine Quadratzahl ($36 = 6^2$). Dagegen ist 0,36 keine Quadratzahl, obwohl sie sich auch als Quadrat darstellen lässt ($0{,}36 = 0{,}6^2$). Jede Quadratzahl ist auch das Quadrat einer negativen ganzen Zahl. So ist z. B. $36 = (-6)^2$.

4

Berechne.
a) 4^2 **b)** -4^2 **c)** $(-4)^2$ **d)** $0{,}5^2$ **e)** $1{,}5^2$ **f)** $1{,}4^2$
g) $0{,}02^2$ **h)** $(-0{,}6)^2$ **i)** $-0{,}1^2$ **j)** $0{,}3^2$ **k)** $(-1{,}2)^2$ **l)** $-1{,}3^2$
m) $\left(\frac{3}{4}\right)^2$ **n)** $\left(-\frac{3}{4}\right)^2$ **o)** $-\left(\frac{3}{4}\right)^2$ **p)** $\left(\frac{1}{10}\right)^2$ **q)** $\left(\frac{1}{100}\right)^2$ **r)** $\left(-\frac{2}{11}\right)^2$

5

Entscheide, ob die folgenden Sätze wahr oder falsch sind, und begründe dies.
a) Das Quadrat einer Zahl ist stets größer als die Zahl selbst.
b) Das Quadrat einer Zahl kann nie negativ werden.

6

Rechne möglichst im Kopf und vergleiche die Ergebnisse
a) 4^2, 40^2; $0{,}4^2$; 400^2; $0{,}04^2$; $4\,000^2$ **b)** 15^2; $1{,}5^2$; $0{,}15^2$; 150^2; $1\,500^2$; $0{,}015^2$

7

Ermittle die Ergebnisse mit dem Taschenrechner.
a) $35{,}16^2$; $(-17{,}46)^2$; $4205{,}7^2$; $(-0{,}813)^2$ **b)** $10{,}004^2$; $0{,}125^2$; $(-11{,}111)^2$
c) $1{,}03^2$; $1{,}003^2$; $1{,}00003^2$; $-0{,}853^2$ **d)** $(-9{,}0034)^2$; $2\,746{,}1^2$; $-43{,}7^2$

BEISPIEL
$(-13{,}37)^2 = 178{,}7569$
13,37 [+/–] [x^2]

8

Berechne den Oberflächeninhalt eines Würfels von 4,5 cm (0,83 m) Kantenlänge.

9

Auf einem quadratischen Grundstück von 484 m² soll ein Haus gebaut werden. Die Abstände zur Grundstücksgrenze müssen mindestens 3 m betragen (s. Bild). Wie breit darf das Haus höchstens sein?

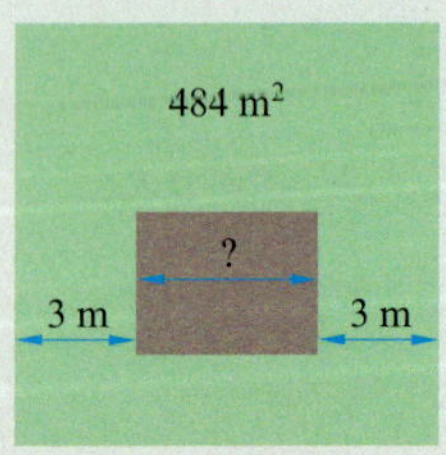

10

Welche Zahlen erfüllen die Gleichung?

a) $x^2 = 144$ **b)** $x^2 = 6{,}25$ **c)** $x^2 = 20{,}25$ **d)** $x^2 = 0$ **e)** $x^2 = -4$

a sei eine nichtnegative Zahl (also eine positive Zahl oder null: $a \geq 0$).
Als **Quadratwurzel aus *a*** oder kurz als **Wurzel aus *a*** bezeichnet man die Zahl x, die zwei Bedingungen erfüllt: $x^2 = a$ und $x \geq 0$.
Man schreibt für diese Zahl $\sqrt{a}$.

Das Suchen der Wurzel aus a nennt man **Wurzelziehen** oder **Radizieren**.

$\sqrt{a}$ Wurzelzeichen
Radikand

BEACHTE
Aus negativen Zahlen kann man keine Wurzel ziehen, denn das Quadrat einer Zahl ist nie negativ.

FACHWÖRTER
radix (lat.) die Wurzel
radicandus numerus (lat.) die zu radizierende Zahl

BEISPIEL
Die Gleichung $x^2 = 4$ hat zwei Lösungen. Eine Lösung ist $x = \sqrt{4}$.
$\sqrt{4} = 2$, denn $2^2 = 4$ und $2 > 0$. Demnach ist $x = 2$.
Die andere Lösung ist $x = -\sqrt{4} = -2$, denn $(-2)^2 = 4$.
Man schreibt auch $x_1 = \sqrt{4} = 2$ und $x_2 = -\sqrt{4} = -2$.

11

Ziehe wenn möglich aus folgenden Zahlen die Wurzel (ohne Taschenrechner).

a) 100 **b)** 625 **c)** 289 **d)** -36 **e)** 841
f) 6,25 **g)** 0,25 **h)** 5,76 **i)** 0,04 **j)** $-0{,}0009$
k) $\frac{25}{36}$ **l)** $\frac{100}{49}$ **m)** $\frac{144}{121}$ **n)** $\frac{4}{10\,000}$ **o)** $\frac{441}{576}$

BEISPIEL
$\sqrt{\frac{16}{81}} = \frac{4}{9}$
$\sqrt{0{,}09} = \sqrt{\frac{9}{100}} = \frac{3}{10} = 0{,}3$

12[L]

Berechne wenn möglich (ohne Taschenrechner).

a) $\sqrt{1}$ **b)** $\sqrt{121}$ **c)** $-\sqrt{1600}$ **d)** $\sqrt{0}$ **e)** $\sqrt{-400}$
f) $\sqrt{64}$ **g)** $-\sqrt{0{,}64}$ **h)** $-\sqrt{6400}$ **i)** $\sqrt{640\,000}$ **j)** $\sqrt{0{,}0064}$
k) $\sqrt{(9)^2}$ **l)** $\sqrt{-1}$ **m)** $\sqrt{(169)^2}$ **n)** $\sqrt{0{,}000\,001}$ **o)** $\sqrt{(-9)^2}$
p) $\sqrt{\frac{1}{4}}$ **q)** $\sqrt{\frac{361}{256}}$ **r)** $\sqrt{-\frac{36}{121}}$ **s)** $-\sqrt{\frac{900}{1600}}$ **t)** $\sqrt{\frac{1}{256}}$

Quadrieren und Wurzelziehen sind für nichtnegative Zahlen Umkehroperationen zueinander.
Für $a \geq 0$ ist $(\sqrt{a})^2 = a$ und $\sqrt{a^2} = a$.

BEACHTE
Für alle Zahlen a, also auch für negative Zahlen, gilt: $\sqrt{a^2} = |a|$.
Beispielsweise ist:
$\sqrt{7^2} = \sqrt{49} = 7 = |7|$
$\sqrt{(-7)^2} = \sqrt{49} = 7 = |-7|$

13

Berechne, wenn möglich.

a) $\sqrt{5^2}$ **b)** $(\sqrt{5})^2$ **c)** $\sqrt{(-5)^2}$ **d)** $(\sqrt{-5})^2$ **e)** $\sqrt{31{,}25^2}$ **f)** $\sqrt{4{,}2^2}$
g) $\sqrt{(-3{,}76)^2}$ **h)** $\sqrt{10^2}$ **i)** $\sqrt{10^4}$ **j)** $\sqrt{10^8}$ **k)** $\sqrt{3^4}$ **l)** $\sqrt{4^3}$

14

Berechne: **a)** $\sqrt{\sqrt{81}}$ **b)** $\sqrt{\sqrt{10\,000}}$ **c)** $\sqrt{\sqrt{625}}$ **d)** $\sqrt{\sqrt{\sqrt{256}}}$

Ausblick auf irrationale Zahlen

1

Im nebenstehenden Bild hat das blaue Quadrat eine Seitenlänge von 1 cm. Das rote Quadrat hat die Diagonale des blauen Quadrates als Seitenlänge.

a) Führe die Konstruktion selbst aus. Miss die Länge der Diagonalen des blauen Quadrats.

b) Begründe: Die Seitenlänge des roten Quadrats muss $\sqrt{2}$ cm betragen (und damit auch die Länge der Diagonalen des blauen Quadrats).

c) Ermittle mithilfe des Heronverfahrens einen Näherungswert für $\sqrt{2}$.

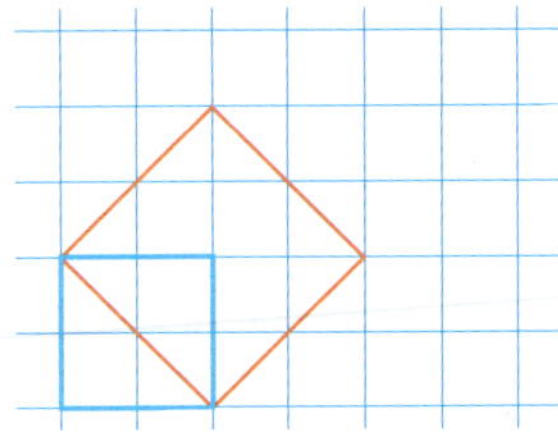

Du hast selbst festgestellt, dass man ein Quadrat mit der Seitenlänge $\sqrt{2}$ cm konstruieren kann. Es wird nun gezeigt, dass $\sqrt{2}$ aber keine rationale Zahl ist.

> INFORMATION
> Jede rationale Zahl lässt sich auf zweierlei Weise darstellen, nämlich
> als (endlicher oder periodischer) Dezimalbruch und
> als gemeiner Bruch $\frac{p}{q}$ mit $p, q \in \mathbb{Z}, q \neq 0$.
>
> Es gibt sogar immer einen gekürzten Bruch $\frac{p}{q}$ (p und q sind teilerfremd).

2

In der Klasse streitet man sich darüber, ob ein Taschenrechner den genauen Wert von $\sqrt{2}$ anzeigt.

Bernd zu Stefanie: „Mein Rechner zeigt 10 Stellen an, deiner nur 8. Also kann deiner gar nicht den genauen Wert anzeigen!"

Stefanie: „Tut er doch, sieh her. Ich tipp auf die Quadrattaste und erhalte 2!"

Bernd: „Das ist bei meinem Rechner genauso."

Anja: „Da stimmt doch was nicht. Ihr könnt nicht beide zugleich Recht haben!"

Egon: „Anja hat Recht. Ich habe nämlich dasselbe Ergebnis wie Bernd raus. Wenn ich jedoch die Quadrattaste drücke, erhalte ich 1,999 999 999."

Klaus: „Das Quadrat der angezeigten Zahlen kann ja auch gar nicht 2 sein. Ihr braucht doch nur die letzte Ziffer der Zahl zu quadrieren."

Bernd: „Mein Rechner zeigt als letzte Ziffer 2. Das Quadrat meiner Rechnerzahl muss dann auf 4 enden. Dann kann ja das Quadrat der angezeigten Zahl nicht genau 2 ergeben."

Einige meinten daraufhin, man müsse eben noch mehr Nachkommastellen ermitteln, dann hätte man vielleicht mit anderen Endziffern mehr Glück.

a) Begründe mithilfe der Idee von Klaus, dass $\sqrt{2}$ keinen endlichen Dezimalbruch ergeben kann.
Anleitung: Überlege dir für jede mögliche letzte Ziffer, auf welche Ziffer dann das Quadrat enden müsste. Warum kommt 0 nicht als letzte Ziffer in Frage?

b) Ermittle $\sqrt{2}$ mit der Wurzeltaste und notiere den angezeigten Wert.
Betätige anschließend die Quadrattaste.
Gib nun den notierten Wert ein und betätige abermals die Quadrattaste. Was sagst du nun?

> $\sqrt{2}$ kann nicht durch einen endlichen Dezimalbruch dargestellt werden (und sei er auch noch so lang). Dies gilt auch für viele andere Wurzeln.

WUSSTEST DU SCHON?
Taschenrechner zeigen meistens weniger Stellen an, als sie beim Rechnen benutzen.

Mit Computern kann man sich leicht mehr als 9 Nachkommastellen von $\sqrt{2}$ berechnen. So liefert z.B. das Heronverfahren in Verbindung mit der Computersprache TurboPascal den Näherungswert: $\sqrt{2} \approx 1{,}414\,213\,562\,373\,095\,05$.
Mit anderen Computerprogrammen hat man sogar Tausende Dezimalen von $\sqrt{2}$ bestimmt. Dabei sind nie Ziffergruppen in Form von Perioden entdeckt worden, worüber die Mathematiker nicht weiter erstaunt waren.

INFORMATION
TurboPascal ist eine Computersprache für Mathematik und Naturwissenschaften und erlaubt ein auf 18 Stellen genaues Rechnen.

Wir wollen uns am Beispiel von $\sqrt{2}$ klarmachen, warum die meisten Wurzeln nicht durch gemeine Brüche und damit auch nicht durch endliche oder periodische Dezimalbrüche dargestellt werden können.

Idee: Wir nehmen einmal an, $\sqrt{2}$ ließe sich als gemeiner Bruch darstellen. Wenn wir zeigen können, dass diese Annahme zu einer offensichtlich unmöglichen oder falschen Schlussfolgerung führt (zu einem Widerspruch), dann muss die Annahme falsch sein, das heißt, $\sqrt{2}$ lässt sich dann doch nicht als gemeiner Bruch darstellen.

3

Annahme: $\sqrt{2}$ lässt sich als gemeiner Bruch darstellen, also $\sqrt{2} = \frac{p}{q}$ $(q \neq 0)$.
Der Bruch sei gekürzt, d. h., p und q sind teilerfremde natürliche Zahlen.

HINWEIS
Erläuterungen zum Umformen von Gleichungen findest du im nächsten Kapitel.

Schlussfolgerungen: $(\sqrt{2})^2 = 2 = \frac{p^2}{q^2}$ und damit $p^2 = 2 \cdot q^2$

Die natürlichen Zahlen p^2 und $2 \cdot q^2$ müssen beide auf dieselbe Ziffer enden.

a) Begründe: Die Zahlen p und q können nicht beide auf 0 enden. Es ist auch nicht möglich, dass eine auf 0 und die andere auf 5 endet. (Siehe die Annahme.)

b) Begründe mithilfe der noch zu vervollständigenden Tabellen, dass die Zahlen p^2 und $2 \cdot q^2$ nie auf dieselbe Ziffer enden können. Beachte auch a)!

Endziffer von q	0	1	2	3	4	5	6	7	8	9
Endziffer von q^2	0	1		9						
Endziffer von $2 \cdot q^2$	0	2		8						

Endziffer von p	0	1	2	3	4	5	6	7	8	9
Endziffer von p^2	0	1	4							

$\sqrt{2}$ kann weder durch einen gemeinen Bruch noch durch einen endlichen oder periodischen Dezimalbruch dargestellt werden. $\sqrt{2}$ ist keine rationale Zahl. Zahlen wie $\sqrt{2}$ nennt man **irrationale Zahlen**.
Weitere irrationale Zahlen sind z. B. $\sqrt{3}$, $\sqrt{5}$, $\sqrt{7}$ usw. und die Kreiszahl π, die du später kennen lernen wirst.

Zum Rechnen mit irrationalen Zahlen benutzt man häufig rationale Näherungswerte – z. B. die Taschenrechnerwerte.

INFORMATION
„Irrational" bedeutet „nicht rational".
Es gibt einen Zahlenbereich, der die rationalen und die irrationalen Zahlen umfasst. Er heißt Bereich der reellen Zahlen.

4

Obwohl die rationalen Zahlen schon dicht auf der Zahlengeraden liegen, ist z. B. für $\sqrt{2}$ noch ein ganz bestimmter Platz auf der Zahlengeraden frei.
Begründe das unter Verwendung der nebenstehenden Konstruktion.

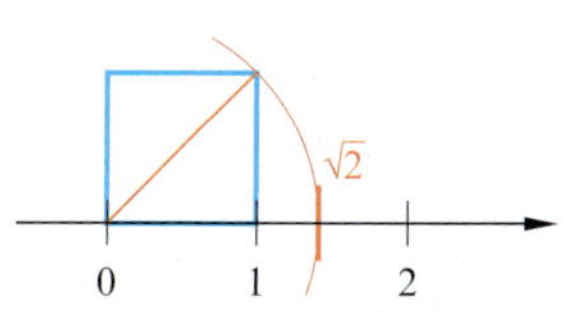

ZUSAMMENFASSUNG

Die rationalen Zahlen ℚ und ihre Teilmengen

ℚ rationale Zahlen – z. B. 2,5; 0; 3; –2; $\frac{3}{4}$; $-\frac{1}{7}$; $-0,\overline{3}$

$ℚ_+$ gebrochene Zahlen (positive rationale Zahlen und die 0) – z. B 0; $\frac{4}{5}$; 1,37; $0,\overline{3}$

ℤ ganze Zahlen ℤ = {…; –2; –1; 0; 1; 2; …}

ℕ natürliche Zahlen ℕ = {0; 1; 2; 3; 4; …}

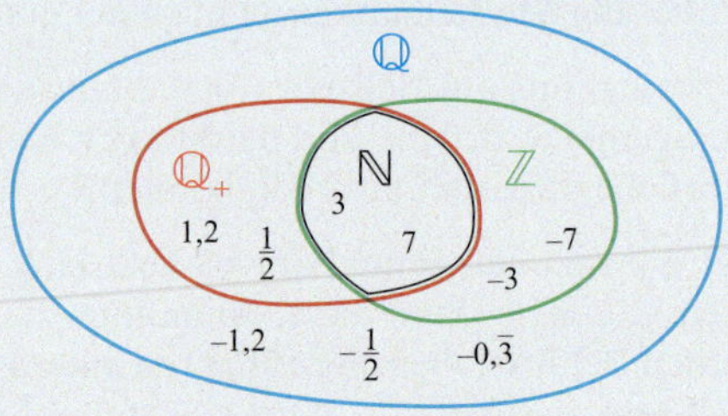

Zahlenpaare, die auf der Zahlengerade symmetrisch zur Null liegen, heißen zueinander entgegengesetzte Zahlen.

–2 ist die entgegengesetzte Zahl zu 2 und 2 ist die entgegengesetzte Zahl zu –2.

Der Abstand einer Zahl *a* zur Null heißt der Betrag $|a|$.
Zueinander entgegengesetzte Zahlen haben denselben Betrag $|2| = |-2| = 2$
0 ist zu sich selbst entgegengesetzte Zahl. $|0| = 0$

Die rationalen Zahlen ℚ liegen überall dicht: Zu je zwei verschiedenen rationalen Zahlen *a* und *b* gibt es immer weitere, die dazwischen liegen.

Rechnen mit rationalen Zahlen

Werden zwei rationale Zahlen addiert, subtrahiert, multipliziert oder dividiert, so muss man
1. das Vorzeichen des Ergebnisses und 2. den Betrag des Ergebnisses ermitteln.

Addition zweier Zahlen mit gleichem Vorzeichen:
1. dasselbe Vorzeichen wie die Zahlen
2. Summe der Beträge

Addition zweier Zahlen mit verschiedenen Vorzeichen:
1. Vorzeichen der Zahl mit dem größeren Betrag
2. Differenz der Beträge (größerer minus kleinerer)

Statt eine rationale Zahl zu subtrahieren, kann man die entgegengesetzte Zahl addieren: $a - b = a + (-b)$.

Multiplikation und Division zweier Zahlen:
1. Bei gleichen Vorzeichen ist das Ergebnis positiv, bei ungleichen Vorzeichen negativ.
2. Produkt bzw. Quotient der Beträge

Vorrangregeln beim Rechnen mit rationalen Zahlen:
1. Klammern berechnen, 2. potenzieren, 3. multiplizieren und dividieren (Punktrechnung),
4. addieren und subtrahieren (Strichrechnung)

Rechengesetze

Im Bereich der rationalen Zahlen sind die vier Grundrechenoperationen (außer Division durch 0) uneingeschränkt ausführbar.

Für alle rationalen Zahlen *a*, *b*, *c* gelten die folgenden Gesetze:

Kommutativgesetze der Addition und Multiplikation:	$a + b = b + a$	$a \cdot b = b \cdot a$
Assoziativgesetze der Addition und Multiplikation:	$a + (b + c) = (a + b) + c$	$a \cdot (b \cdot c) = (a \cdot b) \cdot c$
Distributivgesetz:	$a \cdot (b + c) = a \cdot b + a \cdot c$	
Daraus abgeleitete Gesetze (bei der Division $c \neq 0$):	$a \cdot (b - c) = a \cdot b - a \cdot c$	$(a + b) : c = a : c + b : c$

Gleichungen und Ungleichungen

Oft gibt es verschiedene Wege eine Aufgabe zu lösen. Will man z. B. die Masse der abgebildeten Flaschen ermitteln, so kann man von Folgendem ausgehen:
Die Waage ist im Gleichgewicht. Den 2 Flaschen auf der rechten Seite wurden 3,969 kg hinzugefügt.
Etwas Nachdenken führt bereits zur Lösung. Man kann die Situation aber auch durch eine Gleichung beschreiben und die Gleichung dann lösen.

Terme aufstellen und berechnen

1

Die Kosten für einen Internetzugang sind je nach Anbieter unterschiedlich. Dazu zwei Beispiele:
Anbieter 1: Monatliche Grundgebühr von 4 €. Darin sind 2 Freistunden enthalten. Für jede weitere Minute sind 3 Cent zu zahlen.
Anbieter 2: Keine monatliche Grundgebühr, jede Minute kostet 3,1 Cent.

a) Janett surft monatlich etwa 8 Stunden, Matthias dagegen nur etwa 5 Stunden. Welcher Anbieter ist für die beiden jeweils günstiger?

b) t sei die Anzahl der Minuten, die ein Kunde im Monat im Internet gesurft hat.
Gib für jeden Anbieter eine Vorschrift zur Berechnung der Gebühren mithilfe von t an.

Computer mit Internetzugang

Zahlen, Variablen und deren rechnerische Verknüpfung nennt man **Terme**.

Terme sind z. B.: $2,\ a,\ |b|,\ 2 + x,\ \frac{1}{2} \cdot (m + n),\ |a - b|,\ x^2 : y^3,\ \frac{n+3}{n}$.

Keine Terme sind z. B.: $7 - 3 = 4,\ x < y,\ a \| b,\ b\, +,\ 4 | 12$.

terminus (lat.) bedeutet Ausdruck, aber auch Ziel, Grenzstein.

2

Zerschneide ein Stück Pappe in lauter kleine Rechtecke mit den Seitenlängen 1 cm und 1,5 cm. Beschrifte die Kärtchen mit Zahlen, Buchstaben und Rechenzeichen (in mehrfacher Ausführung!).

a) Bilde mit Termbausteinen
(1) eine Summe aus drei Zahlen und einer Variablen;
(2) ein Produkt aus einer Zahl und der Differenz zweier Variablen;
(3) die Wurzel aus dem Quotienten einer Variablen und einer Zahl;
(4) den Quotienten aus der Summe und der Differenz zweier Variablen.

b) Bilde selbstständig mindestens 6 verschiedene, auch komplizierte Terme und beschreibe sie mit Worten.

5	−2	13	7	−1
0	…	5	−2	…
a	*b*	*x*	*y*	*z*
+	–	·	:	|
[	]	(	)	√

MERKE
In einem Term darf man Multiplikationszeichen weglassen, falls die Rechenvorschrift auch ohne Multiplikationszeichen erkennbar bleibt.

Beispielsweise kann man schreiben:
$2b$ statt $2 \cdot b$, ab statt $a \cdot b$, $5(a - b)$ statt $5 \cdot (a - b)$, $4xy$ statt $4 \cdot x \cdot y$.
Dagegen darf man z. B. nicht schreiben: 25 statt $2 \cdot 5$ oder $2\frac{1}{2}$ statt $2 \cdot \frac{1}{2}$.

3

Schreibe als Term unter Verwendung von Variablen.

a) die Summe aus einer Zahl und 7
b) das Produkt dreier Zahlen
c) die Differenz aus –5 und einer Zahl
d) den Quotienten zweier Zahlen

TIPP
Setze Variablen wie x, y, z oder a, b, c, … für die nicht bekannten Zahlen.

4

Stelle zugehörige Terme auf.
a) Addiere 7 zum Doppelten einer Zahl.
b) Subtrahiere 19 von der Summe zweier Zahlen.
c) Quadriere die Differenz zweier Zahlen.
d) Bilde die dritte Potenz einer zweigliedrigen Summe.
e) Bilde das Produkt zweier aufeinanderfolgender ganzer Zahlen.
f) Der Quotient von 12 und einer anderen Zahl soll von der Summe dieser Zahlen subtrahiert werden.

5

Umschreibe die zum jeweiligen Term gehörende Folge von Rechenanweisungen mit Worten (s. Aufgabe 4).
a) $12 - 5 \cdot x$ **b)** $3 \cdot (a + 4)$ **c)** $(n + 12) : 4$ **d)** $y \cdot (y + 1) \cdot (y + 2)$
e) $ab : (a + b)$ **f)** $8a^2 - a^3$ **g)** $(a + b)(a - b)$ **h)** $2(5x - x^2) : (x + 1)$

6

Der Bremsweg eines Autos bei nasser Fahrbahn lässt sich folgendermaßen abschätzen: Man quadriere den 10. Teil der Geschwindigkeit, gemessen in Kilometer pro Stunde. Das Ergebnis stellt den Bremsweg, gemessen in Metern, dar.
a) Stelle den zugehörigen Term auf.
b) Berechne die Werte des Terms für 10 km/h, 20 km/h, … bis 130 km/h.

7

Ein Würfel ist durch seine Kantenlänge s schon völlig festgelegt.
a) Stelle je einen Term für die Gesamtkantenlänge, die Oberfläche und das Volumen des Würfels auf.
b) Berechne die Werte für $s = 2$ mm, $s = 4$ cm, $s = 5$ dm und $s = 12$ m.

8

Ein Quader habe die Kantenlängen a, b und c.
a) Stelle je einen Term für die Gesamtkantenlänge, die Oberfläche und das Volumen des Quaders auf.
b) Findest du noch einen zweiten Term, mit dem man auch die Oberfläche des Quaders berechnen kann?

9

Gegeben sei ein Quader, bei dem Länge und Breite übereinstimmen. Er ist doppelt so hoch wie breit. Stelle je einen Term für die Gesamtkantenlänge, die Oberfläche und das Volumen eines solchen Quaders auf.

10

Setze für die Variable nacheinander die Zahlen 0; −1; 4; −1,5; $\frac{1}{4}$; 0,8 ein und berechne jeweils den Wert des Terms. Beachte die Vorrangregeln (s. Seite 106).
a) $2x - 3$ **b)** $y^2 - 8$ **c)** $4 - 3u$ **d)** $2(b + 5)$ **e)** $x^2 - 3^2$
f) $-z + z^2$ **g)** $4 - x : 0{,}5$ **h)** $-4 - \frac{1}{4} \cdot x$ **i)** $(a - 5)(a + 5)$ **j)** $|z|$
k) $z \cdot |z|$ **l)** $2 - z$ **m)** $2 - |z|$ **n)** $|2 - z|$ **o)** $z - |z|$

WUSSTEST DU SCHON?
Pierre Fermat (französischer Mathematiker, 1601–1665) glaubte, dass der Term $2^{(2^n)} + 1$ für $n = 1, 2, 3$ usw. nur Primzahlen erzeuge. Überprüfe dies für $n = 1, 2, 3$.
Den Fall $n = 4$ kannst du mithilfe eines Taschenrechners, einer Primzahltabelle und etwas Geduld auch klären.
Leonard Euler (Schweizer Mathematiker und Physiker, 1707 – 1783) fand als erster heraus, dass im Falle $n = 5$ keine Primzahl entsteht. Hier sei nur so viel verraten, dass es einen dreistelligen Teiler gibt.

11

Setze für y nacheinander die Zahlen 2; 0; –5; –1; 4; $-\frac{3}{4}$; 1,5 ein und rechne.

a) $\frac{1}{y}$ **b)** $\frac{1-y}{y}$ **c)** $\frac{y}{y+1}$ **d)** $\frac{y+1}{y}$ **e)** $1+\frac{1}{y}$ **f)** $\frac{y-1}{y+1}$

BEACHTE
Manchmal lässt sich ein Term für bestimmte Variablenwerte nicht berechnen.

12

Annahme: Der Anschluss ans Stromnetz kostet monatlich 6,87 €; hinzu kommen an laufenden Kosten 16,2 Cent pro Kilowattstunde (kWh).
Stelle einen Term zur Berechnung der monatlichen Gesamtkosten in Abhängigkeit von der Zahl der verbrauchten Kilowattstunden auf.

Autoverleih

13

In einer Stadt gibt es zwei Firmen, die Autos verleihen. Einen Pkw mittlerer Größe kann man bei der ersten Firma zum Grundpreis von $G = 30$ € pro Tag mieten, hinzu kommen 20 Cent für jeden gefahrenen Kilometer. Bei der zweiten Firma zahlt man 20 € pro Tag und 25 Cent pro Kilometer.

a) Stelle die beiden Terme auf, mit denen man in Abhängigkeit von G nach Einsetzen der Anzahl s der zurückgelegten Kilometer die Leihgebühr für einen Tag (in Euro) berechnen kann.
b) Führe die Berechnungen für die Fälle $s = 80$ km und $s = 250$ km durch.
c) Ab wie viel Kilometer Fahrstrecke ist die erste Firma preisgünstiger?

14

Ist K das Kapital, p% der Zinssatz und T die Anzahl der Zinstage, so kann man die Zinsen mithilfe des Term $\frac{K \cdot p \cdot T}{36\,000}$ berechnen.
Berechne die jeweiligen Zinsen zu den Werten aus der Tabelle.

	a)	b)	c)	d)	e)	f)	g)	h)
K in €	100	1 200	500	132	8 000	256,50	120 000	10
p%	4%	5%	2,5%	3,8%	6,5%	4,5%	6,25%	6%
T	50	300	100	320	37	133	165	1 000

NACHGEDACHT
Unter welchen Umständen ist das Ergebnis der letzten Teilaufgabe realistisch?

15

Setze für die Variable nacheinander die Zahlen 2; 4; 0; –5; $\frac{3}{4}$; 0,4 ein und berechne die Werte des Terms.

a) $4c + c^2$ **b)** $\frac{1}{2}z + \frac{3}{4}(5-z)$ **c)** $0{,}75x - 5(4{,}5 - x)$
d) $2t - 4[t - 8(1+t)]$ **e)** $(2{,}5x + 5{,}4)(0{,}5x - 4{,}2)$ **f)** $4[6{,}25u + 1{,}5(u-1)]$

16

Übertrage die Tabellen ins Heft und fülle sie aus.

a	$5a-4$	a^3+2a	$(3a-4)\cdot 2a$
1			
–2			
0,8			

n	$2n(n+1)$	$n^2:(n+1)$	$8-(n-1)^2$
0			
4			
–2,5			

17

Setze in den Term $n^2 - n + 41$ für n nacheinander die Zahlen von 1 bis 12 ein. Was fällt dir auf? Geht das immer so weiter? Schau dir den Term genau an.

18

In Bremen steht ein hoher Turm, in dessen Innern Physiker Gegenstände frei fallen lassen können. Die Tabelle enthält die Messwerte eines solchen Versuchs.

t in s	1	2	3	4
s in m	5	20	45	80

Die Variablen t und s stehen für die Fallzeit, gemessen in Sekunden, und für die zugehörige Fallstrecke, gemessen in Metern.

a) Stelle einen Term auf, mit dem man die Werte von s aus den Werten von t berechnen kann.

b) Berechne die Fallstrecken für 1,5 s und 2,8 s Fallzeit.

Fallturm in Bremen

19

Ein Architekt hat u. a. oft die Bodenfläche und das Volumen eines Raumes zu berechnen. Ein Anstreicher muss, bevor er Material einkauft, wissen, wie groß die Wandflächen und die Decke eines zu tapezierenden Zimmers sind.
Stelle Terme für die notwendigen Rechnungen unter folgender Annahme auf: Der Raum ist quaderförmig und hat die Breite b, die Länge l und die Höhe h.

20

Ermittle Terme für Volumen und Oberfläche folgender Körper.

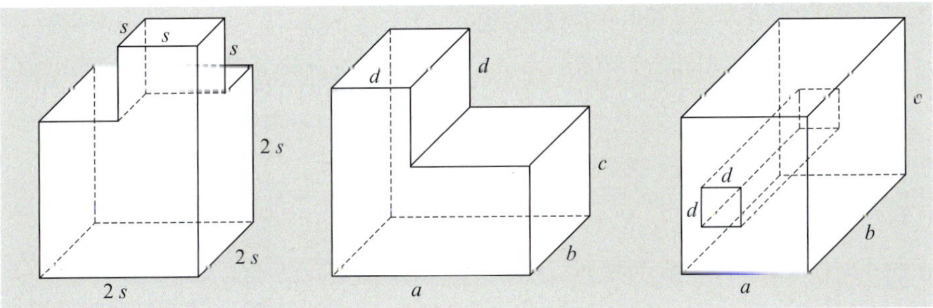

TIPP
Zur Ermittlung der Oberflächeninhalte kann es hilfreich sein, einzelne Flächen gesondert zu skizzieren.

21

Übertrage die Tabelle ins Heft und fülle sie aus.

a	b	$a + b \cdot 2$	$3a - 2b$	$4 \cdot (a - 2b)$	$ab - a : b$	$(a - b)(a + b)$
-1	-2					
4	4					
-3	-1					
$\frac{1}{2}$	$-\frac{3}{4}$					
$-0{,}5$	1,8					

BEACHTE
Tritt in einem Term dieselbe Variable mehrfach auf, so muss für diese Variable an allen Stellen dieselbe Zahl eingesetzt werden.
Treten in einem Term unterschiedliche Variablen auf, so können verschiedene Zahlen eingesetzt werden. Man darf aber auch jedesmal dieselbe Zahl einsetzen.

Terme umformen und vereinfachen

1

Berechne die beiden folgenden Terme jeweils für $x = 0;\ 1;\ -3;\ 7;\ -0{,}5$:
$[2(5x-7)+14]:5$ und $2x$.
Was stellst du fest? Kannst du begründen, dass das für alle Zahlen so ist?

Zwei Terme nennt man **gleichwertig**, wenn jede Einsetzung aus einer vorgegebenen Grundmenge (in der Regel $\mathbb{Q}$) bei beiden zum gleichen Ergebnis (Wert) führt. Sucht man zu einem Term einen gleichwertigen Term, der sich möglichst leicht berechnen lässt, so nennt man das **Vereinfachen** des Terms.

BEISPIELE
für gleichwertige Terme:
$1 \cdot a$ und a
$-1 \cdot a$ und $-a$,
$a+a+a$ und $3a$,
$(a-b)\cdot c$ und $a \cdot c - b \cdot c$

2

Ersetze die folgenden Terme durch einfachere, gleichwertige Terme.

a) $z+z+z+z+z$ **b)** $n+n+n-n$ **c)** $uv-uv+uv$
d) $a^2+a^2+a^2+a^2$ **e)** $ab-ab$ **f)** $x+x+y+y+y$
g) $ab+ab-xy+xy+xy-ab$ **h)** $abc+abc+x^2+x-abc-x-x+x-x^2$

BEISPIELE für das Vereinfachen von Termen

$13a+5a-6a=12a$ (Zusammenfassen gleichartiger Summanden)

$5xy+12abc-2xy-3abc = 5xy-2xy+12abc-3abc$ (Ordnen)
$= 3xy+9abc$ (Zusammenfassen)

$5xy\cdot 12abc\cdot 2xy\cdot 3abc = 5xy\cdot 2xy\cdot 12abc\cdot 3abc$ (Ordnen)
$= 360x^2y^2a^2b^2c^2$ (Multiplizieren)

BEACHTE
Nicht jeder Term lässt sich vereinfachen.
Zum Beispiel lässt sich
$2a+2b$
nicht zusammenfassen.

3[L]

Fasse gleichartige Summanden zusammen. Ordne gegebenenfalls vorher um.

a) $3a-2a$ **b)** $4ab+3ab$ **c)** $abc+2abc$ **d)** $0{,}5mn-1{,}2mn$
e) $\frac{1}{2}x-\frac{1}{4}x$ **f)** $z-\frac{1}{4}z$ **g)** $x-\frac{1}{3}x-\frac{2}{9}x+1$ **h)** $\frac{2}{5}x+\frac{7}{4}x-\frac{1}{15}x$
i) $2x+6y-4z+x+4y-z$ **j)** $8a^2b-3a^2b+a^2b$
k) $48q+7p-14q+9p$ **l)** $32x-25y-19y+21y+52x$
m) $14w-8v+32v-19w+6w^2$ **n)** $160a^2-56b^2+48a^2+16b^2-10a^2+3b^2$

HINWEIS
Das Ordnen lässt sich mithilfe der Assoziativ- und Kommutativgesetze der Addition und Multiplikation begründen.

Beim Multiplizieren von Potenzen beachte folgendes Beispiel:
$a^2\cdot a^3 = (a\cdot a)\cdot(a\cdot a\cdot a)$
$= a\cdot a\cdot a\cdot a\cdot a$
$= a^5$

4[L]

Vereinfache die folgenden Produkte.

a) $a\cdot a^3$ **b)** $x^3\cdot x^3$ **c)** $y^2\cdot y^3\cdot y$
d) $3x^4\cdot 5x^3$ **e)** $(4t)^2\cdot 2t^3$ **f)** $a^2\cdot b^3\cdot ab^2\cdot a^5\cdot b$
g) $(-2x^4y)^3\cdot(-xy^6)$ **h)** $-3ab^2\cdot(5ab)^2\cdot(-b)^3$ **i)** $3mn^2o^2\cdot(-2m^3no^2)$

5

Sind die folgenden Terme gleichwertig? Begründe deine Entscheidung.

a) $x+x$ und $x\cdot x$ **b)** $x+x+x$ und $x\cdot 3$ **c)** $x\cdot x\cdot x$ und $x\cdot x^2$
d) $a^2\cdot a\cdot a$ und $4a$ **e)** a^2+2a und $4a$ **f)** $(5+6)z$ und $5+6z$
g) $3a+5b$ und $8ab$ **h)** $(5xyz)^2$ und $5x^2y^2z^2$ **i)** $(-3z)^2$ und $-9z^2$
j) $2\cdot|x+1|$ und $2x+2$ **k)** $|z-1|$ und $|1-z|$ **l)** $|a+1|$ und $|a|+1$

Multiplikation einer Summe mit einer Zahl.
$\boldsymbol{a \cdot (b + c - d) = a \cdot b + a \cdot c - a \cdot d}$
Eine Summe wird mit einer Zahl multipliziert, indem man jeden Summanden mit der Zahl multipliziert.

HINWEIS
Man kann die Regel mithilfe des Distributivgesetzes beweisen. Dabei wird die Beziehung $c - d = c + (-d)$ genutzt, die auch die Bezeichnung „Summe" rechtfertigt.

6

Multipliziere die jeweilige Summe.

a) $x \cdot (y + z)$ **b)** $x(y - z)$ **c)** $x(-y - z)$ **d)** $-x \cdot (y + z)$
e) $-x(-y - z)$ **f)** $-x(-y + z)$ **g)** $e(f + g - h)$ **h)** $(x - y) \cdot a$
i) $4a(b - c)$ **j)** $5xyz(2x - 3y + 4z)$ **k)** $-2 \cdot (-x + x^3)$ **l)** $2m^2(5n - 7mn)$

7[L]

Löse die Klammern auf, ordne und fasse zusammen.

a) $6x + 3 \cdot (2x - 3y) - 4y$ **b)** $-4(a - 2b + c) + 2(-3a - 6c + 2b)$
c) $2uv(-v^2 + v^3)$ **d)** $(12a - 7b)c + 2b - 4ac$
e) $-2(3x + 5y - z) - 1(x + 8y + y)$ **f)** $a(b - cd) + adc$

8

Übertrage die Tabelle ins Heft und fülle sie aus. Fällt dir etwas auf? Nutze es aus.

u	v	$7u - 4v - 6u + 5v$	$19u - 2u(9 + 2v) + 4uv + v$	$(u + 2v) \cdot 3 - 2(u + 2{,}5v)$
1	0			
4	–2			
0,4	2,5			
$-1\frac{1}{2}$	$1\frac{3}{4}$			

Subtraktion einer eingeklammerten Summe:
$\boldsymbol{a - (b + c - d) = a - b - c + d}$
Jeder Summand wird subtrahiert bzw. es wird die entgegengesetzte Zahl addiert.

HINWEIS
Zur Begründung kann die oben genannte Regel dienen. Man muss dabei nur beachten, dass $-(b + c - d)$ und $(-1) \cdot (b + c - d)$ gleichwertige Terme sind.

9

Löse die Klammern auf, ordne und fasse zusammen.

a) $5x - (2y + 3x)$ **b)** $6a - 3 - (-5 - 3a)$ **c)** $12k - (4k + 3t - 4)$
d) $20y - (15 - x + 2y)$ **e)** $12a + (7b - 3a) - 4a$ **f)** $12k - (18 - 3k - 4)$
g) $-(u + v) - (2u + 3v - 1)$ **h)** $-(2xy^2 - 3x^2y) + 7xy^2$ **i)** $-2(3a - 5b^2) - (-9a - 3b^2)$

10[L]

Beschreibe die folgenden Rechenanweisungen für Taschenrechner durch Terme.

a) a [xʸ] 5 [×] b [=] **b)** –12 [÷] a [–] b [x²] [=]
c) a [+] b [=] [1/x] **d)** a [+] b [1/x] [=]
e) a [x²] [+] a [=] **f)** a [1/x] [÷] b [√] [=]
g) a [–] b [1/x] [=] [x²] [×] 2 [=] **h)** a [x²] [1/x] [×] 4 [÷] a [=]

BEISPIEL
a [+] b [1/x] [=] [x²]
entspricht dem Term
$\left(a + \frac{1}{b}\right)^2$.

11[L]

Schreibe zu den folgenden Termen entsprechende Rechenanweisungen für Taschenrechner auf (vergleiche Aufgabe 10).

a) $\frac{a+b}{c}$ **b)** $\frac{a}{b+c}$ **c)** $\frac{a}{b \cdot c}$ **d)** $a + a^2 + a^3$ **e)** $a^2 - \frac{1}{2}$ **f)** $x^2 - \frac{1}{x^3}$

12

Ein „Hellseher" behauptet, er könne Gedanken lesen, und fordert jemanden auf: „Denk dir eine Zahl, addiere 3, multipliziere die Summe mit 6 und subtrahiere vom Produkt zuerst 3 und dann die gedachte Zahl. Teile noch durch 5 und nenne mir das Ergebnis, dann sag ich dir auch die Zahl, die du dir ausgedacht hast!"
Erkennt ihr den Trick? Begründet, dass die gedachte Zahl eine beliebigen Zahl sein kann, z. B. auch eine negative gebrochene Zahl.

ANREGUNG
Die Aufgaben 12 bis 15 eignen sich gut für Partnerarbeit.
Probiert die Zahlenrätsel aus.
Vielleicht kennt ihr auch selbst ein Zahlenrätsel, das ihr anderen stellen könnt?

13

Uli sagt zu seinem Nachbarn: „Denke dir eine natürliche Zahl, multipliziere sie mit ihrem Vorgänger und zähle die gedachte Zahl dazu. Sage mir das Ergebnis, dann nenne ich dir die gedachte Zahl."
Führt die verlangten Rechnungen nacheinander für 5, 17 und 20 aus.
Wie kommt Uli auf die gedachte Zahl? Funktioniert der Trick auch, wenn man sich eine beliebige ganze Zahl ausdenken darf?

14

Renate stellt folgende Aufgabe: „Denke dir eine natürliche Zahl, multipliziere sie mit 5 und addiere 2. Zum Vierfachen des Ergebnisses soll noch 3 addiert und zum Schluss das ganze noch mit 5 multipliziert werden. Sage mir das Ergebnis, dann nenne ich dir die gedachte Zahl."
Führt die verlangten Rechnungen nacheinander für 13, 91 und 237 aus. Wie kommt Renate auf die gedachte Zahl? Begründet, dass das stets funktioniert.

TIPP
Den Trick bei den Zahlenrätseln könnt ihr begründen, wenn ihr für die gesuchte Zahl eine Variable einführt, z. B. x.
Ihr könnt dann die Rechnungen durch einen Term beschreiben. Diesen Term müsst ihr versuchen zu vereinfachen.

15

Mit dieser Aufgabe könnt ihr als „Hellseher" großen Eindruck machen.
Fordert jemand auf, er soll eine natürliche Zahl zwischen 51 und 100 auf einen Zettel schreiben.
Ihr selbst schreibt eine beliebige natürliche Zahl zwischen 1 und 50 auf einen Zettel, z. B. 34. Im Kopf berechnet ihr 99 minus „eure" Zahl und merkt euch die Differenz, bei 34 also 99 – 34 = 65.
Ein Zuschauer soll folgendes machen:

1. zur von ihm aufgeschriebenen Zahl die von euch ermittelte Differenz (im Beispiel 65) addieren,
2. im Ergebnis die äußerste linke Ziffer streichen und zu der so erhaltenen Zahl die gestrichene Ziffer addieren (war z. B. die gestrichene Ziffer eine 2, so soll er 2 addieren);
3. die erhaltene Zahl ist von der von ihm aufgeschriebenen Zahl zu subtrahieren.

Zeigt ihr euren Zettel vor, so wird der Zuschauer erstaunt feststellen, dass ihr das Ergebnis der Rechnungen (im Beispiel 34) vorhergesehen habt.

a) Probiert den Trick mit verschiedenen Zahlen aus.
b) Begründet, dass der Trick immer funktioniert. (Nennt die von euch aufgeschriebene Zahl z. B. a und die des Zuschauers x. Ihr müsst dabei beachten, dass die gestrichene linke Ziffer stets eine 1 ist. Warum ist das so?)

Aussagen und Aussageformen

1

Entscheide – soweit dies möglich ist –, ob Folgendes wahr oder falsch ist.

a) Primzahlen sind ungerade. **b)** $2 + 2 = 5$ **c)** 9 teilt 405.
d) Ein Quader hat 8 Kanten. **e)** 13 ist eine Primzahl. **f)** $19 > 8 + 5$
g) Heute scheint die Sonne. **h)** t ist Teiler von 12. **i)** $z = 2z - 7$
j) 86 500 Sekunden sind ein Tag. **k)** $2^4 = 4^2$ **l)** $2^n = n^2$
m) Ein Tutufant ist dideldum. **n)** $x < x + 1$ **o)** $x < x \cdot x$

BEISPIELE

„Im Moment regnet es", ist eine Aussage, von der man entscheiden kann, ob sie wahr oder falsch ist.
Die Gleichung „$2 + 7 = 10$" ist eine Aussage, und zwar eine falsche Aussage.

„Wird es morgen regnen?", ist keine Aussage, sondern eine Frage. Sie ist weder wahr noch falsch.
Auch der Term „$2 + 7$" ist keine Aussage, er ist weder wahr noch falsch.

„x ist eine Quadratzahl", ist keine Aussage. Erst wenn man für x eine Zahl einsetzt, entsteht eine Aussage, von der man entscheiden kann, ob sie wahr oder falsch ist (für $x = 4$ ergibt sich eine wahre, für $x = 5$ eine falsche Aussage).
Auch die Gleichung „$x + 3 = 7$" ist keine Aussage. Erst nach Einsetzen konkreter Zahlen für x erhält man wahre oder falsche Aussagen.

Bei einer **Aussage** kann man entscheiden, ob sie wahr oder falsch ist.
Bei einer **Aussageform** kann man erst nach Einsetzen von Elementen einer Grundmenge für die Variablen entscheiden, ob eine wahre oder falsche Aussage entsteht.

Die Gesamtheit der Elemente einer Grundmenge, die aus einer Aussageform wahre Aussagen entstehen lassen, bilden die **Lösungsmenge der Aussageform**.

BEACHTE
Es gibt auch Aussagen, die Variablen enthalten, z. B.:
„Für jede natürliche Zahl n gilt: Ist $n > 4$, so ist $2^n > n^2$."
Dies ist eine wahre Aussage.
Die Lösungsmenge einer Aussageform hängt von der jeweiligen Grundmenge ab.
So hat z. B. $x + 7 = 5$ als Lösungsmenge in der Grundmenge $\mathbb{N}$ die leere Menge ($\emptyset$) und in der Grundmenge $\mathbb{Q}$ die Menge $\{-2\}$.

2[L]

a) Entscheide bei Aufgabe 1, ob es sich jeweils um eine Aussage, um eine Aussageform oder um nichts von beiden handelt.
b) Bilde selbst vier Aussagen und vier Aussageformen. Entscheide, ob die Aussagen wahr oder falsch sind. Gib die Lösungsmengen der Aussageformen an.

3

Entscheide, ob die folgenden Aussagen wahr oder falsch sind.

a) $2^3 > 3^2$ **b)** $7 \cdot 28 < 1200 : 8$ **c)** $\sqrt{10\,000} = 100$
d) $2^{11} = 1024$ **e)** 3 ist Teiler von 123 456. **f)** Ein Wal ist ein großer Fisch.

4

Bestimme die Lösungsmenge der Aussageformen.

a) $x \cdot 4 = -12$ $(x \in \mathbb{Q})$ **b)** $n < 5$ $(n \in \mathbb{N})$ **c)** $x^2 = 144$ $(x \in \mathbb{Q})$
d) x ist Teiler von 6 $(x \in \mathbb{N})$ **e)** $\sqrt{x} = 8$ $(x \in \mathbb{Q})$ **f)** $x \cdot x \leq 64$ $(x \in \mathbb{N})$

Mathematik und Alltag

Aus der Geschichte des Kalenders

Wie lang ist ein Tag? Wie lang ist ein Monat? Wie lang ist ein Jahr?
Vielleicht kommen dir diese Fragen sehr einfach vor. Tatsächlich ist es nicht ganz so leicht. Ein Tag dauert natürlich 24 Stunden. Er beginnt um Mitternacht und endet auch um 24 Uhr. Welcher Vorgang in der Natur bestimmt aber die Länge von 24 Stunden?

Der Monat: Der Begriff Monat entstand aus der Beobachtung der Bewegung des Mondes. Die Länge eines Monats entspricht einem Umlauf des Mondes um die Erde. Will man diesen Zeitraum bestimmen, gelangt man allerdings zu unterschiedlichen Resultaten.
Bei seiner Bewegung um die Erde scheint es so, als wandert der Mond zwischen den Sternen. Als *siderischen Monat* bezeichnet man daher den Zeitraum zwischen zwei Vorbeigängen am selben Stern. Der siderische Monat ist 27 Tage, 7 Stunden, 43 Minuten und 11,5 Sekunden lang.
Eine andere Möglichkeit, die Länge eines Monats zu bestimmen, besteht darin, den Zeitraum zwischen zwei gleichen Mondphasen (z. B. Neumond) zu messen. Für diesen *synodischen Monat* kommt man dann auf eine Länge von 29 Tagen, 12 Stunden, 44 Minuten und 2,9 Sekunden.

Das Jahr: Den Ablauf eines Jahres erkennt man am deutlichsten am Wechsel der Jahreszeiten. Aber für einen Kalender ist dies viel zu ungenau. Astronomisch bedeutet ein Jahr den Zeitraum, den die Erde für einen Umlauf um die Sonne benötigt. Durch Beobachtungen der Sterne haben die Astronomen dafür einen Zeitraum von 365,2422 Tagen ermittelt.

Wer erfand den Kalender?
In allen hochentwickelten Kulturen des Altertums kannte man einen Kalender. Die Kalender waren jedoch sehr verschieden voneinander. Sie richteten sich nach astronomischen Beobachtungen, aber auch nach religiösen Bräuchen. So verwendete man in Ägypten bereits 4 000 Jahre v. Chr. einen Kalender, der 365 Tage im Jahr enthielt. Damit war das Jahr jedoch etwas zu kurz und der Jahresanfang verschob sich nach und nach durch alle Jahreszeiten. Dieser unbefriedigende Zustand wurde aufgehoben, als man ab 238 v. Chr. alle vier Jahre einen Schalttag einfügte.

Seit wann gibt es den heute gültigen Kalender?
Ob Termin- oder Wandkalender, die heutige Zeiteinteilung verdanken wir einem Papst. Im Jahre 1582 verkündete Papst Gregor XIII. die Kalenderreform, bei der der alte julianische Kalender abgelöst wurde.
Den *julianischen Kalender* hatte Julius Cäsar in Rom eingeführt. Bis dahin bestimmte ein hoher Priester nach persönlichem Geschmack, wie der Kalender zu handhaben sei. Schließlich kam es vor, dass man das Erntefest mitten im Winter feierte. Das Jahr 46 v. Chr., das Jahr der Verwirrung, zählte 455 Tage! In dieser Situation beschloss Julius Cäsar, sich als Ratgeber den griechischen Astronomen Sosigenes zu verpflichten.
Ein Jahr wurde mit 365 Tagen festgelegt und in jedem vierten Jahr wurde dem damaligen Jahresende 1 Tag als 29. Februar hinzugefügt. Das julianische Jahr dauerte also im Durchschnitt genau 365,2500 Tage. Damit war es etwas zu lang.

Julius Cäsar

Papst Gregor XIII. ließ das Jahr 1582 aus diesem Grunde einige Tage kürzer werden. Dem 4. Oktober folgte sofort der 15. Oktober.
Der heute gültige *gregorianische Kalender* wurde 1582 eingeführt und besagt:
- Jedes Jahr hat 365 Tage.
- Alle durch 4 teilbaren Jahreszahlen gehören zu Schaltjahren mit 366 Tagen.
- Innerhalb von 400 Jahren entfallen drei Schaltjahre, nämlich zum Jahrhundertwechsel, falls die Jahreszahl nicht durch 400 teilbar ist.

Papst Gregor XIII.

1

Wir rechnen mit Tagen, Stunden und Minuten

a) Berechne die Differenz zwischen der Länge eines julianischen Jahres und der Länge eines Sonnenjahres. Gib dein Ergebnis auch in Minuten an.
b) Wie viele Jahre dauert es, bis die Differenz einen ganzen Tag ergibt?
c) Der julianische Kalender hatte im Römischen Reich Gültigkeit vom Jahre 46 v. Chr. bis zum Jahre 1582. Wie viele Jahre sind das?
d) Auf welchen Fehlbetrag ist die Zeitzählung in dieser Zeit angewachsen?
e) Klaus merkt sich die Länge eines siderischen Monats mit ungefähr $27\frac{1}{3}$ Tagen. Wie viele Minuten und Sekunden weicht er dabei vom richtigen Wert ab? Welche Näherung würdest du dir für die Länge eines synodischen Monats merken? Berechne auch hierfür die Abweichung vom wirklichen Wert.

2

Im folgenden Text stimmt doch was nicht!

Paul und Juliane kommen vom Besuch des historischen Museums ihrer Stadt nach Hause und erzählen sich von den interessantesten Ausstellungsstücken.
Paul: „Mir hat die Ausstellung der Funde aus dem antiken Ägypten am besten gefallen. Auf einer tönernen Siegelrolle konnte man sogar die Jahreszahl erkennen: 1250 v. Chr.“ Juliane: „Damals konnten nur die Priester den Lauf der Zeit richtig verstehen und sogar schon Sonnen- und Mondfinsternisse vorhersagen. Der ägyptische Kalender hatte übrigens 12 Monate zu je 30 Tagen.“ Paul: „Dann war ja das ägyptische Jahr um fast 5 Tage zu kurz.“ Juliane: „Ich hab' gelesen, dass am Ende eines Jahres dann immer noch 5 Feiertage folgten. Mein Favorit unter den Exponaten war aber etwas ganz anderes. Ich habe die Aufzeichnungen von Giordano Bruno am interessantesten gefunden. Er hat als einer der ersten das Weltbild des Kopernikus verbreitet: Nicht die Erde ist der Mittelpunkt der Welt, sondern die Sonne. Die Erde bewegt sich um die Sonne. Dafür geriet er dann am 12. Oktober 1582 in die Hände der Inquisition und wurde 1600 auf dem Scheiterhaufen verbrannt.“ Paul: „Das ist wirklich interessant. Waren eigentlich 1582 und 1600 beides Schaltjahre?“

3

Aufgaben, zu lösen mit einem Kalender

a) Suche in einem Kalender alle Tage heraus, an denen Vollmond herrscht. Den Vollmond erkennst du an dem Symbol ○.
b) Wie viele Tage ergeben zehn Mondmonate (Zeit von einem zum nächsten Vollmond)
c) Zähle einmal nach, wie lange der Winter, der Frühling, der Sommer und der Herbst dauern. Welche Jahreszeit ist am längsten?
d) Rechne dein Alter doch einmal in Tagen aus. Beachte, welche Schaltjahre du schon miterlebt hast.
e) Wie viele Tage sind es noch bis zu deinem nächsten Geburtstag?

Verschiedene Möglichkeiten Aufgaben zu lösen

1

Aufgabe für Gruppenarbeit:

a) Zuerst löst jeder die folgenden Aufgaben 2 bis 6 für sich. Versucht, wenn möglich, für jede Aufgabe verschiedene Lösungswege zu finden.

b) Vergleicht eure Lösungswege in der Gruppe und diskutiert:
Welche Wege habt ihr gefunden, die einzelnen Aufgaben zu lösen?
Gab es Lösungswege, die vorteilhafter waren als andere?
Führt das Aufstellen und Lösen einer Gleichung stets zum Ziel?
Falls eine Gleichung zum Ziel führt: Ist das der vorteilhafteste Lösungsweg?

2

Den Banken wurde von der Polizei mitgeteilt, dass von einer Münzsorte Fälschungen im Umlauf sind. Während eine Originalmünze 9 g wiegt, wiegt eine Fälschung nur 8 g.
In einer Bank werden 97 Münzen gewogen: 869 g. Wie viele Fälschungen befinden sich darunter?

3

Einem Containerschiff sollen noch 80 t Fracht zugeladen werden. Zum Verladen stehen Container von 4 t und von 5 t Masse bereit.

a) Findet alle Möglichkeiten, Container der beiden Massen als Fracht von 80 t zu kombinieren.

b) Welche Möglichkeiten gibt es, wenn nur Container von 3 t und 7 t bereitstehen?

Containerschiff

4

Bei einer Klassensprecherwahl stimmen zwei Drittel einer Klasse für Melanie.
Die restlichen neun Schülerinnen und Schüler enthalten sich der Stimme. Überlegt, wie viele Schülerinnen und Schüler die Klasse hat.

5

Ein Fahrradhändler gewährt normalerweise beim Kauf eines neuen Fahrrades 2 % Skonto auf den Preis bei Barzahlung. Auf ein Auslaufmodell gibt er stattdessen 7 % Rabatt. Dadurch erhöht sich der Preisnachlass für einen Käufer um 21,50 €. Wie viel kostet das Auslaufmodell?

6

Ein Kasten mit 8 Flaschen Limonade wiegt 11,4 kg. Der leere Kasten ist so schwer wie eineinhalb Flaschen. Wie viel Kilogramm wiegt eine Flasche und wie viel der leere Kasten?

ZUM KNOBELN

In einer Bank befinden sich drei Stapel von gleich vielen Münzen. Einer dieser Stapel besteht aus lauter falschen Münzen. Bekannt ist, dass die falschen Münzen leichter als die echten sind.
Wie kann man mithilfe einer Balkenwaage bei nur einer Wägung die falschen Münzen herausfinden?
Wie kann man aus 6 Münzstapeln mit 2 Wägungen den einen falschen herausfinden?

BEISPIEL für verschiedene Lösungswege einer Aufgabe

Zwei verschieden schwere Container wiegen zusammen 670 kg. Der schwerere Container wiegt 120 kg mehr als der leichtere Container. Wie viel wiegt jeder Container allein?

Lösen durch systematisches Probieren:

1. Container	2. Container	Summe	Feststellung
300 kg	420 kg	720 kg	zu viel
250 kg	370 kg	620 kg	zu wenig
270 kg	390 kg	660 kg	zu wenig
280 kg	400 kg	680 kg	zu viel
275 kg	395 kg	670 kg	Lösung

Lösen durch Veranschaulichen und Überlegen:

Wir veranschaulichen uns die Aufgabe z. B. mithilfe einer Waage.
Wenn man sich von dem schwereren Container das Mehr an Masse von 120 kg weggenommen denkt, wiegen zwei leichtere Container zusammen noch 550 kg, also wiegt der leichtere Container die Hälfte von 550 kg, also 275 kg. Der schwerere Container wiegt dann 395 kg.
Probe: 275 kg + 395 kg = 670 kg (richtig)

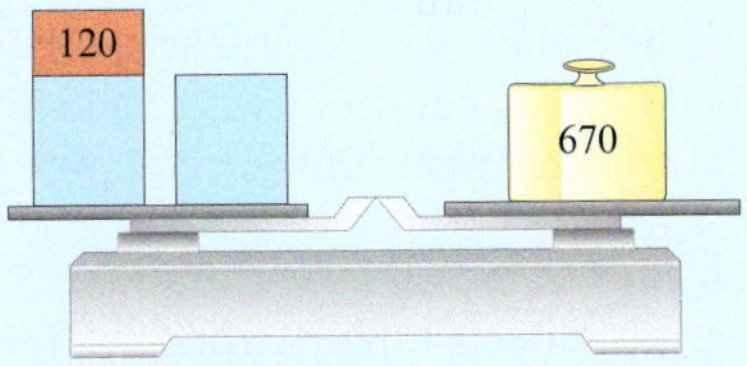

Lösen mithilfe einer Gleichung:

Wir betrachten nur die Zahlenwerte der Massen.

Text	Term oder Gleichung
Masse des leichteren Containers	x
Masse des schwereren Containers	$x + 120$
Summe der Massen	$x + (x + 120)$
Summe der Massen gleich 670 kg	$x + (x + 120) = 670$

Die Gleichung $x + (x + 120) = 670$ lässt sich vereinfachen zu:
$2x + 120 = 670$
Ein solche Gleichung kann man durch Überlegen lösen:
Wenn $2x + 120$ gleich 670 ist, dann muss $2x$ um 120 kleiner als 670 sein:
$2x = 670 - 120 = 550$.
x muss dann die Hälfte von 550 sein:
$x = 550 : 2 = 275$.
Die beiden Massen sind also 275 kg und 395 kg.
Auch hier bestätigt eine Probe die Richtigkeit des Ergebnisses.

HINWEIS
Die Gleichung $x + (x + 120) = 670$ kann auch durch systematisches Probieren gelöst werden:

x	$x + (x + 120)$	
300	720	zu groß
250	620	zu klein
270	660	zu klein
280	680	zu groß
275	670	Lösung

7L

Jenny und Frank wohnen 36 km voneinander entfernt. Sie treffen sich manchmal per Fahrrad zwischen den Orten. Wenn sie sich treffen, ist Frank meistens 3 km mehr gefahren als Jenny. Manchmal schafft Frank sogar das 1,25fache der Strecke von Jenny.
Welche Strecke ist jeder in den beiden Fällen bis zum Treffpunkt gefahren?

TIPP
Fertige eine Skizze zum Sachverhalt an.

8

Der Flächeninhalt eines Rechtecks beträgt 72 cm². Ein Seite ist doppelt so lang wie die andere. Wie lang sind die Seiten?

9

Von einem Quader ist bekannt, dass die Zahlenwerte der Seitenlängen bei Messung in Zentimeter natürliche Zahlen größer als 1 sind. Sein Volumen beträgt 30 cm³. Wie lang sind die Seiten des Quaders?

10

Ein erster Postsack wiegt 81 kg, ein zweiter 65 kg. In den ersten Postsack werden nur 3-kg-Pakete und in den zweiten nur 5-kg-Pakete geworfen. Wie viele jeder Paketart müssen in den entsprechenden Postsack geworfen werden, damit beide gleich schwer sind? Wie groß ist diese gemeinsame Masse?

11

Überlege dir zu jedem Text eine sinnvolle Frage. Versuche sie dann zu beantworten.

a) Ein Fußballstadion mit 65 000 Plätzen hat dreimal so viele Sitz- wie Stehplätze.
b) Von einem 6 m langen Kupferdraht werden fünf gleich lange Drähte abgeschnitten. Es bleiben 60 cm übrig.
c) Addiert man zum Doppelten einer Zahl 127, so erhält man 591.
d) Ein Füller kostet zusammen mit einer Tintenpatrone 5,50 €. Der Füller allein kostet 5 € mehr als die Patrone (s. Bild).
e) Das Doppelte einer Zahl ist kleiner als diese Zahl. Das Quadrat dieser Zahl ist gleich ihrem Betrag.

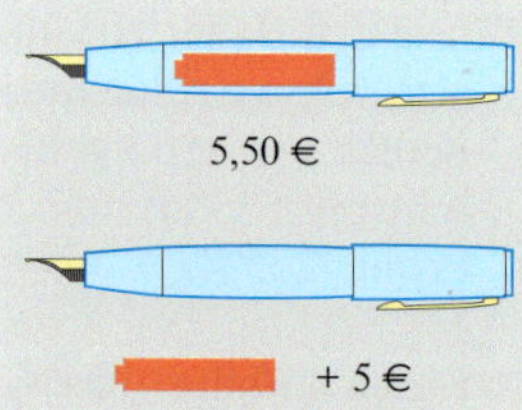

Zwei Spalten aus einem Papyrus (Berechnung eines Pyramidenstumpfes)

Aufgabe 28 aus dem Papyrus Rind (in heutiger Übersetzung):
Wenn man zu einer gesuchten Zahl zwei Drittel dieser Zahl addiert und danach von dieser Summe ihren dritten Teil subtrahiert, dann erhält man die Zahl 10. Probiere mal herauszufinden, wie die gesuchte Zahl lautet?

INFORMATION
Der Papyrus Rhind (benannt nach dem schottischen Archäologen H. A. Rhind) ist eine der ältesten mathematischen Schriftrollen.
Sie ist 5,25 m lang und 0,33 m breit und enthält 84 Aufgaben.
Dieser Papyrus wurde etwa 1650 v. Chr. von dem ägyptischen Schreiber A'h-mosè (Achmes) erstellt.
Das Foto zeigt nicht den Papyrus Rhind, sondern den Moskauer Papyrus.

12[L]

Versuche die Aufgabe 28 aus dem Papyrus Rind zu lösen.
Hinweis: Falls du dabei Schwierigkeiten hast, so orientiere dich am Beispiel auf der rechten Seite.

BEISPIEL

Gesucht ist eine Zahl, für die Folgendes gilt: Wenn man von der gesuchten Zahl drei Viertel dieser Zahl subtrahiert und dann zu dieser Differenz zwei Drittel der Differenz addiert, dann erhält man die Zahl 10.

Erfassen des Textes mithilfe einer Tabelle:

Text	Term oder Gleichung
gesuchte Zahl	x
davon drei Viertel der gesuchten Zahl subtrahieren	$x - \frac{3}{4}x$, vereinfacht $\frac{x}{4}$
zwei Drittel der Differenz	$\frac{2}{3} \cdot \frac{x}{4}$, vereinfacht $\frac{x}{6}$
Summe aus Differenz und zwei Drittel der Differenz	$\frac{x}{4} + \frac{x}{6}$, zusammengefasst $\frac{5}{12}x$
Summe ist gleich 10	$\frac{5}{12}x = 10$

Lösen der Gleichung:

Da Multiplikation und Division zueinander Umkehroperationen sind, folgt aus $\frac{5}{12}x = 10$ die Gleichung $x = 10 : \frac{5}{12}$ und damit $x = 10 \cdot \frac{12}{5} = 24$.

Probe am Text:

$\frac{3}{4} \cdot 24 = 18$; $24 - 18 = 6$; $\frac{2}{3} \cdot 6 = 4$; $6 + 4 = 10$ richtig.

TIPP

Beim Aufstellen einer Gleichung zu einem komplizierten Text hilft oft eine Tabelle der Form:

Text	Term/Gleichung

Damit kannst du den Text Stück für Stück in die Sprache der Mathematik „übersetzen".

13

Überlege dir zu jedem Text eine sinnvolle Frage. Beschreibe dann den Sachverhalt mithilfe einer Gleichung. Versuche die Gleichung durch inhaltliches Überlegen zu lösen. Beantworte die Frage.

a) Vier gleich schwere Kisten wiegen zusammen 6 kg weniger als 60 kg.

b) Eva kauft sechs Tafeln Schokolade ein. Sie bezahlt mit einem 5-Euro-Schein und erhält 26 Cent Wechselgeld zurück.

c) Ein Kasten Mineralwasser mit zwölf Flaschen kostet 7,38 € einschließlich 3,30 € Pfand.

d) Wenn Stefan den Geldbetrag in seiner Geldbörse verdoppelt, dann hat er 70 Cent weniger als 10,00 €.

14

Schreibe zu den folgenden Gleichungen einen Text. Löse die Gleichungen durch Überlegen.

a) $7x + 25 = 165$ **b)** $2x = 51 - 13$ **c)** $2x + x = 54$

d) $x + 10 + x = 11$ **e)** $x + 126 - 588 - x$ **f)** $x^2 = 81$

Wie man eine Aufgabe am zweckmäßigsten löst, hängt von der jeweiligen Aufgabe ab. Bei komplizierten Sachverhalten ist das Aufstellen und Lösen einer Gleichung oft ein erfolgversprechender Lösungsweg.
Manchmal findet man aber bereits die Lösung durch gründliches Überlegen, durch sinnvolles Probieren oder einfach durch Ausrechnen benötigter Werte.

Gleichungen

Beim Lösen von Aufgaben ist häufig eine Gleichung aufzustellen und dann zu lösen. Über Gleichungen wissen wir inzwischen schon vieles:

Eine Gleichung entsteht, wenn man zwei Terme T_1 und T_2 gleichsetzt.
$\boldsymbol{T_1 = T_2}$.

BEISPIELE für Gleichungen

Term T_1	Term T_2	Gleichung $T_1 = T_2$
$2 \cdot 3 + 4$	10	$2 \cdot 3 + 4 = 10$
$2x + 4$	10	$2x + 4 = 10$
$2x + 4$	$5x - 3$	$2x + 4 = 5x - 3$
$\frac{1}{2}x - 2$	$\frac{1}{4}y + 1$	$\frac{1}{2}x - 2 = \frac{1}{4}y + 1$

INFORMATION
Das Zeichen = stammt von dem Engländer Robert Recorde (1510–1558), der es in dem Algebrabuch „The Whetstone of Witte“ mit der Begründung vorschlug, dass nichts gleicher sei als zwei parallele Linien.
Davor war üblich *aeq.* als Abkürzung für das lateinische Wort *aequare* (gleichmachen, vergleichen) zu benutzen.

Gleichungen wie $2 \cdot 3 + 4 = 10$ sind Aussagen. $2 \cdot 3 + 4 = 10$ ist eine wahre Aussage.

Gleichungen wie $2x + 4 = 10$, $2x + 4 = 5x - 3$ oder $\frac{1}{2}x - 2 = \frac{1}{4}y + 1$ sind Aussageformen.

Die Menge der Zahlen, die man für die Variablen einsetzen kann, nennt man den **Variablengrundbereich**.

Wird eine Gleichung nach dem Einsetzen einer Zahl für die Variable zur wahren Aussage, so sagt man: Die Zahl **erfüllt** die Gleichung.
Eine Gleichung **lösen**, heißt, diejenigen Zahlen aus dem Variablengrundbereich zu finden, die diese Gleichung erfüllen. Solche Zahlen heißen **Lösungen** der Gleichung.
Die Menge aller Lösungen einer Gleichung nennt man **Lösungsmenge** $\boldsymbol{L}$.

Vereinbarung: Wenn zu einer Gleichung kein Variablengrundbereich angegeben ist, so nehmen wir den Bereich der rationalen Zahlen $\mathbb{Q}$ als Variablengrundbereich an.

HINWEIS
Die Begriffe „erfüllen“, „lösen“, „Lösung“ und „Lösungsmenge“ sind hier für Gleichungen mit einer Variablen erklärt.
Die Gleichung
$\frac{1}{2}x - 2 = \frac{1}{4}y + 1$
wird nicht durch einzelne Zahlen, sondern durch Zahlenpaare erfüllt – z. B. durch (7|2), also $x = 7$ und $y = 2$.

BEISPIEL
Die Gleichung $3x + 7 = 5$ ist im angegebenen Variablengrundbereich zu lösen.

$x \in \{-4; 0; 4; 8\}$ Für keine Zahl des Variablengrundbereichs wird die Gleichung zur wahren Aussage. $L = \emptyset$.

$x \in \mathbb{Q}_+$ Für alle gebrochenen Zahlen ist die linke Seite der Gleichung größer oder gleich 7. Es gibt keine Lösung. $L = \emptyset$.

$x \in \mathbb{Q}$ Überlegung: $3x$ muss -2 sein, damit die Gleichung zur wahren Aussage wird. Aus $3x = -2$ folgt $x = -2 : 3$ bzw. $x = -\frac{2}{3}$ und somit $L = \left\{-\frac{2}{3}\right\}$.

BEACHTE
Die Lösungsmenge ist eine Teilmenge des Variablengrundbereichs (die leere Menge ist Teilmenge jeder Menge).

1

Löse die folgenden Gleichungen mit den ganzen Zahlen $\mathbb{Z}$ als Variablengrundbereich.

a) $x + 3 = 10$ **b)** $x + 37 = 21$ **c)** $51 = 17 + x$
d) $x + 127 = 873$ **e)** $x + 457 = 369$ **f)** $890 = 791 + x$
g) $x - 3 = 10$ **h)** $x - 37 = 21$ **i)** $51 = 17 - x$
j) $x - 127 = 873$ **k)** $x - 457 = 369$ **l)** $890 = 791 - x$
m) $x - 127 = -873$ **n)** $x - 457 = -369$ **o)** $-890 = -791 - x$

2[L]

Ermittle die Lösungsmenge der folgenden Gleichungen im Kopf. Wähle dabei als Variablengrundbereich zuerst die ganzen Zahlen $\mathbb{Z}$ und dann die rationalen Zahlen $\mathbb{Q}$.

a) $4x = 20$ **b)** $9x = 54$ **c)** $144 = 12x$ **d)** $17x = 136$
e) $21x = 273$ **f)** $456 = 3x$ **g)** $-x = 1$ **h)** $36x = -504$
i) $-216 = 8x$ **j)** $-7x = 56$ **k)** $-9x = 72$ **l)** $8 = -4x$

3

Ermittle die Lösungsmenge der folgenden Gleichungen im Kopf. Wähle dabei als Variablengrundbereich zuerst die natürlichen Zahlen $\mathbb{N}$ und dann die rationalen Zahlen $\mathbb{Q}$.

a) $\frac{1}{2}x = 1$ **b)** $\frac{2}{3}x = 1$ **c)** $4 = \frac{4}{5}x$ **d)** $\frac{1}{13}x = 2$
e) $\frac{3}{2}x = 1$ **f)** $4 = \frac{5}{4}x$ **g)** $\frac{3}{4}x = 27$ **h)** $-\frac{7}{8}x = 63$
i) $-\frac{3}{4}x = 27$ **j)** $-\frac{2}{9}x = \frac{8}{3}$ **k)** $-\frac{13}{5}x = -\frac{39}{45}$ **l)** $-\frac{8}{15}x = -\frac{64}{225}$

TIPP
Denke daran, dass Multiplikation und Division Umkehroperationen zueinander sind.

4

Löse die folgenden Gleichungen im jeweils angegebenen Variablengrundbereich.

a) $x + 1 = 0;\quad x \in \mathbb{Z}$ **b)** $0{,}01\,x = -0{,}50;\quad x \in \mathbb{N}$
c) $x + 1 = 0;\quad x \in \mathbb{Q}$ **d)** $0{,}10\,x = -0{,}05;\quad x \in \mathbb{Z}$
e) $x + 1 = 0;\quad x \in \mathbb{N}$ **f)** $1{,}00\,x = -5{,}50;\quad x \in \mathbb{Q}$
g) $x + 1 = 0;\quad x \in \{\ldots; -6; -4; -2; 0\}$ **h)** $1{,}01\,x = -5{,}05;\quad x \in \{0; 2; 4; \ldots\}$
i) $10 + x = 1;\quad x \in \{-10; -9; -8; \ldots; 0\}$ **j)** $3{,}25\,x - 1{,}8 = 1{,}45;\quad x \in \mathbb{N}$
k) $10 + x = 1;\quad x \in \{0; 1; 2; \ldots; 10\}$ **l)** $3{,}25\,x + 1{,}8 = 1{,}45;\quad x \in \mathbb{N}$
m) $10 + x = 1;\quad x \in \mathbb{N}$ **n)** $x = x;\quad x \in \mathbb{Q}$

ANREGUNG
Überlege dir, ob beim Lösen der Aufgabe 4 ein Taschenrechner hilfreich sein kann.

Die vorangehenden Aufgaben haben etwas Bekanntes bestätigt:

> Die Lösungsmenge einer Gleichung kann bezüglich eines Variablengrundbereichs genau eine Zahl, beliebig viele Zahlen oder gar keine Zahl enthalten. Enthält die Lösungsmenge alle Zahlen aus dem Variablengrundbereich, dann sagt man, „die Gleichung ist allgemeingültig im Variablengrundbereich.“ Enthält die Lösungsmenge dagegen keine Zahl, dann sagt man, „die Gleichung ist nicht lösbar im Variablengrundbereich.“

HINWEIS
Ist eine Gleichung allgemeingültig, so ist die Lösungsmenge gleich dem Variablengrundbereich.

5

Denke dir selbst je drei Gleichungen mit Variablengrundbereichen aus, die genau eine Lösung, beliebig viele Lösungen und keine Lösung im Variablengrundbereich besitzen.

BEISPIEL für das Lösen einer Gleichung durch inhaltliches Überlegen

Aufschreiben:

$\frac{1}{3} = \frac{2}{3}x - \frac{5}{6}$

$\frac{2}{3}x = \frac{7}{6}$

$x = \frac{7}{6} : \frac{2}{3} = \frac{7}{6} \cdot \frac{3}{2} = \frac{7}{4}$

$L = \left\{\frac{7}{4}\right\}$

Überlegen:

$\frac{2}{3}x$ muss $\frac{7}{6}$ sein, denn $\frac{7}{6} - \frac{5}{6} = \frac{2}{6} = \frac{1}{3}$.
Die linke Seite ist ein Produkt.
Wir nutzen die Umkehroperation.

Eine Probe bestätigt, dass $\frac{7}{4}$ eine Lösung ist.

BEACHTE

$\frac{2}{3}x$ ist nur eine Kurzschreibweise von $\frac{2}{3} \cdot x$.

6[L]

Löse die folgenden Gleichungen. Kleide vier dieser Gleichungen in einen Text ein.

a) $\frac{1}{2}x + 4 = 6$ **b)** $\frac{2}{3}x - 7 = 9$ **c)** $12 = -3 + \frac{4}{5}x$

d) $-\frac{1}{5}x - 1 = 0$ **e)** $3x + \frac{7}{8} = \frac{5}{4}$ **f)** $-\frac{3}{2} = \frac{1}{2} - 2x$

g) $\frac{2}{3}x + 1 = 1$ **h)** $\frac{3}{10}x = \frac{6}{20}x$ **i)** $-\frac{3}{2} = \frac{3}{2}x$

j) $0{,}4x = 16$ **k)** $-5{,}3x = 53$ **l)** $0{,}81 = 0{,}09x$

m) $3{,}5x + 6 = 20$ **n)** $4{,}5x - 7{,}2 = 1{,}8$ **o)** $6{,}33 = 16x - 3{,}67$

p) $9{,}1x + 12 = 21{,}1$ **q)** $8{,}5 = 8{,}5 + x$ **r)** $0{,}03 = 0{,}03 - x$

TIPP

Überlege, bei welchen Aufgaben die Verwendung eines Taschenrechners sinnvoll sein könnte.

7

Formuliere zu den folgenden Texten sinnvolle Fragen und beantworte sie.

a) Die Summe zweier aufeinanderfolgender Zahlen beträgt 85 (beträgt 16).

b) Die Summe dreier aufeinanderfolgender Zahlen beträgt 99.

c) In einem gleichschenkligen Dreieck mit dem Umfang $u = 25$ cm ist die Basis 5 cm kürzer als ein Schenkel.

d) In einem Dreieck ist der Winkel α halb so groß wie der Winkel β und um 56° größer als der Winkel γ.

e) In einem Rechteck mit dem Umfang $u = 100$ cm ist die längere Seite viermal so lang wie die kürzere Seite.

f) In einem speziellen stumpfwinkligen Dreieck ist die längste Seite größer als die Summe der beiden kürzeren Seiten.

TIPP

Bei einigen Teilaufgaben kann eine Skizze hilfreich sein.

8

Aufgabe für die Partnerarbeit: Formuliert selbst Texte der Art wie in Aufgabe 7. Tauscht sie aus. Stellt Fragen zu den Texten und versucht sie zu beantworten.

9

Denke dir zu den folgenden Gleichungen sinnvolle Texte aus.
Gib für jede der vorkommenden Variablen einen zum Text passenden Variablengrundbereich an.

a) $\frac{1}{5}x + 25 = 40$ **b)** $\frac{1}{8}x + \frac{3}{4} = 1$ **c)** $\frac{2}{3}x + \frac{3}{5} = \frac{11}{15}$

d) $1{,}8 = 4{,}5x - 11{,}7$ **e)** $12x - 7{,}36 = 28{,}64$ **f)** $80x - 20 = 40x - 20$

g) $\alpha + \beta + \gamma = 180°$ **h)** $2\alpha + \gamma = 180°$ **i)** $\alpha + \beta + \gamma + \delta = 360°$

j) $x + y = y + x$ **k)** $a \cdot b = b \cdot a$ **l)** $(a \cdot b) \cdot c = a \cdot (b \cdot c)$

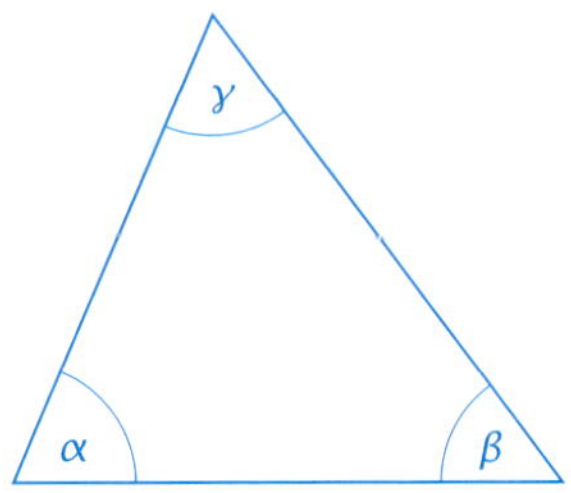

10^L

Löse folgende Gleichungen für den Variablengrundbereich ℚ.

a) $x + x + x = 12$ **b)** $x + 3 - 4 + 5 = 19$ **c)** $y + 0{,}1 - 0{,}2 + 1{,}7 = 6{,}3$
d) $-x - x + x = 42$ **e)** $2 - x + 7 + 8 = 21$ **f)** $8{,}6 + y - 3{,}4 + 9{,}5 = 7{,}2$
g) $-x = \frac{1}{2} - \frac{1}{3} + \frac{1}{5}$ **h)** $\frac{13}{21} + \frac{26}{42} = \frac{51}{17}t - \frac{51}{17}t$ **i)** $0{,}3 - \frac{1}{5} = \frac{1}{2}x - 0{,}5x$
j) $\frac{1}{5}y - \frac{1}{2}y = \frac{7}{8} - \frac{3}{4}$ **k)** $\frac{3}{7}x + \frac{4}{3}x = \frac{8}{7} + \frac{13}{21}$ **l)** $0{,}75 - \frac{3}{4} = \frac{1}{3}x - 0{,}5x$
m) $\frac{1}{2}y - \frac{7}{8}y - \frac{3}{4}y = 0$ **n)** $\frac{1}{5}a - \frac{3}{4}a = 11$ **o)** $\frac{7}{8}s + 0{,}25s + \frac{3}{4}s = 0$

TIPP
Vereinfache – wenn möglich – die Terme auf beiden Seiten des Gleichheitszeichens.

11

Löse folgende Gleichungen für den Variablengrundbereich ℚ.

a) $-x + x - x = 12$ **b)** $3 + 4 - 6 + x = 91$ **c)** $1{,}3 - 6{,}7 - 4{,}4 - y = 1{,}9$
d) $149 - 283 = 2x + x$ **e)** $6{,}7 + 9{,}4 = 9y - 10y$ **f)** $7{,}9t - 8{,}6t = 3{,}5 - 1{,}5$
g) $468 - 782 = -x + x$ **h)** $7{,}7z - 7{,}8z = 4{,}0 + 2$ **i)** $8{,}3x - 8{,}4x = 9{,}1 - 9{,}2$
j) $237 - 237 = x + x$ **k)** $-4{,}1z + 4{,}1z = 4{,}1 - 4{,}1$ **l)** $2{,}8 + 9{,}6 = -0{,}7y + 7{,}0y$
m) $4{,}3t - 5{,}4t = 1{,}1$ **n)** $0 = 2{,}9s - 4{,}1s + 1{,}2s$ **o)** $0 = 6{,}8r + 4{,}7r - 11{,}4r$

TIPP
Überlege, ob sich die Verwendung eines Taschenrechners lohnt.

12

a) Marina und Christoph sind zusammen 33 Jahre alt. Marina ist 5 Jahre älter als Christoph. Wie alt ist jeder?
b) Bei einer Nachmittagsvorstellung sind an der Kinokasse Karten zu 2 € und zu 3 € erhältlich. Es wurden insgesamt 172 Karten verkauft, die 448 € in die Kasse brachten. Wie viele Karten zu 2 € und zu 3 € wurden verkauft?
c) Für einen Kasten Apfelsaft werden 7,24 € bezahlt. Der Saft kostet 2,74 € mehr als das Pfand. Wie viel kosten Apfelsaft und Pfand für sich?
d) Verlängert man die Seite eines Quadrats um 4 cm, so verdoppelt sich der Umfang. Wie lang war die Seite vor dem Verlängern?

AUFGABEN ZUR WIEDERHOLUNG

1. Teste dich selbst. Wie viele Dreiecke und wie viele Vierecke erkennst du in der Figur?

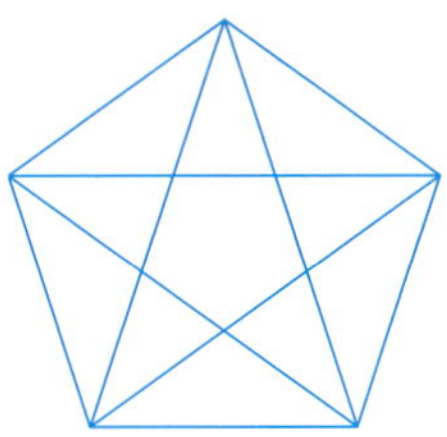

2. Faltübungen: Wie gehst du jeweils vor?
   a) Falte aus einem unregelmäßigem Stück Papier ein Rechteck.
   b) Falte aus dem Rechteck ein Quadrat.
   c) Falte aus einem Quadrat ein gleichschenkliges Dreieck.
   Probiere auch, ein gleichseitiges Dreieck zu falten.

3. Wie viele Streichhölzer brauchst du, um eine Fläche von einem Quadratmeter mit gleich großen Quadraten auszulegen? Die Quadratseiten sollen genau eine Streichholzlänge (ca. 5 cm) lang sein.

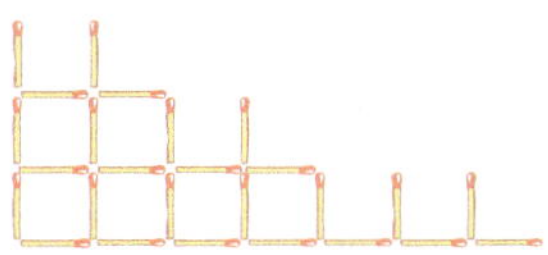

4. Welche der Flächen hat einen Flächeninhalt, der genauso groß ist, wie der der grünen Fläche?

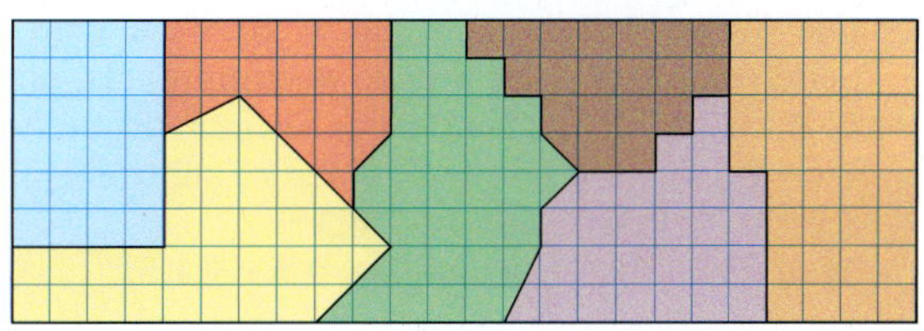

Äquivalenzumformungen von Gleichungen

1

Es sind die folgenden Gleichungen gegeben (Variablengrundbereich $\mathbb{Q}$):

(1) $14x - 5 = 19 + 6x$ (2) $x = 3$ (3) $6x = 18$ (4) $6x - 18 = 0$

(5) $8x - 18 = 2x$ (6) $-18 = 2x - 8x$ (7) $3 = x$ (8) $4x - 9 = x$

a) Überlege: Welche der Gleichungen wird für dich einfacher und welche wird für dich schwieriger zu lösen sein? Gib dementsprechend eine neue Reihenfolge der Gleichungen an.

b) Versuche die Gleichungen zu lösen. Was stellst du fest?

Gleichungen, die in einem Variablengrundbereich dieselbe Lösungsmenge haben, nennt man **zueinander äquivalente Gleichungen** bezüglich des Variablengrundbereichs.

Aus Gleichungen der Form „x = Zahl“ bzw. „Zahl = x“ kann man sofort die Lösung ablesen.
Beim Lösen von komplizierten Gleichungen verfolgt man das Ziel, eine zur Ausgangsgleichung äquivalente, aber einfachere Gleichung zu finden – möglichst der Form „x = Zahl“ bzw. „Zahl = x“.

BEISPIEL

Lösungsmengen für $x \in \mathbb{Q}$:

$x = 3$ $L = \{3\}$

$x^2 = 9$ $L = \{-3; 3\}$

$2x - 10 = -4$ $L = \{3\}$

Die Gleichungen $x = 3$ und $2x - 10 = -4$ sind zueinander äquivalent bezüglich $\mathbb{Q}$.
Dagegen sind $x = 3$ und $x^2 = 9$ sowie $x^2 = 9$ und $2x - 10 = -4$ nicht äquivalent zueinander bezüglich $\mathbb{Q}$.

2

Untersuche, ob die beiden Gleichungen zueinander äquivalent sind ($x \in \mathbb{Q}$).

a) $2x + 3 = 9$ und $2x = 12$ **b)** $5x - 4 = 11$ und $5x = 15$

c) $3x - 6 = -3$ und $x - 2 = -1$ **d)** $4x + 4 = 16$ und $x + 4 = 4$

e) $12x = 3$ und $4x = 1$ **f)** $0{,}5x = 0{,}1$ und $0{,}1x = 0{,}5$

g) $x = 7$ und $2x - 1 = 13$ **h)** $3x + 5 = 6{,}5$ und $x = 1$

Wie man von einer komplizierten Gleichung zu einfacheren äquivalenten Gleichungen gelangt, wird im folgenden Beispiel an einer Waage anschaulich gezeigt.

BEISPIEL

Auf einer Tafelwaage sind 13 gleich schwere Kartons wie im Bild 1 verteilt. Die Waage ist im Gleichgewicht, wenn man Wägestücke wie im Bild 1 hinzufügt (Angaben in kg).
Man möchte wissen, wie schwer ein Karton ist.

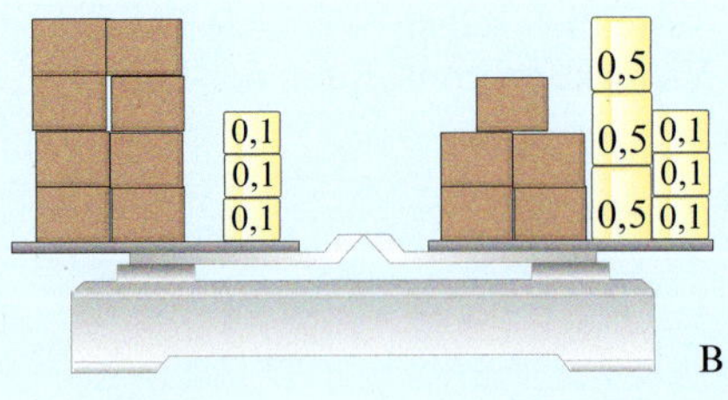

B 1

Wenn ein Karton die Masse x kg hat, dann gilt im Falle des Gleichgewichts die Gleichung $\mathbf{8x + 0{,}3 = 5x + 1{,}8}$ ($x \in \mathbb{Q}_+$).
Wir suchen eine Gleichung der Form x = Zahl, die zu der Gleichung $8x + 0{,}3 = 5x + 1{,}8$ äquivalent ist.
Wir gehen dazu schrittweise vor.

1. Schritt:
Die Waage bleibt im Gleichgewicht, wenn man auf beiden Seiten die drei 0,1-kg-Stücke wegnimmt, also insgesamt 0,3 kg (s. Bild 2). Entsprechend ist auf beiden Seiten der Gleichung $8x + 0{,}3 = 5x + 1{,}8$ die Zahl 0,3 zu subtrahieren:
$8x + 0{,}3 \mathbf{- 0{,}3} = 5x + 1{,}8 \mathbf{- 0{,}3}$
Man erhält die Gleichung $\mathbf{8x = 5x + 1{,}5}$.

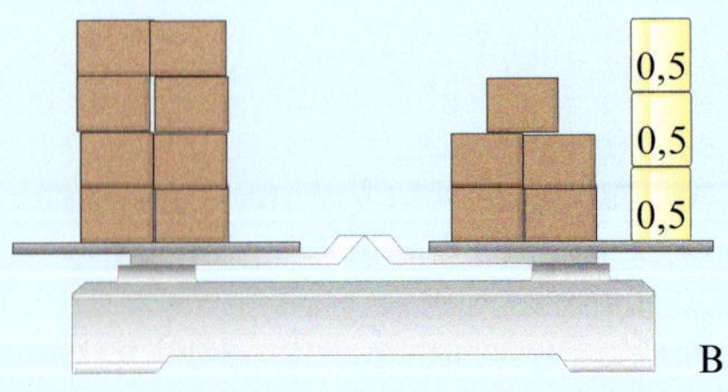

B 2

2. Schritt:
Die Waage bleibt weiter im Gleichgewicht, wenn man auf beiden Seiten 5 Kartons entfernt (s. Bild 3).
Entsprechend muss man auf beiden Seiten der Gleichung $8x = 5x + 1{,}5$ den Term $5x$ subtrahieren:
$8x - \mathbf{5x} = 5x - \mathbf{5x} + 1{,}5$
Man erhält die Gleichung $\mathbf{3x = 1{,}5}$.

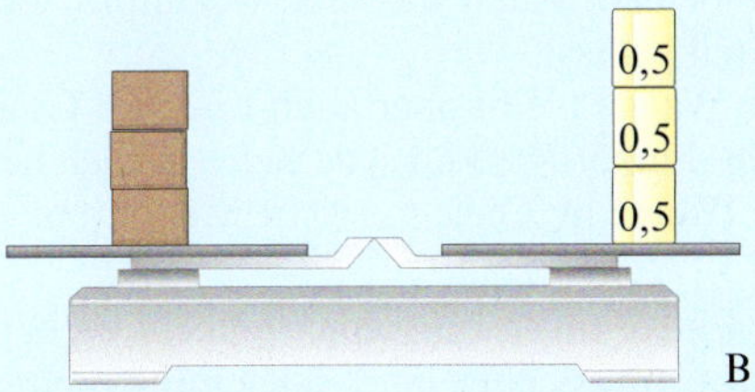

B 3

3. Schritt:
Offensichtlich bleibt die Waage auch im Gleichgewicht, wenn man auf jeder Seite nur ein Drittel der Masse belässt, also links nur noch einen Karton und rechts nur noch ein 0,5-kg-Stück (Bild 4). Ein Karton hat demnach eine Masse von 0,5 kg.
Entsprechend dividiert man beide Seiten der Gleichung $3x = 1{,}5$ durch 3:
$3x : \mathbf{3} = 1{,}5 : \mathbf{3}$
Man erhält $\mathbf{x = 0{,}5}$.
Die Gleichung $x = 0{,}5$ hat in $\mathbb{Q}_+$ die Lösungsmenge $L = \{0{,}5\}$.

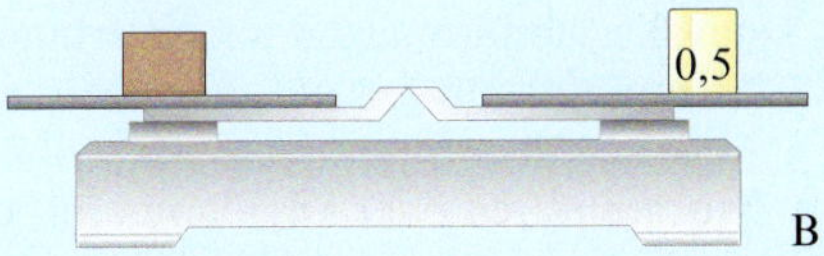

B 4

Überprüfen der erhaltenen Lösungen

1. Wir prüfen, ob bei einer Masse der Kartons von 0,5 kg die Waage im Bild 1 im Gleichgewicht ist:

Masse auf der linken Seite:	$8 \cdot 0{,}5\text{ kg} + 3 \cdot 0{,}1\text{ kg} = 4{,}3\text{ kg}$	Die Waage ist
Masse auf der rechten Seite:	$5 \cdot 0{,}5\text{ kg} + 3 \cdot 0{,}5\text{ kg} + 3 \cdot 0{,}1\text{ kg} = 4{,}3\text{ kg}$	im Gleichgewicht.

2. Überprüfen, ob die Lösungsmenge $L = \{0{,}5\}$ von $x = 0{,}5$ auch Lösungsmenge der anderen Gleichungen ist (rückwärts bis zur Ausgangsgleichung):
   $3x = 1{,}5$ ergibt für $x = 0{,}5$ die wahre Aussage $1{,}5 = 1{,}5$.
   $8x = 5x + 1{,}5$ ergibt für $x = 0{,}5$ die wahre Aussage $4 = 4$.
   $8x + 0{,}3 = 5x + 1{,}8$ ergibt für $x = 0{,}5$ die wahre Aussage $4{,}3 = 4{,}3$.
   Außer 0,5 gibt es keine weiteren Lösungen.
   Stets ist $L = \{0{,}5\}$.

Rückblickende Veranschaulichung der Lösungsschritte an einem Zahlenstrahl

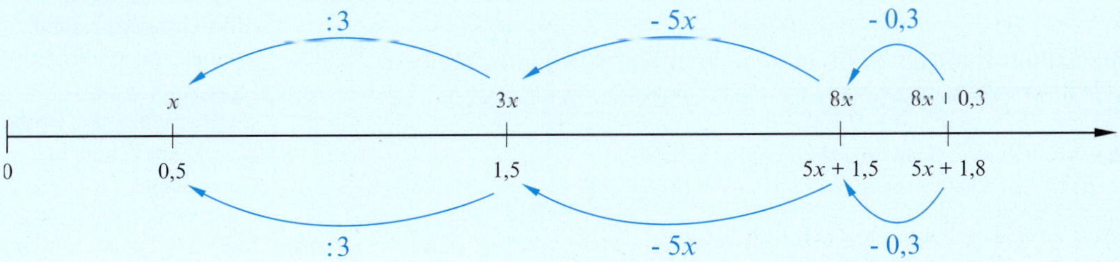

3

Löse die folgende Aufgabe wie im Beispiel. Veranschauliche rückblickend die einzelnen Schritte auch am Zahlenstrahl.
Eine Tafelwaage befindet sich im Gleichgewicht, wenn auf ihr gleich schwere Schachteln und Wägestücke wie im nebenstehenden Bild verteilt sind.
Wie schwer ist eine Schachtel?

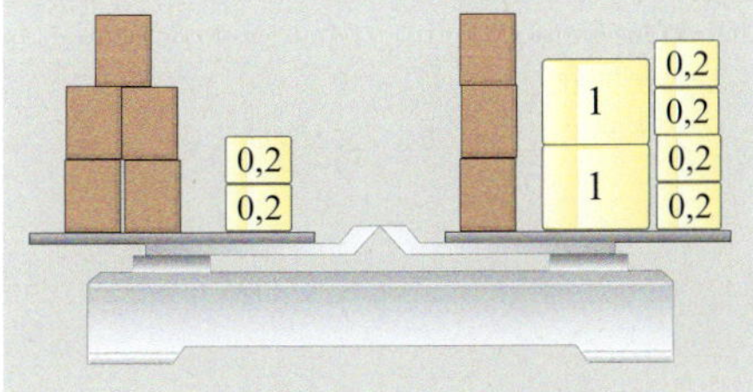

Wir haben uns schon überlegt, dass eine Waage im Gleichgewicht bleibt, wenn man auf beiden Seiten dasselbe wegnimmt oder auf beiden Seiten nur noch denselben Anteil belässt.
Die Waage bleibt aber auch noch im Gleichgewicht, wenn man auf jeder Seite dasselbe hinzufügt oder jede Seite in gleicher Weise vervielfacht. Und natürlich bleibt die Waage im Gleichgewicht, wenn man einfach beide Seiten vertauscht.

Eine Umformung einer Gleichung heißt **Äquivalenzumformung**, wenn sie die Lösungsmenge einer Gleichung nicht ändert.

Äquivalenzumformungen von Gleichungen sind:
- Termumformungen auf der einen oder anderen Seite einer Gleichung;
- Addieren oder Subtrahieren desselben Terms auf beiden Seiten der Gleichung;
- Multiplizieren oder Dividieren mit demselben Term, aber ungleich null, auf beiden Seiten der Gleichung;
- Vertauschen beider Seiten der Gleichung.

BEACHTE
Die Division durch 0 und die Multiplikation mit 0 sind keine Äquivalenzumformungen.
Die Division durch 0 ist nicht möglich.
Die Multiplikation mit 0 kann die Lösungsmenge verändern.
Beispiel:
$x = 3$ hat in $\mathbb{Q}$ die Lösungsmenge $L = \{3\}$.
$x \cdot 0 = 3 \cdot 0$ hat dagegen alle rationalen Zahlen als Lösung, also $L = \mathbb{Q}$.

BEISPIEL: Lösen der Gleichung $5x + 11 = -x - 7$ $(x \in \mathbb{Q})$

Äquivalenzumformungen

$5x + 11 = -x - 7$	auf beiden Seiten x addieren
$5x + x + 11 = -x + x - 7$	Zusammenfassen
$6x + 11 = -7$	auf beiden Seiten 11 subtrahieren
$6x + 11 - 11 = -7 - 11$	Zusammenfassen
$6x = -18$	beide Seiten durch 6 dividieren
$6x : 6 = -18 : 6$	
$x = -3$	

Probe (Lösung in die Ausgangsgleichung einsetzen):

$5 \cdot (-3) + 11 = -(-3) - 7$
$-15 + 11 = 3 - 7$
$-4 = -4$ wahre Aussage

Angabe der Lösungsmenge: $L = \{-3\}$

Die Äquivalenzumformungen kann man auch in Kurzform aufschreiben:

$5x + 11 = -x - 7 \quad | + x$
$6x + 11 = -7 \quad | -11$
$6x = -18 \quad | : 6$
$x = -3$

HINWEIS
Da beim äquivalenten Umformen alle Gleichungen dieselbe Lösungsmenge haben, ist aus mathematischer Sicht keine Probe erforderlich. Die Probe dient nur der eigenen Kontrolle, ob richtig äquivalent umgeformt und richtig gerechnet wurde.
Führe immer eine Probe durch, um Fehler zu vermeiden.

4

Durch welche Äquivalenzumformungen wurde jeweils die obere Gleichung in die untere Gleichung umgeformt? Führe sie selbst aus.

a) $x + 7 = 8$
$x = 1$

b) $5x + 3 = 3x$
$2x + 3 = 0$

c) $2x + 4 = 10$
$x = 3$

d) $\frac{1}{2}x = 5$
$x = 10$

e) $\frac{3}{2}x = \frac{3}{2}$
$x = 1$

f) $5x : 2 = 10$
$x = 4$

g) $\frac{4}{3}x = 1 + \frac{2}{6}x$
$x = 1$

h) $\frac{1}{2}x - \frac{6}{4}x = 1$
$-x = 1$

i) $\frac{x}{8} = \frac{5}{12}$
$x = \frac{10}{3}$

5[L]

Löse die Gleichungen mithilfe von Äquivalenzumformungen.

a) $7x + 10 = 55$ **b)** $6x + 11 = 10$ **c)** $25x = 9x + 3$
d) $20x + 50 = 15x$ **e)** $12x + 3 = 0$ **f)** $18x + 6 = 12x + 36$
g) $11x - 3 = 4 - 4x$ **h)** $3 - 9x = 5x - 4$ **i)** $0{,}5x + 3 = -x$
j) $x + 5x = 12 + 6$ **k)** $7x + 6 + 2x = 3x$ **l)** $x + x + 1 = x + 1$
m) $x + x + x + x = x$ **n)** $3x + 11 - 7x = 3 + 6x$ **o)** $7x = 3x - 2 - 4x + 5$

HINWEIS
Das Lösen von Gleichungen mithilfe von Äquivalenzumformungen nennt man auch „Auflösen der Gleichung nach der Variablen …“ oder „Isolieren der Variablen“.

6

Versuche die folgenden Gleichungen mithilfe von Äquivalenzumformungen zu lösen. Was fällt dir auf? Hast du eine Erklärung dafür?

a) $2x + 5 + 4x = 6x$ **b)** $9x = 5x + x + 3x$ **c)** $2x - 3 = 6x - 3 - 4x$

Führt das äquivalente Umformen einer Gleichung
- auf Gleichungen, die nie falsch werden können (z. B. $2x = 2x$ oder $3 = 3$), so sind alle Zahlen des Variablengrundbereichs eine Lösung;
- auf eine falsche Aussage (z. B. $2 = 3$), so ist die Gleichung nicht lösbar.

BEISPIEL
Es sei $x \in \mathbb{Q}$.

$3x + 2 = x + 2 + 2x$
$3x + 2 = 3x + 2$
Alle Zahlen erfüllen die Gleichung, $L = \mathbb{Q}$.

$2x + 3 = 2x \mid -2x$
$3 = 0$ falsch
Wie man durch Überlegen sieht, hat die Gleichung keine Lösung, $L = \emptyset$.

7

Gib jeweils zwei mögliche Gleichungen an, aus denen die folgenden Gleichungen durch Äquivalenzumformungen entstanden sein könnten.

a) $x = 0$ **b)** $x + 1 = 0$ **c)** $x = 3$ **d)** $3x + 5 = x$
e) $x = \frac{3}{2}$ **f)** $2x + 4 = 1$ **g)** $2x = x + 3$ **h)** $x = -\frac{4}{3}$
i) $0 = 7$ **j)** $4x = 4x$ **k)** $3 = 5$ **l)** $0 = 0$

8

Einige aus der Klasse haben wie folgt falsch umgeformt. Finde deren Gedankenfehler heraus und führe die Umformungen richtig aus.

a) $5x = 15$; $x = 10$
b) $8x = 28$; $x = 2$
c) $2x + 1 = 4x$; $1 = 6x$
d) $8x + 10 = 6x$; $2x + 10 = 1$
e) $8x + 10 = 6x$; $4x + 10 = 3x$
f) $8x + 10 = 6x$; $4x + 5 = 6x$
g) $\frac{2}{5}x = 1$; $x = \frac{2}{5}$
h) $\frac{2}{5}x + \frac{3}{5} = 0$; $x = \frac{3}{2}$
i) $x : 7 = 28$; $x = 4$
j) $3x = 12$; $1 = 4$
k) $2x = x$; $2 = 1$
l) $5x - 5 = 5x$; $-1 = 1$

9

Gib Äquivalenzumformungen an, durch welche die obere Gleichung in die untere Gleichung umgeformt werden kann. Führe sie selbst aus.

a) $2x + 5x = 17 - 3$; $7x = 14$
b) $6x + 1 - 4x + 2 = 0$; $2x + 3 = 0$
c) $3x = 9x + 15$; $6x = -15$
d) $1 - 0{,}4x = -0{,}6$; $x = 4$
e) $0{,}7 - 0{,}9x = 0{,}3x - 1{,}7$; $1{,}2x = 2{,}4$
f) $0{,}1x + 0{,}3 = 0{,}7x$; $x + 3 = 7x$
g) $\frac{x}{6} = \frac{5}{3}$; $x = 10$
h) $\frac{x}{6} = \frac{2}{7}$; $7x = 12$
i) $\frac{2}{x} = \frac{3}{5}$ $(x \neq 0)$; $10 = 3x$

NACHGEDACHT
Ist das Quadrieren beider Seiten einer Gleichung eine Äquivalenzumformung?
Überlege dir das z. B. an den Gleichungen $x = 4$ und $x^2 = 16$.

10

Löse die Gleichungen im Kopf durch äquivalentes Umformen. Führe eine Probe durch.

a) $x + 15 = 29$ **b)** $x - 7 = 0$ **c)** $38 + x = x - 19$
d) $41 = 21 - x$ **e)** $7{,}8 + x = 3{,}9$ **f)** $-0{,}24 = x + 0{,}06$
g) $\frac{13}{5} + x = \frac{8}{5}$ **h)** $\frac{2}{9} - x = 0$ **i)** $-x - \frac{19}{20} = 0$
j) $-x + 1 = 0$ **k)** $1 - y = 1$ **l)** $z - 1 = -1$

NACHGEDACHT

Bernd hat die Gleichung
$5x - 2x = 6x$
wie folgt gelöst:
$5x - 2x = 6x$
$3x = 6x \quad |:3x$
$1 = 2$ falsch
$L = \emptyset$.

Was sagst du dazu?

11

Die folgenden Gleichungen lassen sich mit nur einer äquivalenten Umformung lösen. Löse die Gleichungen im Kopf und führe eine Probe durch.

a) $6x = 54$ **b)** $27x = -135$ **c)** $81 = -9x$
d) $-x = 0$ **e)** $x - x = 0$ **f)** $2{,}4 = -1{,}2x$
g) $\frac{2}{3}x = 0$ **h)** $\frac{5}{7}x = -\frac{7}{5}$ **i)** $\frac{45}{44} = \frac{9}{11}x$
j) $\frac{x}{0{,}5} = \frac{1}{2}$ **k)** $0{,}75 = -\frac{3}{4}x$ **l)** $0 = -\frac{3}{4}x$

12[L]

Löse mittels Äquivalenzumformungen die folgenden Gleichungen. Führe eine Probe durch.

a) $7x - 35 = 2x$ **b)** $17 = -12x - 5$ **c)** $12x + 1{,}8 = 10x + 3{,}4$
d) $20 + 9{,}5x = 77$ **e)** $1{,}7 - 0{,}5x = 4{,}3$ **f)** $1{,}8 - 0{,}3x = -7{,}2$
g) $-1 + 0{,}2x = 0{,}02$ **h)** $-67{,}3 - 1{,}2x = -45{,}7$ **i)** $0{,}7 - 0{,}9x = 0{,}6x - 2{,}3$
j) $8{,}4x - 5{,}9 = 1{,}2 - x$ **k)** $0{,}7x + 1 = 0{,}3x + 0{,}4x$ **l)** $4{,}1x - 3{,}9x = 1{,}4x - 9{,}3x$
m) $5{,}7 = 1{,}0y + 0{,}7$ **n)** $2{,}7x - 5x = 5x - 7{,}3x$ **o)** $7{,}9 + 1{,}0z = 1{,}0z - 0{,}1$

13[L]

Löse folgende Gleichungen. Führe eine Probe durch.

a) $4x + 3 = 3x + 5$ **b)** $6x + 18 = 9x + 3$ **c)** $125x + 20 = 5 + 7x$
d) $1{,}2x + 4{,}9 = 0{,}4x + 9{,}9$ **e)** $1{,}1x + 3{,}3 = 3{,}1x + 2{,}3$ **f)** $3{,}7x + 8{,}9 = 7{,}1 + 4{,}6x$
g) $\frac{2}{5}x + \frac{3}{5} = \frac{1}{5}x + \frac{11}{15}$ **h)** $\frac{2}{8}x + \frac{8}{3} = \frac{1}{2}x + \frac{6}{3}$ **i)** $\frac{1}{4}x + \frac{5}{5} = \frac{5}{8}x + \frac{2}{3}$
j) $\frac{3}{4} + \frac{5}{3}x = \frac{1}{2} + \frac{10}{3}x$ **k)** $\frac{3}{4} + \frac{3}{4}x = \frac{7}{8}x - \frac{8}{12}$ **l)** $\frac{1}{9} + \frac{4}{3}x = -\frac{2}{9} + \frac{1}{3}x$
m) $\frac{3}{4} + \frac{0}{4}x = \frac{7}{8}x - \frac{8}{12}$ **n)** $\frac{3}{4} + \frac{0}{4}x = \frac{0}{8}x - \frac{8}{12}$ **o)** $\frac{3}{4} + \frac{0}{4}x = \frac{0}{8}x + \frac{9}{12}$

BEISPIEL

$$\frac{3}{2}x + \frac{1}{2} = \frac{5}{4}x + \frac{5}{12}$$
| Mit einem gemeinsamen Nenner multiplizieren, z. B. mit 12.

$$\frac{3}{2}x \cdot 12 + \frac{1}{2} \cdot 12 = \frac{5}{4}x \cdot 12 + \frac{5}{12} \cdot 12$$
| Beachte: Jeder Summand muss mit 12 multipliziert werden.

$$18x + 6 = 15x + 5 \quad | -15x - 6$$
$$3x = -1 \quad | :3$$
$$x = -\frac{1}{3}$$
$$L = \left\{-\frac{1}{3}\right\}$$

Probe:
$$\frac{3}{2} \cdot \left(-\frac{1}{3}\right) + \frac{1}{2} = \frac{5}{4} \cdot \left(-\frac{1}{3}\right) + \frac{5}{12}$$
$$-\frac{1}{2} + \frac{1}{2} = -\frac{5}{12} + \frac{5}{12}$$
$0 = 0$ wahre Aussage

14

Löse die folgenden Gleichungen. Führe eine Probe durch.

a) $\frac{2}{3}x + \frac{1}{6} = \frac{2}{9}$ **b)** $-\frac{4}{7} - \frac{7}{14}x = \frac{5}{21}$ **c)** $3 = \frac{3}{2}x - \frac{3}{2}$

d) $0 = \frac{11}{25} - \frac{22}{15}x$ **e)** $\frac{13}{10} + \frac{3}{5} = \frac{3}{4}x$ **f)** $\frac{11}{5} - \frac{13}{10} = \frac{2}{5}x + \frac{7}{2}$

g) $-\frac{2}{3}x + 7 - \frac{1}{2}x = 0$ **h)** $0 = \frac{3}{2}x - \frac{1}{3} - \frac{4}{3}x$ **i)** $0 = \frac{3}{2}x + \frac{11}{2} - \frac{2}{5}x$

BEACHTE
Jeder Summand muss mit dem gemeinsamen Nenner multipliziert werden.

15L

Ermittle die Lösungsmenge folgender Gleichungen. Führe eine Probe durch, um Rechenfehler auszuschließen.

a) $4y + 3 = 3y - 5$ **b)** $10z + 20 = -100 + 14z$ **c)** $-14 - 15r = 12r + 4$

d) $-3{,}7 - 1{,}2t = 1{,}8t - 6{,}7$ **e)** $1{,}8v + 2{,}5 = 3{,}3v + 0{,}7$ **f)** $58 + 67u = 89 - 43u$

g) $\frac{1}{24}s + \frac{7}{8} = -\frac{3}{8} + \frac{10}{48}s$ **h)** $4{,}5 + \frac{1}{2}x = 4x - 13$ **i)** $\frac{4}{3}r + \frac{2}{3} = \frac{10}{2}r - \frac{1}{4}$

j) $\frac{1}{2}x - \frac{1}{3}x = 12$ **k)** $\frac{1}{3}y - \frac{1}{4}y - \frac{1}{4} = \frac{1}{4}$ **l)** $\frac{1}{4}z + \frac{2}{3} = \frac{1}{5}z - \frac{5}{6}$

16L

Löse folgende Gleichungen. Führe stets eine Probe durch.

a) $13x + 12x = 31 + 19$ **b)** $34x - 9x = 67 - 17$

c) $8x + 10 - 6x = -11 - 3x + 71$ **d)** $3x + 17 + 9x + 8 = 61$

e) $-43y - 24y + 63 = 7y - 85$ **f)** $-128y + 91 - 12y = 10y + 391$

g) $139 + 37z = 48z - 41 - 2z$ **h)** $-64z - 124 = +39 + 128z + 29$

i) $1{,}2x - 3{,}1 - 0{,}6x = 5{,}1 + 0{,}2$ **j)** $4{,}6 - 0{,}3x - 2{,}8 = 1{,}2x - 2{,}7$

k) $-0{,}09 + 0{,}87y = 0{,}56 - 0{,}78 + y$ **l)** $1{,}23y + 2{,}34 = -1{,}22 - 2{,}54y + 7{,}33$

m) $4{,}7z - 3{,}3 + 2{,}8z = 5{,}1z + 4{,}9 - 1{,}7z$ **n)** $12{,}4z - 12{,}6 + 1{,}6z = -0{,}8z - 11{,}4z$

o) $1{,}8r - 2{,}5 - 0{,}5r - 4{,}4r - 7{,}7 - 2r = 0$ **p)** $1{,}3s - 0{,}7 + 2{,}0s = 0{,}8s + 0{,}25$

BEISPIEL

$12x - 6 - 7x = 11 - 3x + 7$
$5x - 6 = 18 - 3x$
$8x - 6 = 18$
$8x = 24$
$x = 3$
$L = \{3\}$

Überlege, welche Äquivalenzumformungen genutzt wurden.

AUFGABEN ZUR WIEDERHOLUNG

1. **a)** Übertrage das linke Muster in ein Quadrat von 80 mm Kantenlänge. Dazu brauchst du nur ein Lineal, einen Bleistift und die eingezeichneten Markierungspunkte.
   b) Suche nach zueinander deckungsgleichen Figuren im Muster.
   c) Beschreibe möglichst viele Abbildungen, die die deckungsgleichen Figuren aus Aufgabenteil b) aufeinander abbilden.

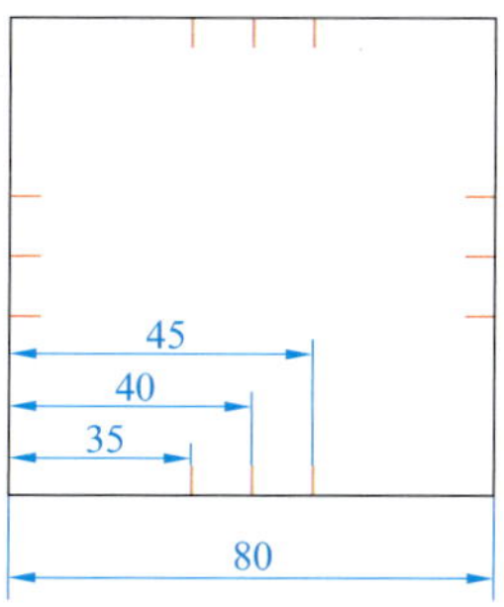

2. Übertrage die beiden Figuren auf kariertes Papier.
   a) Zerschneide Figur 1 in vier zueinander deckungsgleiche Vierecke und Figur 2 in vier zueinander deckungsgleiche Dreiecke.
   b) Wie heißt die Figur 2? Wie heißen die bei a) entstandenen Vier- und Dreiecke?
   c) Warum ist Figur 2 kein regelmäßiges Viereck?

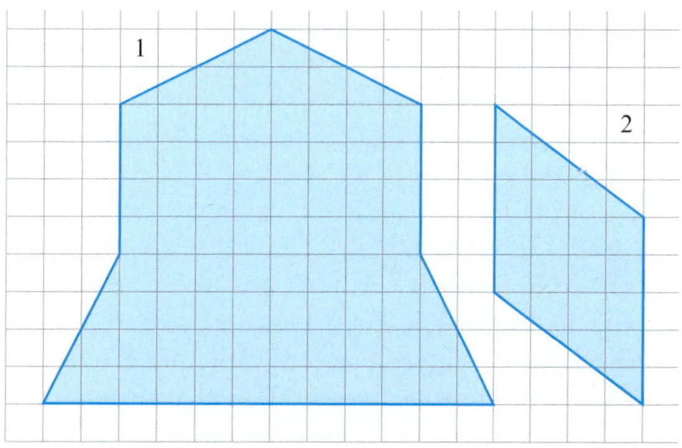

Anwendungen und weitere Übungen

1

a) Für eine Klassenfete soll Orangensaft eingekauft werden. Beim Kauf von 25 Flaschen bleiben von dem Geld 6,15 € übrig, beim Kauf von 35 Flaschen nur 95 Cent. Wie viel kostet eine Flasche? Wie viel Geld besaß die Klasse?

b) Werden aus einem Krug mit Orangensaft 8 gleich große Gläser gefüllt, dann bleiben 0,4 Liter übrig; werden 6 dieser Gläser gefüllt, dann bleiben 0,8 Liter übrig. Wie viel Saft wird in ein Glas gefüllt? Wie viel Saft befand sich in dem Krug?

BEISPIEL

Eine Feriengruppe plant eine dreitägige Radtour von insgesamt 144 km. Um die Belastung von Tag zu Tag zu steigern, sollen jeden Tag 5 km mehr als am vorigen gefahren werden. Wie lang sind die drei Tagesetappen zu planen?

Veranschaulichen:

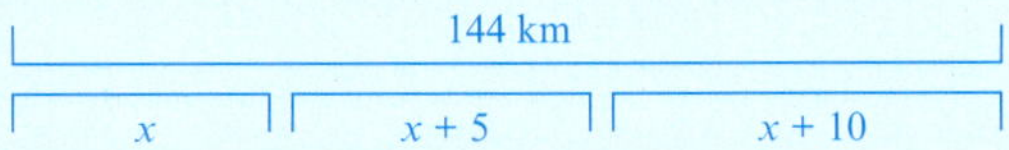

Gleichung aufstellen: $x + (x + 5) + (x + 10) = 144$

Gleichung lösen:

$$3x + 15 = 144 \quad |-15$$
$$3x = 129 \quad |:3$$
$$x = 43$$

Probe am Text: 1. Tag 43 km, 2. Tag 48 km, 3. Tag 53 km
43 km + 48 km + 53 = 144 km

Am 1. Tag sind 43 km, am 2. Tag 48 km und am 3. Tag 53 km zu planen.

BEACHTE

Oft hilft eine Veranschaulichung (z. B. eine Skizze) den Sachverhalt zu erfassen.

Die Probe bei einer Sachaufgabe muss am Text durchgeführt werden (und nicht an der aufgestellten Gleichung). Es ist nämlich möglich, dass man eine falsche Gleichung aufgestellt, diese aber richtig gelöst hat.

2

a) Addiert man 6 zum Fünffachen einer gesuchten Zahl, so erhält man dasselbe, als ob man 18 zum Dreifachen der Zahl addieren würde.
Wie lautet die gesuchte Zahl?

b) Das Vierfache einer gesuchten Zahl, vermehrt um 13, ist genauso groß wie die gesuchte Zahl vermehrt um 67. Wie lautet die gesuchte Zahl?

3

Zur Abwechslung einmal Englisch:

a) A number increased by 2 is 5 less than twice the number. Find the number.

b) Twice a number decreased by 3 is equal to the number. Find the number.

c) The sum of two consecutive integers is 1 less than 3 times the smaller.
Find the number.

HINWEIS

Schlage unbekannte Vokabeln in einem Wörterbuch nach.

4

a) Ein Rechteck hat einen Umfang von 0,56 m. Eine Seite ist dreimal so lang wie die andere. Wie lang ist jede Seite des Rechtecks?

b) In einem Dreieck ist der Winkel α doppelt so groß wie der Winkel β und der Winkel γ um 20° größer als der Winkel β. Wie groß ist jeder einzelne Winkel?

TIPP

Fertige jeweils eine Skizze an.

5

Ermittle jeweils die Lösungsmenge.

a) $29x - 15 + 36x - 17 = -35x + 18$
b) $40x + 104 - 25x - 6 = 217 - 2x$
c) $24x + 8 - 7x - 4 = 31 + 8x$
d) $37y + 21 - 19y + 3 = -18y - 12$
e) $1{,}2y - 0{,}8 - 0{,}2 + 0{,}6y = 1{,}2 - 0{,}6y$
f) $0{,}03z - 0{,}21 - 0{,}05z - 0{,}6 = 0{,}03z$
g) $0{,}25t - 0{,}5 + 0{,}4t + 0{,}8 = 0{,}05t + 1{,}2$
h) $-9{,}3w + 8{,}4 - 1{,}1 = -4{,}5w - 9{,}6w$
i) $1{,}5r - 0{,}7 - 1{,}5r - 0{,}9 = 2{,}0 - 1{,}2r + 3{,}6 + 1{,}2r$
j) $-3{,}5 - 1{,}2s = 2{,}4s - 0{,}3 - 3{,}8s - 3{,}2 + 0{,}2s$
k) $0 = -5{,}1z + 7{,}2z - 4{,}8 - 1{,}0z - 1{,}1z - 2{,}5 - z - 0{,}9 - 1{,}1$
l) $3{,}8x - 10{,}7x + 31{,}3 + 45{,}9 - 91{,}5x - 37{,}9 + 28{,}1x - 68{,}3 + 70{,}3x = 0$
m) $6{,}7x + 5{,}1 - 39{,}8x - 54{,}6 = 33{,}9 - 8{,}4x + 71{,}3x + 12{,}6$

6

Ermittle mithilfe von Äquivalenzumformungen die Lösungsmenge folgender Gleichungen. Führe stets eine Probe durch.

a) $\frac{2x}{3} + 5 = \frac{7x}{12} - \frac{5}{6}$
b) $\frac{x}{2} + \frac{x}{3} - \frac{x}{4} = 1$
c) $\frac{y}{2} + \frac{2y}{3} = -\frac{3y}{4} + \frac{4y}{5}$
d) $\frac{9z}{10} - \frac{4z}{5} = \frac{3}{4}z - 13$
e) $\frac{7u}{12} - \frac{23}{12} = \frac{5}{8}u - 3$
f) $\frac{r}{5} + \frac{1}{6}r - \frac{r}{7} = 0$
g) $\frac{1}{2}x + \frac{3}{4}x = 5 - \frac{5}{4}x$
h) $\frac{1}{7}x + \frac{5}{4} + \frac{1}{7}x = \frac{1}{20} - \frac{1}{21}x$
i) $\frac{6}{5}x - \frac{5}{8} = -\frac{1}{5}x + 1 + \frac{3}{5}x$
j) $-\frac{3}{8} + \frac{2}{3}y = -\frac{2}{3}y + \frac{9}{4} - \frac{1}{6}y$
k) $-1 + \frac{s}{3} = -2 + \frac{s}{2} + \frac{1}{2}$
l) $\frac{2}{3}z - \frac{2}{3} + \frac{3z}{4} = -\frac{1}{2}z + \frac{1}{3} - \frac{z}{4}$

BEACHTE
Falls du die Gleichung mit einem gemeinsamen Nenner multiplizierst, musst du jeden Summanden damit multiplizieren (auch, wenn der Summand kein Bruch ist).

Das Multiplizieren beider Seiten einer Gleichung mit einem gemeinsamen Nenner kannst du auch beim Lösen von Verhältnisgleichungen nutzen.

BEISPIELE
für das Lösen von Verhältnisgleichungen durch Äquivalenzumformungen

a) $x : 13 = 3 : 7$ (Ü: $x \approx 6$)
$\frac{x}{13} = \frac{3}{7}$ $\quad | \cdot 13 \cdot 7$
$7x = 3 \cdot 13$
$x = \frac{3 \cdot 13}{7} = \frac{39}{7} \approx 5{,}57$

b) $3 : x = 5 : 7$ (Ü: $x \approx 4$)
$\frac{3}{x} = \frac{5}{7}$ $\quad | \cdot 7x \quad (x \neq 0)$
$3 \cdot 7 = 5x$
$x = \frac{3 \cdot 7}{5} = \frac{21}{5} = 4{,}2$

HINWEISE
Ein gemeinsamer Nenner ist immer das Produkt der Nenner.

Man darf beim Beispiel b) mit x multiplizieren, weil $3 : x = 5 : 7$ nur für $x \neq 0$ möglich ist. x kann also nie 0 sein.

$\frac{x}{13} = \frac{3}{7}$ kann man auch kürzer lösen:
$\frac{x}{13} = \frac{3}{7}$ $\quad | \cdot 13$
$x = \frac{3 \cdot 13}{7} = \frac{39}{7} \approx 5{,}57$

7

Löse die folgenden Verhältnisgleichungen mithilfe von Äquivalenzumformungen. Nutze zur Kontrolle einen Überschlag.

a) $x : 11 = 3 : 6$
b) $7 : 3 = x : 5$
c) $4 : x = 3 : 5$
d) $7 : 9 = 9 : x$
e) $\frac{x}{6} = \frac{12{,}4}{1{,}83}$
f) $\frac{3{,}45}{5{,}68} = \frac{x}{4{,}08}$
g) $\frac{4}{x} = \frac{5{,}3}{2{,}7}$
h) $\frac{127}{x} = \frac{53}{86}$

8

Entscheide, ob die Gleichungen äquivalent umgeformt wurden und ob die Lösungsmenge beim Variablengrundbereich $\mathbb{Q}$ jeweils die leere Menge ist.

a)
$x = 3x$
$1 = 3$

b)
$x + 1 = 2x + 2 - x$
$x + 1 = x + 2$
$1 = 2$

c)
$2 - x = 7 - x$
$-x = 5 - x$
$0 = 5$

9[L]

Löse die Textaufgaben über Gleichungen. Mache eine Probe am Text.

a) Zu einer Klasse gehören 25 Jungen und Mädchen. Die Zahl der Jungen ist um drei größer als die Zahl der Mädchen. Wie viele Jungen und Mädchen sind in der Klasse?

b) Die Hälfte einer Klasse hat beim Langstreckenlauf über 5 km die geforderte Zeit erreicht und eine Urkunde bekommen. Ein Drittel hat die Zeit nicht geschafft und fünf haben vorher aufgegeben. Wie viele Schülerinnen und Schüler hat die Klasse?

10

Ein Kundendienstvertreter fährt an zwei Tagen mit seinem Auto eine Strecke von insgesamt 734 km. Welche Strecke fährt er, wenn er

a) am ersten und am zweiten Tag jeweils eine gleich lange Strecke fährt;

b) am zweiten Tag 126 km mehr als am ersten Tag fährt;

c) am zweiten Tag 84 km weniger als am ersten Tag fährt?

11

Löse folgende Zahlenrätseln. Mache stets eine Probe am Text.

a) Wenn man 11 vom 7fachen einer Zahl subtrahiert, so erhält man das Doppelte der gesuchten Zahl vermehrt um 4.

b) Vermindert man die Hälfte einer Zahl um das Doppelte von 0,5, so erhält man ein Drittel der Zahl vermehrt um 5.

c) Subtrahiert man von 19 eine Zahl, so ergibt sich dasselbe, als ob man das Doppelte der Zahl von 29 subtrahiert.

d) Subtrahiert man von 48 das 5fache einer Zahl, so erhält man ein Siebtel der Zahl vermindert um 6.

e) Der dritte Teil einer Zahl ist um 20 größer als die Hälfte der gesuchten Zahl.

12

a) Die 12-jährige Eva fragt ihren Opa nach seinem Alter. Er antwortet: „Wäre ich 5 Jahre jünger, dann wäre ich genau 5-mal so alt wie du jetzt bist." Wie alt ist der Opa?

b) Von 2 Geschwistern ist der Bruder um 8 Jahre älter als die Schwester. Er ist aber auch ein Jahr mehr als 2-mal so alt wie sie. Wie alt sind beide?

c) Mary is 4 years older than Diane. In 6 years the sum of their ages will be 68. What are their ages now?

ZUM KNOBELN

Anja und Nele stehen in der Haustür.
Nele fragt: „Wie alt sind deine drei Schwestern?"
Anja: „Das Produkt ihrer Jahre ist 36, die Summe ihrer Jahre ist gleich unserer Hausnummer."
Nele schaut auf die Hausnummer, stutzt und sagt: „Das reicht noch nicht. Du musst mir sagen, wie deine älteste Schwester heißt."
Anja: „Sie heißt Ilona."
Nele: „Na, jetzt ist alles klar."
Ist dir auch alles klar? Kannst du sagen, wie alt die drei Schwestern von Anja sind?

13

Formuliere folgende Gleichungen als Alters- oder Zahlenrätsel.

a) $4 - 2x = 12$ **b)** $18x - 2 = 3x + 13$ **c)** $1{,}23x + 3{,}56 = 7{,}33 - 2{,}54x$

d) $\frac{27}{3}x = \frac{3}{27}x$ **e)** $\frac{4}{5}x + \frac{3}{5} = \frac{3}{5}x - 1$ **f)** $\frac{3}{2}x - \frac{1}{6} = -\frac{3}{4} + x$

14

Von einer Klasse kommt die Hälfte zu Fuß, ein Viertel fährt mit dem Fahrrad, ein Achtel kommt mit dem Bus und 4 werden mit dem Auto gebracht.
Wie viele Schülerinnen und Schüler hat die Klasse? Wie viele kommen zu Fuß, fahren mit dem Fahrrad und kommen mit dem Bus?

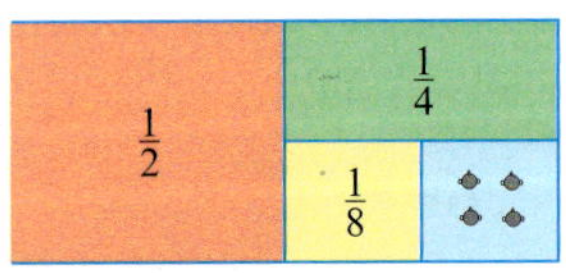

15[L]

Löse die Gleichungen durch Äquivalenzumformungen.

a) $4(x+3)=13$ **b)** $6(y-2)=3$ **c)** $4(2+z)=2$
d) $7(x+5)=11$ **e)** $8(y-1)=40$ **f)** $15(3-z)=45$
g) $15(x+10)=-150$ **h)** $5(y-3)=0$ **i)** $7(19-z)=0$
j) $\frac{4}{5}(3+t)=20$ **k)** $(u+24)\cdot\frac{5}{4}=50$ **l)** $\frac{7}{9}(s-72)=70$
m) $\frac{3}{2}\left(\frac{4}{3}x-1\right)=\frac{1}{2}$ **n)** $6\left(-\frac{3}{4}+\frac{1}{2}x\right)=\frac{3}{2}$ **o)** $\frac{1}{4}\left(-\frac{5}{6}-\frac{x}{3}\right)=\frac{1}{24}$
p) $5(x+4)=x$ **q)** $3-2(x-11)=5$ **r)** $2(x-3)+6=3x$

BEISPIEL

$\frac{3}{2}(x-7)=5$

$\frac{3x}{2}-\frac{21}{2}=5$

$3x-21=10$

$3x=31$

$x=\frac{31}{3}$

Führe die Probe selbst durch.

16

Christoph kauft mit seinem Vater im Getränkemarkt Apfelsaft (69 Cent pro Flasche) und Orangensaft (59 Cent pro Flasche). Insgesamt sind es 30 Flaschen, für die sie ohne Pfand 19,70 € zahlen müssen.
Wie viele Flaschen von jeder Getränkesorte haben sie gekauft?

17

Finde die natürlichen Zahlen.

a) Subtrahiert man von 18 eine Zahl und verdreifacht diese Differenz, so erhält man das Vierfache der Zahl vermindert um 9.
b) Subtrahiert man von 100 das Doppelte der Differenz aus einer Zahl und 12, so erhält man das Sechsfache der Zahl vermindert um 12.
c) Von drei Zahlen mit der Summe 72 ist die dritte halb so groß wie die erste und die zweite 3-mal so groß wie die erste und die dritte zusammen.
d) Drei aufeinanderfolgende Zahlen haben die Summe 33.
e) Drei aufeinanderfolgende gerade Zahlen haben die Summe 66.
f) Drei aufeinanderfolgende ungerade Zahlen haben die Summe 99.
g) Eine zweistellige Zahl hat die Quersumme 15. Die Zehnerziffer ist um 3 größer als die Einerziffer.
h) Eine dreistellige Zahl hat die Quersumme 13. Die Zehnerziffer ist um 3 größer als die Hunderterziffer und um 4 kleiner als die Einerziffer.

NACHGEDACHT

Überlege dir für die Aufgaben 17 d), e) und f) noch weitere Zahlen, die man als Summe angeben könnte (die Aufgaben sollen eine Lösung haben).
Welche Eigenschaft muss die Summe jeweils haben?

BEISPIEL für das Lösen einer Betragsgleichung

$2|x-4|=12 \quad |:2$

$|x-4|=6$

Inhaltliche Überlegung: $x-4$ muss entweder 6 oder -6 sein.
Es ergeben sich also zwei Gleichungen ohne Betrag:
$x-4=6$ (Lösung $x=10$) und $x-4=-6$ (Lösung $x=-2$)
Insgesamt ergibt sich als Lösungsmenge $L=\{-2; 10\}$, was durch folgende Kontrolle bestätigt wird:
$2|-2-4|=2|-6|=2\cdot 6=12$ und $2|10-4|=2|6|=2\cdot 6=12$

ERINNERE DICH

Für den Abstand $|a|$ einer Zahl a von null gilt:

$$|a|=\begin{cases} a, \text{ falls } a \text{ positiv} \\ 0, \text{ falls } a=0 \\ -a, \text{ falls } a \text{ negativ} \end{cases}$$

18[L]

Löse folgende Betragsgleichungen. Führe eine Probe durch.

a) $|x|=0$ **b)** $|x|=1$ **c)** $|-x|=1$ **d)** $3|x|=0$
e) $5|x|=10$ **f)** $7|x|=56$ **g)** $-6|x|=-42$ **h)** $|x-1|=0$
i) $|x+2|=1$ **j)** $|2-x|=0$ **k)** $4|x-5|=28$ **l)** $(-4)|x+5|=-28$
m) $3|1+x|=6$ **n)** $2|x-7|+5=9$ **o)** $5|x+3|-7=18$ **p)** $3|2-x|-8=23$

BEISPIEL

Familie Bergmann will von Dresden zum Fährhafen Rostock fahren. Sie überlegen, wie lange sie für die 422 km benötigen werden. Aus Erfahrung von anderen Touren wissen sie, dass sie meist auf eine Durchschnittsgeschwindigkeit von etwa 92 km/h kommen.

Gesucht: t (in h) Gegeben: $s = 422$ km; $v = 92\,\frac{\text{km}}{\text{h}}$

Man kann die Formel $v = \frac{s}{t}$ verwenden. Sie muss nach t aufgelöst werden.

$v = \frac{s}{t} \quad | \cdot t$

$v \cdot t = s \quad | : v$

$t = \frac{s}{v}$

Rechnung:

$t = \frac{422\text{ km}}{92\,\frac{\text{km}}{\text{h}}} \approx 4{,}6\text{ h}$

Familie Bergmann wird etwas über viereinhalb Stunden bis Rostock benötigen.

Wie im Beispiel ist beim Aufgabenlösen häufig eine Formel nach einer gesuchten Größe aufzulösen.

19 L

Löse die folgenden Formeln nach den in den Klammern angegebenen Größen auf. Gib an, was mit der gegebenen Formel und was mit der umgestellten Formel berechnet werden kann. Was muss dazu jeweils gegeben sein?

a) $A = ab$ $(a; b)$ **b)** $V = abc$ $(a; b)$ **c)** $u = 2(a + b)$ $(a; b)$

d) $W = G \cdot \frac{p}{100}$ $(G; p)$ **e)** $Z = K \cdot \frac{p}{100}$ $(K; p)$ **f)** $A = 2(ab + ac + bc)$ $(a; c)$

20

Löse die physikalischen Formeln aus der Randspalte nach jeder darin vorkommenden Größe auf.

BEISPIEL

Auf einer Baustelle sind 80 t Kies anzufahren. Es ist die Anzahl x der dafür notwendigen Fahrten zu planen. Diese Anzahl hängt von der Ladefähigkeit der Lkws ab, sie sei mit a (in Tonnen) bezeichnet. Es gilt die Gleichung:
$x \cdot a = 80$ und somit $x = 80 : a$.
Bei einer Ladefähigkeit von 5 t wären also $80 : 5 = 16$ Fahrten notwendig, bei 7 t Ladefähigkeit $80 : 7 \approx 12$ Fahrten (aufgerundeter Wert!).

21 L

Löse die folgenden Gleichungen nach der Variablen x auf ($a \neq 0$ und $b \neq 0$ sind Parameter). Gib jeweils die Lösungsmenge für $a = 2$ und $b = -3$ an.

a) $ax - 7 = 9$ **b)** $3x + a = 8$ **c)** $5x - 7 = a$

d) $9x - 3a = a$ **e)** $ax = a^2 - 1$ **f)** $ax - 4 = 2a$

g) $\frac{x}{32} = \frac{1}{a}$ **h)** $\frac{x}{a} + \frac{1}{a} = 1$ **i)** $\frac{ax}{6} - 5 = \frac{a}{3}$

j) $a(3x - b) = 0$ **k)** $ax - b = 3b$ **l)** $ax : b = b : a$

INFORMATION
Formeln aus der Physik

Geschwindigkeit:
$v = \frac{s}{t}$
v Geschwindigkeit,
s zurückgelegte Weglänge;
t benötigte Zeit

Dichte:
$\varrho = \frac{m}{V}$
ϱ Dichte; m Masse;
V Volumen

Mechanische Arbeit:
$W = F \cdot s$
W verrichtete Arbeit;
F wirkende Kraft in Wegrichtung;
s zurückgelegter Weg

Geneigte Ebene:

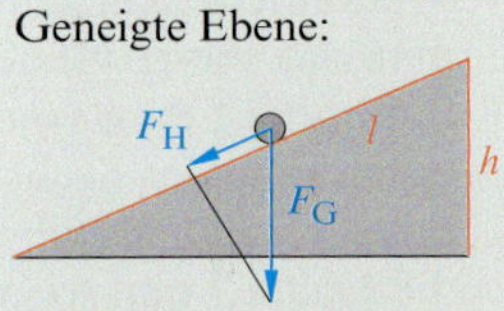

$\frac{F_H}{F_G} = \frac{h}{l}$
F_H Hangabtriebskraft;
F_G Gewichtskraft;
h Höhe und l Länge der geneigten Ebene

INFORMATION
In der Gleichung
$x \cdot a = 80$
kommen zwei Variable vor: x und a.
x ist die gesuchte Größe, nach ihr muss die Gleichung aufgelöst werden. Die Variable a steht für verschiedene mögliche Werte. Eine solche Variable nennt man **Parameter**. Die Lösung einer Gleichung mit Parameter hängt jeweils von dem Wert ab, den man für den Parameter einsetzt.

Ungleichungen

1

Herr Hurtig fährt auf der Autobahn von Dresden nach Berlin. Wegen der variierenden Verkehrsdichte fährt er mit unterschiedlichen Geschwindigkeiten. Er ist bereits eine Stunde gefahren, dabei eine Zeit lang mit der Durchschnittsgeschwindigkeit 104 km/h, dann mit der Durchschnittsgeschwindigkeit 88 km/h und schließlich mit der Durchschnittsgeschwindigkeit 96 km/h.
Jede Geschwindigkeit fuhr er mindestens eine Viertelstunde lang.
Wie weit ist er mindestens gekommen und wie weit höchstens?

2

Annika, Sarah und Iris machen einen Campingurlaub von zwei Wochen. Sie haben beschlossen, von ihrem Gesamtbudget von 265 € in der ersten Woche pro Tag nicht mehr als 15 € auszugeben.
Annika kauft die ersten zwei Tage ein; sie gibt pro Tag höchstens 14 €, aber mindestens 11 € aus. An den nächsten beiden Tagen kauft Sarah ein, und sie gibt jeweils mindestens 13 € und höchstens 15 € aus. An den restlichen drei Tagen ist Iris an der Reihe, und sie gibt jeweils mindestens 14 € und höchstens 16 € aus.

a) Wie viel Geld haben die drei Mädchen nach einer Woche insgesamt höchstens ausgegeben?

b) Wie viel Geld haben die drei Mädchen nach einer Woche insgesamt mindestens ausgegeben?

NACHGEDACHT
Man kann in den Aufgaben 2 a) und b) mit unterschiedlicher Genauigkeit rechnen.
Überlege, ob du noch bessere Werte finden kannst, als du sie berechnet hast.

3

Kai, Bernd und Thomas haben für eine Radtour gespart und zahlen ihre Anteile in eine gemeinsame Reisekasse ein. Kais Vater ist großzügig und verdoppelt ihr Budget. Bei der ersten Rast kauft Bernd einige Erfrischungen ein und verliert beim Bezahlen einen 20-Euro-Schein. Als sie abends ihr Geld zählen, sagt Thomas enttäuscht: „Wir haben ja nur noch 96 Euro."

a) Wie viel Geld hatten die drei zusammen mindestens in ihre Reisekasse eingezahlt?

b) Bernd bemerkt, dass sie außer zwei 20-Euro-Scheinen und anderen Münzen genauso viele 5-Euro-Scheine wie 2-Euro-Münzen haben. Wie viele 5-Euro-Scheine und 2-Euro-Münzen haben sie höchstens?

Budget (gesprochen (by'dʒeː) kommt aus dem Französischen und bedeutet Haushaltsplan.

BEISPIEL
Beim Verpacken von gleich schweren Werkstücken in eine Versandkiste darf ein bestimmter Höchstwert nicht überschritten werden. Dieser Höchstwert wird eingehalten, wenn man 5 Werkstücke in eine 3 kg schwere Kiste packt. Dagegen sind 7 Werkstücke ohne Kiste schon zu schwer.

Ist x kg die Masse eines Werkstücks, so muss demnach gelten: $5x + 3 < 7x$.
Wir probieren aus, welche Massen diese Bedingung erfüllen:

$x = 1$	$5 + 3 < 7$	falsche Aussage	
$x = 2$	$10 + 3 < 14$	wahre Aussage	Masse kann auch kleiner sein.
$x = 1{,}5$	$7{,}5 + 3 < 10{,}5$	falsche Aussage	Masse muss größer sein.

Die Masse der Werkstücke muss auf alle Fälle größer als 1,5 kg sein.
Der zulässige Höchstwert ist demnach größer als 10,5 kg.

HINWEIS
Beim Lösen von Aufgaben kann es manchmal hilfreich sein, eine Ungleichung aufzustellen.
Man muss sich dann überlegen, welche Werte diese Ungleichung erfüllen.
Im Beispiel wurden diese Werte durch Probieren gefunden.

Eine **Ungleichung** entsteht, wenn man zwei Terme T_1 und T_2 durch eines der Zeichen < oder > verbindet.
Zum Beispiel sind Ungleichungen:
2 < 3 (wahre Aussage), 4 > 7 (falsche Aussage), $2x + 3 > 5$ (Aussageform)

All das, was für Gleichungen festgestellt wurde (s. Seite 128), gilt entsprechend für Ungleichungen.

BEISPIEL
$x + 5 < 7$ ist zu lösen. Offensichtlich muss $x < 2$ sein.

Variablen-Grundbereich	Lösungsmenge	Veranschaulichung an der Zahlengeraden
$\mathbb{N}$	$L = \{0; 1\}$	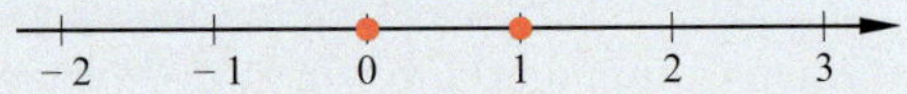
$\mathbb{Z}$	$L = \{\ldots; -2; -1; 0; 1\}$	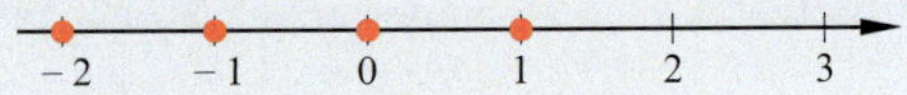
$\mathbb{Q}_+$	$L = \{x \in \mathbb{Q}_+ \mid x < 2\}$	
$\mathbb{Q}$	$L = \{x \in \mathbb{Q} \mid x < 2\}$	

BEACHTE
$L = \{x \in \mathbb{Q}_+ \mid x < 2\}$ liest man: L ist die Menge aller gebrochenen Zahlen, die kleiner als 2 sind.
Bei der Veranschaulichung bedeutet eine Begrenzung durch eine runde Klammer – die „Grenzzahl" gehört nicht zur Lösungsmenge, eckige Klammer – die „Grenzzahl" gehört zur Lösungsmenge.

4

Ermittle jeweils durch systematisches Probieren die Lösungsmenge in $\mathbb{N}$. Veranschauliche sie an der Zahlengeraden.

a) $2x + 5 < 17$ **b)** $2x - 13 < -3$ **c)** $12x < 143$ **d)** $x^2 + 4 < 41$
e) $-12 < 1 - x^2$ **f)** $13x > 145 + x$ **g)** $2x > 3x$ **h)** $2(x + 1) < 11$

5L

Ermittle die Lösungsmenge in $\mathbb{Z}$. Veranschauliche sie an der Zahlengeraden.

a) $2x + 5 < 17 + 4x$ **b)** $2x + 3 < 3x$ **c)** $x^3 < x^2$ **d)** $x^2 + 4 < 41$
e) $-2 > 1 + x^2$ **f)** $\frac{x}{3} > -2$ **g)** $\frac{25}{x} < \frac{1}{2}$ **h)** $x(x + 2) < 0$

6L

Ermittle die Lösungsmenge in $\mathbb{Q}$ und in $\mathbb{Q}_+$ durch inhaltliche Überlegungen. Veranschauliche jeweils beide Lösungsmengen an der Zahlengeraden.

a) $5x + 7 < 22$ **b)** $3(x + 2) < 9$ **c)** $x + x > x + 7$ **d)** $3 < 4 - 2x$
e) $5 - 7x > 0$ **f)** $2(2x + 5) < 0$ **g)** $3 < 2 - 4x$ **h)** $3 < 2 + 2x$

7

Ein Rechteck hat einen Umfang von höchstens 48 cm. Die eine Seite ist doppelt so lang wie die andere.

a) Wie groß sind die Seitenlängen höchstens?
b) Wie groß ist der Flächeninhalt A höchstens?
c) Wie lang sind die Seiten höchstens, wenn eine Seite um 4 cm länger ist als die andere?
d) Wie groß ist der Flächeninhalt höchstens, wenn eine Seite um 2 cm kürzer ist als die andere?

BEISPIEL
für das Lösen einer Ungleichung durch inhaltliches Überlegen:
$3x + 7 < 8$
$3x + 7$ ist nur kleiner als 8, wenn $3x < 1$ ist.
$3x$ ist nur kleiner als 1, wenn $x < \frac{1}{3}$ ist.
In $\mathbb{N}$ hat die Ungleichung deshalb nur die Lösung 0. ($x = 0$: $7 < 8$ wahr)
In $\mathbb{Z}$ sind alle negativen Zahlen und die 0 eine Lösung. (z. B. $x = -7$: $-21 + 7 < 8$ wahr).
In $\mathbb{Q}$ sind alle Zahlen, die kleiner als $\frac{1}{3}$ sind, eine Lösung (z. B. $x = 0{,}3$: $0{,}9 + 7 < 8$ wahr).

8

Die Waage im linken Bild ist offensichtlich im Ungleichgewicht. Auf der Waage befinden sich neben den Flaschen drei 1-kg-Massestücke.
Man weiß nicht, um wie viel Gramm die rechte Seite der Waage schwerer ist als die linke. Deshalb kann man auch nicht genau sagen, welche Masse eine Flasche hat. Gelingt es dir aber, die Masse einer Flasche abzuschätzen?

HINWEIS
Es wird eine Antwort erwartet wie,
„eine Flasche muss mehr/weniger als … Gramm wiegen“, oder
„eine Flasche wiegt mindestens … und höchstens … Gramm.“

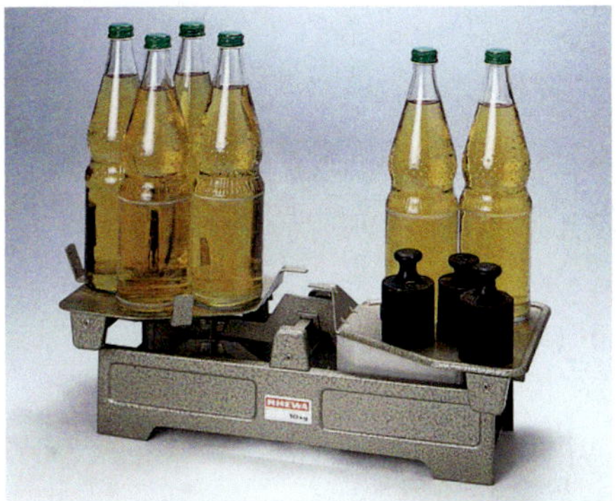

Tafelwaage im Ungleichgewicht

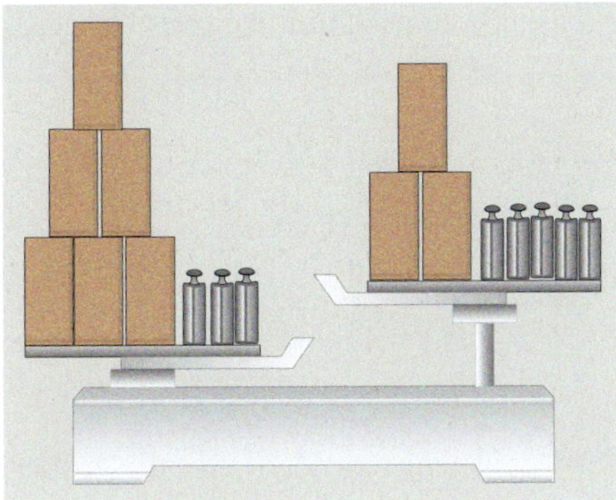

Veranschaulichung einer Ungleichung

9

Auch Ungleichungen kann man mit dem Modell einer Waage veranschaulichen. Auf den Waagschalen im Bild oben rechts befinden sich gleich schwere Kartons sowie Massestücke von je 1 kg.

a) Wieso wird durch diese Waage eine Ungleichung veranschaulicht?
b) Was kann man über die Masse einer Packung sagen? Schildere ein systematisches Vorgehen, mit dem man zum Ziel kommt.
c) Formuliere eine Ungleichung für die anschauliche Situation mit der Waage.
d) Welche Umformungen der Ungleichung entsprechen den einzelnen Handlungsschritten bei der Waage?

Im Folgenden wird gezeigt, dass man auch Ungleichungen mithilfe von Äquivalenzumformungen lösen kann.

10

Begründe mithilfe des Waagemodells, dass die folgenden Umformungen Äquivalenzumformungen sind:

a) Addition oder Subtraktion der gleichen Zahl oder des gleichen Terms auf beiden Seiten der Ungleichung,
b) Multiplikation beider Seiten der Ungleichung mit derselben positiven Zahl,
c) Division beider Seiten der Ungleichung durch dieselbe positive Zahl.

ERINNERE DICH
Gleichungen, die in einem Variablengrundbereich dieselbe Lösungsmenge haben, nennt man zueinander äquivalente Gleichungen.
Beim äquivalenten Umformen von Gleichungen verfolgt man das Ziel, zu einer Ausgangsgleichung eine äquivalente Gleichung der Form x = Zahl oder
Zahl = x zu finden.

11

Was passiert, wenn man beide Seiten einer Ungleichung mit einer negativen Zahl multipliziert oder durch eine negative Zahl dividiert?

a) Führe auf beiden Seiten der folgenden drei Ungleichungen die hinter dem Strich angegebene Operation aus. Was stellst du fest?
$2 < 7 \quad |\cdot(-2)$ $\qquad -4 < -2 \quad |\cdot(-2)$ $\qquad -4 < 2 \quad |:(-2)$
b) Versuche, eine Regel zu formulieren für die Multiplikation bzw. die Division einer Ungleichung mit einer negativen Zahl.

Äquivalenzumformungen für Ungleichungen sind:
- Termumformungen auf der einen oder der anderen Seite der Ungleichung;
- Addieren oder Subtrahieren desselben Terms auf beiden Seiten der Ungleichung;
- Multiplizieren oder Dividieren mit derselben positiven Zahl auf beiden Seiten der Ungleichung;
- Multiplizieren oder Dividieren mit derselben negativen Zahl auf beiden Seiten der Ungleichung und gleichzeitiges Umdrehen des Ungleichheitszeichens.
- Vertauschen der Seiten und gleichzeitiges Umdrehen des Ungleichheitszeichens.

BEISPIEL

$3 - 7x + 6 < 8x - 2 - 4x$ | Zusammenfassen

$9 - 7x < 4x - 2$ | -9

$-7x < 4x - 11$ | $-4x$

$-11x < -11$ | $:(-11)$ (Division durch negative Zahl!)

$x > 1$

Zur Kontrolle probieren wir wenigstens eine Zahl aus, die größer als 1 ist:

$x = 2$: $3 - 14 + 6 < 16 - 2 - 8$

$-5 < 6$ wahre Aussage

$L = \{x \in \mathbb{Q} \mid x > 1\}$

BEACHTE
Eine falsche Aussage bei der Kontrolle mit einer Zahl weist auf einen Fehler hin.
Eine wahre Aussage ist dagegen noch keine Bestätigung für die Richtigkeit.
Warum?

12[L]

Ermittle zuerst die Lösungsmenge in $\mathbb{Q}$ mithilfe von Äquivalenzumformungen. Führe eine Kontrolle mit einer Zahl der Lösungsmenge aus.
Gib dann die Lösungsmenge in $\mathbb{N}$ an.

a) $3x + 2 < 18 + x$ **b)** $25 - 3x > x + 37$

c) $11x - 13 > 15x + 1$ **d)** $9x - 11 < 4x - 8 + 5x$

e) $3 - 9x + 13 + 5x < x + 3 - 6x$ **f)** $8x - 2 + 7x + 5 > 13 - 4x + 2 - x$

g) $4x + 1 + 3x + 8 > 23 + 7x$ **h)** $x + 18 - 7x + 11 < 4x + 3 - 13x + 8$

i) $\frac{5}{6}x + \frac{2}{3} - \frac{1}{3}x > \frac{2}{9} - x$ **j)** $2 - 3x + \frac{1}{4} + \frac{2x}{3} < \frac{5x}{6} - \frac{3}{2}$

k) $\frac{2x}{3} - \frac{7}{8} - \frac{5x}{6} < \frac{3x}{2} + \frac{3}{4} - \frac{x}{12}$ **l)** $\frac{3x - 4}{10} > \frac{2x}{5} + \frac{7}{2} - \frac{x}{2}$

TIPP
Auch eine Ungleichung kann keine Lösung haben oder von allen rationalen Zahlen erfüllt werden.

Erinnere dich bei Ungleichungen mit Brüchen, wie du bei Gleichungen vorgegangen bist.

13

Ermittle die Lösungsmengen in $\mathbb{Q}$ und veranschauliche sie an der Zahlengeraden.

a) $3x - 7 - 4x < 9 - 3x - 12$ **b)** $6 - 5x - 4 - 8x > 5x + 7 - 2x + 3$

c) $4(x - 5) < x + 1$ **d)** $7x + 49 > 7(x + 7)$

e) $7(2x + 1) > 12x + 8$ **f)** $8x - 5 < 3(4x + 3)$

14

Gib zu den im Bild dargestellen Lösungsmengen jeweils drei zugehörige Ungleichungen an.

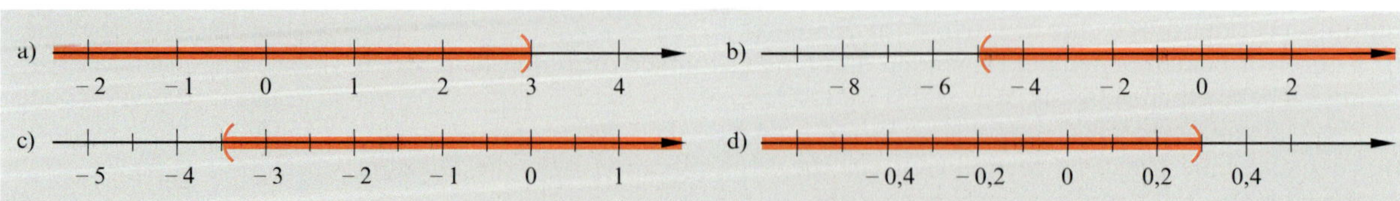

BEISPIEL
Die Gleichung $x + 5 = 9$ hat in $\mathbb{Q}$ die Lösungsmenge $L = \{4\}$.
Die Ungleichung $x + 5 < 9$ hat in $\mathbb{Q}$ die Lösungsmenge $L = \{x \in \mathbb{Q} \mid x < 4\}$.
Diese Gleichung und diese Ungleichung kann man zusammenfassen zu:
$x + 5 \leq 9$. Auch in diesem Fall spricht man von einer Ungleichung.
Ihre Lösungsmenge in $\mathbb{Q}$ ist $L = \{x \in \mathbb{Q} \mid x \leq 4\}$.

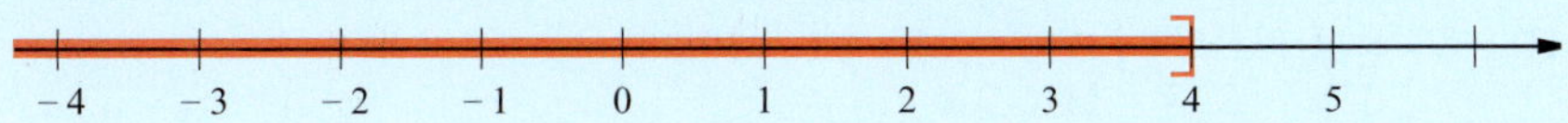

BEACHTE
Die Zahl 4 gehört mit zur Lösungsmenge von $x + 5 \leq 9$.
Wir kennzeichnen das auf der Zahlengeraden durch eine eckige Klammer.

15

a) Gib zu jeder im Bild dargestellten Lösungsmenge drei zugehörige Ungleichungen an.
b) Vertausche eckige und runde Klammern und gib jetzt zu jeder der neuen Darstellungen drei zugehörige Ungleichungen an.
c) Veranschauliche die Lösungsmengen zu den Ungleichungen
$x + 1 < 2x - 7$ und $x + 1 \geq 2x - 7$.

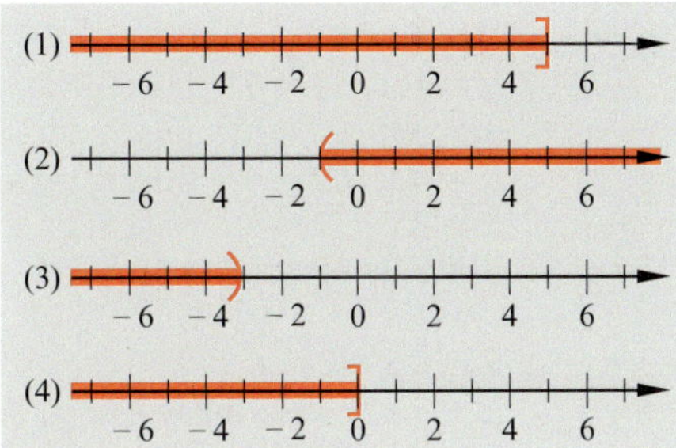

HINWEIS
Auch bei Ungleichungen mit ≥ oder ≤ kann man die Äquivalenzumformungen für Ungleichungen anwenden.

16

Ermittle die Lösungsmenge in $\mathbb{Q}$ und veranschauliche sie an der Zahlengeraden.

a) $5(x-3) \leq 2x - 6$ **b)** $5x - 7 - 3x \geq 4 - 2x - 5$
c) $12x + 23 > 12(x + 12)$ **d)** $(x+2)^2 \leq 0$

TIPP
Die Lösung von 16 d) findest du ohne zu rechnen.

17[L]

Löse die Ungleichungen in $\mathbb{Q}$. Kontrolliere mit einer Zahl der Lösungsmenge.

a) $2x + 7 \leq 13 - 5x$ **b)** $15 - 4x \leq 8 - 3x$ **c)** $3x + 27 \geq 23 - x$
d) $2(x+5) \leq 24$ **e)** $3(3x+4) < 2(x+1)$ **f)** $0{,}2(4z-5) - (7-5z) \leq 0$
g) $\frac{1}{2}(8-x) + (3+2x) < x$ **h)** $\frac{3}{4}(y+1) \leq 2 - y$ **i)** $0{,}2t + 0{,}5(1 - 0{,}4t) < 1{,}2$

18

Ermittle die Lösungsmenge in $\mathbb{Q}$ und veranschauliche sie. Kontrolliere mit Zahlen der Lösungsmenge.
Gib dann die Lösungsmenge in $\mathbb{Z}$ an.

a) $|x| < 1$ **b)** $|x| \leq 1$ **c)** $|x| > 1$ **d)** $|x| \geq 1$
e) $|x| > 0$ **f)** $|x| \geq 0$ **g)** $|x| < 0$ **h)** $|x| \leq 0$
i) $|x-1| < 3$ **j)** $1 + |x| < 3$ **k)** $1 - |x| > 3$ **l)** $2|x| < 1$
m) $|x+2| \geq 0$ **n)** $|x+2| < 2$ **o)** $|x-2| < -1$ **p)** $|x-5| \leq 3$

19

a) Begründe am Beispiel der Ungleichungen $x > 2$ und $x^2 > 2^2$, dass auch bei Ungleichungen das Quadrieren beider Seiten keine Äquivalenzumformung ist (Variablengrundbereich $\mathbb{Q}$).
b) Untersuche an selbst gewählten Gleichungen und Ungleichungen, ab das Bilden des Betrages auf beiden Seiten eine Äquivalenzumformung (in $\mathbb{Q}$) ist.

ZUSAMMENFASSUNG

Termumformungen	**Beispiele**
Ordnen	$3x - 7 + 8y - 4xy + 2y - 3x + 8 = 3x - 3x + 8y + 2y - 4xy - 7 + 8$
Zusammenfassen	$2a - 7b + 3ab - 5ab^2 + ab - 4a + 3ab^2 = -2a - 7b + 4ab - 2ab^2$
Ausmultiplizieren	$(-2)(3x - 4 + 5y) = -6x + 8 - 10y$
Ausklammern	$33x^2 - 22x = 11x(3x - 2)$

Lösen von Gleichungen	**Beispiele**
durch systematisches Probieren	$2(x + 1) = 101 - x$ $x = 1$: $4 = 100$ falsch; viel zu klein $x = 10$: $22 = 91$ falsch; viel zu klein $x = 40$: $82 = 61$ falsch; zu groß $x = 30$: $62 = 91$ falsch; zu klein $x = 35$: $72 = 66$ falsch; zu groß $x = 33$: $68 = 68$ wahr; $L = \{33\}$
durch inhaltliches Überlegen	$3x + 5 = 7$ $2 + 5 = 7$, also muss $3x = 2$ sein. $3 \cdot \frac{2}{3} = 2$, also muss $x = \frac{2}{3}$ sein. Probe: $3 \cdot \frac{2}{3} + 5 = 7 \rightarrow 7 = 7$ wahr $L = \left\{\frac{2}{3}\right\}$
durch Äquivalenzumformungen	$5x - 3 - 3x = 7 + 7x + 5$ | Zusammenfassen $2x - 3 = 12 + 7x$ | $-7x + 3$ $-5x = 15$ | $:(-5)$ $x = -3$ Probe: $5 \cdot (-3) - 3 - 3 \cdot (-3) = 7 + 7 \cdot (-3) + 5$ $-15 - 3 + 9 = 7 - 21 + 5$ $-9 = -9$ wahr $L = \{-3\}$

Lösen von Ungleichungen	**Beispiel**
Ungleichungen kann man auch durch systematisches Probieren, durch inhaltliches Überlegen und durch Äquivalenzumformungen lösen. Die Lösungsmengen von Ungleichungen sind häufig unendliche Mengen. Nur bei den Variablengrundbereichen $\mathbb{N}$ und $\mathbb{Z}$ kann man dann die Elemente aufzählen. Bei den Variablengrundbereichen $\mathbb{Q}_+$ und $\mathbb{Q}$ muss man die Lösungsmenge beschreiben.	$4x < 8$ Offensichtlich muss $x < 2$ sein. Angabe der Lösungsmenge in $\mathbb{Q}$: $L = \{x \in \mathbb{Q} \mid x < 2\}$ (L ist die Menge aller rationalen Zahlen, die kleiner als 2 sind.) Veranschaulichung der Lösungsmenge: 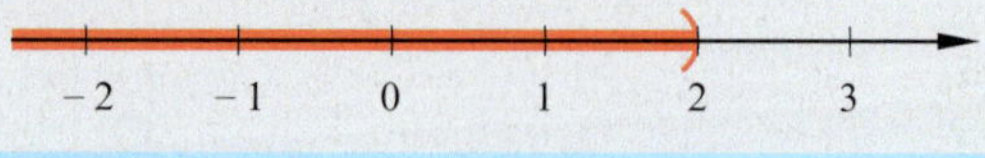

Äquivalenzumformungen bei Gleichungen und Ungleichungen

- Termumformungen auf der einen oder anderen Seite
- Addieren oder Subtrahieren desselben Terms auf beiden Seiten
- Multiplizieren oder Dividieren mit demselben Term, aber ungleich null, auf beiden Seiten (beachte *!)
- Vertauschen beider Seiten (beachte *!)

* Bei Ungleichungen muss bei Multiplikation mit einer negativen Zahl, bei Division durch eine negative Zahl und beim Vertauschen der Seiten das Ungleichheitszeichen umgedreht werden.

Dreieckskonstruktionen und Kongruenz

Die Elbbrücke „Blaues Wunder“ ist eines der Wahrzeichen der Stadt Dresden. Das historische Foto zeigt die Belastungsprobe am 11. Juli 1893. Wie bei vielen Bauwerken dienen Dreiecke dazu Stabilität zu erzeugen.

Zueinander kongruente Figuren

1

B 1

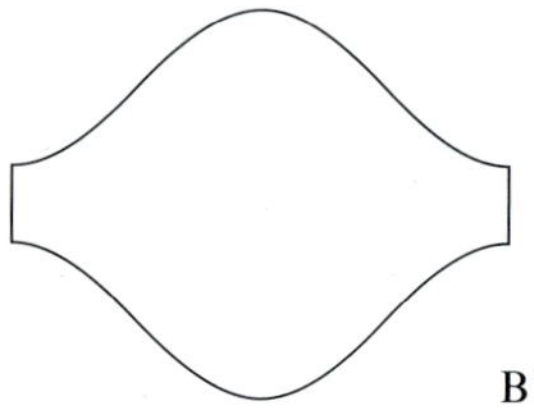

B 2

a) Übertrage das Muster im Bild 1 vergrößert in dein Heft. Nutze dazu eine Schablone mit der Figur aus Bild 2 (erst auf Transparentpapier und dann auf Pappe übertragen).

b) Wieso ist es möglich, das ganze Muster mithilfe nur einer Figur zu übertragen?

2

Eine Terrasse (6 m lang und 3 m breit) soll mit rechteckigen Platten (60 cm lang und 30 cm breit) ausgelegt werden.
Für die ganze Klasse: Entwerft interessante Muster, wie die Platten verlegt werden können. Dabei sollen 30 cm im Original 1 cm in der Zeichnung entsprechen. Vergleicht eure Muster.
Beachtet, dass nur vollständige Platten verwendet werden sollen.

In den beiden vorangegangenen Aufgaben wurde eine Figur aus mehreren Teilfiguren mit gleicher Größe und Form zusammengesetzt.

> Figuren A und B heißen **zueinander kongruent,** wenn sie in Größe und Form übereinstimmen.
> Zur Abkürzung schreibt man: $\mathbf{A} \cong \mathbf{B}$. (Lies: A kongruent B.)

kongruent (lat.) übereinstimmend, passend, sich deckend

BEISPIELE für zueinander kongruente Figuren

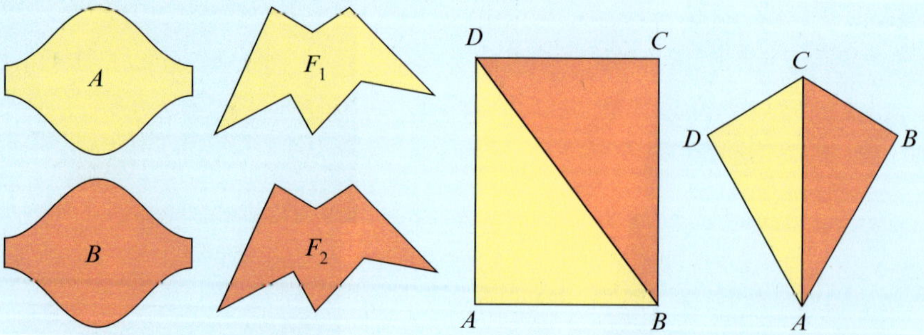

$A \cong B$ $F_1 \cong F_2$ $\triangle ABD \cong \triangle BCD$ $\triangle ABC \cong \triangle ACD$

Jede Symmetrieachse zerlegt eine Figur in zwei zueinander kongruente Figuren.

3

Überlege, wie du im Bild herausfinden kannst, ob einige der vier Figuren zueinander kongruent sind.
Untersuche dann, welche der Figuren zueinander kongruent sind.

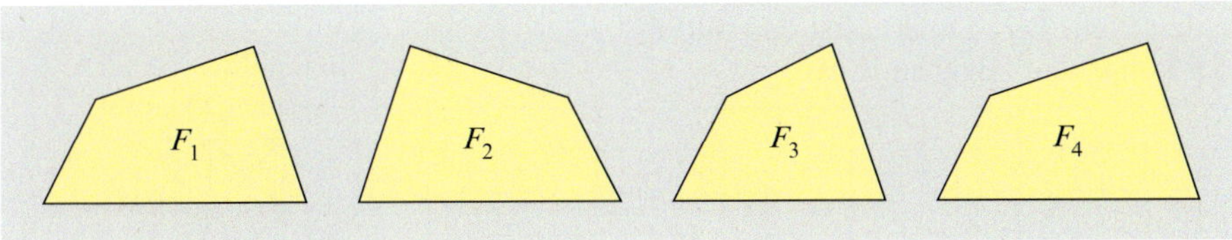

Wenn Figuren zueinander kongruent sind, dann können sie passend übereinander gelegt werden. Man nennt sie deshalb auch **deckungsgleich**. Manchmal muss man dabei eine der ausgeschnittenen oder abgepausten Figuren umdrehen (die Vorder- und Rückseite vertauschen).

4

Findest du im Bild zueinander kongruente Figuren?
Zeichne dazu die Figuren auf Transparentpapier nach und überprüfe.

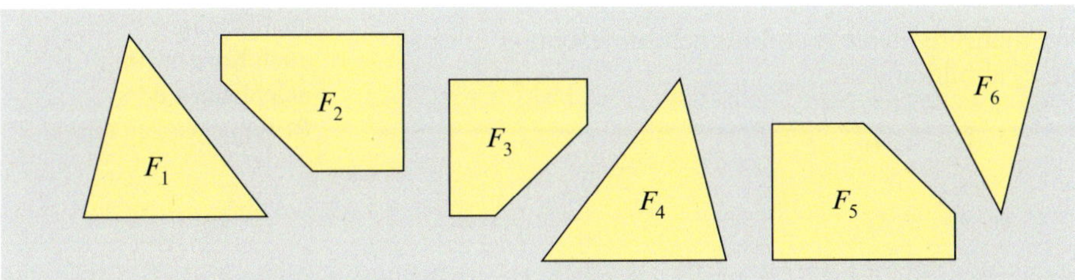

Das Ausschneiden oder Abpausen von Figuren und anschließende Übereinanderlegen ist zumeist umständlich. Mitunter ist diese Methode auch zu ungenau um entscheiden zu können, ob zwei Figuren zueinander kongruent sind. Deshalb suchen wir weitere Möglichkeiten, die es gestatten festzustellen, ob Figuren zueinander kongruent sind.

5

Im Bild sind die Figuren F und F' Original und Bild
a) bei einer Verschiebung, b) bei einer Spiegelung, c) bei einer Drehung.
Begründe mit den Eigenschaften dieser Abbildungen, dass gilt: $F \cong F'$.

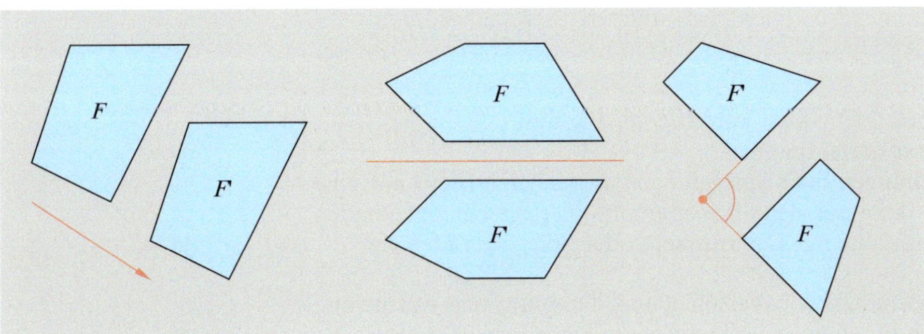

ZUM KNOBELN

Die Figur

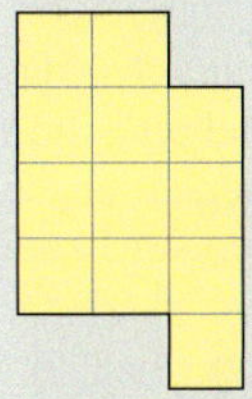

lässt sich in zwei zueinander kongruente Teile zerschneiden:

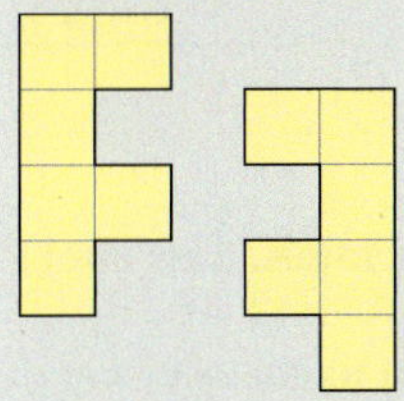

Übertrage die folgenden Figuren auf kariertes Papier. Zerschneide die Figur dann in zwei zueinander kongruente Teile.

a)

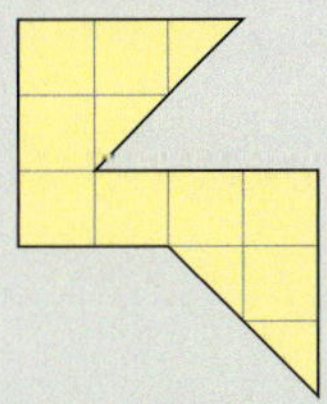

b)

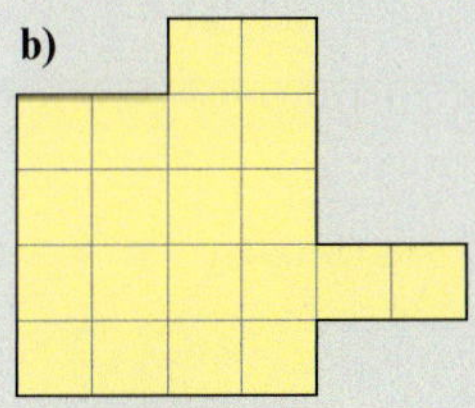

c)

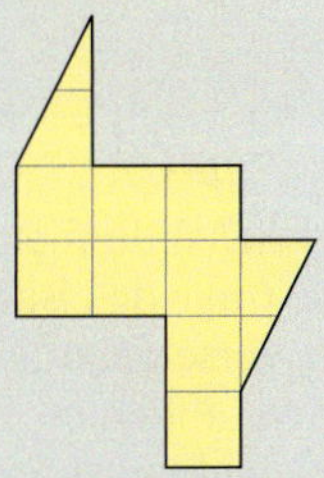

6

Übertrage aus dem Bild die Figur F, die Gerade s, den Punkt D und den Pfeil $\overrightarrow{PQ}$ in dein Heft.
Konstruiere zunächst das Bild F' der Figur F bei einer Spiegelung an der Geraden s.
Drehe anschließend die Figur F' 90° um den Punkt D und bezeichne das Bild mit F''. Danach verschiebe F'' um den Pfeil $\overrightarrow{PQ}$. Du erhältst das Bild F'''.
Welche Figuren sind zueinander kongruent? Begründe es.

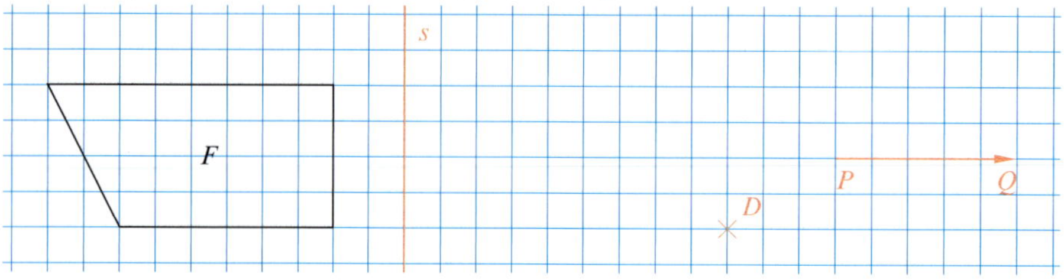

ZUM KNOBELN
Wie viele Figuren

findest du in folgendem Quadrat?

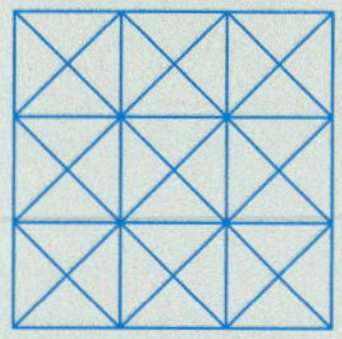

Nachweis, dass zwei Figuren zueinander kongruent sind

Um nachzuweisen, dass die Figuren F_1 und F_2 kongruent sind, zeigt man, dass es eine Verschiebung, Drehung oder Spiegelung gibt, die die Figur F_1 auf die Figur F_2 abbildet.

Manchmal ist es notwendig, mehrere dieser Abbildungen hintereinander auszuführen, wenn man F_1 auf F_2 abbilden will.

INFORMATION
Spiegelungen, Verschiebungen, Drehungen und deren Hintereinanderausführungen werden auch **Kongruenzabbildungen** oder **Bewegungen** genannt.

7

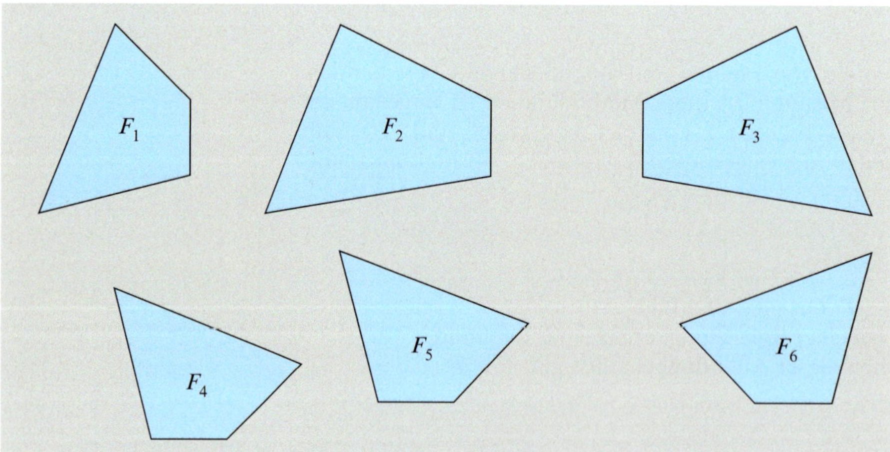

Im Bild siehst du mehrere Paare zueinander konkruenter Figuren.

a) Übertrage das Bild auf Transparentpapier.

b) Gib Verschiebungen, Drehungen oder Spiegelungen an, die eine Figur auf eine andere abbilden. Zeichne dazu auf dem Transparentpapier die entsprechenden Verschiebungspfeile, Drehpunkte mit Drehwinkeln oder Spiegelgeraden ein.

Aus den gemeinsamen Eigenschaften von Verschiebung, Drehung und Spiegelung lassen sich Schlussfolgerungen für zueinander kongruente Figuren ziehen.

> Wenn zwei Figuren zueinander kongruent sind, dann sind einander entsprechende Seiten gleich lang und einander entsprechende Winkel gleich groß.

8

Es gilt auch umgekehrt:
Wenn in zwei Figuren stets einander entsprechende Strecken gleich lang und einander entsprechende Winkel gleich groß sind, dann sind die Figuren zueinander kongruent.
Begründe das.

9

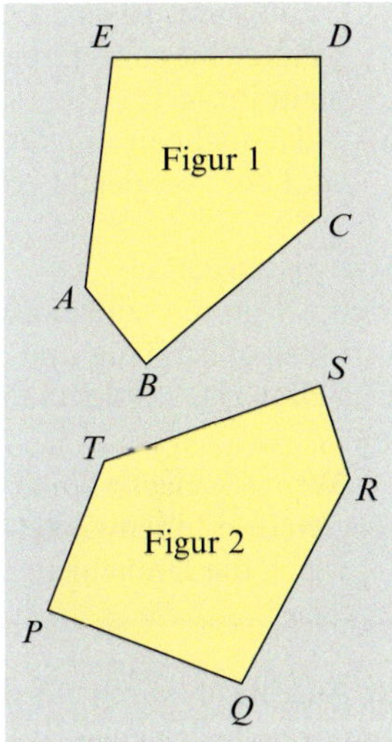

Die Figuren in der Randspalte sind zueinander kongruent.

a) Welche Seite der Figur 2 entspricht der Seite $\overline{AB}$? Welcher Winkel der Figur 2 entspricht dem Winkel $\sphericalangle\, CBA$?

b) Gib Abbildungen an, durch die Figur 1 auf Figur 2 abgebildet werden kann.

10[L]

Welche der Aussagen sind wahr? Begründe.

a) Alle gleichseitigen Dreiecke sind zueinander kongruent.

b) Alle Quadrate mit gleicher Seitenlänge sind zueinander kongruent.

c) Alle Geraden sind zueinander kongruent.

d) Alle Rechtecke mit gleichem Flächeninhalt sind zueinander kongruent.

e) Alle Kreise mit gleichem Radius sind zueinander kongruent.

11

Konstruiere mit dem Zirkel Figuren entsprechend den Beispielen im folgenden Bild. Überlege dann, welche Teilfiguren zueinander kongruent sind.

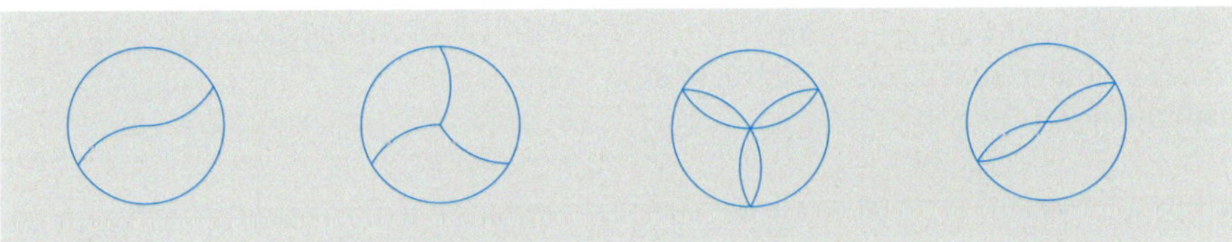

12

Welche Begrenzungsflächen der Körper im Bild sind zueinander kongruent?

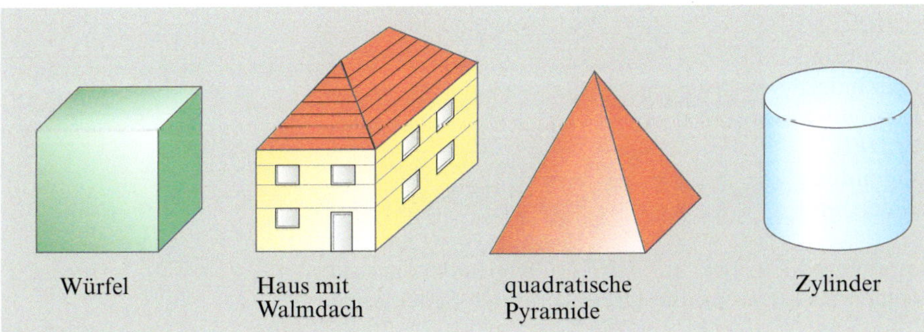

Kongruenzsätze für Dreiecke

1

Auftrag für die ganze Klasse

a) Alle basteln aus Holzstäbchen oder Trinkhalmen und Knetmasse ein Dreieck und ein Viereck mit den Seitenlängen:
5 cm, 7 cm, 10 cm (Dreieck) bzw.
5 cm, 7 cm, 10 cm, 12 cm (Viereck).
Vergleicht eure Dreiecke und Vierecke miteinander. Was stellt ihr fest?

b) Alle zeichnen ein Dreieck mit Innenwinkeln von 50°, 60° und 70°. Vergleicht eure Dreiecke. Was stellt ihr fest?

Wir wissen schon:
Wenn Figuren zueinander kongruent sind, dann sind einander entsprechende Strecken gleich lang und einander entsprechende Winkel gleich groß.
Für Dreiecke gilt demnach:

> Wenn Dreiecke kongruent sind, dann stimmen sie in den drei Seiten und in den drei Innenwinkeln überein.
> Auch die Umkehrung dieses Satzes ist wahr.

HINWEIS
Die drei Seiten und die drei Innenwinkel eines Dreiecks nennt man auch **Bestimmungsstücke** oder kurz **Stücke** des Dreiecks.

In Aufgabe 1 waren für die Dreiecke jeweils drei Stücke vorgegeben, die Seitenlängen bzw. die Innenwinkel.
Die Dreiecke in Aufgabe 1 a) sind alle zueinander kongruent. Man sagt dann: Das Dreieck ist **eindeutig konstruierbar**.
In Aufgabe 1 b) sind dagegen die gezeichneten Dreiecke nicht alle zueinander kongruent.

BEACHTE
„Das Dreieck ist eindeutig konstruierbar" bedeutet: Wenn ein Dreieck mit den gegebenen Stücken konstruierbar ist, dann gibt es dafür (bis auf kongruente Lagen) nur eine Lösung.

Im Folgenden werden wir untersuchen, in welchen Stücken Dreiecke übereinstimmen müssen, damit die Dreiecke zueinander kongruent sind.
Wir überprüfen zuerst, ob Dreiecke immer zueinander kongruent sind, wenn sie in den drei Seitenlängen übereinstimmen.

2

Zeichne wie im Bild zwei Dreiecke ABC und DEF mit den Seitenlängen 4 cm, 6 cm und 8 cm.

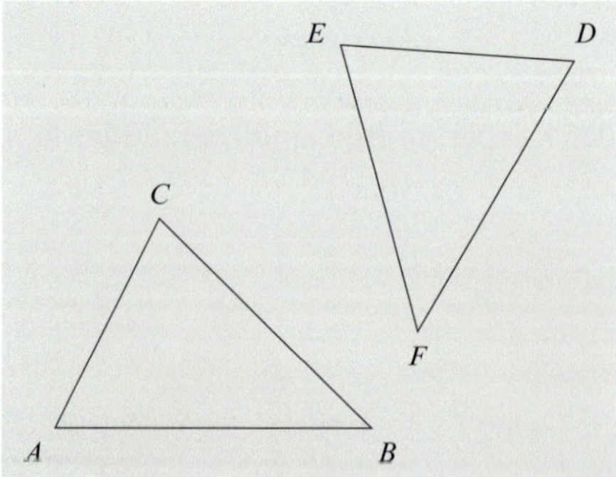

a) Gib eine Kongruenzabbildung an, die den Punkt A auf den Punkt D abbildet. Das neue Dreieck ist $DB'C'$.

b) Gib nun eine Kongruenzabbildung an, die den Punkt D nicht verändert und den Punkt B' auf F abbildet. Das entstehende Dreieck ist DFC''.

c) Gib jetzt eine Kongruenzabbildung an, die D und F nicht verändert und C'' auf E abbildet.

d) Die drei Abbildungen zusammen bilden ABC auf DEF ab. Begründe, dass sich solche Abbildungen stets finden lassen, wenn die Dreiecke in den Seitenlängen übereinstimmen.

> **Kongruenzsatz sss**
> Wenn zwei Dreiecke in den drei Seiten übereinstimmen, dann sind sie zueinander kongruent.

3

Zeichne in ein Koordinatensystem die Dreiecke $\triangle ABC$ mit $A(1|1)$, $B(4|1)$, $C(1{,}5|3)$ und $\triangle DEF$ mit $D(8|3{,}5)$, $E(8|0{,}5)$, $F(10|1)$.
Zeige, dass die beiden Dreiecke zueinander kongruent sind, indem du eine geeignete Kongruenzabbildung angibst, durch die $\triangle ABC$ auf $\triangle DEF$ abgebildet wird.

> TIPP
> Überlege zuerst, welche Seiten gleich lang sind und welche Punkte aufeinander abgebildet werden müssen.

Nach dem Kongruenzsatz sss ist ein Dreieck aus drei Seitenlängen eindeutig konstruierbar.

BEISPIEL

Konstruktion eines Dreiecks mit den Seitenlängen: $a = 3{,}5$ cm; $b = 2{,}5$ cm; $c = 3{,}0$ cm.

Planfigur skizzieren und darin die gegebenen Stücke kennzeichnen (im Bild rot)

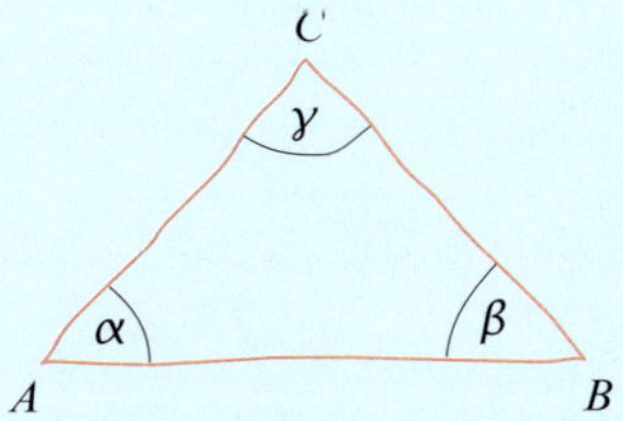

Konstruktion:

Strecke $\overline{AB}$ von 3 cm Länge zeichnen	Um A einen Kreis mit dem Radius 2,5 cm zeichnen	Um B einen Kreis mit dem Radius 3,5 cm zeichnen	Schnittpunkte mit C und C' bezeichnen und Dreiecke zeichnen

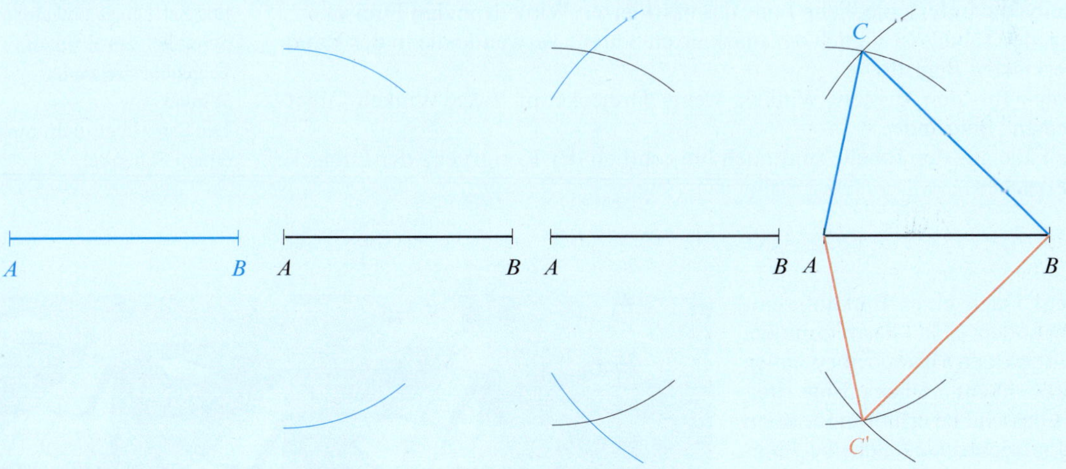

4

a) Begründe, warum im Beispiel die Schnittpunkte beider Kreise tatsächlich für den dritten Eckpunkt des Dreiecks infrage kommen.

b) Es entstehen zwei Dreiecke, die die gegebenen Seitenlängen besitzen. Wieso ist das Dreieck eindeutig konstruierbar?

5

Konstruiere jeweils das Dreieck ABC aus den angegebenen Stücken.
Welche der Dreiecke sind spitzwinklig, welche rechtwinklig und welche stumpfwinklig?

a) $a = 3$ cm; $b = 4$ cm; $c = 5$ cm
b) $a = 2$ cm; $b = 5$ cm; $c = 6$ cm
c) $a = 5$ cm; $b = 7$ cm; $c = 5$ cm
d) $a = 5{,}5$ cm; $b = 6{,}3$ cm; $c = 7{,}1$ cm
e) $a = 45$ mm; $b = 36$ mm; $c = 62$ mm
f) $a = 8{,}4$ cm; $b = 6{,}7$ cm; $c = 5{,}4$ cm

Aus der Übereinstimmung in den drei Seiten folgt die Kongruenz von Dreiecken. Aus der Übereinstimmung in den drei Innenwinkeln folgt dagegen nicht die Kongruenz von Dreiecken.
Wir wollen herausfinden: Gibt es weitere Fälle, in denen aus der Übereinstimmung in drei Stücken die Kongruenz von Dreiecken folgt?

BEACHTE
Dass ein Dreieck aus drei Seiten eindeutig konstruierbar ist, wird in der Technik genutzt:
Zu einem Dreieck verbundene Streben ergeben eine stabile Konstruktion.

Nenne Beispiele für das Ausnutzen der Stabilität von Dreiecken.

Möglichkeiten für die Übereinstimmung von Dreiecken in drei Stücken			
3 Seiten	2 Seiten, 1 Winkel	1 Seite, 2 Winkel	3 Winkel

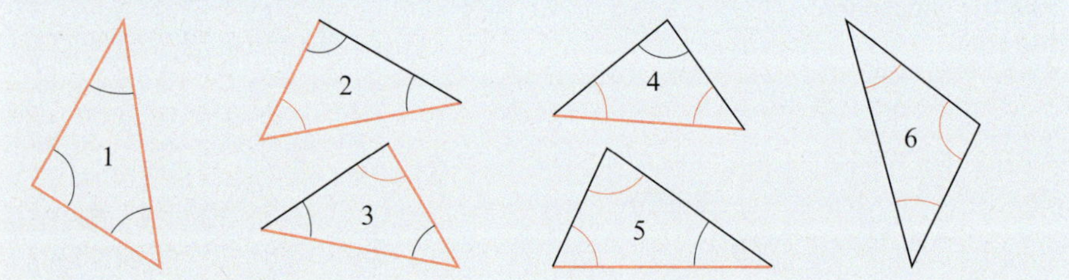

6

a) Beschreibe die unterschiedliche Lage des markierten Winkels in den Dreiecken 2 bis 5 aus der Tabelle bezüglich der markierten Seiten. Verwende die in der Randspalte erklärten Begriffe.
b) Was folgt für den dritten Winkel, wenn Dreiecke in zwei Winkeln übereinstimmen? Begründe.
c) Welche Fälle aus der Tabelle sind noch hinsichtlich der Kongruenz der Dreiecke zu untersuchen?

HINWEIS
Für die Lage eines Innenwinkels bezüglich einer Dreiecksseite gibt es zwei Möglichkeiten:
Anliegender Winkel
Die Seite liegt auf einem Schenkel des Winkels.
Gegenüberliegender Winkel
Die Seite liegt nicht auf einem Schenkel.

7

a) Auf dem Dach eines Einkaufszentrums befinden sich Glaspyramiden. Die rechteckigen Glasscheiben haben die Maße 40 cm × 80 cm. Eine dreieckige Glasscheibe erhält man, wenn man eine rechteckige Scheibe längs einer Diagonalen zerschneidet.
Ermittle die Länge der längsten Seite der dreieckigen Glasscheibe mithilfe einer maßstabgerechten Zeichnung.
b) Das Dreieck in a) kann eindeutig konstruiert werden. Welche Stücke des Dreiecks sind gegeben? Welcher der Fälle aus der Tabelle liegt vor?

Dach eines Einkaufszentrums

Kongruenzsatz sws
Wenn zwei Dreiecke in zwei Seiten und dem eingeschlossenen Winkel übereinstimmen, dann sind sie zueinander kongruent.

Auch dieser Kongruenzsatz erlaubt die eindeutige Konstruktion eines Dreiecks aus drei Stücken.

BEISPIEL

Gegeben: $c = 4$ cm, $b = 3$ cm, $\alpha = 40°$

Planfigur:

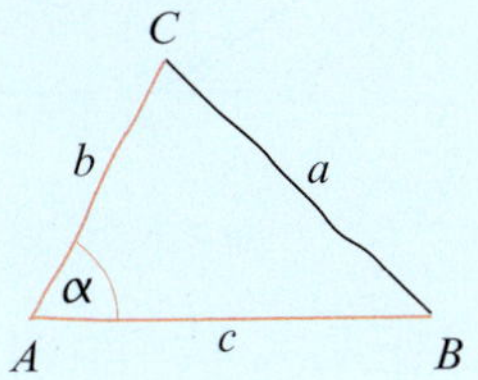

Konstruktion:

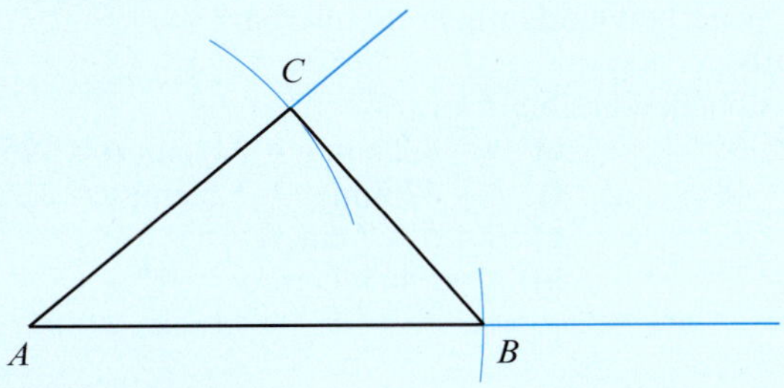

Beispiel für eine Konstruktionsbeschreibung:

Ich zeichne den Winkel α mit dem Scheitel A.
Von A aus trage ich auf einem Schenkel des Winkels die Strecke b ab und erhalte den Punkt C.
Auf dem anderen Schenkel des Winkels α trage ich von A aus die Strecke c ab und erhalte den Punkt B.

HINWEIS
Sprich beim Erläutern einer Konstruktion in vollständigen Sätzen. Zum Notieren einer Konstruktionsbeschreibung reichen auch Stichworte.

Stichworte zu nebenstehendem Beispiel:
- Winkel α zeichnen, Scheitel A
- auf einem Schenkel Strecke b abtragen, Punkt C
- auf anderem Schenkel Strecke c abtragen, Punkt B

8

Gibt es bei der Konstruktion im Beispiel ein zweites mögliches Dreieck, das zu dem gezeichneten kongruent ist?
Wenn ja, zeichne es und gib eine Kongruenzabbildung an, die das erste auf das zweite Dreieck abbildet. Wenn nein, begründe, warum das im Falle sws nicht möglich ist.

9[L]

Konstruiere das Dreieck ABC aus gegebenen Stücken.
Miss die Länge der nicht gegebenen Seite.

a) $a = 4{,}5$ cm; $b = 3{,}6$ cm; $\gamma = 70°$
b) $a = 6{,}3$ cm; $c = 3{,}9$ cm; $\beta = 95°$
c) $b = c = 7{,}2$ cm; $\alpha = 60°$
d) $b = 4{,}8$ cm; $c = 6{,}1$ cm; $\alpha = 100°$
e) $a = 5{,}2$ cm; $b = 3{,}1$ cm; $\gamma = 115°$
f) $b = c = 62$ mm; $\alpha = 45°$
g) $a = 4{,}2$ cm; $c = 3{,}9$ cm; $\beta = 135°$
h) $a = c = 55$ mm; $\beta = 60°$

10

a) Vom Dreieck ABC sind gegeben: $a = 6$ cm; $b = 5$ cm; $\alpha = 45°$.
Fertige eine Planfigur an und versuche das Dreieck zu konstruieren.
b) Wiederhole die Konstruktion für die folgenden Längen von a (b und α wie bei a)): $a = 3$ cm und $a = 4$ cm.
Was stellst du fest?

TIPP
Zeichne zuerst den Winkel α.

Wenn für ein Dreieck zwei Seiten gegeben sind und ein Winkel, der einer dieser Seiten gegenüberliegt, dann kann die Konstruktion eindeutig ausführbar sein; sie kann aber auch auf nicht kongruente Lösungen führen. Bei ungeeigneten Maßen lässt sich nicht einmal ein Dreieck zeichnen.
Die Randspalte veranschaulicht: Die Konstruktion ist sicher dann eindeutig ausführbar, wenn der gegebene Winkel der größeren Seite gegenüberliegt.

BEACHTE
die Möglichkeiten, wenn a, b und α gegeben sind. (Auswahl)

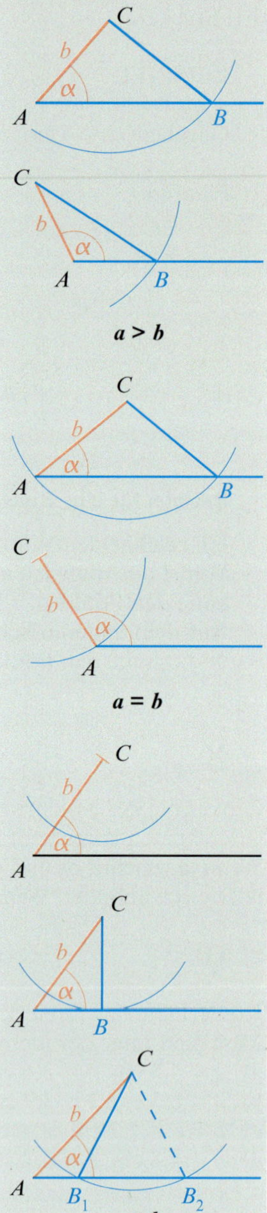

Kongruenzsatz SsW
Wenn zwei Dreiecke in zwei Seiten und dem der größeren Seite gegenüberliegenden Winkel übereinstimmen, dann sind sie zueinander kongruent.

11

Welche der Dreiecke sind mit Sicherheit eindeutig konstruierbar?
Führe diese Konstruktionen aus.
Gib bei c) auch eine Konstruktionsbeschreibung an.

a) $a = 5{,}2$ cm; $b = 4{,}5$ cm; $\alpha = 65°$
b) $a = 4{,}8$ cm; $c = 6{,}2$ cm; $\alpha = 48°$
c) $b = 7{,}1$ cm; $c = 46$ mm; $\beta = 42°$
d) $a = 2{,}9$ cm; $b = 4{,}6$ cm; $\beta = 72°$
e) $a = 8{,}2$ cm; $c = 3{,}8$ cm; $\alpha = 125°$
f) $b = 42$ mm; $c = 5{,}5$ cm; $\gamma = 82°$
g) $a = b = 7$ cm; $\beta = 65°$
h) $b = c = 5{,}7$ cm; $\gamma = 97°$

12

Eine Rechteckseite ist 4 cm lang, die Diagonale ist 5 cm lang.
a) Konstruiere das Rechteck. Miss die Länge der anderen Seite.
b) Begründe, warum die Konstruktion eindeutig ausführbar ist.

13

a) Herr Kaiser will sich eine Finnhütte bauen. Sie soll 6 Meter breit sein und einen Neigungswinkel von 60° haben.
Wie hoch wird seine Hütte?
b) Begründe, dass die Dreieckskonstruktion eindeutig ausführbar ist.

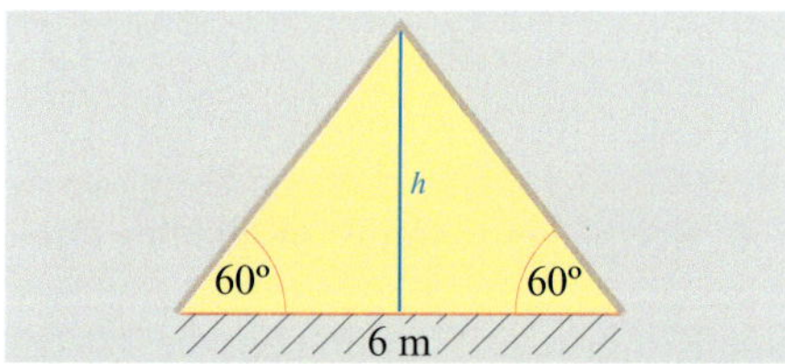

Kongruenzsatz wsw
Wenn Dreiecke in einer Seite und den beiden anliegenden Winkeln übereinstimmen, dann sind sie zueinander kongruent.

14

a) Fertige für die Dreieckskonstruktion nach dem Kongruenzsatz wsw eine Konstruktionsbeschreibung an.
b) Prüfe und erläutere wie bei Konstruktionen nach dem Kongruenzsatz sws, ob auch bei a) mehrere zueinander kongruente Dreiecke möglich sind oder nicht.

15

Begründe: Wenn zwei Dreiecke in einer Seite, einem anliegenden und dem gegenüberliegenden Winkel übereinstimmen, dann stimmen sie auch in dem anderen anliegenden Winkel überein.

TIPP
Skizziere eine Planfigur.

16

Konstruiere Dreiecke ABC mit den folgenden Stücken.

a) $a = 7{,}0$ cm; $\beta = 60°$; $\gamma = 55°$
b) $b = 3{,}5$ cm; $\alpha = 95°$; $\beta = 30°$
c) $c = 4{,}7$ cm; $\alpha = 45°$; $\beta = 60°$
d) $c = 3{,}2$ cm; $\alpha = 20°$; $\gamma = 100°$
e) $b = 5{,}1$ cm; $\beta = 65°$; $\gamma = 62°$
f) $b = 63$ mm; $\alpha = 58°$; $\gamma = 42°$
g) $c = 61$ mm; $\beta = 90°$; $\gamma = 40°$
h) $a = 46$ mm; $\alpha = 74°$; $\gamma = 65°$

17

Ein Lehrer schreibt die folgende Aufgabe an die Tafel und sagt: „Die Aufgabe ist in einer Minute zu erledigen.“ Ist das zu schaffen?

Zeichne alle Dreiecke, die eindeutig zu konstruieren sind.
Gib jeweils den entsprechenden Kongruenzsatz an.

a)	b)	c)
$a = 9$ cm	$a = 6$ cm	$c = 8$ cm
$b = 6$ cm	$b = 5$ cm	$\alpha = 95°$
$c = 2$ cm	$\beta = 95°$	$\beta = 86°$

Wenn sich aus gegebenen Stücken ein Dreieck konstruieren lässt, dann kannst du nach den Kongruenzsätzen entscheiden, ob die Konstruktion eindeutig ist.
Ob aber ein Dreieck mit den gegeben Stücken überhaupt möglich ist, darüber sagen die Kongruenzsätze nichts. Dazu musst du andere Sätze über Dreiecke in deine Überlegungen einbeziehen.
Es darf z. B. nicht sein: Die Summe zweier Seitenlängen ist kleiner als die dritte gegebene Seitenlänge. Der kürzeren zweier gegebener Seiten liegt ein stumpfer Winkel gegenüber. Zwei gegebene Winkel sind zusammen gleich oder größer 180°.

18[L]

Welche Dreiecke sind mit Sicherheit eindeutig zu konstruieren? Führe die Konstruktionen aus. Aus welchen Angaben ist keine ausführbare oder keine eindeutige Konstruktion eines Dreiecks möglich. Begründe.

a) $\alpha = 70°$; $\beta = 53°$; $c = 4{,}7$ cm
b) $a = 8{,}0$ cm; $b = 6{,}0$ cm; $\beta = 72°$
c) $a = 4{,}1$ cm; $b = 5{,}1$ cm; $c = 3{,}7$ cm
d) $c = 7{,}2$ cm; $b = 4{,}9$ cm; $\gamma = 112°$
e) $a = 2{,}0$ cm; $b = 4{,}1$ cm; $c = 2{,}0$ cm
f) $b = c = 5{,}1$ cm; $\gamma = 57°$
g) $\alpha = 72°$; $\beta = 47°$; $a = 4{,}8$ cm
h) $\alpha = 76°$; $\beta = 105°$; $c = 8{,}2$ cm
i) $\beta = 58°$; $\gamma = 87°$; $c = 43$ mm
j) $a = b = 6{,}2$ cm; $\gamma = 75°$
k) $a = 3{,}8$ cm; $b = 47$ mm; $\gamma = 90°$
l) $\alpha = 72°$; $\beta = 65°$; $\gamma = 43°$
m) $a = 7$ cm; $b = 6$ cm; $c = 2$ cm
n) $\alpha = 41°$; $\beta = 82°$; $\gamma = 34°$

19

Der Dachstuhl von Herrn Briese ist 6 Meter breit und 8 Meter lang. Die Dachsparren sind 5 Meter lang. Davon steht 1 Meter über die Hauskante hinaus. Wie groß ist der Neigungswinkel des Daches?
Herr Briese ist 1,70 Meter groß. Welchen Inhalt hat die Dachbodenfläche, auf der er aufrecht gehen kann?

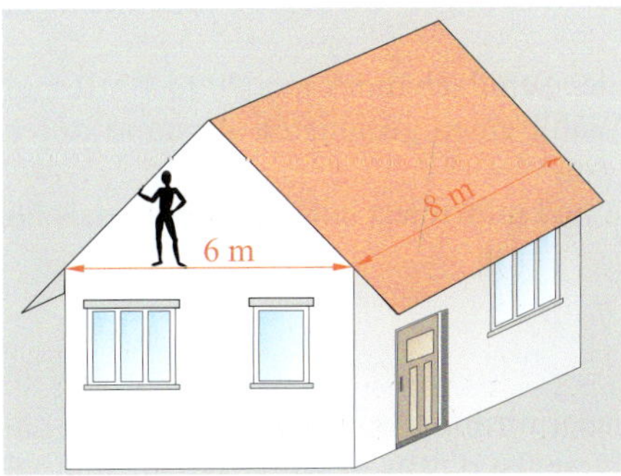

ANREGUNG

Fällt dir bei den folgenden Figuren etwas auf?

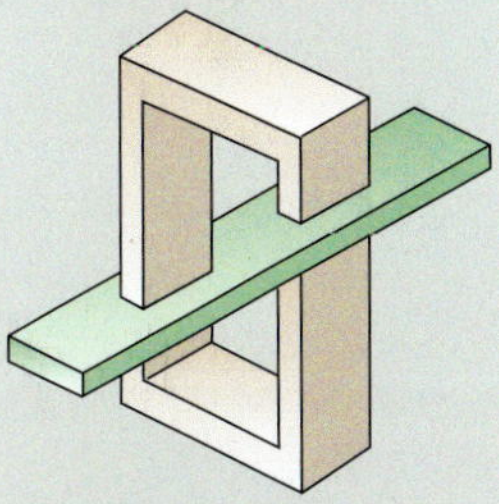

Der niederländische Grafiker M. C. Escher (1898–1972) hat ganz „verrückte“ Gebäude und Landschaften gezeichnet, die es in Wirklichkeit nicht geben kann. Aber auch tolle Bilder aus kongruenten Figuren gibt es von ihm.
Sieh dich einmal danach in einer Buchhandlung oder Bibliothek um.

Anwenden der Kongruenzsätze

Bei der Landvermessung wird ein Theodolit verwendet. Dieses Gerät ist horizontal und vertikal drehbar. Durch ein Fernrohr werden die Punkte angepeilt, die vermessen werden sollen. An den in beiden Richtungen angebrachten Skalen kann man die Winkel zu den anvisierten Punkten ablesen.
Für eigene Messungen kannst du leicht Geräte herstellen, die Winkelmessungen in horizontaler bzw. in vertikaler Richtung ermöglichen (s. Aufgabe 1).

Historischer Theodolit

1

Wir bauen Winkelmessgeräte.

a) Nehmt eine Holzlatte von mindestens 50 cm Länge und befestigt in der Mitte ein Geodreieck und einen Gegenstand an einem Faden wie im Bildteil a.
Wie lest ihr den Höhenwinkel am Geodreieck ab (s. Bildteil b)?

b) Zeichnet auf Pappe einen Kreis mit Gradeinteilung und schneidet ihn dann aus. Die Pappscheibe wird fest auf das Ende eines Stabes geklebt, den ihr in den Boden stecken könnt. Der Zeiger wird drehbar befestigt (s. Bildteil c).
Erläutert, wie ihr mit dem Gerät horizontale Winkel messen könnt.

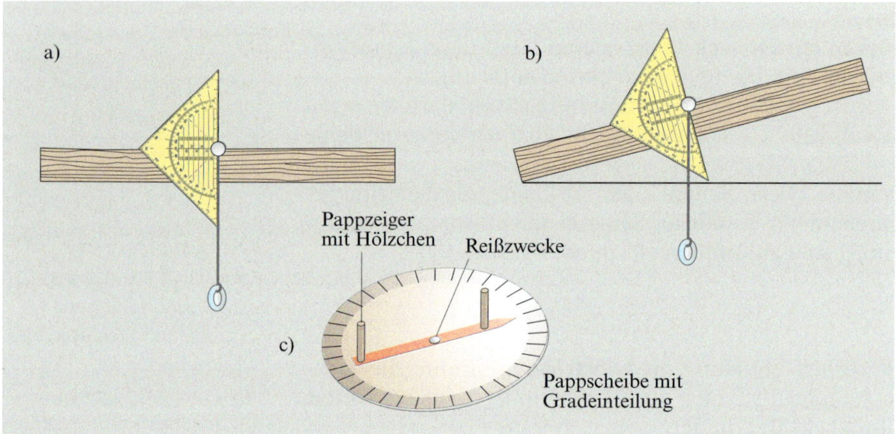

Bei den folgenden Messungen erhaltet ihr die gesuchten Maße aus einer maßstabgerechten Zeichnung.

2

Arbeitet in Gruppen.

a) Ermittelt durch geeignete Messungen die Höhe des Schulgebäudes bis zur Dachrinne.

b) Wie lässt sich die Breite des Schulgebäudes aus 20 m Entfernung mithilfe von Messungen bestimmen? Wählt einen geeigneten Abstand auf eurem Schulhof und führt die Messungen aus.

c) Vergleicht eure Ergebnisse und informiert euch über die tatsächlichen Maße des Schulgebäudes.

3

Begründe, dass bei der Höhenermittlung in Aufgabe 2 a) eine Längen- und eine Winkelmessung genügt. Erläutere: Ist das in Aufgabe 2 b) auch möglich?

ANREGUNG

Auch mit dem abgebildeten Aufbau lässt sich der Höhenwinkel ermitteln.

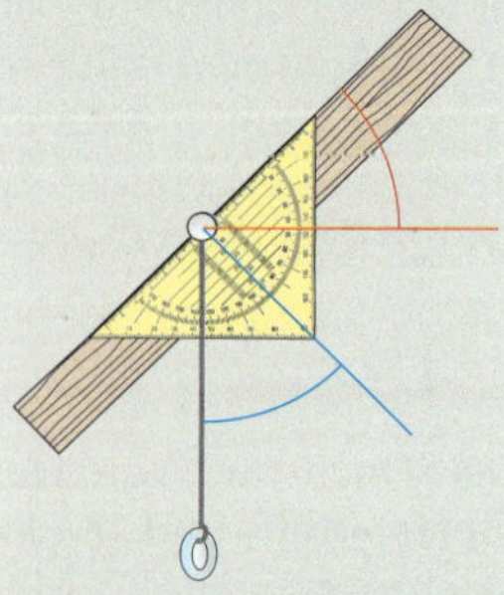

Begründe, dass der Winkel zwischen Mittellinie des Geodreiecks und Lot mit dem Höhenwinkel übereinstimmt.

4

Vermiss die Giebelseite des Schulgebäudes oder deines Wohnhauses und fertige eine maßstabgerechte Zeichnung an. Ermittle die Höhe des Hauses und die Länge der Dachschrägen.

5

Stellt euch zu zweit im Abstand von 10 m auf.

a) Einer misst den Höhenwinkel zum höchsten Punkt des Kopfes. Wiederholt die Messung für die Abstände 9 m, 8 m, …, 1 m. Tragt die gemessenen Werte in ein Koordinatensystem ein.

b) Tauscht jetzt die Rollen. Wiederholt den Versuch aus a), indem ihr die Winkel messt, unter dem jeweils die Fußspitzen erscheinen.

c) Liegen die Messpunkte im Koordinatensystem auf einer Geraden? Erläutere, wenn Abweichungen von einer Geraden auftreten, ob dafür Ungenauigkeiten bei den Messungen oder beim Zeichnen die Ursache sein können.

HINWEIS
Führt die Winkelmessung aus Augenhöhe aus.

6

An den Ufermauern des Rheins sind auf beiden Seiten in Abständen von 100 m weiße Striche angebracht. Um die Rheinbreite zu bestimmen, kann man von einem der Striche aus den Winkel messen, unter dem die 100-m-Strecke vom gegenüberliegenden Strich bis zum nächsten erscheint.

a) Der gemessene Winkel beträgt 24°. Wie breit ist der Rhein an dieser Stelle?

b) Unter welchen Winkeln erscheinen die Striche, die von der gegenüberliegenden Markierung aus 200 m, 300 m, 400 m entfernt sind? Trage alle vier Ergebnisse in ein Koordinatensystem ein.

c) Bei der beschriebenen Flussbreitenbestimmung kann es zu falschen Ergebnissen kommen. Suche nach Voraussetzungen, die erfüllt sein müssen, damit man die Breite richtig erhält.

Rhein bei Koblenz

7

Eine Klasse führt Vermessungen durch.

a) Gruppe 1: Es soll die Höhe eines Baumes zu ermittelt (s. Bild 1).
Mithilfe eines Meterstabes und seines Schattens ermitteln die Schülerinnen und Schüler einen Einfallswinkel der Sonne. Dann messen sie die Länge des Schattens des Baumes und erhalten daraus seine Höhe.
Sie messen folgende Schattenlängen: Meterstab 60 cm; Baum 9 m.

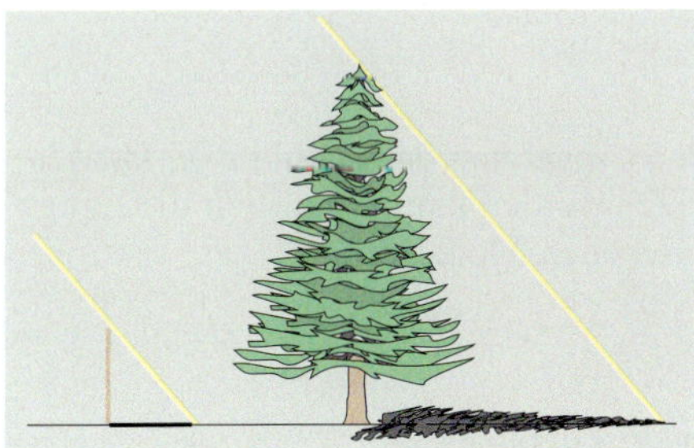

B1

b) Gruppe 2: Es ist die Breite eines Flusses ohne maßstabgerechte Zeichnung zu ermitteln.
Dazu soll der Punkt A so abgesteckt werden, dass die Strecke $\overline{AC}$ gleich der Flussbreite $\overline{CD}$ ist (s. Bild 2).
Wie findet man den Punkt A?
Begründe, dass dann die Dreiecke ABC und CBD zueinander kongruent sind.

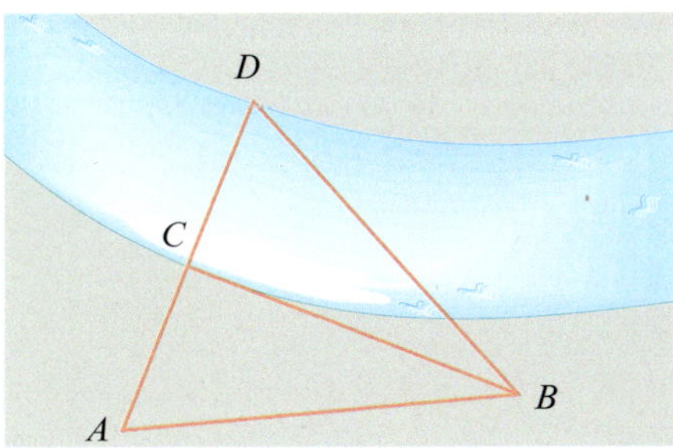

B2

8

Kai und Jana stehen 130 m voneinander entfernt auf einem Feld und lassen einen Drachen steigen. Der Drachen befindet sich direkt über Jana. Kai sieht den Drachen unter einem Höhenwinkel von 32°.
In welcher Höhe befindet sich der Drachen?

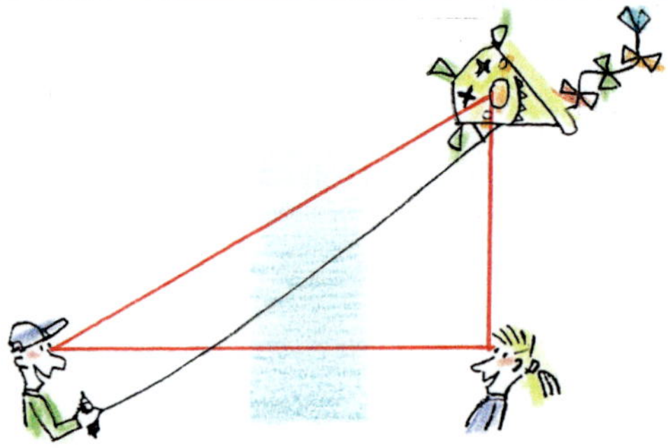

HINWEIS

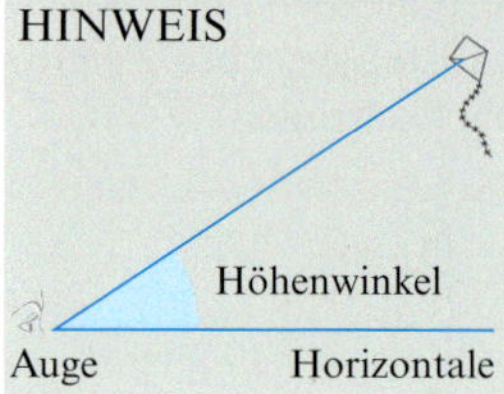

9

Markus möchte eine maßstabgerechte Zeichnung des an der Bahn gelegenen Wochenendgrundstücks seiner Eltern anfertigen (Skizze des Grundstücks).

a) Welchen Maßstab soll er wählen?

b) Welche Strecken oder Winkel soll er messen?

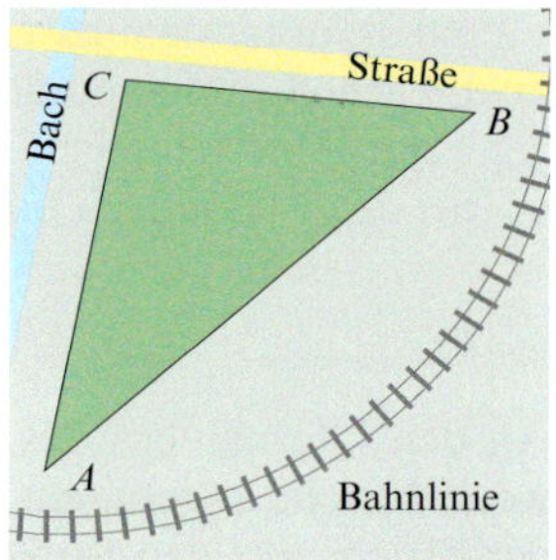

10

Bianca und Daniel sind 280 m voneinander entfernt. Genau zwischen ihnen steht ein Turm. Bianca sieht die Turmspitze unter einem Höhenwinkel von 26°, Daniel unter einem Höhenwinkel von 31°. Wie hoch ist der Turm?

11

Nadine möchte den Abstand zweier Punkte A und B ermitteln. Eine direkte Messung ist nicht möglich, da ein Hindernis dazwischen steht.
Sie wählt einen Punkt C, von dem aus sowohl A als auch B gut sichtbar sind. Dann misst sie $\overline{CA} = 257$ m, $\overline{CB} = 310$ m und den Winkel $\sphericalangle ACB = 49°$. Dann fertigt sie eine maßstabgerechte Zeichnung an und entnimmt die Länge der Strecke $\overline{AB}$ der Zeichnung.

a) Konstruiere das Dreieck ABC in einem geeigneten Maßstab.

b) Wie lang ist die Strecke $\overline{AB}$?

TIPP
zu den Aufgaben 10 und 11:
Fertige eine Skizze zum Sachverhalt an.
Trage die gegebenen Stücke in die Skizze ein.
Markiere die gesuchte Größe.

12

Arbeitet zu zweit: Wählt in der Umgebung der Schule zwei Punkte A und B, deren Entfernung nicht direkt gemessen werden kann. Ermittelt die Länge der Strecke $\overline{AB}$ nach der in Aufgabe 11 beschriebenen Methode.

13

Wie lang ist die Strecke $\overline{AB}$ in Wirklichkeit?

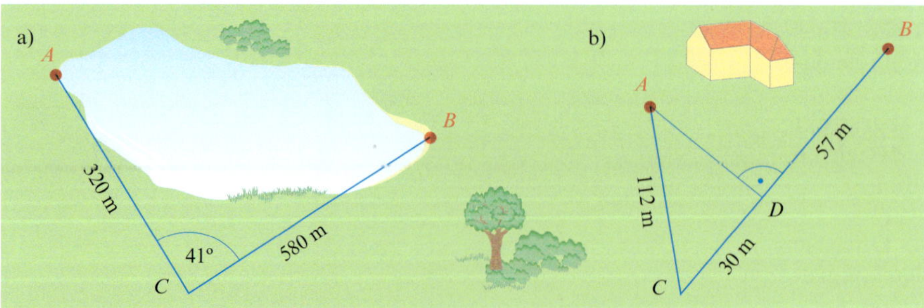

14

Nebenstehend siehst du noch einmal das Radarbild des Hamburger Hafens. Ob sich Schiffe auf Kollisionskurs befinden, erkennt man erst, wenn man die Radarbilder in zeitlichen Abständen vergleicht. Auf einem Radarbildschirm erkennt man, dass sich die Kurse zweier Schiffe A und B kreuzen.

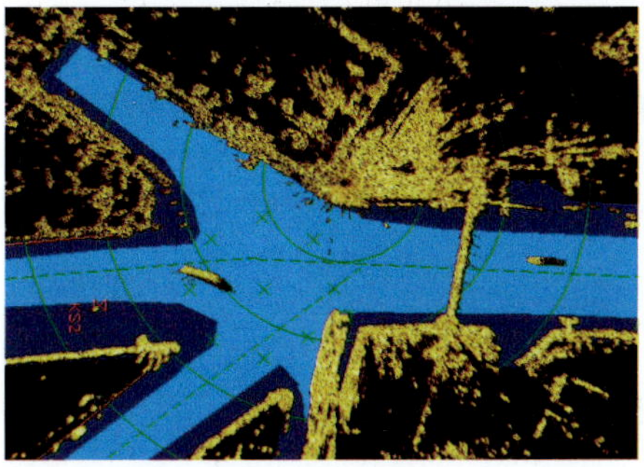

Radarbild des Hamburger Hafens

a) Untersuche und begründe, ob eine Kollisionsgefahr besteht, wenn im Abstand von einer Minute per Radar die folgenden Polarkoordinaten ermittelt werden:
A_1(820 m | 205°); A_2(530 m | 221°); B_1(470 m | 238°); B_2(450 m | 206°)

b) Wir nehmen an: Die beide Schiffe sind in der einen Minute gradlinig mit konstanter Geschwindigkeit gefahren.
Ermittle ihre Geschwindigkeiten in Knoten.

HINWEISE

Erläuterungen zu Polarkoordinaten findest du auf Seite 88.

Mit A_1 und A_2 sind die Positionen des Schiffes A im Abstand von einer Minute bezeichnet.

Legt ein Schiff in einer Stunde eine Seemeile (1852 m) zurück, so hat es eine Geschwindigkeit von 1 Knoten.

15

Sven und Ralf wollen die Länge einer Autobahnbrücke bestimmen, die hoch über ein Tal führt.
Sie messen von zwei Stellen eines Weges, die 80 m voneinander entfernt sind, die Winkel:
$\alpha = 119°$; $\alpha_1 = 51°$; $\beta = 42°$; $\beta_1 = 111°$.
Konstruiere die Figur.
Wie lang ist die Brücke?

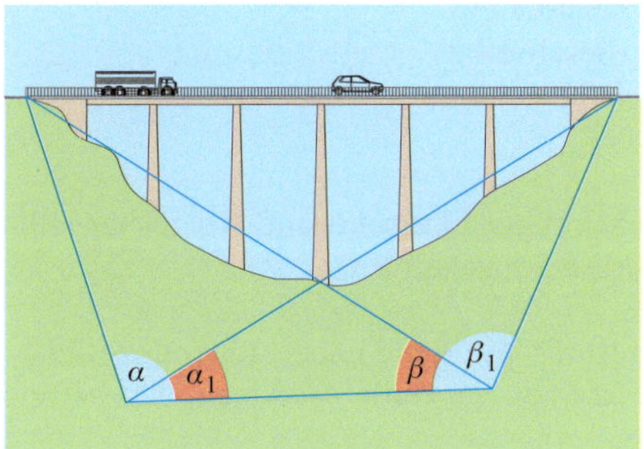

INFORMATION

Das in Aufgabe 15 beschriebene Verfahren wird in der Landvermessung als **Vorwärtseinschneiden** bezeichnet.

16[L]

Konstruiere die gekennzeichneten Flächen in ihrer wahren Größe (Maßangaben in Zentimeter). Welche Maße haben sie?

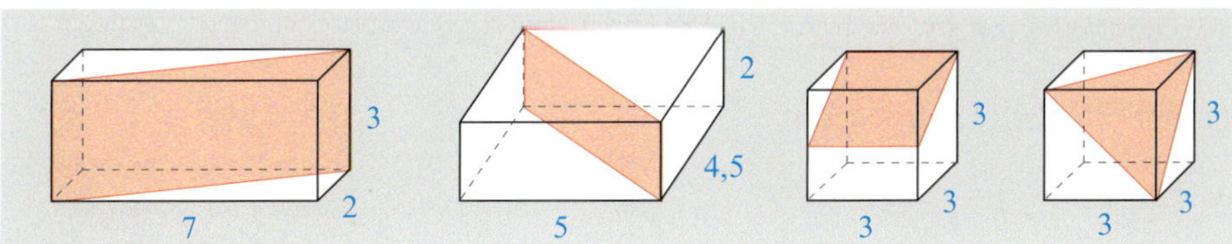

17[L]

Ermittle durch Konstruktion die Länge der Raumdiagonalen (Maßangaben in Zentimeter).

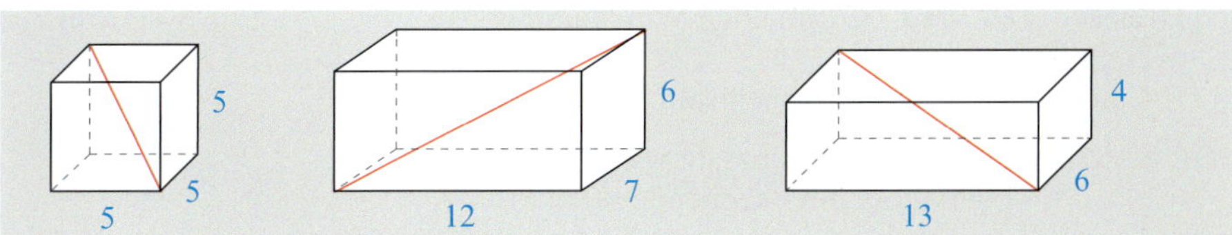

18

Das Satteldach des Hauses von Familie Braunert muss neu gedeckt werden. Herr Braunert weiß, dass das Haus 12 m lang und 8,50 m breit ist. Die Dachhöhe schätzt er auf 2,80 m. Die Kosten pro Quadratmeter Dachfläche betragen ungefähr 45 €. Um die Gesamtkosten abzuschätzen, fertigt er eine maßstabgerechte Zeichnung des Daches an. Ermittle die Kosten, mit denen Familie Braunert rechnen muss.

19

Nebenstehendes Bild zeigt eine Halle mit so genanntem Sheddach.

a) Gibt es ein Bauwerk mit Sheddach in deiner Stadt? (Manchmal ist eine Schräge auch etwas abgerundet.) Warum werden Hallen mit dieser Dachform gebaut?

b) Eine Sheddachhalle hat Giebeldreiecke von 4,40 m Breite und 1,60 m Höhe. Der kleinere Neigungswinkel des Daches beträgt 27°. Zeichne ein Giebeldreieck der Halle. Beschreibe die Konstruktion. Hinweis: Zeichne zuerst eine Planfigur.

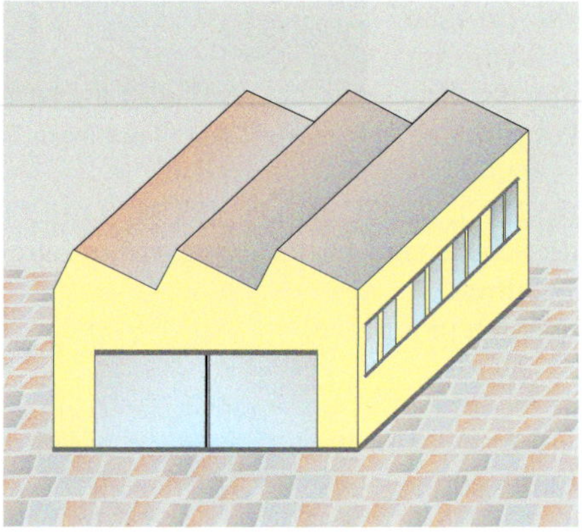

INFORMATION
Industriebauten und Bahnhöfe habe manchmal teilweise verglaste Dächer. Dabei erweist sich die Verschmutzung der Glasscheiben als ein Problem. Je flacher das Dach ist, desto schneller verschmutzen die Scheiben.

Bei der Betrachtung gleichschenkliger Dreiecke sind wir bisher stillschweigend von der Wahrheit folgender Aussagen ausgegangen:
Wenn $a = b$, so ist $\alpha = \beta$.
Umkehrung: Wenn $\alpha = \beta$, so ist $a = b$. (Siehe nebenstehendes Bild.)
Mithilfe der Kongruenzsätze können wir diese Aussagen jetzt beweisen.

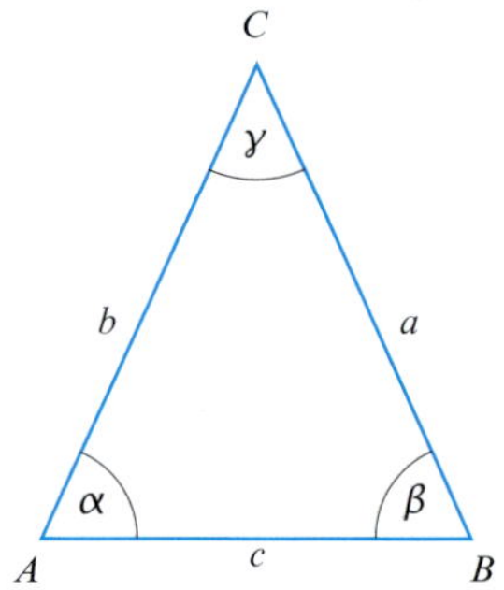

20

Zeichne ein beliebiges gleichschenkliges Dreieck ABC mit der Basis $\overline{AB}$.
Zeichne den Mittelpunkt M der Strecke $\overline{AB}$ in dein Dreieck ein und verbinde ihn mit dem Punkt C.
Begründe, dass gilt: $\triangle AMC \cong \triangle MBC$.
Welche Aussage folgt daraus für die Basiswinkel?

BEISPIEL für einen Beweis mithilfe der Kongruenzsätze

Voraussetzung: Im Dreieck ABC ist $\alpha = \beta$.
Behauptung: $a = b$

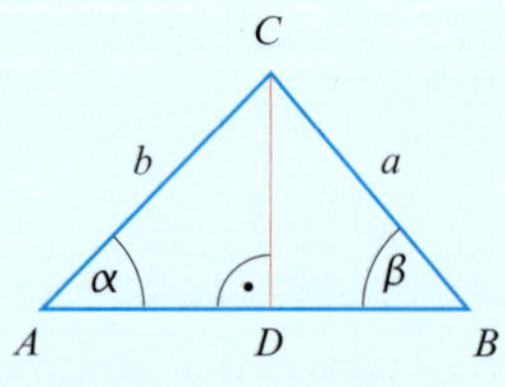

Beweis:

$\overline{CD}$ sei das Lot von C auf $\overline{AB}$.
1. $\alpha = \beta$ (Voraussetzung)
2. $\sphericalangle CDA = \sphericalangle BDA = 90°$ ($\overline{CD}$ ist das Lot von C auf $\overline{AB}$.)

Aus 1. und 2. folgt, dass die Dreiecke ADC und DBC in allen Winkeln übereinstimmen.

3. Die Dreiecke ADC und DBC haben die Seite $\overline{CD}$ gemeinsam.

Aus 1., 2. und 3. folgt $\triangle ADC \cong \triangle DBC$ (nach Kongruenzsatz wsw).
$a = b$ bzw. $\overline{BC} = \overline{AC}$ (einander entsprechende Stücke)

HINWEIS
In der Skizze zum Beweis wurde $a \neq b$ gezeichnet. So wird vermieden, dass beim Beweis bereits die Behauptung verwendet wird.

Beweisen mithilfe der Kongruenzsätze
Mithilfe der Kongruenzsätze lassen sich Aussagen über die Gleichheit von Winkeln und Strecken beweisen.
Dazu sucht man zwei Dreiecke, in denen die betrachteten Winkel oder Strecken einander entsprechen. Dann versucht man zu beweisen, dass die beiden Dreiecke zueinander kongruent sind.

NACHGEDACHT
Die folgenden Figuren setzen sich jeweils aus zwei Dreiecken zusammen.
Sind die zwei Dreiecke zueinander kongruent? Begründe.

a)

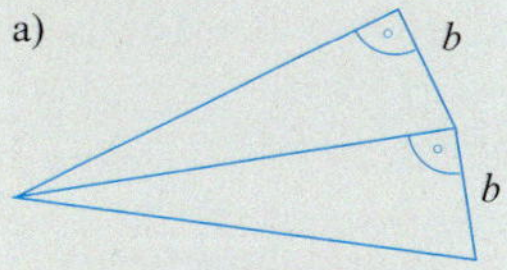

b)

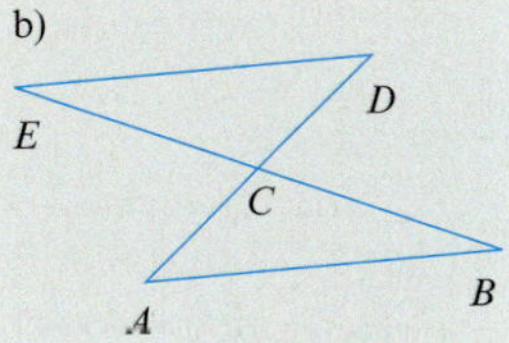

$\overline{AB} \parallel \overline{ED}$
$\overline{AB} = \overline{ED}$

21

Beweise (siehe die entsprechenden Bilder):
a) In jedem Rechteck sind die Diagonalen gleich lang.
b) In jedem Rechteck schneiden die Diagonalen einander in ihren Mittelpunkten.
c) Die Sehnen $\overline{AD}$ und $\overline{BC}$ zwischen den Kreisdurchmessern sind gleich lang.

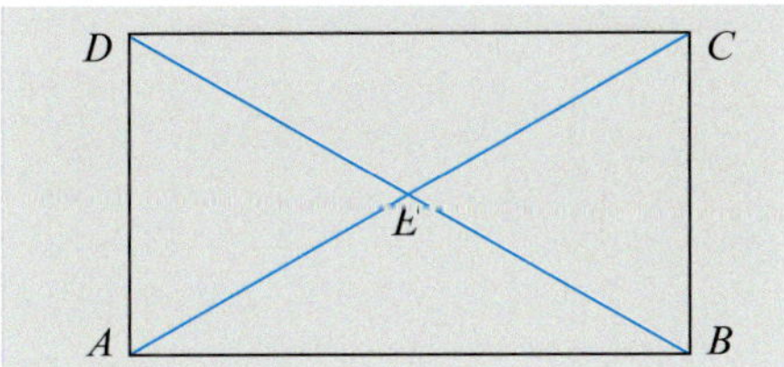

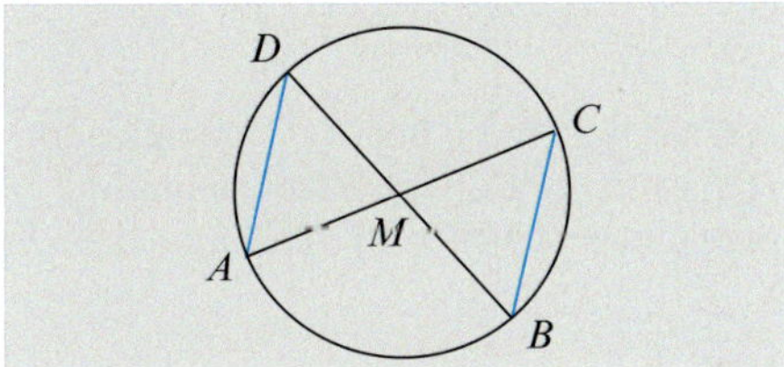

Beachte: Beweise sind leichter verständlich, wenn du sie nicht zu formal aufschreibst. Formuliere möglichst ganze Sätze. Greife auch auf andere (schon bewiesene) Sätze zurück, um die Beweise übersichtlich zu gestalten.

22

Beweise die folgenden Sätze:
a) In jedem Parallelogramm sind die gegenüberliegenden Winkel gleich groß.
Anregung: Zerlege das Parallelogramm geeignet in zwei Dreiecke.
b) Das Mittendreieck zerlegt ein Dreieck in vier kongruente Teildreiecke.

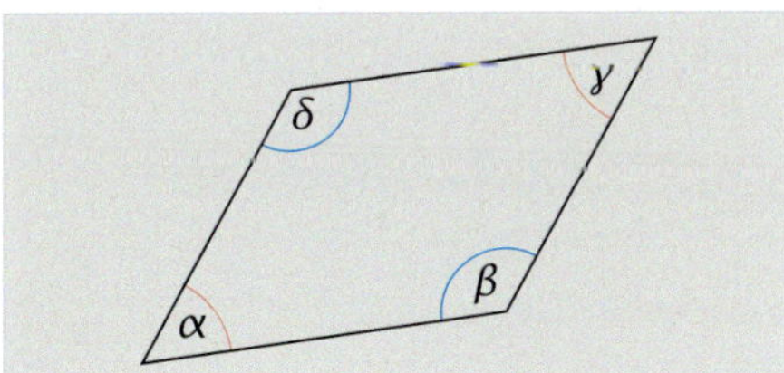

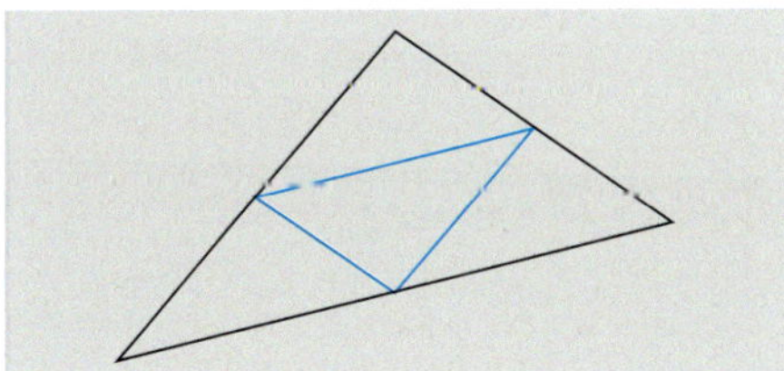

INFORMATION
Wenn man die Mittelpunkte der Seiten eines Dreiecks verbindet, dann entsteht das **Mittendreieck**.

23

Das folgende Bild zeigt die Konstruktion einer Mittelsenkrechten nur mit Zirkel und Lineal. Probiere die Konstruktion für drei verschiedene Strecken aus und überzeuge dich, dass die konstruierte Gerade tatsächlich die Mittelsenkrechte ist.

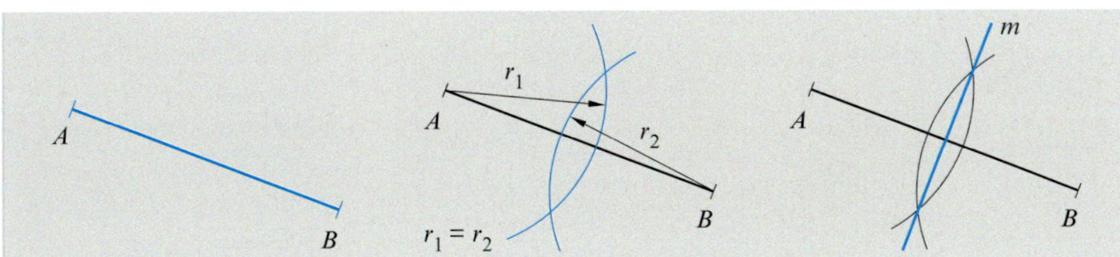

24

Es soll bewiesen werden, dass die mit Zirkel und Lineal konstruierte Gerade PQ (s. Bild) die Mittelsenkrechte von $\overline{AB}$ ist. Vervollständige den Beweis im Heft.

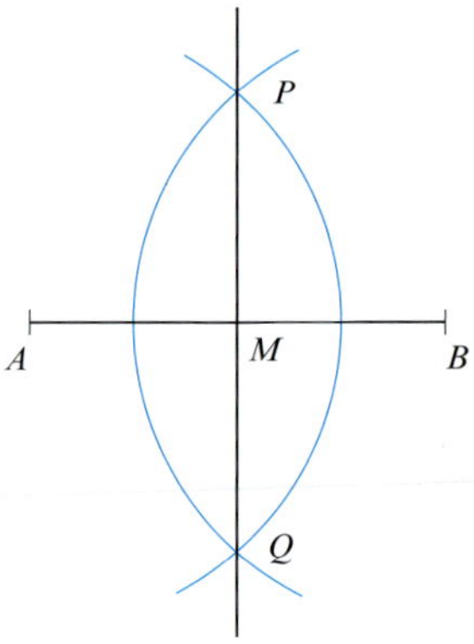

Voraussetzung aufgrund der Konstruktionsvorschrift:
$\overline{AP} = \overline{BP} = \overline{AQ} = \overline{BQ}$

Behauptung:
PQ ist die Mittelsenkrechte zu $\overline{AB}$. Das heißt, es gilt:
a) $\overline{AM} =$ ___
b) $\sphericalangle PMA = \sphericalangle$ ___ = ___°

Begründung für a):
Wir betrachten die Dreiecke AQP und QBP.
1. $\overline{AP} = \overline{PB}$ (________)
2. $\overline{AQ} =$ ___ (________)
3. Die Dreiecke AQP und QBP haben die Seite ___ gemeinsam.
Aus 1., 2. und 3. folgt $\triangle AQP \cong \triangle QPB$ (nach Kongruenzsatz ______).
$\overline{AM} =$ ___ (einander entsprechende Strecken in den Dreiecken AQP und QPB)

Begründung für b):
Wir betrachten die Dreiecke AMP und MBP.
1. $\overline{AM} =$ ___ (vorher bewiesen)
…

25

Das folgende Bild zeigt die Konstruktion einer Winkelhalbierenden nur mit Zirkel und Lineal. Probiere die Konstruktion für drei verschiedene Winkel aus.
Überzeuge dich durch Nachmessen, dass der konstruierte Strahl tatsächlich die Winkelhalbierende ist.

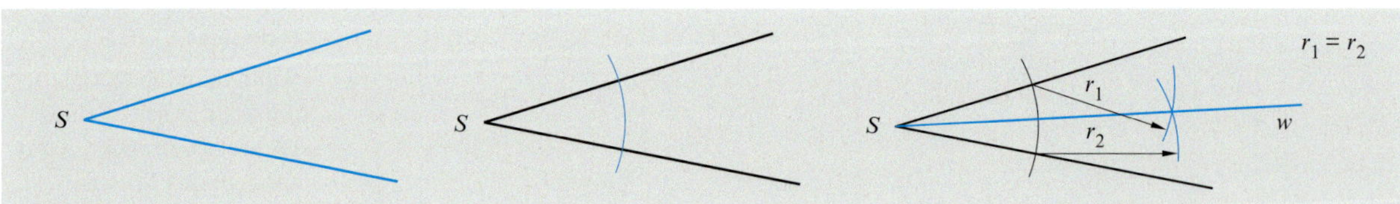

26

a) Beweise: Wenn P ein Punkt auf der Winkelhalbierenden eines Winkels ist, dann hat er von beiden Schenkeln des Winkels denselben Abstand (s. Bild links).

b) Das rechte Bild zeigt noch einmal die Konstruktion der Winkelhalbierenden mit Zirkel und Lineal. Weise nach: $\triangle SAP \cong \triangle SPB$.
Begründe, dass der Strahl $\overrightarrow{SP}$ deshalb die Winkelhalbierende sein muss.

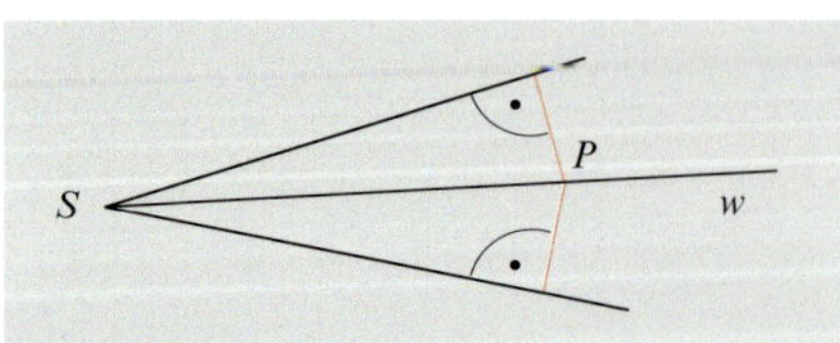

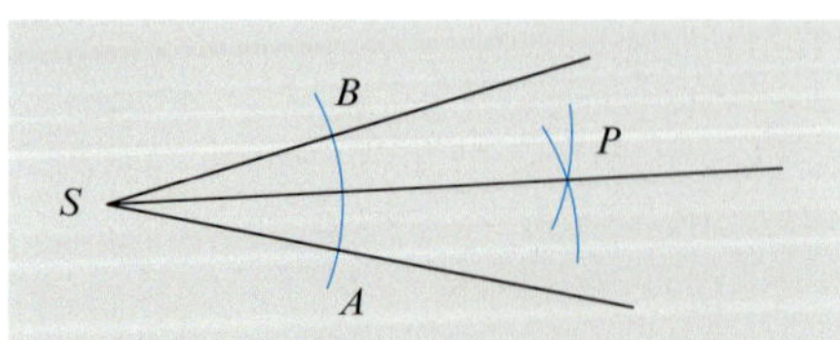

AUFGABE
Beweise: Wenn P ein Punkt auf der Mittelsenkrechten der Strecke $\overline{AB}$ ist, dann hat er von A und B denselben Abstand.

Besondere Linien im Dreieck

1

Lkw-Anhängerkupplung

Nachbau einer Anhängerkupplung

a) Die Kupplung eines Lkw-Anhängers ist achsensymmetrisch. Erläutere, warum sie so gebaut wird.

b) Der Nachbau einer Anhängerkupplung mithilfe eines Metallbaukastens ist in Höhe der Mitte der Radachse am Wagen befestigt. Erläutere die Wahl dieses Befestigungspunktes.

Wir wissen bereits:

Für ein achsensymmetrisches Dreieck ABC mit der Symmetrieachse CD gilt:

Die Symmetrieachse ist die Mittelsenkrechte der Strecke $\overline{AB}$.

Die Symmetrieachse ist die Winkelhalbierende des Winkels $\gamma = \sphericalangle ACB$.

Ein achsensymmetrisches Dreieck ist gleichschenklig.

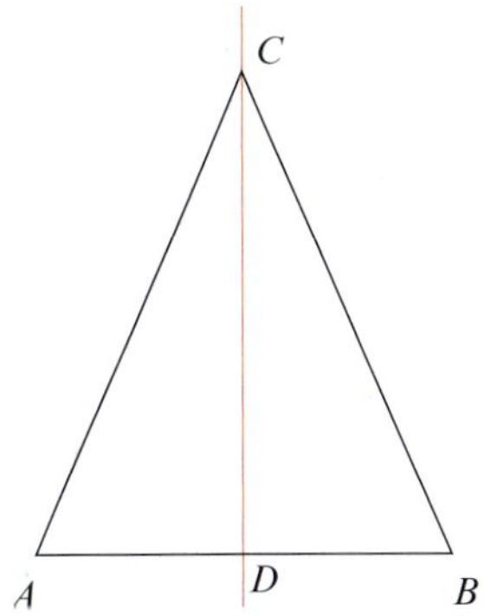

2

In einem Dreieck ABC sind die Mittelsenkrechten der Seiten $\overline{AC}$ und $\overline{BC}$ eingezeichnet. Sie schneiden einander in einem Punkt M.

a) Beweise: $\overline{AM} = \overline{CM}$ und $\overline{BM} = \overline{CM}$.

b) Begründe: Die Mittelsenkrechte der Seite $\overline{AB}$ verläuft ebenfalls durch den Punkt M.

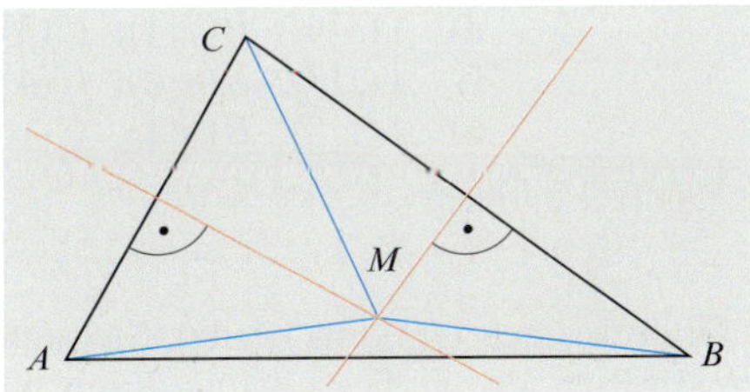

3

Die Einwohnerzahlen dreier Orte A, B, C haben sich in den letzten Jahren stark erhöht. Ein Warenhauskonzern plant deshalb ein neues Einkaufszentrum zu errichten.

Erste Überlegungen laufen darauf hinaus, das Einkaufszentrum so anzulegen, dass es von allen drei Orten gleich weit entfernt ist.

Ermittle mithilfe einer maßstäblichen Zeichnung, wie weit das Einkaufszentrum bei dieser Planungsüberlegung von den drei Orten jeweils entfernt wäre.

Die Entfernungen zwischen den drei Orten sind: zwischen A und B 7,5 km, zwischen B und C 4 km, zwischen A und C 5,5 km.

Begründe dein Vorgehen.

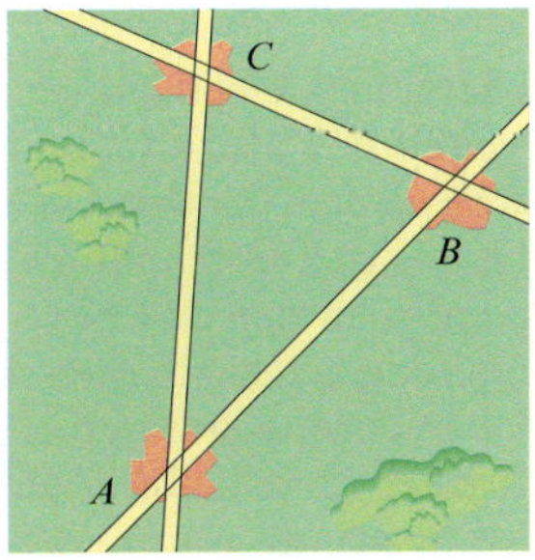

In jedem Dreieck schneiden die Mittelsenkrechten der drei Seiten einander in einem gemeinsamen Punkt M.

Der Punkt M hat von den drei Eckpunkten des Dreiecks den gleichen Abstand. Die drei Eckpunkte des Dreiecks liegen also auf einem Kreis um M. Der Kreis heißt **Umkreis** des Dreiecks.

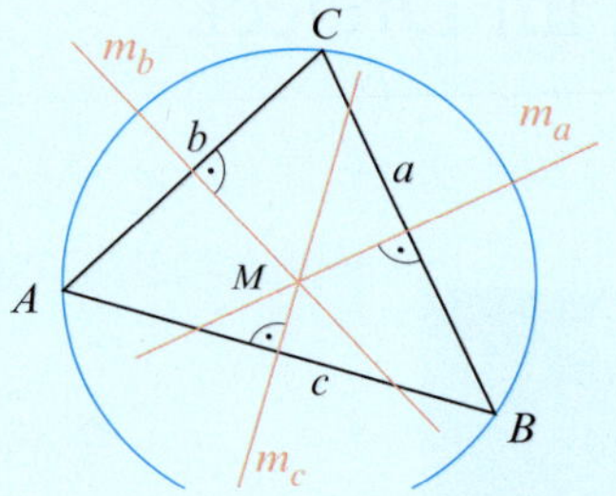

HINWEIS
Man bezeichnet die Mittelsenkrechten nach der Dreiecksseite, von der sie Mittelsenkrechte sind.
Beispiel:
m_a – Mittelsenkrechte der Seite a.

4

Übertrage die Dreiecke ABC und DEF in dein Heft. Konstruiere jeweils den Umkreis des Dreiecks mit dem Mittelpunkt M.
Wie groß ist jeweils der Abstand von M zu jedem der drei Eckpunkte des Dreiecks?

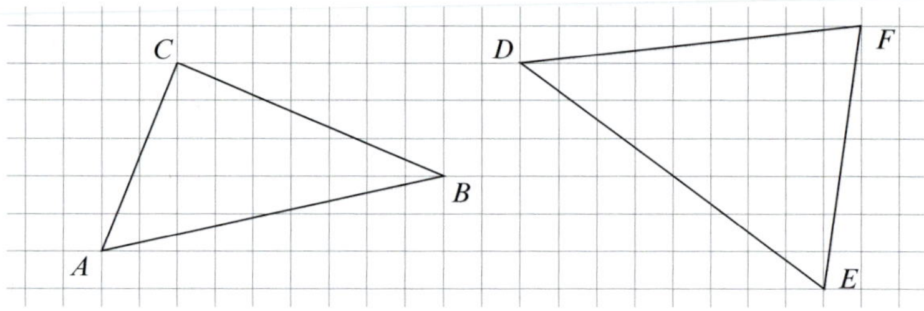

5

a) Konstruiere den Umkreis eines rechtwinkligen Dreiecks.
b) Konstruiere den Umkreis eines stumpfwinkligen Dreiecks.
c) Welche Besonderheiten stellst du fest?

6L

Zeichne die durch ihre Eckpunkte gegebenen Dreiecke ABC jeweils in ein Koordinatensystem. Konstruiere den Umkreis.
Gib die Koordinaten des Umkreismittelpunktes M näherungsweise an.

a) $A(2|2)$, $B(8|3)$, $C(4|6)$
b) $A(2|3)$, $B(8|2)$, $C(7|8)$
c) $A(2|2)$, $B(8|2)$, $C(8|8)$
d) $A(3|4)$, $B(7|1)$, $C(5|8)$
e) $A(0|0)$, $B(9|3)$, $C(3|6)$
f) $A(1|3)$, $B(8|2)$, $C(4|8)$
g) $A(1|2)$, $B(8|7)$, $C(3|7)$
h) $A(1|5)$, $B(6|1)$, $C(10|3)$

7

Sabrina bezweifelt, dass jedes Dreieck einen Umkreis besitzt. Sie sagt: „Ich kann die Koordinaten von drei Punkten angeben, durch die es keinen Kreis gibt."
Nimm Stellung zu Sabrinas Meinung.

8

Die ersten Überlegungen zur Planung des Einkaufszentrums aus Aufgabe 3 erweisen sich als zu teuer: Man müsste auch noch direkte Straßenverbindungen zwischen jedem der drei Orte und dem Einkaufszentrum bauen.
Da die drei Orte untereinander durch gerade verlaufende Straßen verbunden sind, plant man nun das Einkaufszentrum an einem Ort, der von allen drei Straßenverbindungen den gleichen Abstand hat.
Überzeuge dich durch eine maßstäbliche Zeichnung davon, dass der Schnittpunkt zweier Winkelhalbierender von allen drei Straßenverbindungen gleich weit entfernt ist. Begründe, warum das auch so sein muss.

NACHGEDACHT
Bei Aufgabe 8 hast du nur zwei Winkelhalbierende eingezeichnet. Was vermutest du über die dritte Winkelhalbierende? Begründe und prüfe.

In jedem Dreieck schneiden die Winkelhalbierenden der drei Innenwinkel einander in einem gemeinsamen Punkt W.

Der Punkt W hat von den drei Seiten des Dreiecks den gleichen Abstand. Die drei Seiten des Dreiecks werden von einem Kreis um W berührt, dem **Inkreis** des Dreiecks. Den Radius des Inkreises bezeichnet man mit ϱ (Rho).

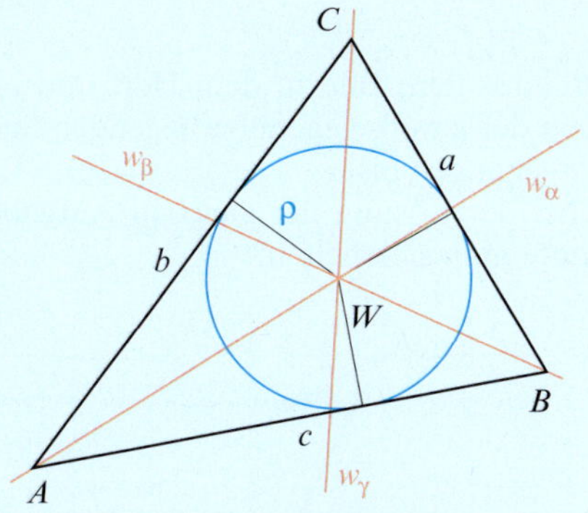

BEACHTE
Die Winkelhalbierenden sind Geraden.
Oft findet man jedoch Angaben wie $w_\alpha = 3{,}5$ cm.
Damit ist die Länge des Stückes auf der Winkelhalbierenden des Winkels α gemeint, das im Innern des Dreiecks liegt.

9

a) Konstruiere den Inkreis eines spitzwinkligen, eines rechtwinkligen und eines stumpfwinkligen Dreiecks.
b) Vergleiche mit dem Ergebnis der Aufgabe 5c).

10[L]

Zeichne die Dreiecke ABC aus Aufgabe 6 erneut jeweils in ein Koordinatensystem. Konstruiere den Inkreis.
Gib die Koordinaten des Inkreismittelpunktes W näherungsweise an.

11

a) Zeichne im Koordinatensystem das Dreieck ABC mit $A(1|1)$, $B(8|1)$, $C(7|6)$. Konstruiere den Umkreis und den Inkreis des Dreiecks.
b) Begründe: Umkreis und Inkreis eines Dreiecks können nie identisch sein. Der Inkreis muss immer innerhalb des Umkreises liegen.
c) Untersuche, ob der Umkreis und der Inkreis eines Dreiecks denselben Mittelpunkt besitzen können.

12

Untersucht gemeinsam: Gibt es zu einem großen Kreis und einem kleinen Kreis, der im Innern des großen liegt, immer ein Dreieck, das den großen Kreis zum Umkreis und den kleinen Kreis zum Inkreis hat?
a) Zeichnet alle einen großen und einen kleinen Kreis mit dem gemeinsamen Mittelpunkt M. Versucht ein Dreieck zu konstruieren, das den großen Kreis als Umkreis und den kleinen Kreis als Inkreis hat. Was stellt ihr fest?
b) Zeichnet zwei Kreise wie bei a), aber mit verschiedenen Mittelpunkten. Versucht wieder ein Dreieck zu konstruieren, das den großen Kreis als Umkreis und den kleinen Kreis als Inkreis hat. Was stellt ihr fest?

13

Zeichne das Dreieck ABC mit $A(1|2)$, $B(9|1)$, $C(9|8)$ in ein Koordinatensystem (wähle 1 cm als Einheit auf den Achsen).
a) Konstruiere den Inkreis des Dreiecks. Welchen Abstand hat der Inkreismittelpunkt von den Dreiecksseiten?
b) Miss jeweils den Abstand der Eckpunkte A, B, C von den gegenüberliegenden Dreiecksseiten.

ERINNERE DICH
Der Abstand eines Punktes von einer Geraden wird entlang der Senkrechten zur Geraden durch den Punkt gemessen.

14

a) Übertrage das Dreieck ABC aus dem Bild in dein Heft und ermittle den Abstand der drei Eckpunkte von der jeweils gegenüberliegenden Seite des Dreiecks. Beschreibe, wie du dabei vorgegangen bist.

b) Welche Schwierigkeit tritt bei der Lösung der gleichen Aufgabenstellung beim Dreieck PQR auf? Wie könnte man sich helfen?

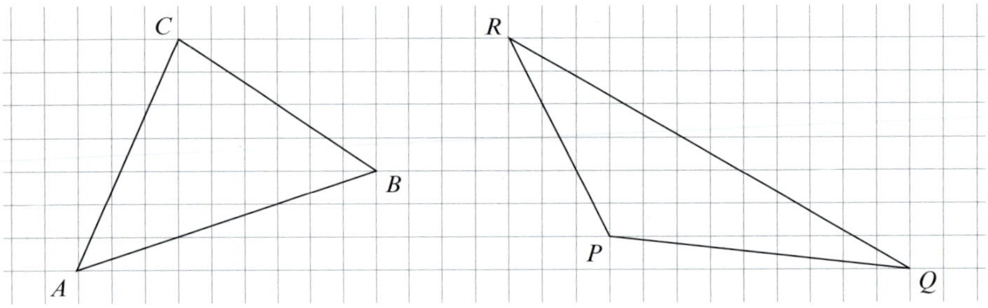

Die senkrechten Verbindungsstrecken der Eckpunkte eines Dreiecks mit den gegenüberliegenden Seiten (oder deren Verlängerung) heißen die **Höhen** des Dreiecks.
Die Höhen verlaufen nicht immer innerhalb des Dreiecks (der **Fußpunkt** der Höhe liegt dann auf der Verlängerung einer Dreiecksseite).

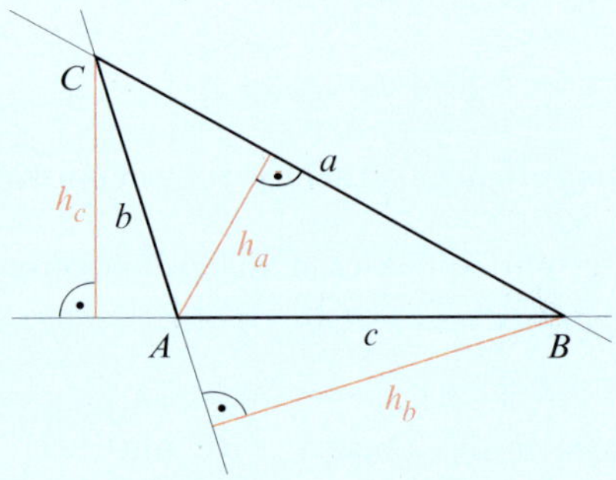

BEACHTE
Höhen sind Strecken. Mittelsenkrechte und Winkelhalbierende sind dagegen Geraden.

Die Höhen werden nach der Seite bezeichnet, zu der sie senkrecht sind.

15

Anna meint: „Bestimmt schneiden die Höhen eines Dreiecks einander auch in einem Punkt."
Maren stellt fest: „Ich weiß nicht. Aber es gibt Dreiecke, in denen die Höhen einander in einem Punkt schneiden."

a) Zeichne ein rechtwinkliges, ein spitzwinkliges und ein stumpfwinkliges Dreieck. Konstruiere jeweils die drei Höhen.

b) Vergleicht eure Ergebnisse. Seid ihr Marens oder Annas Meinung?

Bei jedem Dreieck schneiden sich die Höhen (oder ihre Verlängerungen) in einem Punkt H.

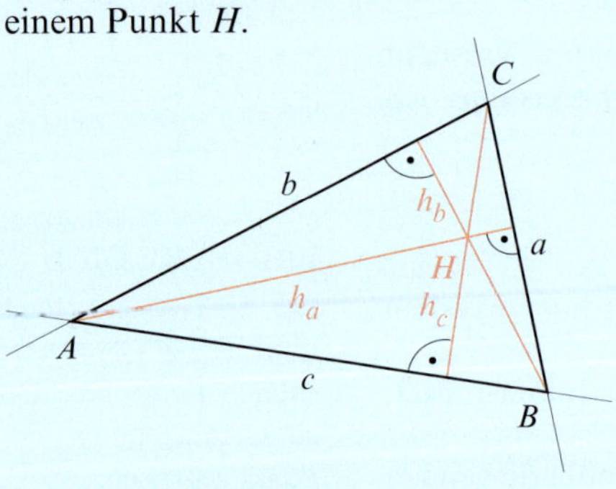

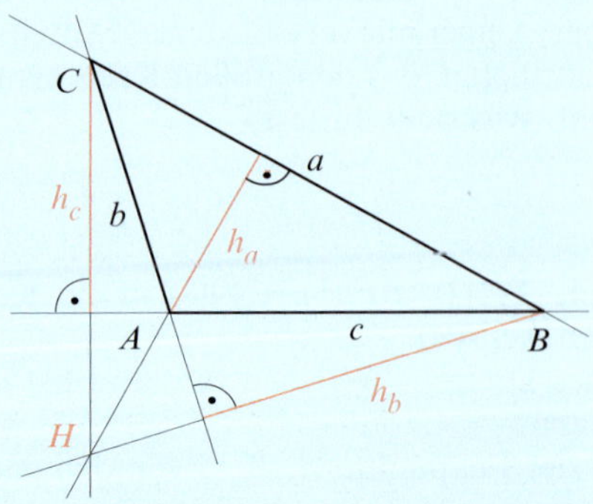

16

Oliver ist nicht überzeugt, dass Anna und Maren genau gezeichnet haben. Er wendet ein: „Warum soll es einen Schnittpunkt geben, die Höhen sind doch keine Mittelsenkrechten."
Maren hat eine Idee. „Genau das ist der Tipp, den wir brauchen. Mache die Höhen zu Mittelsenkrechten, dann weißt du, dass sie sich in einem Punkt schneiden." Oliver entgegnet: „Dazu brauche ich aber ein anderes Dreieck."
Nach einigem Probieren erhalten die beiden die nebenstehende Zeichnung.

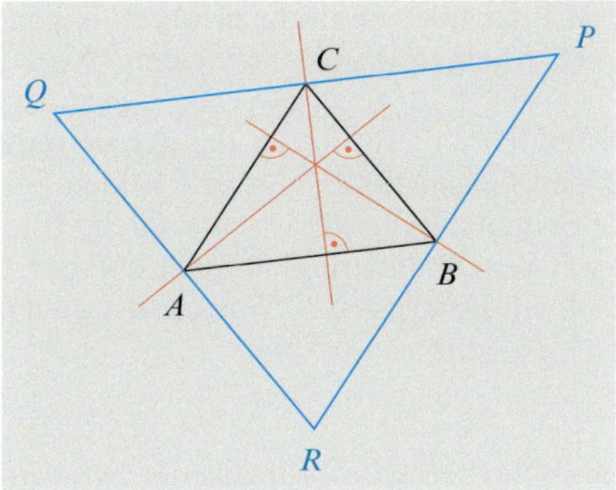

a) Erläutere die Zeichnung. Begründe, warum die Höhen des Dreiecks *ABC* sich in einem Punkt schneiden müssen. Welche Eigenschaft von Mittelsenkrechten hast du in deiner Argumentation genutzt?

b) Formuliere deine Überlegungen schriftlich als Beweis des Satzes über den Höhenschnittpunkt.

17

Verena kann ein Geodreieck auf einem Zahnstocher balancieren. Eva staunt: „Woher weißt du, in welchem Punkt du das Dreieck unterstützen musst?"
Verena erwidert: „Suche auf der Mittellinie des Geodreiecks."

a) Eva fragt: „Meinst du, ich soll den Schnittpunkt der Höhen wählen oder den der Mittelsenkrechten? Oder…" Sie zögert. „Die Mittellinie ist doch auch Winkelhalbierende…"
Überlege zuerst, welche der Schnittpunkte geeignet sein könnten, und probiere dann selbst.

b) Schneide aus stabiler Pappe ein möglichst großes Dreieck aus, das weder rechtwinklig noch gleichschenklig ist. Lege das Dreieck auf die Spitze des ausgestreckten Zeigefingers und versuche einen Punkt zu finden, sodass das Dreieck nicht herunterfällt. Kennzeichne den Punkt und bezeichne ihn mit *S*. Zeichne Verbindungslinien von jedem Eckpunkt durch *S* bis zur gegenüberliegenden Dreiecksseite. Was stellst du fest?

Verbindet man in einem Dreieck jeden Eckpunkt mit der Mitte der gegenüberliegenden Seite, so erhält man die **Seitenhalbierenden** des Dreiecks.

Die drei Seitenhalbierenden jedes Dreiecks schneiden einander in einem Punkt *S*.
Der Punkt *S* heißt der **Schwerpunkt** des Dreiecks.

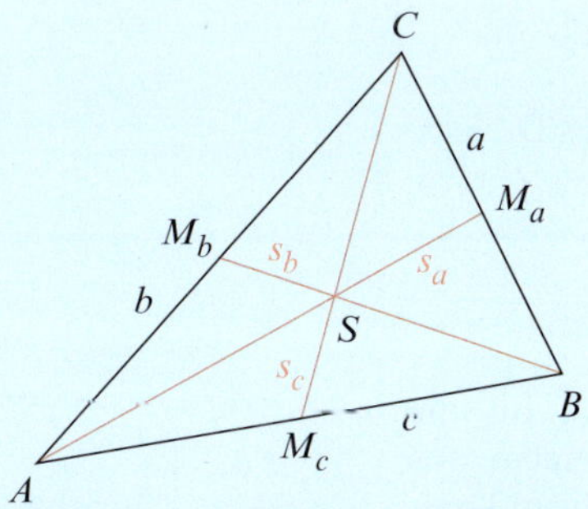

HINWEIS
Man bezeichnet die Seitenhalbierende nach der Dreiecksseite, die sie halbiert.
Beispiel:
s_a – Seitenhalbierende der Seite *a*.

18[L]

Zeichne die Dreiecke *ABC* aus Aufgabe 6 von Seite 168 erneut jeweils in ein Koordinatensystem. Konstruiere den Schwerpunkt *S*.
Gib die Koordinaten des Schwerpunktes *S* näherungsweise an.

19

Markus meint: „Nach allem, was wir über Dreiecke erfahren haben, glaube ich es, dass die Seitenhalbierenden sich in einem Punkt schneiden. Aber kann man das auch beweisen?"
Verena entgegnet: „Da wir wissen, dass dieser Punkt der Schwerpunkt ist, geht das leicht. Die Masse des dreieckigen Gegenstands muss zu beiden Seiten der Linien durch S gleich groß sein. Jede Seitenhalbierende ist eine solche Linie, und folglich muss der Schnittpunkt von zwei Seitenhalbierenden auch auf der dritten liegen."
Markus fragt erstaunt: „Das soll ein Beweis sein?" Was meinst du dazu?

INFORMATION
Später wird gezeigt:
Jede Seitenhalbierende teilt das Dreieck in zwei flächengleiche Teildreiecke.

20

a) Begründe, dass es kein Dreieck geben kann, für das der Schwerpunkt S außerhalb des Dreiecks liegt.
b) Können der Umkreismittelpunkt M oder der Inkreismittelpunkt W eines Dreiecks außerhalb des Dreiecks liegen? Erläutere.

21

Zeichne ein beliebiges Dreieck.
Konstruiere einen „Ankreis" des Dreiecks (wie im Bild).
Wie findest du den Mittelpunkt des Ankreises? Erläutere.

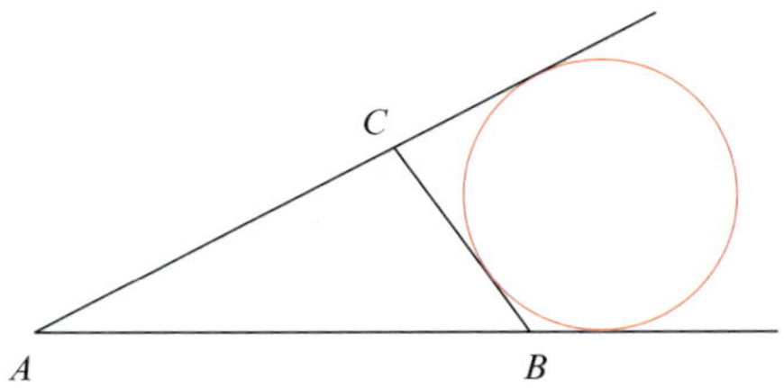

22

Was kannst du über ein Dreieck sagen, das die angegebene Eigenschaft hat? Begründe deine Antwort.
a) Der Höhenschnittpunkt liegt auf einer Mittelsenkrechten.
b) Der Schnittpunkt der Mittelsenkrechten liegt auf einer Höhe.
c) Der Schnittpunkt der Mittelsenkrechten liegt auf einer Winkelhalbierenden.
d) Formuliere zwei ähnliche Bedingungen. Was ergibt sich für das Dreieck?

Im gleichschenkligen Dreieck mit der Basis c liegen die Winkelhalbierende w_γ, die Seitenhalbierende s_c, die Mittelsenkrechte m_c und die Höhe h_c auf der Symmetrieachse des Dreiecks.

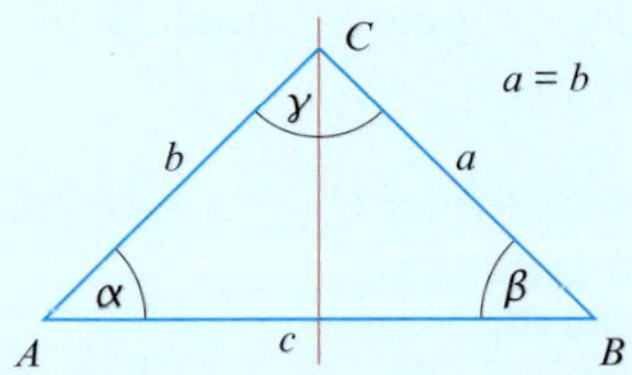

23

Ein altes Maurerinstrument ist die Setzwaage. Sie besteht aus einem aus Holz gefertigten gleichschenkligen Dreieck, von dessen Spitze ein Bleilot herabhängt. In der Mitte der Grundseite ist eine Markierung angebracht.
Begründe, warum man mit der Setzwaage prüfen kann, ob eine Steinschicht waagerecht verläuft.

24

Meike hat Dreiecke mit der angegebenen Eigenschaft gezeichnet. Was weißt du über die Dreiecke?

a) Die Seitenhalbierenden sind zugleich Winkelhalbierende.
b) Die Seitenhalbierenden sind zugleich Mittelsenkrechte.
c) Die Winkelhalbierenden sind zugleich Mittelsenkrechte.

25

a) Zeichne einen rechten Winkel. Konstruiere auf jedem Schenkel ein gleichseitiges Dreieck, sodass es jeweils im Innern des rechten Winkels liegt und jeweils ein Eckpunkt des Dreiecks mit dem Scheitelpunkt des Winkels zusammenfällt. Erläutere: Der rechte Winkel wird auf diese Weise in drei gleich große Teilwinkel zerlegt.
b) Wie lässt sich ein 45°-Winkel in drei gleich große Teile einteilen?

26

Jan hat sich eine Aufgabe überlegt:
„Ich zeichne ein Dreieck, in dem die Mittelsenkrechte einer Seite durch den Mittelpunkt einer anderen Dreiecksseite verläuft. Lässt sich über das Dreieck etwas Besonderes aussagen?“

27

Zeichne ein nicht zu kleines Dreieck.
Konstruiere den Schwerpunkt S, den Schnittpunkt M der Mittelsenkrechten und den Höhenschnittpunkt H.
Prüfe deine Konstruktionsgenauigkeit: Wenn du genau konstruiert hast, liegen S, M und H auf ein und derselben Geraden.

INFORMATIONEN

Aus Beispielen wie in Aufgabe 25 vermutete man, jeder Winkel lasse sich (mit Zirkel und Lineal) dreiteilen. Dieses Problem hat die Mathematiker jahrhundertelang beschäftigt (Triangulation eines Winkels).
Inzwischen ist bewiesen: Es nicht möglich, jeden beliebigen Winkel allein mithilfe von Zirkel und Lineal in drei gleich große Teile zu teilen.

Die Gerade, auf der S, M und H liegen (s. Aufgabe 27), wird nach dem Schweizer Mathematiker Leonhard Euler (1707–1783) **Eulersche Gerade** genannt.

AUFGABEN ZUR WIEDERHOLUNG

1. Fit fürs Einkaufen.
Nimm an, die Zuordnungen *Warenmenge → Preis* sind proportional.
Rechne im Kopf aus, was die verschiedenen Abpackungen kosten.

frische Vollmilch

1 l	2 l	5 l	0,25 l	100 ml
0,64 €				

Mineralwasser

1 Fl.	2 Fl.	10 Fl.	20 Fl.	25 Fl.
39 Cent				

Brötchen

1 Stk.	2 Stk.	7 Stk.	10 Stk.	15 Stk.
15 Cent				

2. Nenne je drei Beispiele für proportionale und umgekehrt proportionale Zuordnungen aus dem täglichen Leben und begründe, dass die Zuordnungen proportional bzw. umgekehrt proportional sind.

3. Vergleiche die folgenden Angebote und suche jeweils das günstigere heraus.

Dauerniedrigpreis		Sonderangebot	
100 g Salami	1,19 €	1 kg Salami	12,5 €
10 Freilandeier	1,69 €	6 Freilandeier	0,95 €
250 g Butter	0,95 €	3 × 250 g Butter	2,79 €
8 Bockwürste	4,49 €	5 Bockwürste	2,99 €

4. Prüfe, ob die folgenden Zuordnungen proportional oder umgekehrt proportional sind.
a) $x \to y$ mit $y = 2x$ **b)** $x \to y$ mit $y = 3x + 1$
c) $x \to y$ mit $y = 17 : x$ **d)** $x \to y$ mit $y = 0{,}1\,x$
e) $x \to y$ mit $y = 4 - x$ **f)** $x \to y$ mit $x \cdot y = 1$

Weitere Dreieckskonstruktionen

1

In 500 m Abstand von einer geraden Straße steht ein Aussichtsturm. Zu diesem führt von der Straße ein 700 m langer gerader Fußweg. 800 m weiter führt ein zweiter gerader Fußweg zum Aussichtsturm.
Wie lang ist der zweite Fußweg?
Begründe anhand deiner Konstruktion, ob sich die Frage eindeutig beantworten lässt.

2

Gegeben ist ein Dreieck mit $a = 5{,}1$ cm, $\gamma = 68°$, $s_a = 3{,}7$ cm.

a) Erläutere die Bildfolge zur Konstruktion des Dreiecks (Bilder verkleinert).

b) Konstruiere das Dreieck. Beschreibe die Konstruktion.

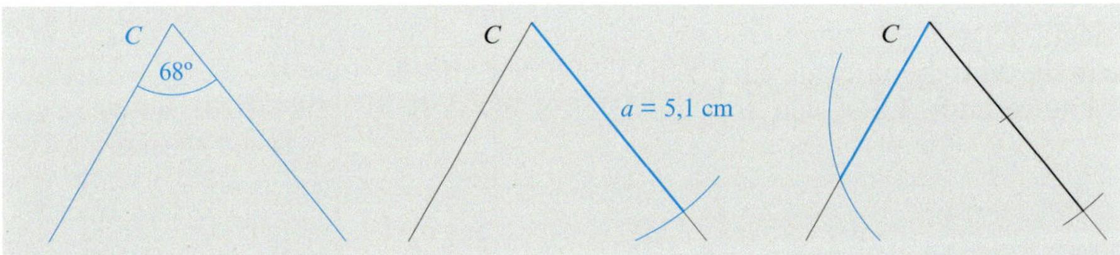

Nicht immer sind zur Konstruktion eines Dreiecks ausschließlich dessen Seitenlängen oder Winkel bekannt. Es können z. B. auch Längen von Höhen, Seitenhalbierenden, Winkelhalbierenden oder die Radien von Um- bzw. Inkreis gegeben sein.
In solchen Fällen kann man mithilfe der Planfigur versuchen, **Teildreiecke** zu finden, die sich aus den gegebenen Stücken konstruieren lassen.

> BEACHTE
> Wit Länge der Winkelhalbierenden ist die Länge des Stücks der Winkelhalbierenden innerhalb des Dreiecks gemeint.

3

Christiane, Gisela und Dörte haben zu den folgenden Konstruktionsaufgaben Planfiguren gezeichnet. Führe die Konstruktionen aus.

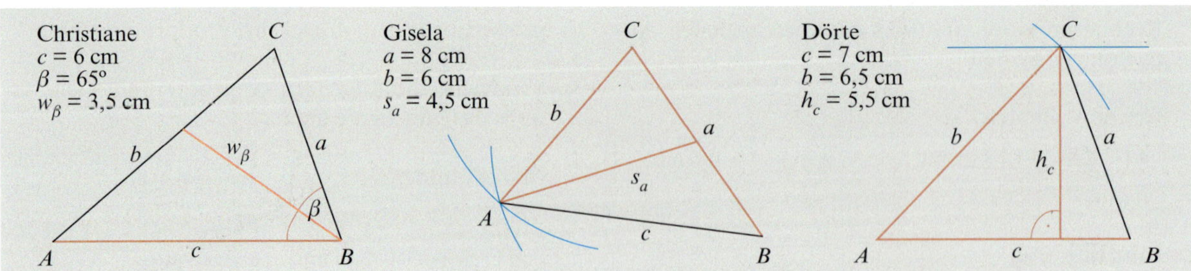

4

Konstruiere Dreiecke ABC aus folgenden Angaben. Entscheide und begründe, ob die Konstruktion eindeutig ist.

a) $c = 6{,}1$ cm; $\alpha = 48°$; $w_\alpha = 5{,}0$ cm

b) $\alpha = 48°$; $\beta = 32°$; $h_b = 50$ mm

c) $a = 58$ mm; $b = 5{,}3$ cm; $h_a = 4{,}5$ cm

d) $a = 4{,}9$ cm; $c = 6{,}0$ cm; $s_a = 4{,}1$ cm

e) $a = 6{,}2$ cm; $b = 4{,}3$ cm; $s_b = 5{,}3$ cm

f) $a = 6{,}8$ cm; $\gamma = 75°$; $w_\gamma = 5{,}2$ cm

5

Fertige eine Planfigur an und beschreibe die Konstruktion des Dreiecks. Entscheide und begründe, ob die Konstruktion eindeutig ist.
Hinweis: ϱ bezeichnet den Radius des Inkreises eines Dreiecks.

a) $c = 50$ mm; $h_c = 30$ mm; $s_c = 50$ mm **b)** $\alpha = 66°$; $w_a = 42$ mm; $h_c = 5$ cm
c) $\gamma = 100°$; $b = 5{,}1$ cm; $\varrho = 1{,}8$ cm **d)** $\beta = 80°$; $h_a = 6{,}4$ cm; $\varrho = 2{,}4$ cm.

6

Aus $\beta = 40°$, $b = 5$ cm, $h_c = 3{,}4$ cm soll ein Dreieck konstruiert werden. Andrea und Mark lesen ihre Konstruktionsbeschreibungen vor.
Führe die Konstruktionen nach den Beschreibungen von Andrea und Mark aus. Was meinst du dazu?

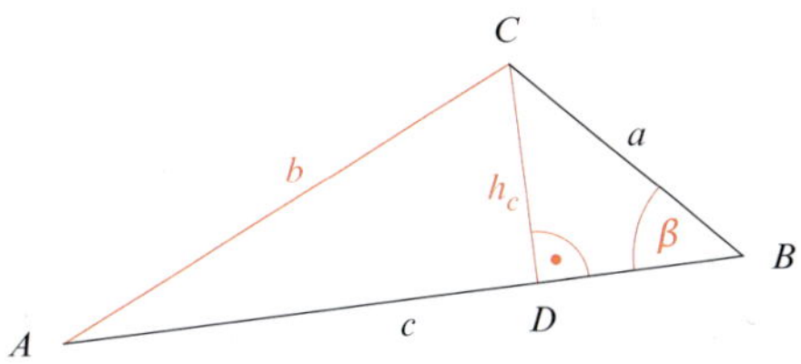

Andrea: „Ich konstruiere zuerst das Teildreieck ADC. Ich zeichne die Strecke $h_c = \overline{DC}$ und trage in D an h_c einen rechten Winkel an. Um C zeichne ich einen Kreis mit Radius b, der den freien Schenkel des Winkels in A schneidet. Nun verlängere ich $\overline{AD}$ über D hinaus und trage in C den Winkel $\sphericalangle DCB = 90° - \beta$ an. Als Schnittpunkt ergibt sich B."

Mark: „Ich zeichne zuerst den Winkel β mit dem Scheitelpunkt B. Die Parallele zu einem der Schenkel im Abstand h_c schneidet den anderen Schenkel in C. Um C zeichne ich einen Kreis mit Radius b, der den freien Schenkel von β in zwei Punkten A_1 und A_2 schneidet. Es entstehen zwei zueinander nicht kongruente Dreiecke."

ZUM KNOBELN

Wie lang ist in einem Kreis mit dem Radius r die Strecke $\overline{AB}$?

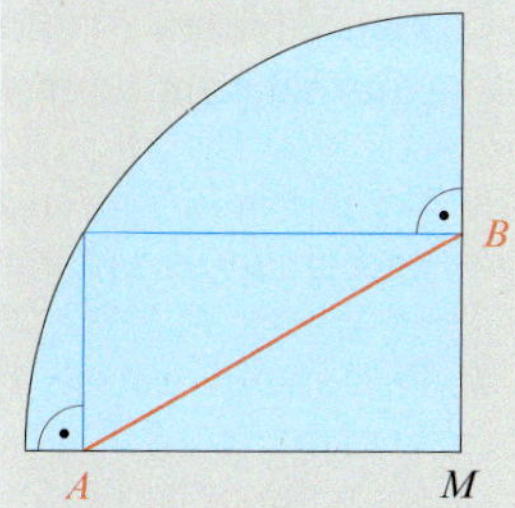

AUFGABEN ZUR WIEDERHOLUNG

1. Gib die Anteile der gefärbten Flächen
   a) als Bruch und **b)** in Prozent an.

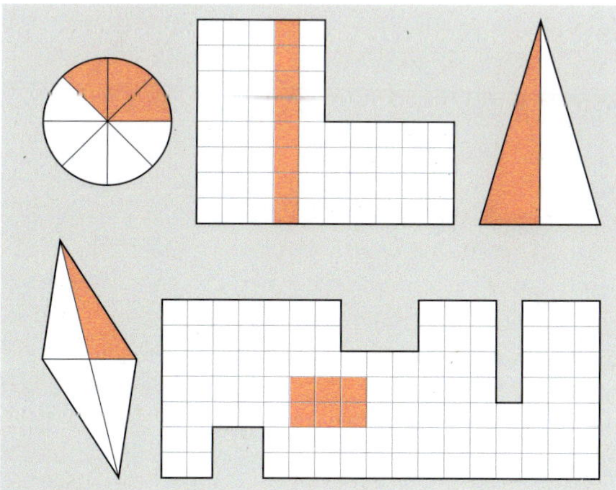

2. „Bequeme" Prozentsätze
   a) 20 % von 24 kg **b)** 50 % von 720
   c) 10 % von 17 t **d)** 40 % von 300 Eiern
   e) 60 % von 80 min **f)** 75 % von 1 t
   g) 80 % von 500 m **h)** 25 % von 100 °C

3. Wie viel Prozent …
   a) eines Straußeneis (1,5 kg) wiegt ein Hühnerei (60 g)?
   b) eines Blauwales (150 t) wiegt ein Hering (500 g)?
   c) einer Wassermelone (3 kg) wiegt ein Apfel (200 g)?

4. Miss die Größe der dargestellten Winkel.

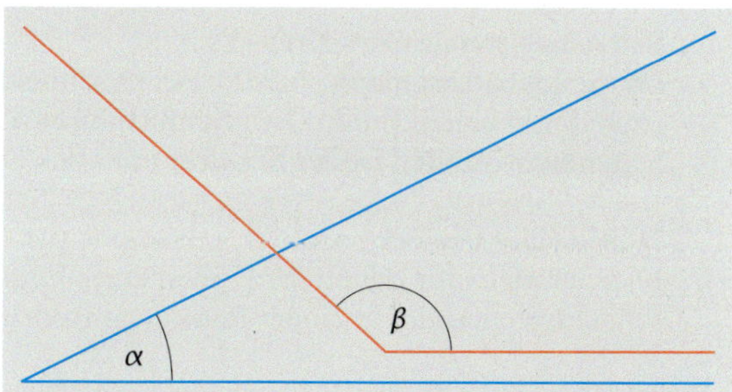

5. Zeichne einen Winkel von 140°. Zeichne dann Winkel mit 10 %, 25 %, 75 %, 60 %, 150 % und 200 % der Größe des Winkels von 140°.

ZUSAMMENFASSUNG

Zueinander kongruente Figuren

Zwei Figuren F_1 und F_2 heißen zueinander kongruent, wenn sie in Größe und Form übereinstimmen. Man schreibt dann $F_1 \cong F_2$ und spricht „F_1 kongruent F_2".

Wenn zwei Figuren zueinander kongruent sind, dann sind einander entsprechende Strecken gleich lang und einander entsprechende Winkel gleich groß.

Um nachzuweisen, dass die Figuren F_1 und F_2 zueinander kongruent sind, zeigt man, dass es eine Verschiebung, Drehung oder Spiegelung gibt, die die Figur F_1 auf die Figur F_2 abbildet.
Manchmal ist es notwendig, mehrere dieser Abbildungen hintereinander auszuführen, wenn man F_1 auf F_2 abbilden will.

Kongruenzsätze für Dreiecke

Zwei Dreiecke sind bereits dann kongruent zueinander, wenn sie in folgenden drei Stücken übereinstimmen:
- drei Seiten (sss)
- zwei Seiten und dem eingeschlossenen Winkel (sws)
- zwei Seiten und dem der größeren Seite gegenüberliegenden Winkel (SsW)
- einer Seite und den beiden anliegenden Winkeln (wsw)

Dreiecke, von denen drei Stücke entsprechend den Kongruenzsätzen gegeben sind, lassen sich eindeutig konstruieren. (Das gilt allerdings nur, wenn die drei gegebenen Stücke nicht im Widerspruch zu den Sätzen über Dreiecke stehen.)

Besondere Linien im Dreieck

Mittelsenkrechte eines Dreiecks
Die Mittelsenkrechten eines Dreiecks schneiden einander in einem Punkt. Der Schnittpunkt M der Mittelsenkrechten ist der Mittelpunkt des Umkreises.

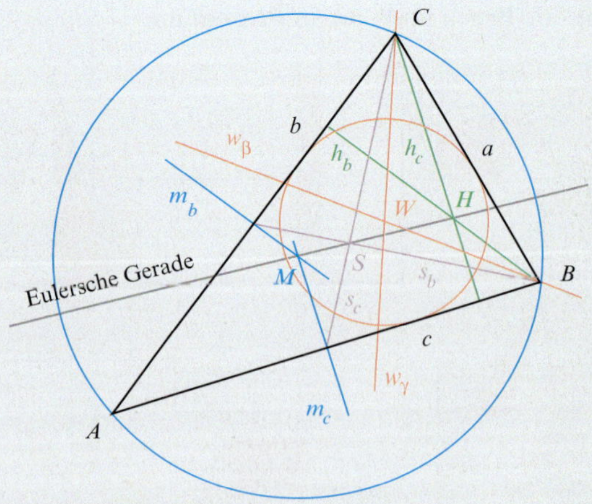

Winkelhalbierende eines Dreiecks
Die Winkelhalbierenden eines Dreiecks schneiden einander in einem Punkt. Der Schnittpunkt W der Winkelhalbierenden ist Mittelpunkt des Inkreises.

Seitenhalbierende eines Dreiecks
Die Seitenhalbierenden eines Dreiecks schneiden einander in einem Punkt. Der Schnittpunkt S der Seitenhalbierenden ist der Schwerpunkt des Dreiecks.

Höhen eines Dreiecks
Die Geraden, auf denen die Höhen eines Dreiecks liegen, schneiden einander in einem Punkt (im Bild H).

Die Punkte S, M und H liegen auf einer Geraden, **Eulersche Gerade** genannt.

Dreiecke, Vierecke und weitere Vielecke

So wie VICTOR VASARELY in seinem Bild „Gestalt I“ nutzt man auch in vielen anderen Zusammenhängen Dreiecke, Vierecke und andere Vielecke zum Gestalten von Flächen, beispielsweise Mosaike, Fußböden und Wandflächen. Eine interessante und ästhetisch wirkende Gestaltung gelingt unter Nutzung von Eigenschaften dieser Figuren.

Wiederholung: Eigenschaften von Dreiecken

1

a) Wie hoch ist der Turm im Bild? Löse die Aufgabe durch maßstabgerechte Zeichnung.

b) Warum gibt es genau eine Lösung für die Aufgabe und weshalb kann man sie durch Konstruktion ermitteln?

c) Wie lauten die Kongruenzsätze für Dreiecke?

d) Durch welchen Kongruenzsatz ist gesichert, daß die Aufgabe a) genau eine Lösung hat?

Dreiecke sind geometrische Grundfiguren. Man kann jedes Vieleck in Dreiecke zerlegen.
In den Kongruenzsätzen wird ausgesagt, durch welche Stücke ein Dreieck eindeutig bestimmt ist.

2

a) Zeichne ein beliebiges Dreieck. Schneide sechs zu diesem kongruente Dreiecke aus. Lege sie wie im nebenstehenden Bild.

b) Begründe, mit Bezug auf das Bild, dass die Summe der Innenwinkel eines Dreiecks 180° beträgt.

c) Lege eine Figur wie im nebenstehenden Bild aus sechs kongruenten stumpfwinkligen Dreiecken.

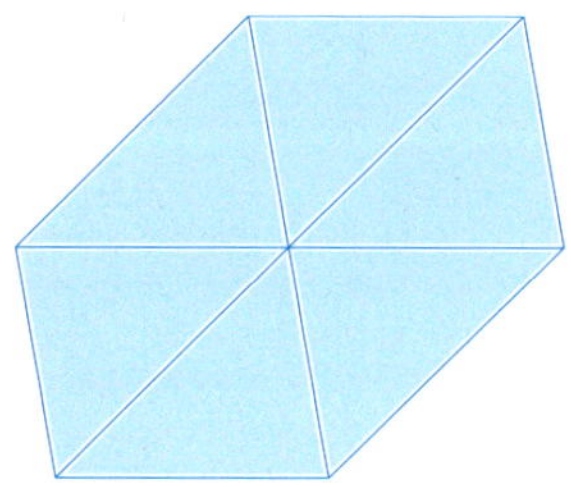

3

Untersuche, ob sich aus zwei bzw. drei bzw. vier bzw. fünf kongruenten Dreiecken ein Viereck legen lässt. Begründe.

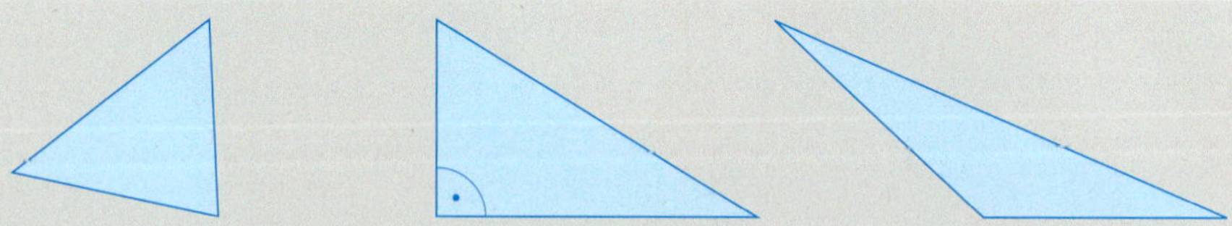

TIPP
Schneide die notwendige Anzahl kongruenter Dreiecke aus und probiere.
Probiere mit den verschiedenen Dreiecksarten (s. nebenstehendes Bild).

4

α', β' und γ' heißen Außenwinkel im Dreieck.

a) Begründe, dass $\alpha' = \beta + \gamma$ ist.

b) Formuliere eine Aussage über die Summe der drei Außenwinkel α', β' und γ' des Dreiecks.

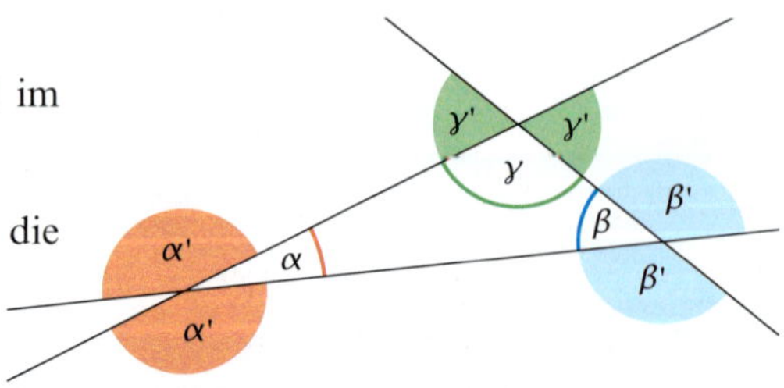

5

Kevin möchte aus drei Leisten ein Dreieck legen. Die erste Leiste ist 40 cm, die zweite 50 cm und die dritte 100 cm lang.
Wird es ihm gelingen? Begründe.

6

Konstruiere folgende Dreiecke und zeichne jeweils alle Symmetrieachsen ein. Begründe, dass die eingezeichneten Achsen Symmetrieachsen sind.

a) $a = 4$ cm, $b = 6$ cm, $c = 4$ cm
b) $a = 5{,}2$ cm, $b = 5{,}2$ cm, $c = 5{,}2$ cm
c) $a = 3$ cm, $b = 4{,}5$ cm, $c = 5{,}4$ cm
d) $c = 4{,}8$ cm, $\alpha = 60°$, $\beta = 60°$
e) $b = 5{,}1$ cm, $\alpha = 70°$, $\beta = 40°$
f) $a = 3{,}8$ cm, $\beta = 68°$, $\gamma = 73°$

7

Erläutere die Abbildungen zur Einteilung von Dreiecken.

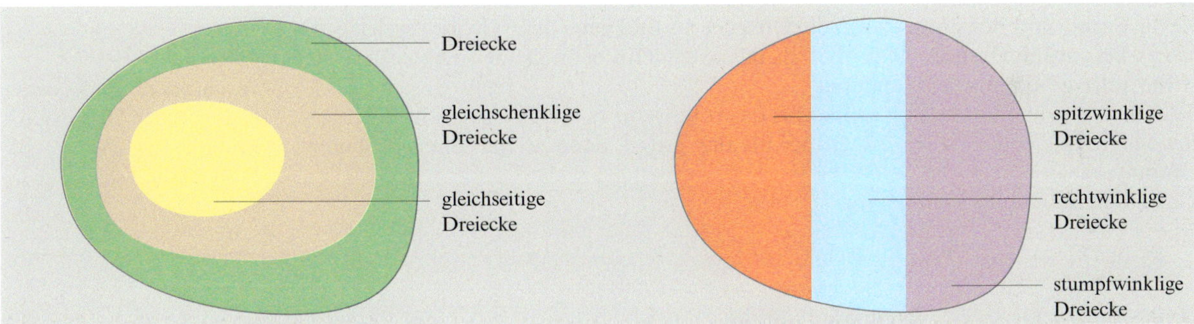

8

Überprüfe die folgende Konstruktionsbeschreibung zur Konstruktion eines Dreiecks aus den Stücken $a = 6$ cm, $c = 4$ cm, $\gamma = 84°$.

(1) einen Strahl mit dem Anfangspunkt C zeichnen
(2) an den Strahl in C den Winkel γ antragen
(3) einen Kreisbogen um C mit dem Radius 6 cm zeichnen
Der Schnittpunkt des Kreisbogens mit dem freien Schenkel von γ ist Punkt B.
(4) einen Kreisbogen um B mit dem Radius 4 cm zeichnen
Der Schnittpunkt des Kreisbogens mit dem Strahl ist Punkt A.

9

Entscheide, ob durch folgende Angaben ein gleichschenkliges Dreieck eindeutig bestimmt ist. Begründe.

a) $a = 4$ cm, $b = 4$ cm, $\gamma = 70°$
b) $a = 4$ cm, $b = 5$ cm
c) $c = 6$ cm, $\alpha = 70°$
d) $\alpha = 100°$, $a = 5$ cm

> Wir wissen, dass in jedem Dreieck gilt:
>
> Die Summe der Innenwinkel beträgt 180°.
>
> Die Summe der Längen zweier Seiten ist stets größer als die dritte Seite.
>
> Der größeren Seite liegt stets auch der größere Winkel gegenüber.

Umfang und Flächeninhalt von Dreiecken

1

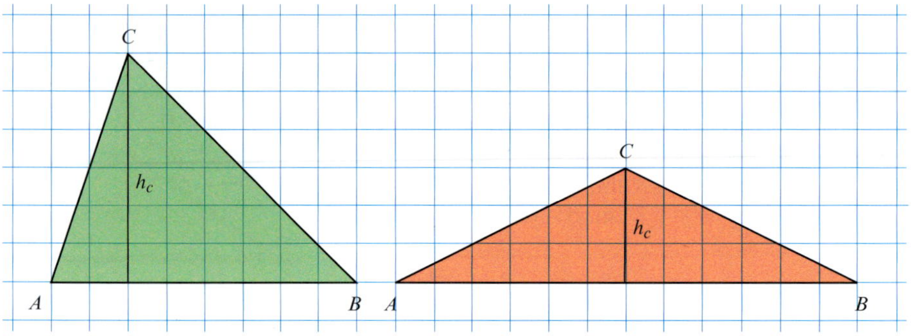

Kevin, Saskia und Benjamin wollen die Dreiecke im Bild nach ihrer Größe vergleichen.
Kevin: Das grüne Dreieck ist größer als das rote, denn beim grünen Dreieck ist die Höhe auf c größer als beim anderen.
Saskia: Das grüne Dreieck ist größer als das rote, denn es hat eine größere Fläche.
Benjamin: Das rote Dreieck ist größer als das grüne, denn es hat einen größeren Umfang.
Zu welchem Ergebnis kommst du?

NACHGEDACHT
Was meint ihr zu der nebenstehenden Diskussion? Prüft die Argumente. Probiert die Vorschläge aus.

2

Ordne die vier Dreiecke nach ihrem Umfang.

(1) $a = 3{,}2$ cm, $b = 6{,}4$ cm, $c = 3{,}8$ cm (2) $a = 4{,}9$ cm, $b = 4{,}2$ cm, $c = 4{,}0$ cm
(3) $a = 7{,}1$ cm, $b = 3{,}3$ cm, $c = 3{,}9$ cm (4) $a = 5{,}0$ cm, $b = 6{,}0$ cm, $c = 7{,}4$ cm

3

Ordne die drei Dreiecke, von denen das Folgende bekannt ist, nach ihrem Umfang.
1. Dreieck: $c = 6{,}2$ cm, $\alpha = \beta = 60°$; 2. Dreieck: $b = 9{,}7$ cm;
3. Dreieck: $a = 5{,}2$ cm, $b = 3{,}6$ cm.

HINWEIS
Bei einem gleichschenkligen Dreieck heißen die zwei gleich langen Seiten die Schenkel des Dreiecks, die dritte Seite wird Basis genannt. Die gleich großen Winkel an der Basis heißen Basiswinkel.

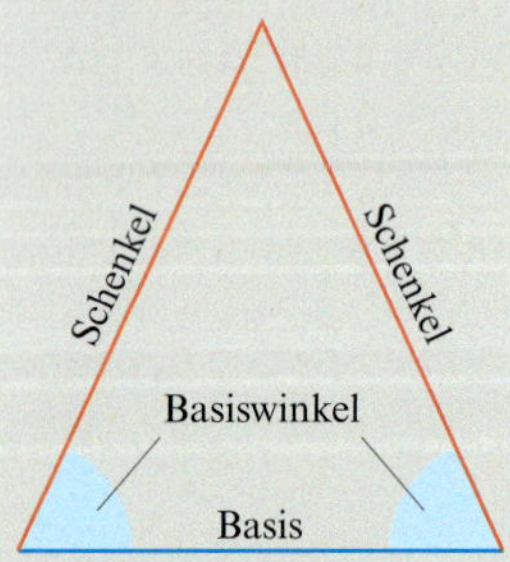

> Der Umfang u eines Dreiecks ist die Summe aus den Längen der drei Seiten des Dreiecks. $\boldsymbol{u = a + b + c}$

4

Ermittle den Umfang des Dreiecks.

a) $a = 3{,}7$ cm, $b = 4{,}2$ cm, $c = 5{,}1$ cm
b) $a = 1{,}2$ km, $b = 960$ m, $c = 0{,}8$ km
c) $a = 4{,}2$ km, $c = 5{,}6$ km, $\alpha = \beta$
d) $a = 6{,}2$ m, $b = 2{,}8$ m, $c = 9{,}6$ m
e) $\alpha = \beta = \gamma$, $b = 703$ m
f) $a = 5$ cm, $\gamma = 60°$, $b = 5$ cm

5

Ermittle die Länge der fehlenden Seiten.

a) Der Umfang eines gleichseitigen Dreiecks beträgt 38,4 cm.
b) Die Basis a eines gleichschenkligen Dreiecks ist 234 m lang, sein Umfang beträgt 584 m.

6

Ermittle den Flächeninhalt der Dreiecke durch Auszählen.

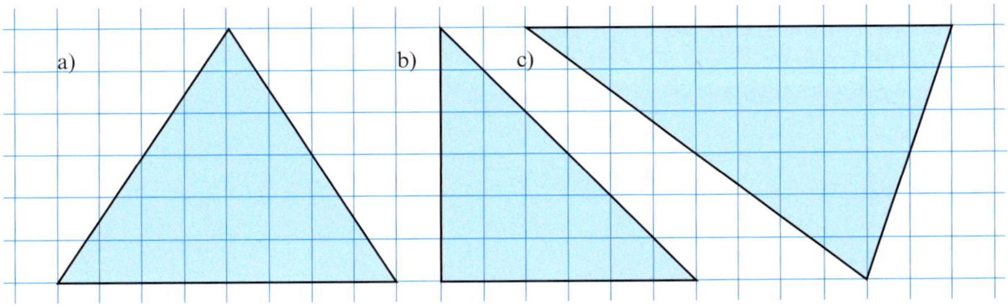

7

Schneide zwei kongruente rechtwinklige Dreiecke aus. Lege daraus ein Rechteck. Ermittle den Flächeninhalt des Dreiecks.

8

Luisa meint: Das Auszählen des Flächeninhalts ist eine sehr aufwendige Tätigkeit. Sie möchte den Flächeninhalt lieber berechnen, wie man das für Rechtecke kann. Sie probiert, wie man ein Dreieck in ein Rechteck verwandeln kann.

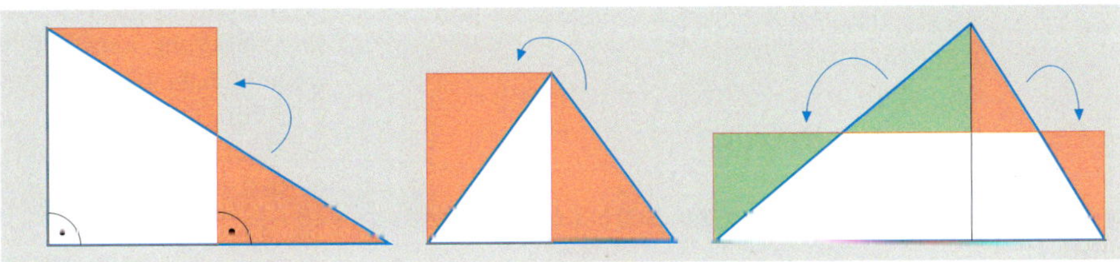

a) Begründe, dass jeweils ein Rechteck entsteht.
b) Welche Möglichkeit zur Berechnung des Flächeninhalts eines Dreiecks ergibt sich daraus?

> Man kann den Flächeninhalt eines beliebigen Dreiecks berechnen, indem man eine Seitenlänge des Dreiecks mit der Länge der Höhe auf dieser Seite multipliziert und das Ergebnis durch 2 dividiert.

9

Berechne den Flächeninhalt der Dreiecke im Bild. Entnimm die Maße der Zeichnung.

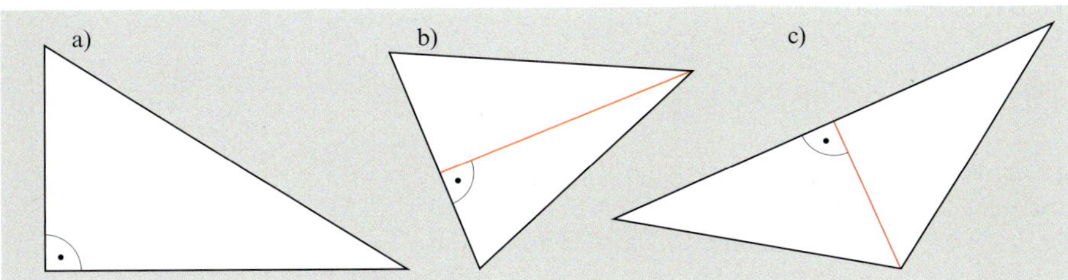

TIPP

Übertrage die Dreiecke auf Karopapier, schneide sie aus und verwandle sie in Rechtecke.

NACHGEDACHT

René meint, dass die Überlegung von Luisa (s. Bild zur Aufgabe 8) vielleicht nicht für jedes Dreieck gilt.
Lässt sich Luisas Idee z. B. auch auf das unten stehende Dreieck übertragen?

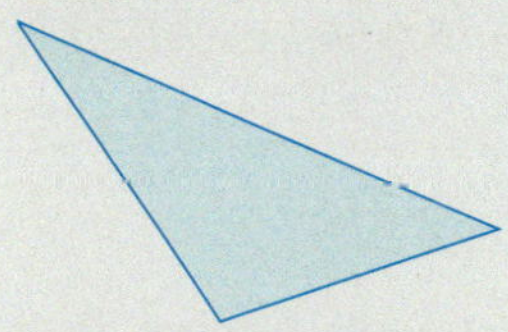

10

a) Zeichne drei verschiedene Dreiecke, die alle einen Flächeninhalt von 12 cm² haben.
b) Suche ein Dreieck mit möglichst kleinem Umfang, dessen Flächeninhalt 12 cm² beträgt.
c) Suche ein Dreieck mit möglichst großem Umfang, dessen Flächeninhalt 12 cm² beträgt.

Gegeben sei ein Dreieck mit einer Seite g und der Höhe h_g auf g.
Dann gilt für den Flächeninhalt A des Dreiecks:

$$A = \frac{g \cdot h_g}{2}$$

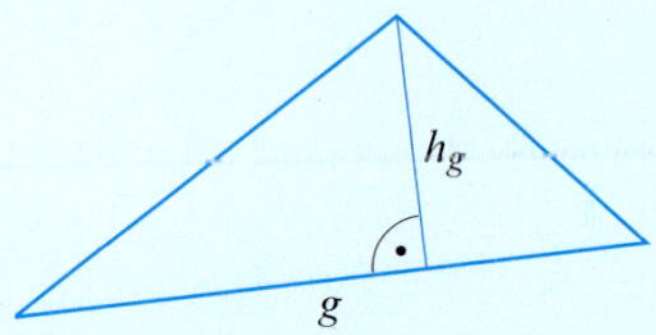

BEISPIEL
Von einem Dreieck wurden gemessen: $a = 9{,}2$ cm und $h_a = 3{,}9$ cm.
Es ist der Flächeninhalt zu berechnen.

$A = \frac{a \cdot h_a}{2} = \frac{9{,}2\text{ cm} \cdot 3{,}9\text{ cm}}{2}$ Überschlag: $\frac{9 \cdot 4}{2} = 18$
$= 17{,}94\text{ cm}^2$ (Ergebnis z. B. mit Taschenrechner ermittelt)

Da die gegebenen Werte Messwerte und damit Näherungswerte sind, ist das Ergebnis sinnvoll auf 18 cm² zu runden. $A \approx 18\text{ cm}^2$

ERINNERE DICH
Entsprechend der Faustregel für das Runden bei der Multiplikation und Division von Näherungswerten muss man im Beispiel so vorgehen:
Die Näherungswerte für a und h_a haben jeweils 2 Ziffern.
17,94 ist demnach auf die 2. Stelle zu runden:
1<u>7</u>,94 ≈ 18

11[L]

Berechne den Flächeninhalt der Dreiecke, von denen eine Seite und die dazugehörende Höhe gemessen wurden.

a) $a = 5{,}6$ cm; $h_a = 3{,}7$ cm
b) $c = 12$ m; $h_c = 18{,}7$ m
c) $b = 2{,}4$ km; $h_b = 1{,}2$ km
d) $a = 15{,}3$ m; $h_a = 14{,}8$ m
e) $c = 76$ mm; $h_c = 65$ mm
f) $b = 29{,}4$ cm; $h_b = 89{,}2$ cm
g) $b = 30{,}3$ m; $h_b = 4{,}5$ m
h) $a = 60{,}2$ m; $h_a = 108$ m
i) $c = 105$ m; $h_c = 207$ m
j) $b = 345$ m; $h_b = 173$ m

12

Berechne den Flächeninhalt der Dreiecke, von denen eine Seite und die dazugehörende Höhe gegeben sind.

a) $c = 23$ cm; $h_c = 0{,}45$ m
b) $a = 0{,}347$ km; $h_a = 167$ m
c) $b = 624$ mm; $h_b = 0{,}34$ m
d) $a = 1{,}2$ km; $h_a = 890$ m
e) $b = 34{,}2$ cm; $h_b = 125$ mm
f) $c = 0{,}034$ m; $h_c = 23$ mm
g) $b = 603$ m; $h_b = 0{,}098$ km
h) $a = 435$ mm; $h_a = 1{,}2$ m

13[L]

A sei der Flächeninhalt eines Dreiecks ABC. Berechne jeweils die in Klammern genannte Größe.

a) $A = 46\text{ cm}^2$; $a = 12{,}4$ cm (h_a)
b) $c = 4{,}5$ m; $A = 27{,}0\text{ m}^2$ (h_c)
c) $h_b = 47$ mm; $A = 2290\text{ mm}^2$ (b)
d) $A = 89\text{ cm}^2$; $h_a = 8{,}2$ cm (a)
e) $c = 6{,}7$ cm; $a = 4{,}3$ cm; $h_a = 5{,}6$ cm (h_c)
f) $a = 23$ m; $h_a = 56$ m; $h_b = 33$ m (b)

14

Gegeben ist ein Dreieck mit der Seite c. Wie ändert sich der Flächeninhalt des Dreiecks, wenn man die Höhe h_c des Dreiecks verdoppelt (verdreifacht, halbiert)?

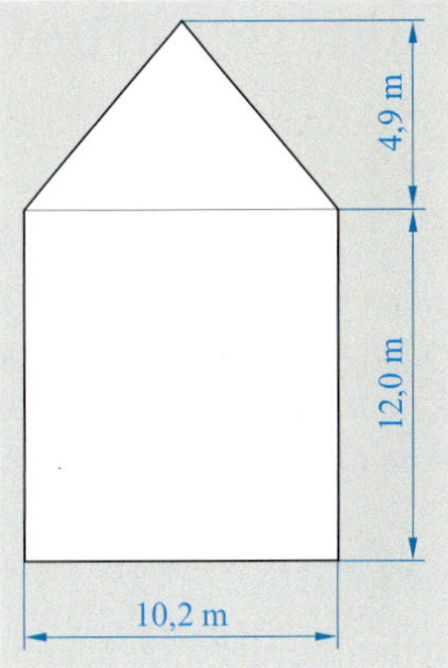

15[L]

Der Giebel des Hauses (s. Bild in der Randspalte) soll mit Fassadenfarbe gestrichen werden. Ein Eimer reicht für 8 m². Wie viele Eimer Farbe werden benötigt?

16

Das dreieckige Segel eines Bootes hat eine Fläche von 5,5 m². Die untere Kante des Segels beträgt 2,70 m. Wie hoch ist es?

17

Von Dreiecken sind im Folgenden der Flächeninhalt und die Seitenlängen gegeben. Was stimmt hier nicht?

a) $a = 5$ cm, $b = 4$ cm, $c = 3$ cm und $A = 10$ cm²
b) $a = 8$ cm, $b = 6$ cm, $c = 4$ cm und $A = 18$ cm²

TIPP

zur Aufgabe 19:
Ein Tetraeder ist ein Körper, der von vier gleichseitigen Dreiecken begrenzt wird.
Zeichne eine Seitenfläche in Originalgröße und miss eventuell fehlende Werte.

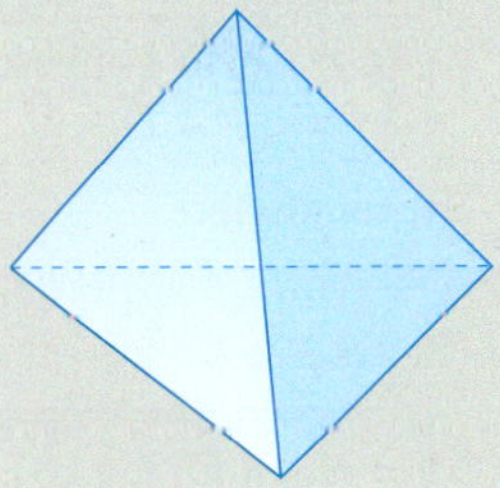

18

Von einem rechtwinkligen Dreieck ist bekannt: $u = 30$ cm, $A = 30$ cm². Die Zahlenwerte der Seitenlängen (Einheit cm) sind ganzzahlig. Finde die Seitenlängen.

19

Welchen Oberflächeninhalt hat ein Tetraeder mit einer Kantenlänge von 6 cm?

20

Von einem Dreieck sind bekannt: $a = 4{,}8$ cm, $c = 5{,}2$ cm, $h_a = 3{,}9$ cm.
Wie groß ist h_c?

21

Von einem Dreieck sind bekannt: $A = 12{,}8$ cm², $b = 40$ mm, $h_a = 25{,}6$ mm.
Ermittle a und h_b.

22

Constanze soll den Flächeninhalt des nebenstehenden Fünfecks ermitteln.
Sie zerlegt das Fünfeck in drei Dreiecke, berechnet den Flächeninhalt der Dreiecke und addiert das Ergebnis. Welches Ergebnis erhält sie?

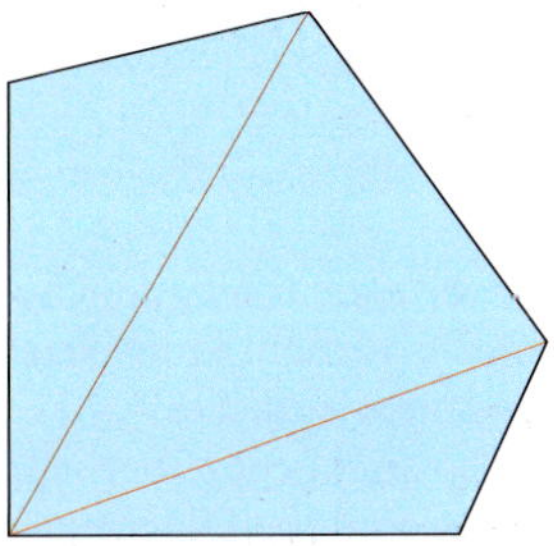

23[L]

Zeichne das Vieleck $ABCDEF$ in einem Koordinatensystem.
Errechne seinen Flächeninhalt.

a) $A(1|1)$, $B(2|2)$, $C(7|0)$, $D(6|-2)$, $E(3|-3)$, $F(0|-1)$
b) $A(-2|-2)$, $B(-1|3)$, $C(7|0)$, $D(6|-2)$, $E(3|-3)$, $F(0|-1)$
c) $A(1|1)$, $B(5|3)$, $C(7|0)$, $D(6|-2)$, $E(3|-3)$, $F(-2|-2)$
d) $A(1|1)$, $B(5|3)$, $C(7|0)$, $D(6|-2)$, $E(3|0)$, $F(0|-1)$

Eigenschaften und Konstruktion von Vierecken

1

Rico, Olga und Kevin wollen Beate erklären, was ein Quadrat ist.
Rico: Jedes Viereck mit vier rechten Winkeln heißt Quadrat.
Olga: Jedes Viereck mit vier Symmetrieachsen heißt Quadrat.
Kevin: Jedes Viereck mit vier gleich langen Seiten heißt Quadrat.
Was meinst du dazu? Wie würdest du jemandem erklären, was ein Quadrat ist?

BEACHTE
die Standardbezeichnungen für Vierecke:

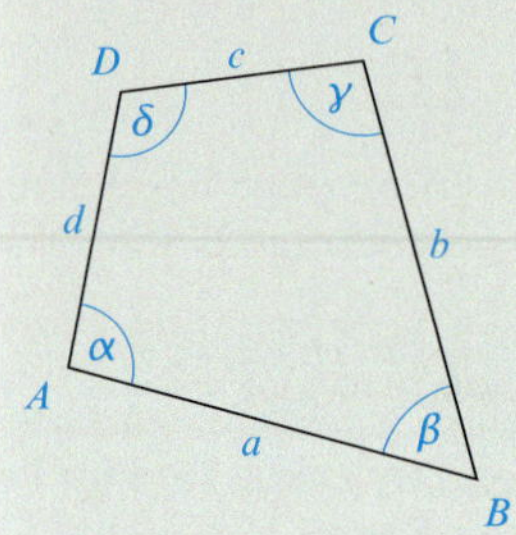

2

Schreibe alle dir bekannten Eigenschaften von Quadraten auf. Berücksichtige Eigenschaften von Winkeln und Seiten sowie Symmetrieeigenschaften.

Man muss nicht alle Eigenschaften über Winkel, Seiten und Symmetrieeigenschaften prüfen, um herauszufinden, ob ein Viereck ein Quadrat ist.
Zum Beispiel folgen aus den im nachfolgenden Merksatz genannten Eigenschaften alle weiteren Eigenschaften eines Quadrats.

Ein konvexes Viereck, bei dem alle vier Seiten gleich lang sind und wenigstens ein Innenwinkel 90° beträgt, heißt **Quadrat**.

INFORMATION
Ein **konvexes** Viereck ist ein Viereck, in dem alle Innenwinkel kleiner als 180° sind.
Das folgende Viereck ist **nicht konvex**. Es weist einen Innenwinkel auf, der größer als 180° ist.

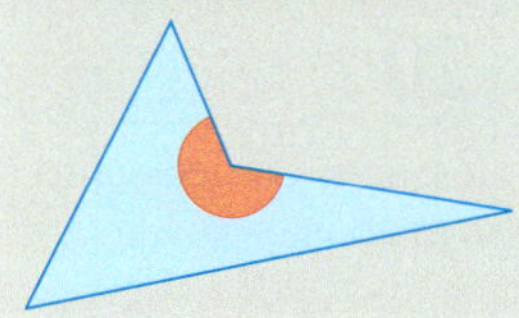

BEISPIEL
Es soll gezeigt werden:
Sind bei einem konvexen Viereck alle 4 Seiten gleich lang und beträgt wenigstens ein Innenwinkel 90°, so betragen alle 4 Innenwinkel 90°.

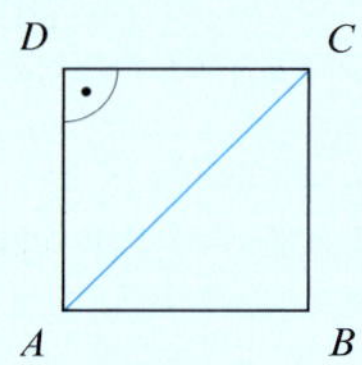

Voraussetzung:
$ABCD$ ist ein konvexes Viereck;
$\overline{AB} = \overline{BC} = \overline{CD} = \overline{DA}$; $\sphericalangle ADC = 90°$

Behauptung:
Alle vier Innenwinkel sind rechte Winkel.

Beweis:
$\overline{AC}$ zerlegt das Viereck in zwei Dreiecke. Nach dem Kongruenzsatz sss sind die beiden Dreiecke kongruent, d. h., der Winkel $\sphericalangle CBA$ ist ebenfalls ein rechter Winkel.
Die Dreiecke ACD und CAB sind gleichschenklige rechtwinklige Dreiecke.
Folglich gilt $\sphericalangle CAD = \sphericalangle BAC = 45°$ und damit $\sphericalangle BAD = 90°$.
Ebenso ist $\sphericalangle DCB = 90°$.

3

Beweise die folgenden Aussagen.
Sind bei einem konvexen Viereck alle vier Seiten gleich lang und beträgt wenigstens ein Innenwinkel 90°,

a) so sind gegenüberliegende Seiten parallel;
b) so sind die Diagonalen gleich lang;
c) so stehen die Diagonalen senkrecht aufeinander;
d) so ist jede Diagonale auch Symmetrieachse des Vierecks;
e) so ist jede Mittelsenkrechte einer Vierecksseite Symmetrieachse des Vierecks.

ZUM KNOBELN
Schneide je ein Quadrat mit der Seitenlänge 1 cm, 4 cm, 7 cm, 8 cm, 9 cm, 10 cm, 14 cm, 15 cm und 18 cm aus und lege diese 9 Quadrate zu einem Rechteck zusammen.

4

Erkläre, was du unter einem Rechteck verstehst.

5

Prüfe, ob die folgenden Erklärungen für ein Rechteck zutreffend sind. Begründe deine Entscheidung.

a) Jedes Viereck mit einem rechten Winkel heißt Rechteck.
b) Jedes Viereck mit drei rechten Winkeln heißt Rechteck.
c) Jedes Viereck, bei dem gegenüberliegende Seiten gleich lang sind, heißt Rechteck.
d) Jedes Viereck, bei dem die Mittelsenkrechten aller Seiten Symmetrieachsen sind, heißt Rechteck.

> Jedes Viereck, bei dem die gegenüberliegenden Seiten gleich lang sind und das (wenigstens) einen rechten Innenwinkel hat, heißt **Rechteck**.

6

Entscheide, ob das Viereck mit vier rechten Winkeln ein Quadrat ist.

a) $A = 64\ \text{cm}^2$, $u = 40$ cm **b)** $A = 36\ \text{cm}^2$, $u = 24$ cm
c) $A = 56{,}25\ \text{m}^2$, $u = 30$ m **d)** $A = 40{,}96\ \text{m}^2$, $u = 32$ m

HINWEIS
Die Verbindungsstrecken von Punkten eines Vielecks, die nicht Seiten des Vielecks sind, heißen Diagonalen des Vielecks. Ein Viereck hat zwei Diagonalen. Diese werden mit e und f bezeichnet.

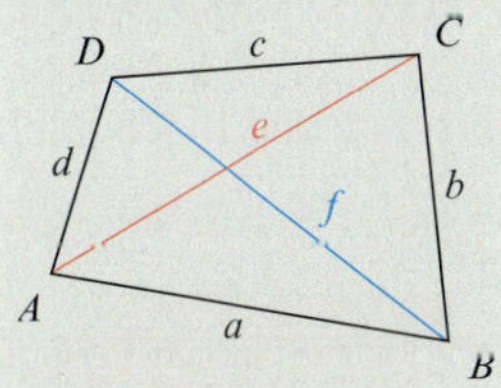

> Ein Viereck mit vier gleich langen Seiten heißt **Rhombus** oder auch **Raute**.

7

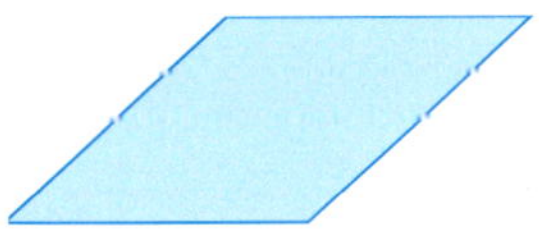

a) Zeichne zwei unterschiedliche Rhomben, deren Seiten jeweils 4 cm lang sind.
b) Stelle Eigenschaften der Rhomben zusammen.
c) Begründe eine der unter b) genannten Eigenschaften.

8

Konstruiere einen Rhombus aus den folgenden Angaben.

a) $a = 3{,}8$ cm, $\alpha = 72°$ **b)** $a = 2{,}8$ cm, $e = 4{,}8$ cm

9

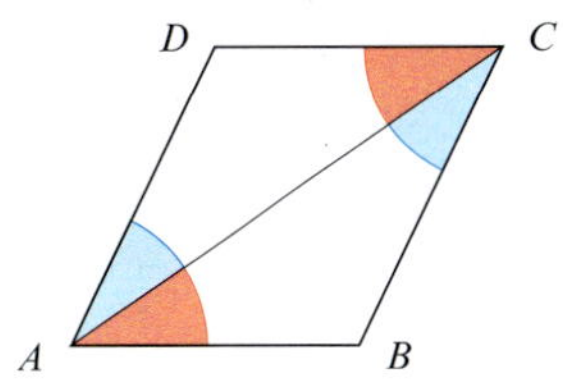

$ABCD$ sei ein Viereck mit $\overline{AB} \parallel \overline{CD}$ und $\overline{BC} \parallel \overline{DA}$. Beweise die folgenden Aussagen über dieses Viereck. Siehe dazu das Bild in der Randspalte.

a) Die Summe zweier benachbarter Innenwinkel beträgt jeweils 180°.
b) $\overline{AB} = \overline{CD}$ und $\overline{BC} = \overline{DA}$
c) Die Diagonalen des Vierecks halbieren einander.

> Sind in einem Viereck gegenüberliegende Seiten stets parallel zueinander, so heißt das Viereck **Parallelogramm**.

10

Nenne Beispiele, wo im Alltag und in der Technik Parallelogramme vorkommen.

11

Alexander und Anneli wollen den Flächeninhalt des Parallelogramms ausrechnen. Alexander schlägt vor, durch eine Diagonale das Parallelogramm in zwei Dreiecke zu zerlegen. Anneli meint, es genügt doch, das Produkt der Seiten a und b auszurechnen.

a) Was sagst du zu den Vorschlägen von Alexander und Anneli?

b) Versuche, den Flächeninhalt auszurechnen.

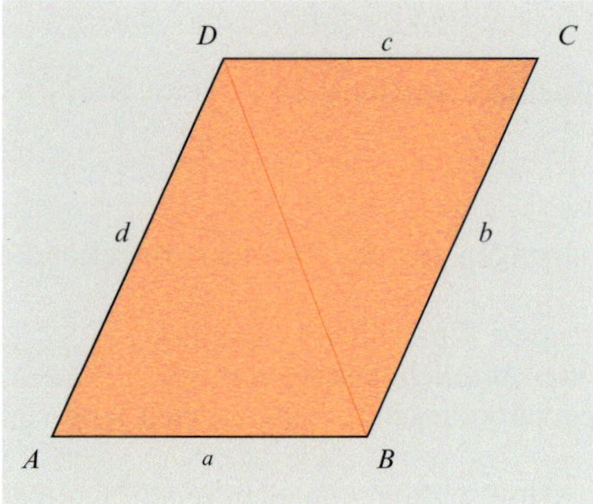

12

Irina sucht eine Formel für die Berechnung des Flächeninhalts eines Parallelogramms. Sie zerlegt das Parallelogramm in zwei kongruente Dreiecke, indem sie eine Diagonale einzeichnet.
Sie wählt im Dreieck ABC die Seite a als Grundseite. Der Flächeninhalt des Dreiecks ist $A = \frac{1}{2} \cdot a \cdot h_a$. Welche Formel erhält Irina für die Berechnung des Flächeninhalts des Parallelogramms?

> Der Flächeninhalt eines Parallelogramms ergibt sich als Produkt einer Seitenlänge des Parallelogramms und der Länge der zu dieser Seite gehörenden Höhe.
> $\boldsymbol{A = g \cdot h_g}$

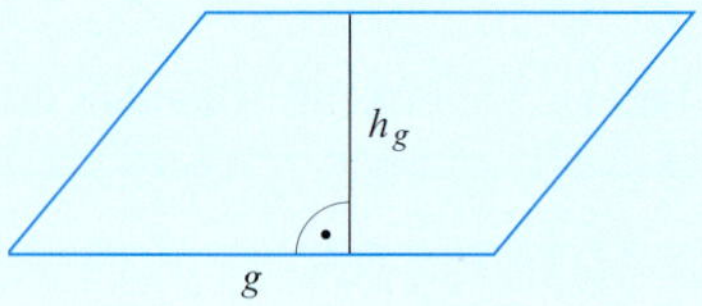

13

Berechne den Flächeninhalt der Parallelogramme. Miss die benötigten Werte.

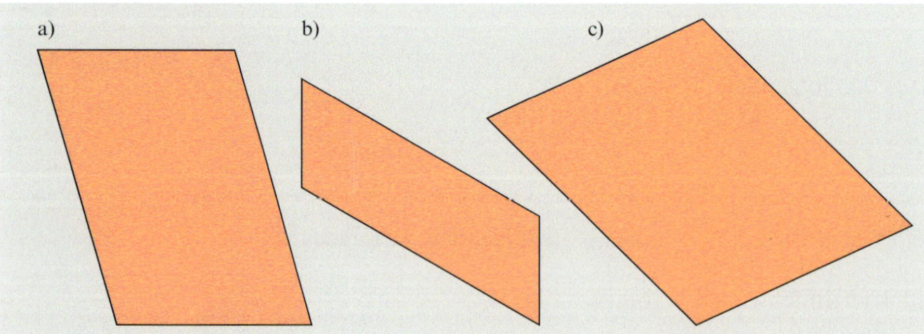

14

Aufgabe für die ganze Klasse:
Es soll der Flächeninhalt eines Parallelogramms mit den Seiten $a = 6$ cm und $b = 7{,}2$ cm ermittelt werden.
Konstruiert alle ein Parallelogramm mit diesen Maßen. Entnehmt die erforderlichen Maße zur Berechnung des Flächeninhalts der Zeichnung.
Vergleicht eure Ergebnisse. Was stellt ihr fest?

AUFGABE

Erläutert, wo an den in der Randspalte abgebildeten Gegenständen Parallelogramme vorkommen.

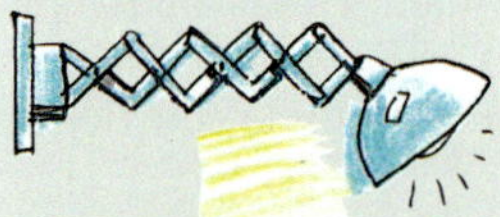

15

Konstruiere ein Parallelogramm aus den angegebenen Maßen. Ermittle auch den Umfang und den Flächeninhalt, falls sie nicht gegeben sind.

a) $a = 6{,}0$ cm, $b = 7{,}2$ cm, $\alpha = 74°$
b) $a = 5{,}1$ cm, $b = 4{,}3$ cm, $e = 7{,}1$ cm
c) $c = 4{,}9$ cm, $\delta = 78°$, $e = 6{,}3$ cm
d) $a = 7{,}3$ cm, $b = 5{,}8$ cm, $h_a = 4{,}7$ cm
e) $A = 26$ cm², $a = 5{,}2$ cm, $b = 6$ cm
f) $u = 30{,}2$ cm, $b = 8{,}1$ cm, $h_a = 7{,}0$ cm

Ein Viereck mit wenigstens einem Paar paralleler Seiten heißt **Trapez**.

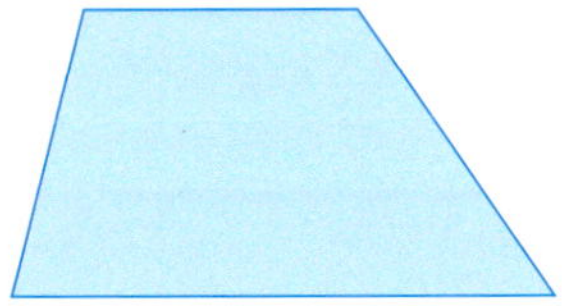
Trapez

16

Erläutere, wo bei den abgebildeten Gegenständen Trapeze vorkommen. Nenne zwei weitere Gegenstände, an denen Trapeze vorkommen.

17

Rebekka meint, aus den Angaben $a = 7$ cm, $d = 4$ cm, $\alpha = 76°$, $b = 5$ cm könne man eindeutig ein Trapez konstruieren.
René ist der Auffassung, es genügen stets zwei Seiten und zwei Winkel, um ein Trapez eindeutig konstruieren zu können.
Prüfe die Aussagen von Rebekka und René. Begründe.

18

Es gibt Trapeze, die keine Parallelogramme sind und eine Symmetrieachse haben.
a) Finde heraus, wie diese Trapeze aussehen.
b) Man nennt sie gleichschenklige Trapeze. Warum wohl?

19

Konstruiere jeweils ein Trapez aus folgenden Angaben:
a) $a = 6{,}9$ cm, $\alpha = 69°$, $d = 3{,}9$ cm, $c = 2$ cm
b) $\alpha = 102°$, $\beta = 95°$, $a = 3{,}7$ cm, $b = 4{,}2$ cm
c) $a = 5{,}9$ cm, $b = 4{,}6$ cm, $\alpha = 72°$, $\gamma = 113°$
d) $d = 7$ cm, $c = 2$ cm, $b = 6{,}2$ cm, $\delta = 121°$

20

Konstruiere ein gleichschenkliges Trapez $ABCD$.
a) $a = 3$ cm, $b = d = 6$ cm, $\beta = 95°$
b) $b = d = 2{,}9$ cm, $c = 4{,}8$ cm, $\delta = 107°$
c) $a = b = d = 4$ cm, $\alpha = 71°$
d) $b = d = 4{,}3$ cm, $c = 4{,}8$ cm, $\beta = 67°$

Sind a und c die Seitenlängen zueinander paralleler Seiten und h die Höhe eines Trapezes, so gilt für seinen Flächeninhalt:

$$A = \frac{a + c}{2} \cdot h$$

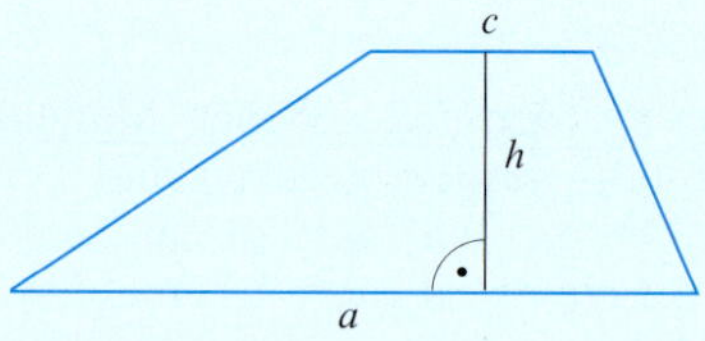

21

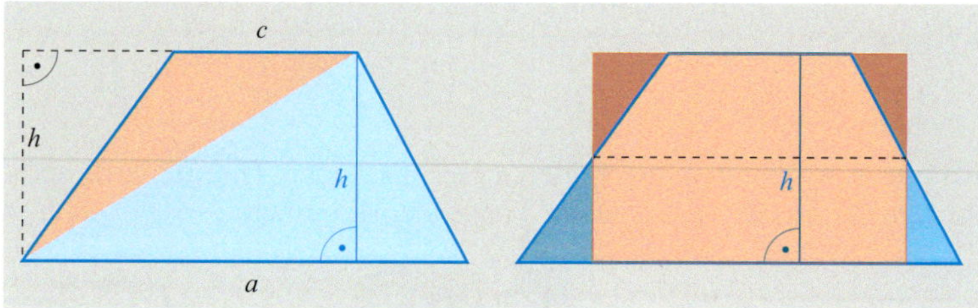

a) Begründe anhand der linken Abbildung die Formel zur Berechnung des Flächeninhalts eines Trapezes.

b) Begründe anhand der rechten Abbildung die Formel zur Berechnung des Flächeninhalts eines Trapezes.

22

Berechne den Flächeninhalt des Trapezes.

a) $a = 6$ cm, $c = 4$ cm, $h = 3$ cm
b) $a = 10$ cm, $c = 2$ cm, $h = 5$ cm
c) $a = 17$ m, $c = 28$ m, $h = 5{,}5$ m
d) $a = 23$ mm, $c = 11$ mm, $h = 45$ mm

Ein konvexes Viereck mit einer Symmetrieachse, die durch zwei Eckpunkte geht, heißt **Drachenviereck**.

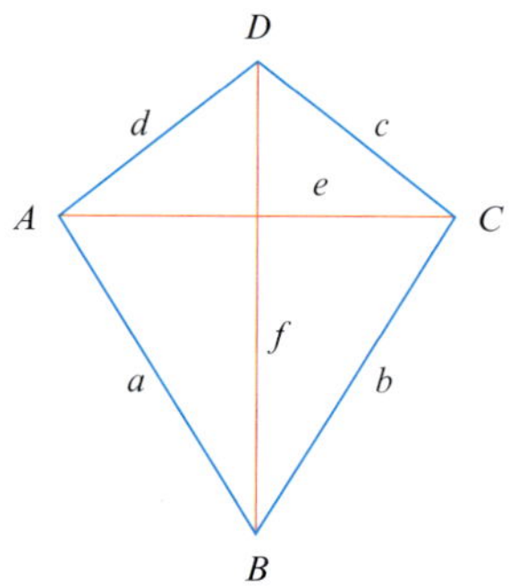

Drachenviereck

23

Beweise, dass jedes Drachenviereck zwei Paare gleich langer benachbarter Seiten hat.

24

Prüfe die folgenden Aussagen. Begründe deine Antwort.

a) Jedes Quadrat ist ein Drachenviereck.
b) Es gibt Rechtecke, die auch Drachenvierecke sind.
c) Jedes Parallelogramm ist ein Drachenviereck.
d) Es gibt Parallelogramme, die auch Drachenvierecke sind.

25

Beweise die folgenden Aussagen.

a) In jedem Drachenviereck gibt es ein Paar gegenüberliegende gleich große Innenwinkel.
b) In jedem Drachenviereck stehen die Diagonalen senkrecht zueinander.

26

Konstruiere das Drachenviereck.

a) $a = 5$ cm, $c = 3$ cm, $f = 7$ cm
b) $b = 35$ mm, $e = 60$ mm, $f = 20$ mm
c) $e = 4$ cm, $f = 5$ cm, $d = 30$ mm
d) $a = 2{,}8$ cm, $d = 3{,}2$ cm, $\alpha = 94°$

27

Berechne den Flächeninhalt des Drachenvierecks aus Aufgabe 26 b).

28

ABCD sei ein konvexes Viereck. *AC* steht senkrecht auf *BD* und halbiert die Strecke $\overline{BD}$. Beweise, dass *ABCD* dann ein Drachenviereck ist.

29

Leona möchte wissen, ob es auch Vierecke gibt, die zugleich Parallelogramme und Drachenvierecke sind. Kannst du ihr helfen? Begründe deine Antwort.

30

Betrachte den rot umrandeten Ausschnitt aus einer regelmäßigen Parkettierung im nebenstehenden Bild.

a) Finde das kleinste Grundmuster heraus, aus dem man die Parkettierung erhält.

b) Welche Form kommt häufiger vor, die der Dreiecke oder die der Vierecke?

c) Ist der Flächenanteil der Vierecke am Gesamtmuster größer als der der Dreiecke? Begründe.

31

Ermittle die Größen der nicht gegebenen Winkel im Parallelogramm und im Trapez. Wie groß ist jeweils die Summe aller Innenwinkel?

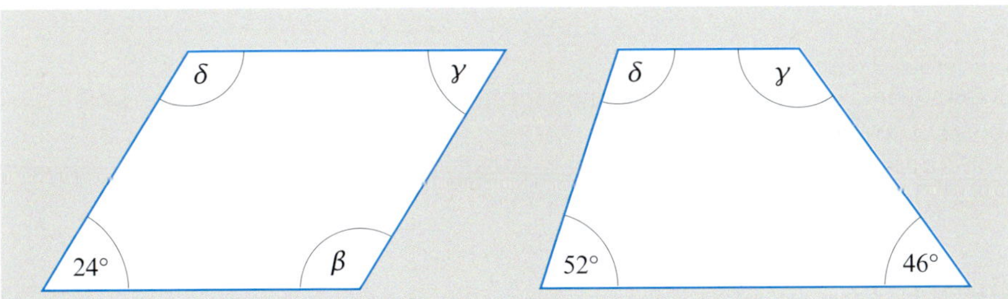

32

Beweise die folgenden Sätze. Verwende die Beweisidee aus Aufgabe 31.

a) In jedem Parallelogramm ist die Summe der Innenwinkel 360°.

b) In jedem Trapez ist die Summe der Innenwinkel 360°.

Die Summe der Innenwinkel ist von der Form eines Vierecks unabhängig. Allerdings kann man den Beweis dieses Satzes nicht auf spezielle Eigenschaften wie Parallelität von Seiten gründen.

> **Winkelsummensatz für Vierecke**
> In jedem Viereck beträgt die Summe der Innenwinkel 360°.

33

Maik sucht nach einer Beweisidee, um den Winkelsummensatz für Vierecke zu beweisen. „Ich habe keine Ahnung, wie ich das machen soll. Bisher kennen wir nur den Winkelsummensatz für Dreiecke."
Tanja entgegnet: „Du hast jetzt eine Beweisidee gefunden!" Maik schaut Tanja verständnislos an. Tanja erläutert: „Du weißt doch, dass man Vierecke durch Diagonalen in Dreiecke einteilen kann. Und über die Dreiecke weißt du Bescheid."

a) Erläutere die Beweisidee. Zeichne eine Beweisfigur und führe den Beweis durch.
b) Hast du mit deinem Beweis in a) auch bewiesen, dass der Satz für nicht konvexe Vierecke ebenfalls gilt?

ERINNERE DICH
In nicht konvexen Vierecken gibt es eine einspringende Ecke.

34

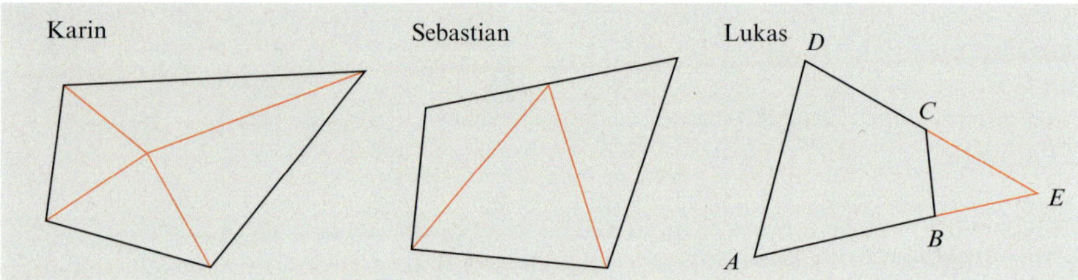

a) Karin und Sebastian haben die Einteilung eines Vierecks in Dreiecke anders vorgenommen. Wie lauten ihre Beweise des Winkelsummensatzes für Vierecke?
b) Lukas behauptet: „Ich kann beweisen, dass es Vierecke gibt, deren Innenwinkelsumme 0° beträgt! Ich habe zwei Seiten des Vierecks $ABCD$ verlängert, so dass ein Dreieck AED entsteht. Die Winkelsumme im Dreieck AED beträgt 180°. Das Dreieck BEC darf ich nicht mitzählen. Seine Innenwinkelsumme muss ich subtrahieren, also hat das Viereck die Innenwinkelsumme 180° – 180° = 0°."
Was hat Lukas falsch gemacht?

35

a) Begründe: Die Summe der Innenwinkel bei einem Fünfeck beträgt 540°.
b) Formuliere den Innenwinkelsatz für Zehnecke.
c) Formuliere den Innenwinkelsatz allgemein für n-Ecke. Wie ist es möglich ihn zu beweisen?

AUFGABEN ZUR WIEDERHOLUNG

1. Schätze. Verwende sinnvolle Maßeinheiten.
   a) Masse eines Briefes, einer vollen Mülltonne, eines Brotes, eines Lkws
   b) Dauer einer Schiffsreise nach Amerika, Dauer eines Herzschlages, Dauer des Zähneputzens, Brenndauer einer Glühbirne
   c) Länge der Strecke Erde–Mond, Länge eines Bakteriums, Höhe eines Baumes, Durchmesser eines Bleistifts
   d) Flächeninhalt deines Schulhofs, eines großen Feldes, eines Kleingartens, eines Cent-Stückes
   e) Inhalt/Volumen eines Wassereimers, einer Tasse, eines Schwimmbeckens mit 25-m-Bahn

2. Was meinst du?
   a) Wie oft passt der Inhalt eines Trinkglases in einen Wassereimer?
   b) Wie viele Radtouren müsstest du machen, um von der Entfernung her die Erde einmal zu umrunden?
   c) Wie oft müsstest du einen Fuß vor den anderen setzen, um eine Stadionrunde zu laufen?
   d) Wie viele DIN-A4-Blätter brauchst du, um deinen Schultisch damit auszulegen?
   e) Wie viele 25-m-Bahnen müsstest du schwimmen, um von der Entfernung her den Atlantik zu durchschwimmen?

Systematisierung der Vierecke

1

Jana und Daniel wollen Ordnung in die Vielzahl der verschiedenen Arten von Vierecken bringen.
Jana schlägt vor, von der Menge aller konvexen Vierecke auszugehen und dann durch immer weitere zusätzliche Eigenschaften die Menge einzuengen. Aber welche zusätzlichen Eigenschaften sollen sie auswählen?

a) Daniel wählt die Parallelität gegenüberliegender Seiten. Zunächst soll ein Paar paralleler Seiten, dann sollen zwei Paare paralleler Seiten vorhanden sein.
Welche Vierecke erhält Daniel?

b) Jana entscheidet sich für die Seitenlänge. Sie findet folgende Eigenschaften:
(1) wenigstens ein Paar gleich langer Seiten, die gegenüberliegen;
(2) zwei Paare gleich langer Seiten, die gegenüberliegen;
(3) wenigstens ein Paar gleich langer benachbarter Seiten;
(4) drei gleich lange Seiten;
(5) vier gleich lange Seiten.
Welche Arten von Vierecken passen zu welcher der fünf Eigenschaften?

2

a) Versuche mithilfe der Symmetrieeigenschaften (z. B. Anzahl der Symmetrieachsen) Ordnung in die Vielzahl der Vierecksarten zu bringen.

b) Begründe, dass nur gleichschenklige Trapeze und Drachenvierecke die Vierecke mit einer Symmetrieachse sind.
Wie unterscheidet sich der Verlauf der Symmetrieachse bei gleichschenkligen Trapezen von dem bei Drachenvierecken?

c) Begründe, dass es keine Vierecke mit genau drei Symmetrieachsen gibt.

BEACHTE
Jede Symmetrieachse im Viereck verläuft entweder durch gegenüberliegende Eckpunkte des Vierecks oder durch die Seitenmitten gegenüberliegender Seiten.

Wir versuchen mithilfe der Eigenschaften der Innenwinkel Ordnung in die Vielzahl der Vierecke zu bringen. Dabei können wir etwas über die Größe der Innenwinkel aussagen bzw. gegenüberliegende Innenwinkel bzw. benachbarte Innenwinkel vergleichen.
Verlangt man zum Beispiel, dass wenigstens zwei benachbarte Innenwinkel einander zu 180° ergänzen, so erhält man ein Trapez.

3

a) Welche Eigenschaften der Innenwinkel muss man fordern, damit man ein Parallelogramm erhält?

b) Welche Eigenschaften der Innenwinkel muss man fordern, damit man ein Rechteck erhält?

c) Welche Eigenschaften der Innenwinkel muss man fordern, damit man ein Quadrat erhält?

d) Begründe, dass nicht jedes Viereck mit einem Paar gleich großer gegenüberliegender Innenwinkel ein Drachenviereck ist.

e) Beschreibe ein gleichschenkliges Trapez allein als ein Viereck mit gewissen Eigenschaften der Innenwinkel.

Einteilung der Vierecke nach mehreren Eigenschaften

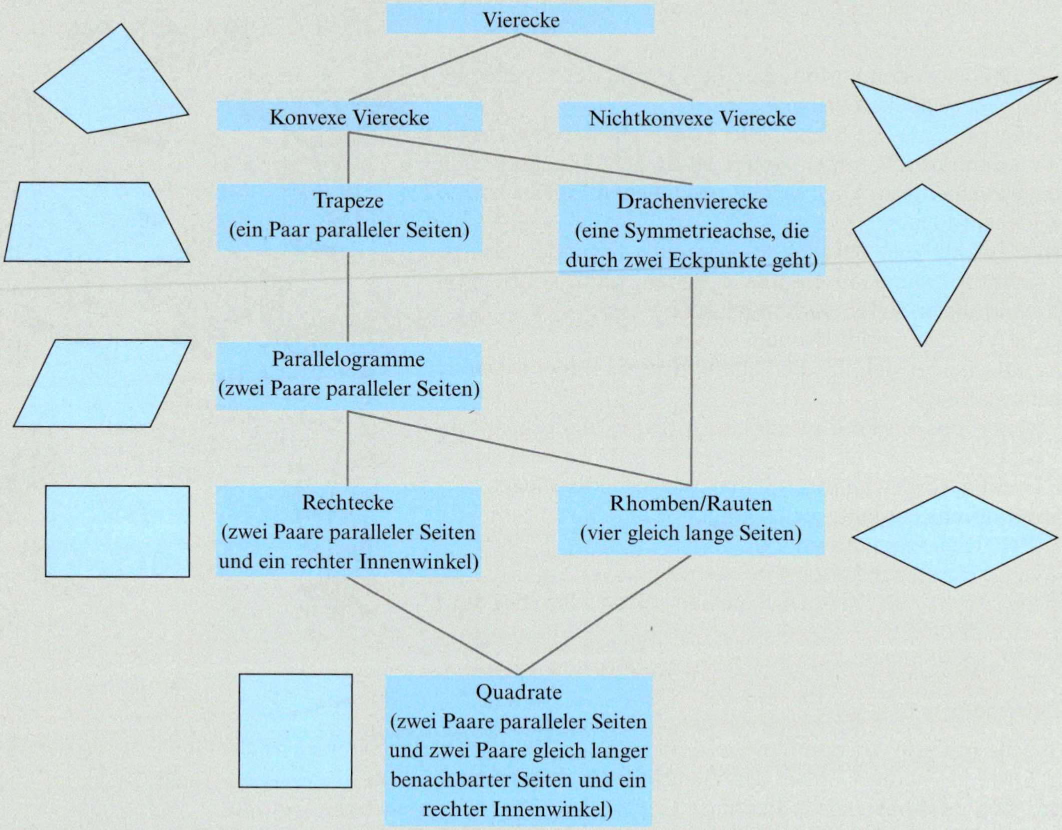

Beachte: Sind zwei Vierecksarten durch einen Strich verbunden, so ist die weiter unten stehende Vierecksart eine Teilmenge der weiter oben stehenden.
So ist z. B. die Menge der Quadrate eine Teilmenge der Menge der Rechtecke, aber auch eine Teilmenge der Rhomben. Anders gesagt ist jedes Quadrat ein spezielles Rechteck und auch ein spezieller Rhombus.

4

Begründe die folgenden Aussagen
a) Jedes Quadrat ist auch ein Trapez.
b) Es gibt Trapeze, die zugleich auch Drachenvierecke sind.
c) Es gibt Trapeze, die nicht Drachenvierecke sind.
d) Es gibt Drachenvierecke, die nicht Trapeze sind.
e) Es gibt Parallelogramme, die zugleich Rhomben sind.

TIPP
Jedes Rechteck ist auch ein Trapez, denn es hat mindestens ein Paar paralleler Seiten.

5

Prüfe die folgenden Aussagen. Begründe.
a) Jedes Parallelogramm ist auch ein Trapez.
b) Jeder Rhombus ist auch ein Quadrat.
c) Es gibt Parallelogramme, die auch Quadrate sind.
d) Es gibt Quadrate, die nicht Trapeze sind.

6

Was für ein Viereck ist es?

a) Es hat vier gleich lange Seiten. Es hat einen rechten Innenwinkel.
b) Es hat zwei rechte Innenwinkel. Es hat zwei Symmetrieachsen.
c) Es hat zwei gleich lange benachbarte Seiten. Alle Innenwinkel sind gleich groß.
d) Es hat zwei rechte Innenwinkel. Es hat nur eine Symmetrieachse.

7

Gib wie im BEISPIEL jeweils eine zusätzliche Eigenschaft an, damit aus…

a) einem Trapez ein Parallelogramm wird;
b) einem Parallelogramm ein Rhombus wird;
c) einem Parallelogramm ein Rechteck wird;
d) einem Drachenviereck ein Rhombus wird;
e) einem Parallelogramm ein Quadrat wird.

BEISPIEL
Mit *einer* zusätzlichen Eigenschaft wird aus einem Rechteck ein Quadrat:
Rechteck *und* ein Paar gleich lange benachbarte Seiten.

8

Ein Immobilienmakler bietet mehrere Baugrundstücke für Einfamilienhäuser zum Kauf an. Wie teuer sind die Baugrundstücke?

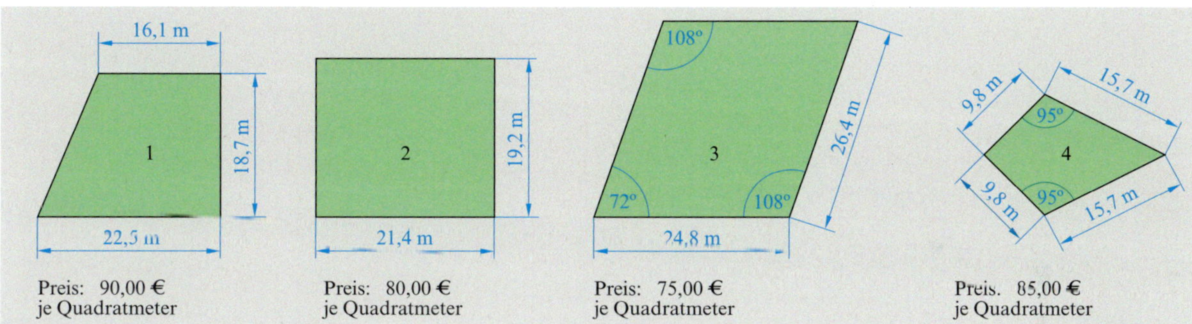

9

Ein trapezförmiges Geländestück (s. Bild) soll zu einem Freizeitpark umgestaltet werden. Dazu sollen angelegt werden:
ein kreisförmiger Teich (Durchmesser 55 m, Fläche rund 2400 m^2), ein rechteckiger Ballspielplatz (54 m lang und 32 m breit), ein Spielplatz für Kinder (1600 m^2), eine Liegewiese (1000 m^2) und viele Wege.

a) Fertige eine maßstabgerechte Zeichnung des Geländestücks an.
b) Lassen sich alle oben genannten Wünsche auf dem Geländestück verwirklichen?
c) Fertige einen Vorschlag für die Umgestaltung des Geländes an.

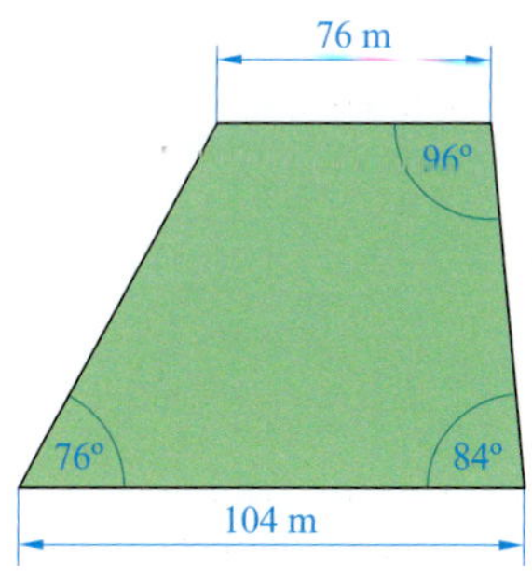

10

Franz, Saskia und Paul streiten, wer ein Viereck mit dem größten Flächeninhalt aus einer 1 m langen Schnur legen kann.
Franz ist der Meinung, dass das Quadrat den größten Flächeninhalt hat. Saskia behauptet, das Viereck mit dem größten Flächeninhalt sei ein Rhombus. Paul dagegen meint, das Viereck mit dem größten Flächeninhalt sei ein Drachenviereck.
Was meinst du dazu? Überprüfe zusammen mit deiner Nachbarin bzw. mit deinem Nachbarn die Vorschläge.

ZUSAMMENFASSUNG

Einteilung der konvexen Vierecke (siehe auch Seite 192)

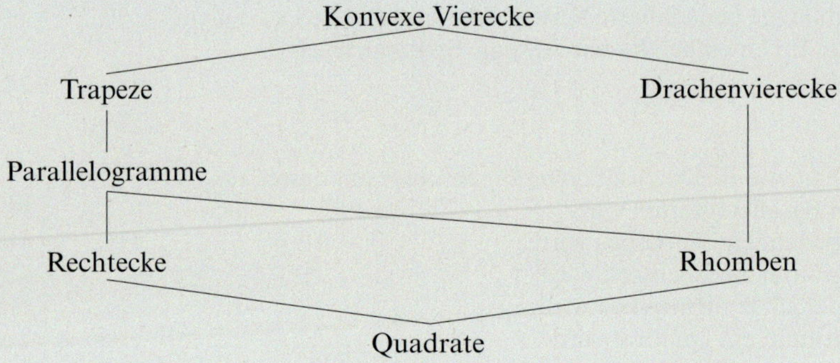

Figur		**Flächeninhalt A**	**Umfang u**
Dreieck	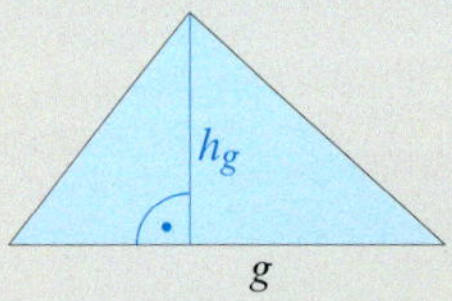	$A = \frac{g \cdot h_g}{2}$	Summe aller Seitenlängen $u = a + b + c$
Parallelogramm	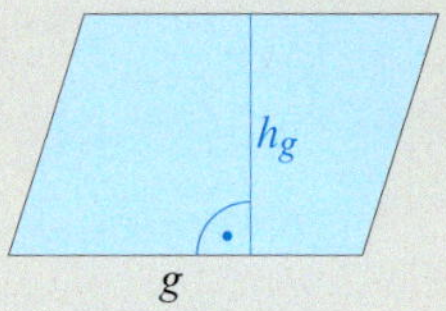	$A = g \cdot h_g$	Summe aller Seitenlängen $u = a + b + c + d$
Trapez	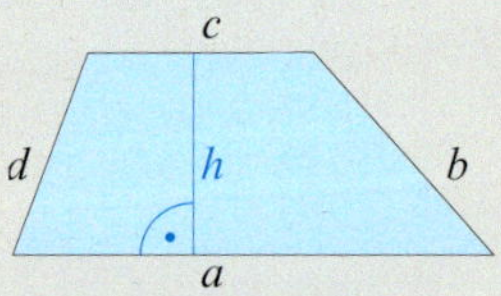	$A = \frac{a + c}{2} \cdot h$	Summe aller Seitenlängen $u = a + b + c + d$
Vieleck	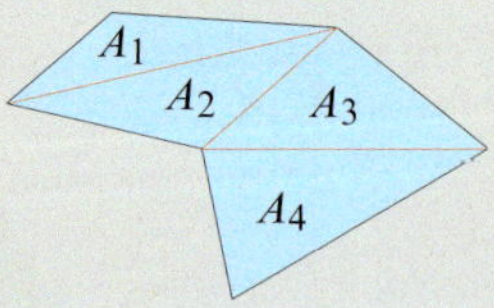	Summe der Flächeninhalte der Dreiecke, in die sich die Figur zerlegen lässt; hier: $A = A_1 + A_2 + A_3 + A_4$	Summe aller Seitenlängen

Innenwinkelsumme in Vielecken

In jedem Dreieck beträgt die Summe der Innenwinkel 180°.

In jedem Viereck beträgt die Summe der Innenwinkel 360°.

In jedem n-Eck beträgt die Summe der Innenwinkel $(n - 2) \cdot 180°$.

Prismen

An beleuchteten Kristallfiguren treten vielfältige Licht- und Farbeffekte auf. Das beobachtete schon Isaac Newton (1643–1727), ein weltberühmter englischer Mathematiker und Physiker. Er wies 1666 nach, dass Licht in sieben Spektralfarben zerlegt wird, wenn es auf ein Prisma fällt. Diese Farben findet man auch im Regenbogen wieder. Körper in Prismenform werden nicht nur in der Optik genutzt, man findet sie fast überall im täglichen Leben. Deshalb ist es notwendig, Prismen darzustellen oder zu berechnen.

Prismen und ihre Eigenschaften

1

Im Bild siehst du zehn Gegenstände.
a) Welche geometrischen Körperformen erkennst du? Begründe deine Meinung.
b) Beschreibe von jedem Körper die Begrenzungsflächen.
c) Vergleiche die Längen der Kanten. Welche Kanten stehen senkrecht aufeinander?
d) Sieben der zehn abgebildeten Körper haben gemeinsame Eigenschaften. Findest du diese heraus?

Sind die Begrenzungsflächen eben oder gekrümmt?
Welche Form haben sie?
Wie liegen sie zueinander?

Ein Körper heißt (gerades) **Prisma,** wenn er von folgenden Flächen begrenzt wird:
von zwei zueinander parallelen kongruenten Vielecken (**Grund-** und **Deckfläche**) und von Rechtecken (**Seitenflächen**).

Alle Seitenflächen zusammen bilden den **Mantel**.
Der Abstand zwischen Grund- und Deckfläche heißt die **Höhe** des Prismas.

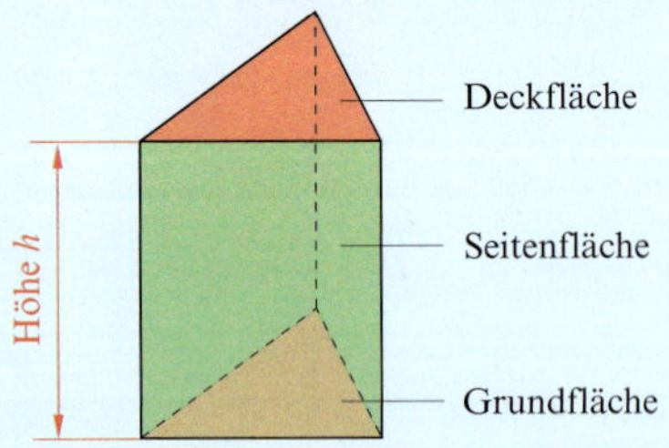

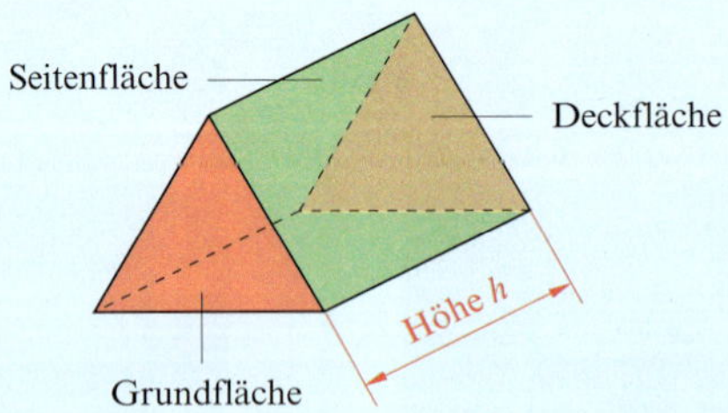

2

Diskutiert in der Klasse: Warum haben viele Gegenstände, mit denen wir täglich umgehen, die Form eines Prismas?
Überlegt z. B.: Wie werden sie hergestellt? Weshalb lassen sie sich gut stapeln? Welche Funktion erfüllen sie?
Bei Schachteln finden wir besonders häufig die Prismenform. Warum?

3

Übertrage die unten stehende Tabelle in dein Heft.

a) Welche Gegenstände im Bild zur Aufgabe 1 haben die Form eines Prismas? Schreibe deren Nummern in die 1. Spalte.

b) Fülle die anderen Spalten aus.

Prisma	Form der			Anzahl der		
Nr.	Grundfläche	Deckfläche	Seitenflächen	Ecken	Kanten	Flächen
1	Achteck					
…						

BEACHTE

Die Fläche, auf der das Prisma steht oder liegt, muss nicht die Grundfläche sein.

4

Die Grundfläche eines Prismas sei ein n-Eck. Wie viele Ecken, Kanten und Flächen hat dieses Prisma?
Überprüfe dein Ergebnis an den Beispielen aus der Tabelle zur Aufgabe 3.

5

a) Begründe, dass auch Würfel und Quader (spezielle) Prismen sind.

b) Was kannst du über Grund- und Deckfläche, Seitenflächen und Körperhöhe bei Würfel und Quader aussagen?

> Wenn ein Prisma drei (vier, fünf, …, n) Seitenflächen hat, dann nennt man es dreiseitiges (vierseitiges, fünfseitiges, …, n-seitiges) Prisma.
>
> Ist die Grundfläche ein regelmäßiges Vieleck, so spricht man von einem regelmäßigen Prisma.

Blumenschale in Form eines sechsseitigen Prismas (äußere Form)

6

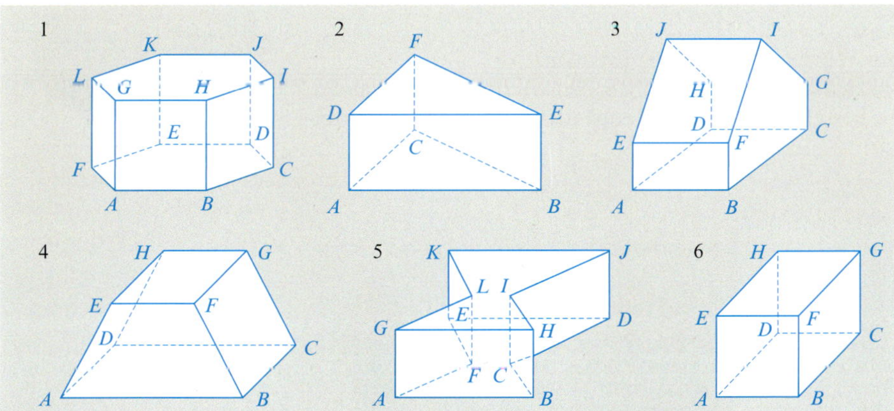

a) Benenne für alle Prismen aus dem Bild mithilfe der Eckpunkte:
die Grund- und die Deckfläche;
die Seitenflächen;
eine Körperhöhe.

b) Benenne jedes der Prismen möglichst genau.

7

Gib Gegenstände aus deiner Umgebung an, welche die Form eines Prismas haben. Beschreibe sie und verwende dabei die kennengelernten Begriffe.

8

a) Baue aus Trinkröhrchen und Gefrierbeutelverschlüssen ein regelmäßiges dreiseitiges Prisma (Dreiecksseite $a = 5$ cm, Körperhöhe $h = 8$ cm).

b) Wie viele Drähte musst du vor dem Bauen bereitlegen? Beachte die Bauanleitung.

c) Wie viele Trinkröhrchen der Länge $l = 20$ cm benötigst du mindestens? Begründe.

d) Kannst du aus drei Röhrchen ($l = 20$ cm) ein regelmäßiges dreiseitiges Prisma mit $a = 5$ cm bauen, ohne Abfall zu erhalten? Welche Höhe muss dieses Prisma dann haben?

BAUANLEITUNG

Um zwei Kanten zu verbinden benötigst du einen Draht.
Willst du an einer Ecke eine dritte Kante anbringen, musst du ein zweites Verbindungsstück einstecken.

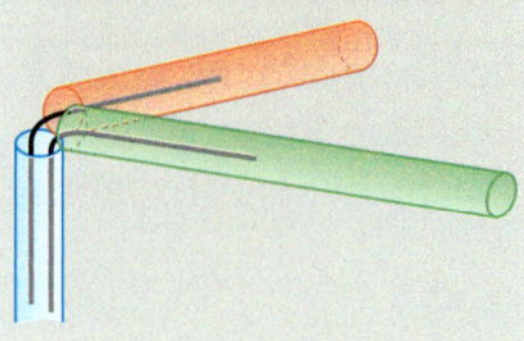

9

Eva, Udo, Bernd und Elke wollen erklären, was ein Prisma ist. Sage deine Meinung dazu.

Eva: Grund- und Deckfläche sind je ein Vieleck, die Seitenflächen stehen senkrecht darauf.
Udo: Grund- und Deckfläche sind kongruente Vielecke und liegen parallel.
Bernd: Grund- und Deckfläche haben die gleiche Form und sind parallel zueinander.
Elke: Ein Prisma wird von zwei zueinander kongruenten n-Ecken und n Rechtecken begrenzt.

TIPP

Skizziere Körper, auf welche die Aussagen zutreffen.
Passt z. B. der folgende Körper zu Bernds Aussagen?

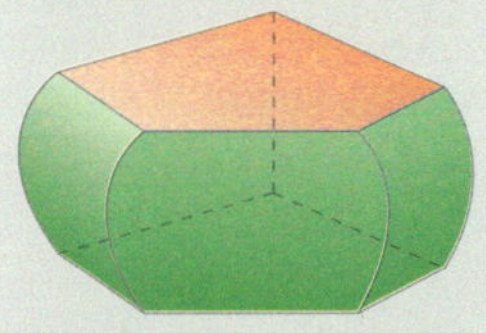

Kannst du noch weitere Körper skizzieren, die zu Bernds Aussage passen und die keine Prismen sind?

10

Wir wissen bereits: Quader und Würfel sind spezielle Prismen.
Veranschauliche die Mengenbeziehungen, die zwischen den Mengen aller Quader, aller Würfel und aller Prismen bestehen, in einem Mengendiagramm und beschreibe sie in Worten.

11

Neben den geraden Prismen gibt es auch **schiefe Prismen** (s. Bild).

a) Worin unterscheidet sich ein schiefes Prisma von einem geraden Prisma? Was ist beiden gemeinsam?

b) Im Merktext auf Seite 196 ist erklärt, was man unter einem geraden Prisma versteht. Versuche einen entsprechenden Text für das schiefe Prisma zu formulieren.

c) Kannst du praktische Beispiele für schiefe Prismen nennen?

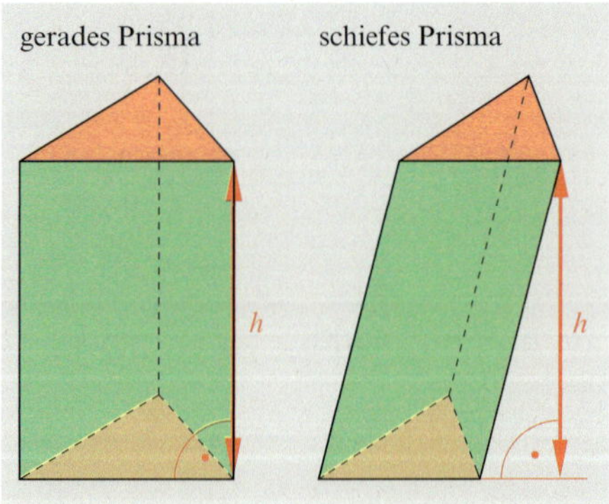

Darstellung von Prismen durch Schrägbilder

1

Bärbel hält ein aus Trinkröhrchen gebautes Prisma zu verschiedenen Tageszeiten vor einer Hauswand ins Sonnenlicht (immer in derselben Lage).

a) Wie erklärst du dir die verschiedenen Schattenbilder (s. Bild unten)? Beschreibe die Lage der Seitenkanten des Prismas in Bezug auf die Hauswand.

b) Erläutere, weshalb Grund- und Deckfläche zu den entsprechenden Flächen des Trinkröhrchenmodells kongruent sind.

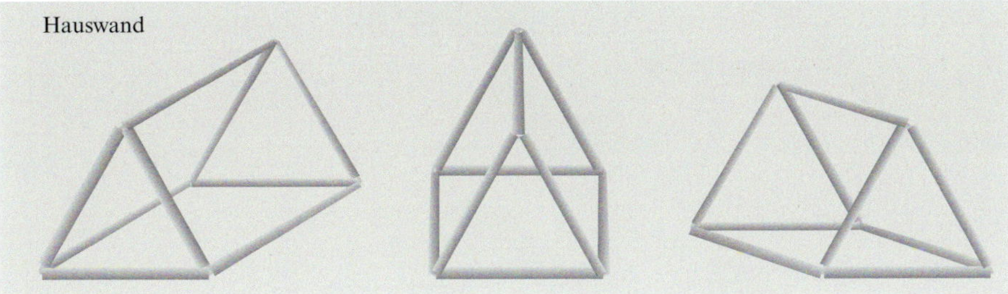

ZUR ERINNERUNG
Abbildungen von Körpern wie im nebenstehenden Bild nennt man Schrägbilder.
Im Beispiel ist eine Hauswand die Bildebene und der Schatten das Bild des Körpers.
Die Abbildung wird durch die Strahlen des Sonnenlichts erzeugt, die als zueinander parallel betrachtet werden können.

2

Das unten stehende Bild zeigt drei verschiedene Körper im Schrägbild.

a) Beschreibe die Form der Körper.

b) Entnimm dem Schrägbild die Maße des Originalkörpers.
Beachte: Die Tiefenstrecken (im Bild rot dargestellt) sind um die Hälfte verkürzt gezeichnet.

MERKE
Strecken, die im Original senkrecht zur Bildebene verlaufen, nennt man **Tiefenstrecken**.

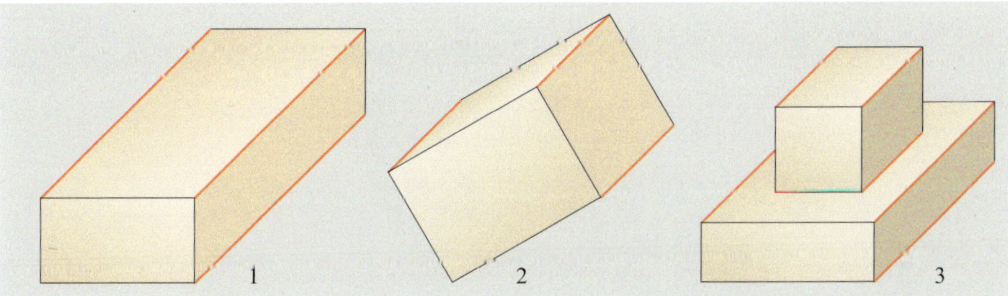

Im Schrägbild werden die zur Zeichenebene parallelen Strecken in wahrer Länge abgebildet. Die senkrecht zur Zeichenebene stehenden Strecken (Tiefenstrecken) werden verkürzt unter einem festen Winkel angetragen. Vom **Verzerrungsverhältnis *q*** und dem **Verzerrungswinkel *α*** hängt es ab, wie anschaulich das Schrägbild ist.

BEISPIEL
Würfel mit einer Kantenlänge von 2 cm im Schrägbild mit $\alpha = 70°$ und $q = \frac{3}{4}$:

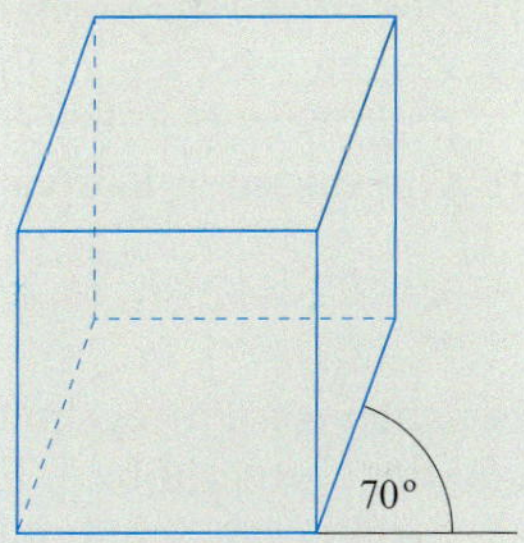

3

Zeichne verschiedene Schrägbilder eines Würfels mit der Kantenlänge $a = 6$ cm. Wähle zur Darstellung der Tiefenstrecken die angegebenen Verzerrungswinkel α und Verkürzungsverhältnisse q (s. BEISPIEL).
Beurteile, ob die Bilder den Würfel anschaulich darstellen.

a) $\alpha = 45°$; $q = 1$, $q = \frac{1}{2}$, $q = \frac{1}{3}$, $q = \frac{2}{3}$ **b)** $q = \frac{1}{2}$; $\alpha = 30°$, $\alpha = 60°$, $\alpha = 90°$

Bei allen folgenden Aufgaben und Beispielen ist der Verzerrungswinkel $\alpha = 45°$ und das Verzerrungsverhältnis $q = \frac{1}{2}$.

4

a) Entscheide, ob die Körper im Bild auf der Grundfläche stehen oder auf einer Seitenfläche liegen.
b) Beschreibe die Form der Grund- und Deckfläche eines jeden Körpers.
c) Zeichne von jedem Prisma die Grundfläche in Originalgröße. Schreibe die Körperhöhe neben die Grundfläche.
d) Gib für jeden Körper einen möglichst genauen Namen an.

5

Gegeben sei ein regelmäßiges dreiseitiges Prisma mit einer Dreiecksseitenlänge a und der Körperhöhe h. Es liegt auf einer Seitenfläche.
a) Zeichne ein Schrägbild für a = 4 cm und h = 6 cm.
b) Beschreibe die Konstruktion.

ZUM KNOBELN
Stäbe oder Prisma?

TIPP
Keine Kante des Körpers 9 ist eine Tiefenlinie. Mithilfe eines Geodreiecks kannst du aber eine Tiefenlinie finden und messen.

BEISPIEL
Konstruktion eines Schrägbildes von einem auf einer Seitenfläche liegenden dreiseitigen Prisma (Grundfläche $a = 3$ cm, $b = 4$ cm, $c = 3{,}5$ cm; Körperhöhe $h = 3$ cm)

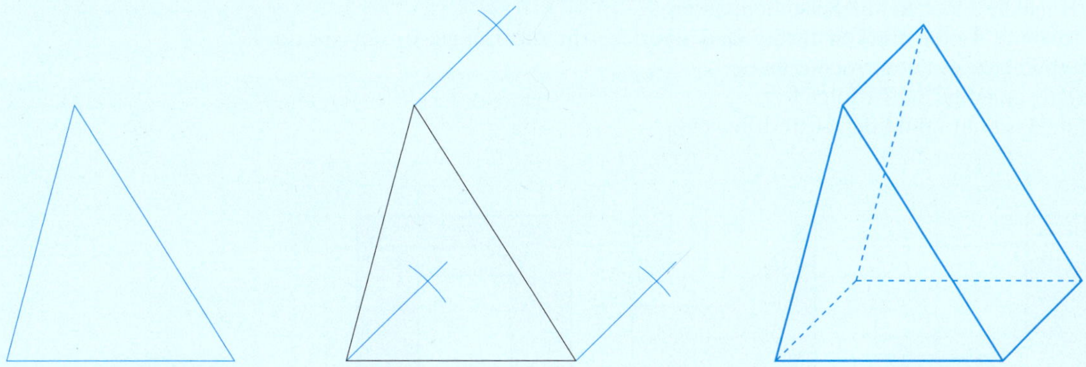

6

Zeichne ein Schrägbild eines liegenden Prismas mit der im Bild gegebenen Grundfläche und der angegebenen Höhe h. (Maße in Millimeter.)

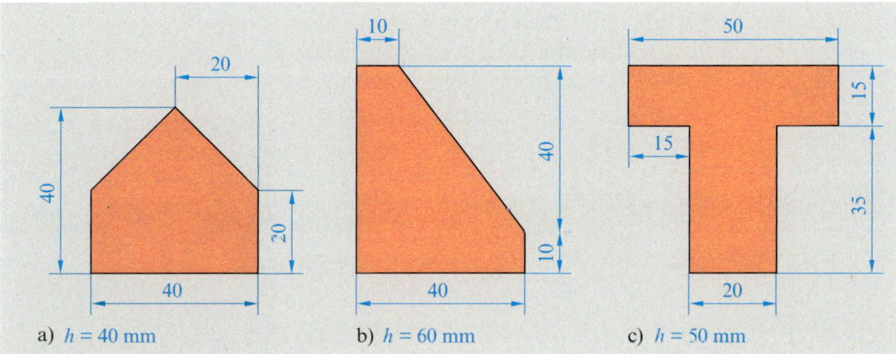

7

Zeichne ein Schrägbild eines 5 cm hohen liegenden Prismas.
Die Grundfläche ist ein
a) Dreieck mit $a = 4$ cm, $b = 3$ cm, $c = 6$ cm;
b) gleichschenkliges Trapez mit $a = 5{,}5$ cm; $c = 3{,}5$ cm, Trapezhöhe $h = 3$ cm;
c) regelmäßiges Sechseck mit $a = 3$ cm.

8

Bernd hat eine Pralinenschachtel in Form eines sechsseitigen regelmäßigen Prismas vor sich stehen. Er möchte sie in gleicher Lage im Schrägbild darstellen. Er beginnt und kommt nicht weiter (s. Bild).

a) Weshalb hat er Schwierigkeiten? Erkläre, wie du zeichnen würdest.
b) Petra sagt zu Bernd: „Wir müssen zuerst die Grundfläche, anschließend die Seitenkanten und zuletzt die Deckfläche zeichnen." Sage deine Meinung dazu.

Pralinenschachtel
in Form eines regelmäßigen
sechsseitigen Prismas

9

Im Bild sind die Grundflächen von stehenden Prismen gegeben. Das Schrägbild der Grundflächen soll gezeichnet werden.

a) Übertrage die Flächen auf Kästchenpapier.

b) Kennzeichne Tiefenstrecken farbig und überlege dir die Länge, in der sie im Schrägbild gezeichnet werden müssen.

c) Lege eine günstige Schrittfolge fest.

d) Zeichne das Schrägbild der Grundflächen.

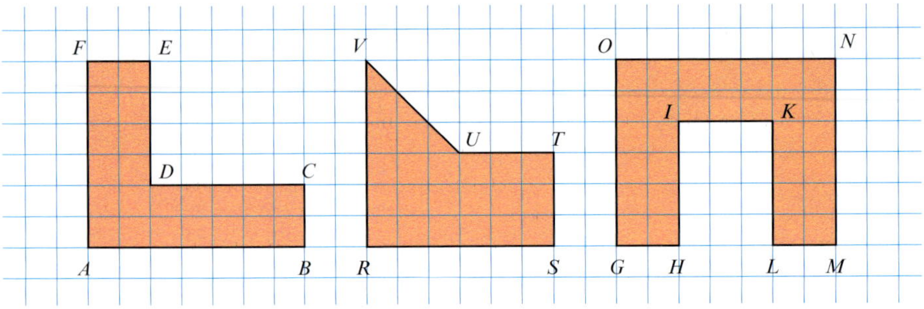

10

Fußwege, Garageneinfahrten oder Terrassen werden oft mit Verbundsteinen gepflastert. Die Pflastersteine sind meist prismenförmig und haben häufig Vielecke als Grundflächen, die aneinander gelegt, den Boden vollständig bedecken. Mögliche Grundflächenformen sind im Bild gegeben.

a) Zeichne die Grundflächen der Steine aus dem Bild im Schrägbild.
Überprüfe, ob die Größenverhältnisse der Grundkanten so gewählt sind, dass die Steine tatsächlich den Boden lückenlos bedecken.

b) Gib geeignete Maße für die Steine an. Kontrolliere deine Angaben durch eine maßstäbliche Zeichnung (in Draufsicht). Reihe dabei mehrere Grundflächen der Steine aneinander.

c) Entwirf selbst ein Muster und zeichne es. Diskutiere mit deiner Nachbarin bzw. deinem Nachbarn über die Zweckmäßigkeit.

Zwei Pflasterungen mit Verbundsteinen

11

Erika entscheidet sich für Pflaster mit einem regelmäßigen Sechseck als Grundfläche.

a) Ist dieser Stein als Verbundpflaster geeignet? Begründe.

b) Erika möchte einen Pflasterstein im Schrägbild zeichnen. Sie bittet die Nachbarin, ihr beim Konstruieren zu helfen, weil sie im Sechseck keine Tiefenstrecken erkennt.
Kannst du eine Schrittfolge angeben?

BEISPIEL

Konstruktion des Schrägbildes eines auf der Grundfläche stehenden regelmäßigen sechsseitigen Prismas (Grundflächenkante $a = 1{,}5$ cm; Körperhöhe $h = 1$ cm)

1. Grundfläche in Originalgröße zeichnen (dünne Linien);
2. waagerechte Hilfslinie einzeichnen (z. B. durch eine Seite)
   von allen Eckpunkten das Lot auf die Hilfslinie fällen
3. von den Fußpunkten der Lote jeweils Winkel von 45° antragen
4. darauf jeweils halbe Länge der Lote markieren (Man erhält die Eckpunkte der Grundfläche.)
5. an den Eckpunkten der Grundfläche jeweils die Körperhöhe senkrecht zur Hilfslinie antragen (Man erhält die Eckpunkte der Deckfläche.)
6. Linien des Körpers dick nachziehen (Sichtbarkeit beachten)

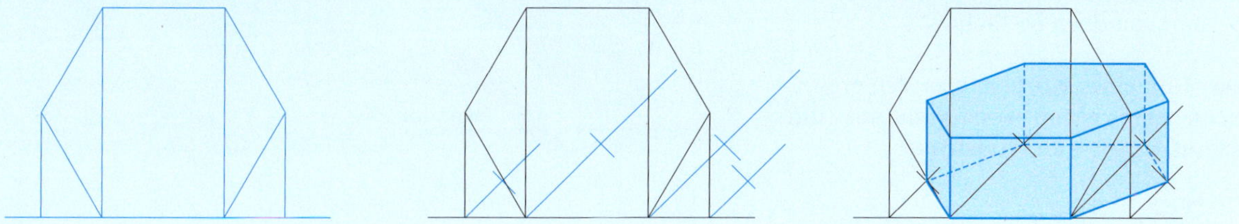

12

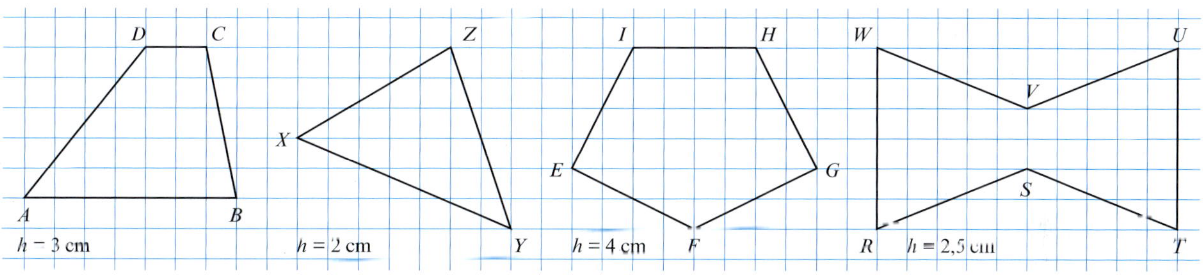

a) Übertrage die Grundflächen aus dem Bild in dein Heft und zeichne jeweils ein Schrägbild des auf der Grundfläche stehenden Prismas mit der Höhe h.

b) Vergleiche im Bild oben und in deinem Schrägbild die Lage der Strecken $\overline{AB}$ und $\overline{DC}$ ($\overline{RW}$ und $\overline{TU}$) zueinander. Was stellst du fest?

c) Sprich über die Länge der Seitenkanten im Prisma und über ihre Lage zueinander. Begründe deine Aussage. Vergleiche mit dem Schrägbild.

Sind Strecken im Original parallel zueinander, so sind sie auch im Schrägbild parallel zueinander.
Sind zueinander parallele Strecken im Original gleich lang, so sind sie auch im Schrägbild gleich lang (und parallel).

13

Vom Schrägbild eines Prismas, das ein Parallelogramm als Grundfläche hat, sind die Punkte A, B, D der Grundfläche und der Punkt E der Deckfläche bereits konstruiert (s. Bild). Gib dir eine entsprechende Figur vor und vervollständige sie zum Schrägbild des Prismas.

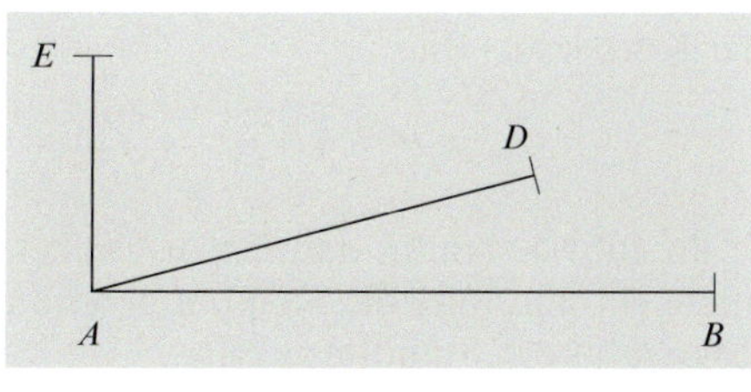

TIPP

Nutze die oben genannten Eigenschaften von Schrägbildern.

Darstellung von Prismen durch Zweitafelbilder

1

a) Stelle einen Quader auf dein Heft. Schaue genau von oben auf den Körper. Zeichne, was du siehst.
b) Im Bild 1 siehst du zwei Prismen. Zeichne das Bild, welches du sehen würdest, wenn du das dreiseitige Prisma (das vierseitige Prisma) genau von oben betrachtest.

Das Bild eines Körpers, das sich ergibt, wenn man genau von oben auf ihn schaut, nennt man **Grundriss**.

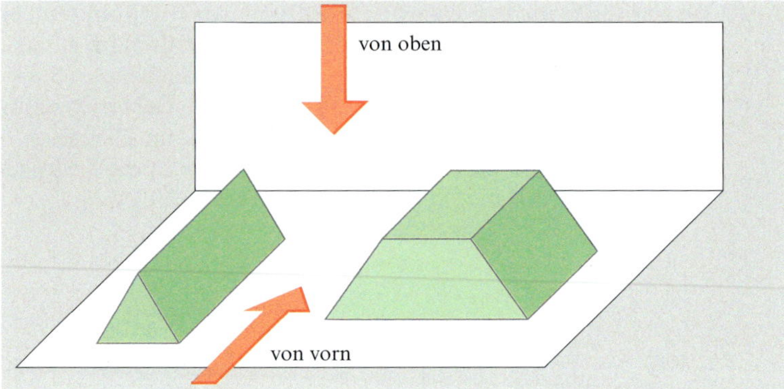

B 1

2

a) Im Bild 2 sind acht Körper im Schrägbild dargestellt. Im Bild 3 findest du zwei Grundrisse. Welcher Körper könnte zu welchem Grundriss gehören?
b) Begründe, weshalb du aus dem Grundriss allein den Körper nicht eindeutig bestimmen kannst.

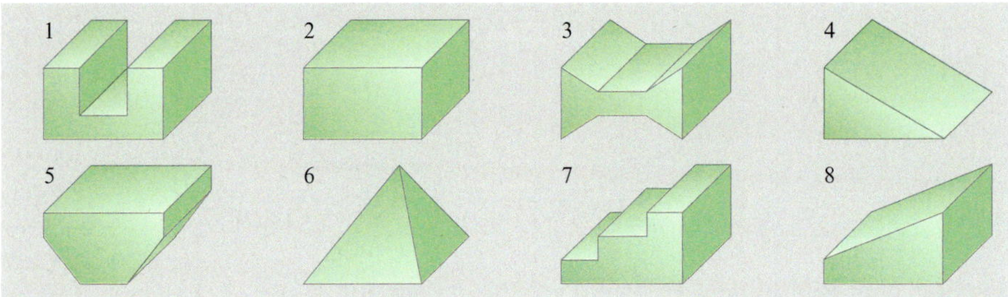

B 2

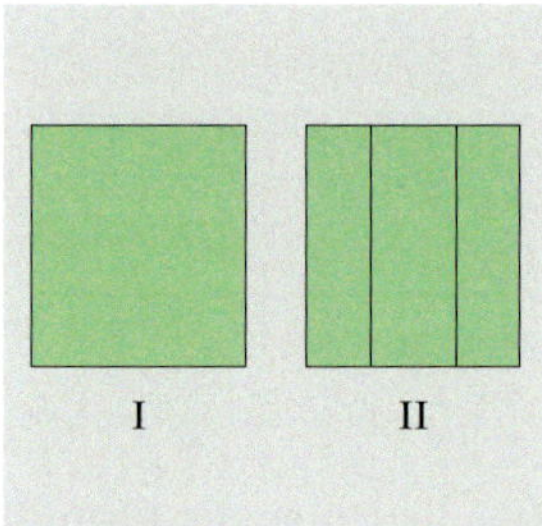

B 3

3

a) Stelle einen Quader so in ein aufgeklapptes Heft wie die Prismen im Bild 1. Schaue genau von vorn. Zeichne, was du siehst.
b) Zeichne, was du sehen würdest, wenn du die Körper des Bildes 1 genau von vorn betrachtest.

Das Bild eines Körpers, das sich ergibt, wenn man genau von vorn auf ihn schaut, nennt man **Aufriss**.

4

a) Skizziere den Aufriss der Körper aus Bild 2.
b) Skizziere den Grundriss der Körper aus Bild 2.

5

Baue dir eine Klapptafel wie im Bild 4. Nimm den festen Deckel eines Zeichenblocks, ritze die kurze Mittellinie ein und falte die Klapptafel. Gib ihr durch einen Pappstreifen, den du an den Enden faltest, Standfestigkeit.

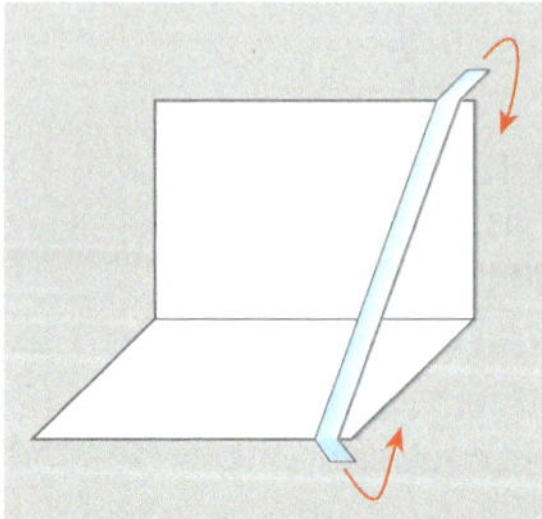
B 4

6

Arbeitet zu zweit:
Mit einem Bleistift wird eine Strecke $\overline{AB}$ veranschaulicht. Die Spitze soll Punkt A, das Ende Punkt B sein.
Eine(r) hält den Stift wie auf dem Foto in die Klapptafel. (Still halten, die Lage des Stifts möglichst nicht verändern!)
Die/der andere schaut genau von oben und markiert den Grundriss der Punkte A und B. Die markierten Punkte werden mit A' und B' bezeichnet.
Anschließend ist genau von vorn zu schauen und der Aufriss der Punkte A und B zu markieren (Bezeichnung mit A'' und B'').
Klappt die Tafel auf und zeichnet die Strecken $\overline{A'B'}$ und $\overline{A''B''}$.
Zeichnet je eine Gerade durch A' und A'' sowie durch B' und B''. Was stellt ihr fest?

Halten eines Bleistifts in die Klapptafel

Grund- und Aufriss bilden das **Zweitafelbild**.
Aus dem Aufriss erkennt man, was höher oder tiefer liegt, aus dem Grundriss, was weiter vorn oder weiter hinten liegt.

Die Grundrissebene und die Aufrissebene werden durch die **Rissachse** getrennt.

Grund- und Aufriss eines Punktes liegen auf einer Geraden, die senkrecht zur Rissachse verläuft. Diese heißt **Ordnungslinie**.

Der Grundriss eines Punktes A wird mit A' (sprich: A Strich) bezeichnet und der Aufriss mit A'' (sprich: A zwei Strich).

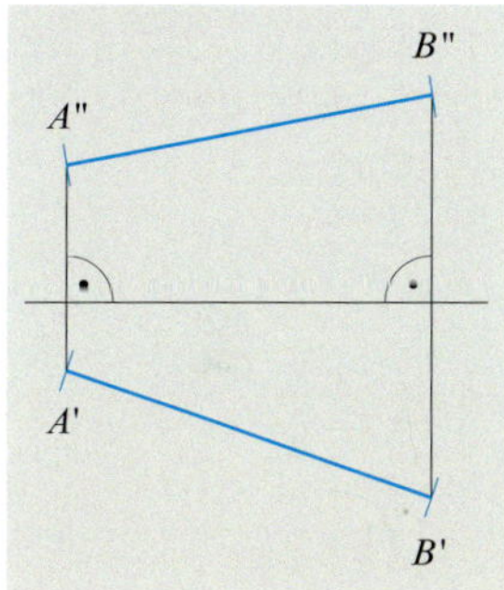

7

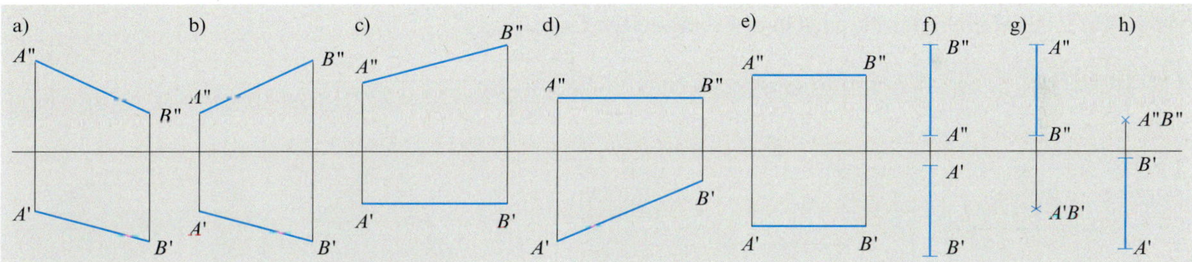

Im Bild sind verschiedene Zweitafelbilder einer Strecke $\overline{AB}$ gegeben.

a) Halte deinen Bleistift so in den Raum, wie du es aus Grund- und Aufriss erkennst.

b) Beschreibe die Lage von A im Vergleich zu B (z. B. A liegt tiefer als B und weiter vorn als B).

8

Skizziere das Zweitafelbild der Strecke $\overline{AB}$ entsprechend der Beschreibung.

a) $\overline{AB}$ liegt parallel zur Grundrissebene und parallel zur Aufrissebene. Der Abstand von der Grundrissebene beträgt 3 cm, von der Aufrissebene 2 cm.

b) $\overline{AB}$ steht senkrecht auf der Grundrissebene. Der Abstand zur Aufrissebene beträgt 3 cm.

9

Aus welchen Zweitafelbildern aus Aufgabe 7 kannst du die wahre Länge der Strecke $\overline{AB}$ abmessen? Begründe.

BEACHTE
Steht an einem Punkt des Grundrisses $A'B'$, so bedeutet das:
A liegt über B.
$B'A'$ bedeutet:
B liegt über A.
Steht an einem Punkt des Aufrisses $A''B''$, so bedeutet das:
A liegt vor B.
$B''A''$ bedeutet:
B liegt vor A.

BEISPIEL für das Entstehen eines Zweitafelbildes eines Prismas

Räumliche Darstellung:

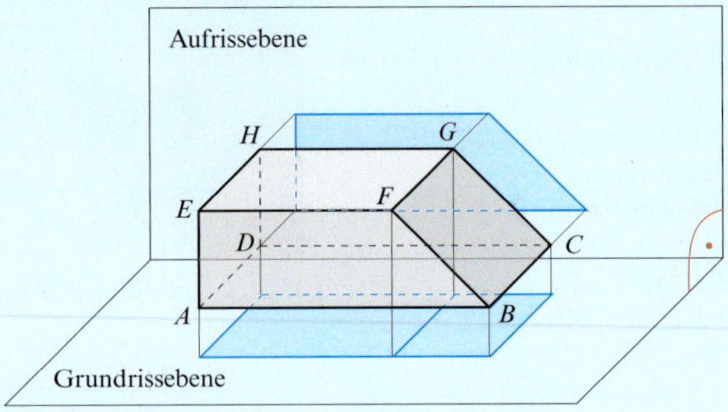

Aufgeklappte Rissebenen:

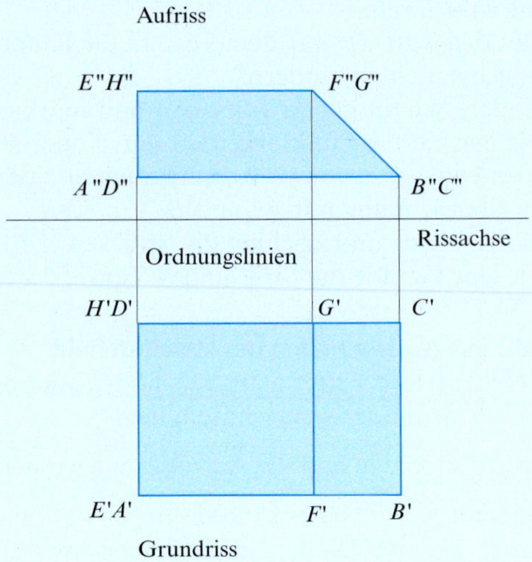

10

Gegeben ist das im Beispiel dargestellte vierseitige Prisma, aber in einer anderen Lage: Das Prisma steht auf der Grundrissebene. Die Seitenfläche *EFGH* liegt parallel zur Aufrissebene und hat von ihr einen größeren Abstand als die Seitenfläche *ABCD*. Zeichne ein Zweitafelbild des Prismas in der veränderten Lage.

11

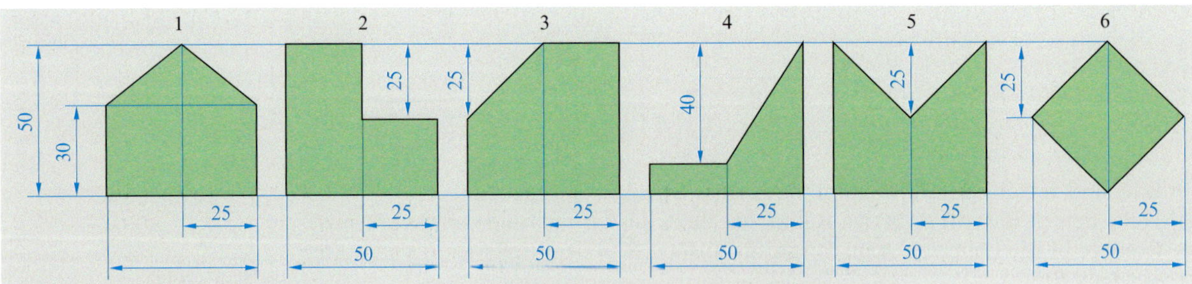

Das oben stehende Bild zeigt die Aufrisse von 6 Prismen (Maße in mm).
Im nebenstehenden Bild sind Grundrisse von Prismen gegeben.
Alle Prismen sind 60 mm hoch.

a) Zu welchen Aufrissen könnte der Grundriss I gehören, zu welchen der Grundriss II? Begründe.

b) Zeichne von allen Prismen ein Schrägbild und ein Zweitafelbild. Benenne alle Eckpunkte.

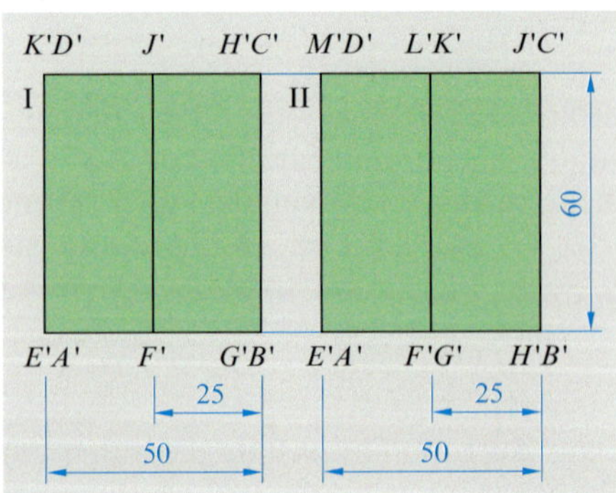

12

Gegeben sind Schrägbilder von vier Körpern. Die Zahlenwerte an den Kanten kennzeichnen die Originallängen bei Messung in Zentimetern.
Zeichne zu jedem Körper das Zweitafelbild. Benenne dabei im vierten Bild die Eckpunkte nach deiner Wahl.

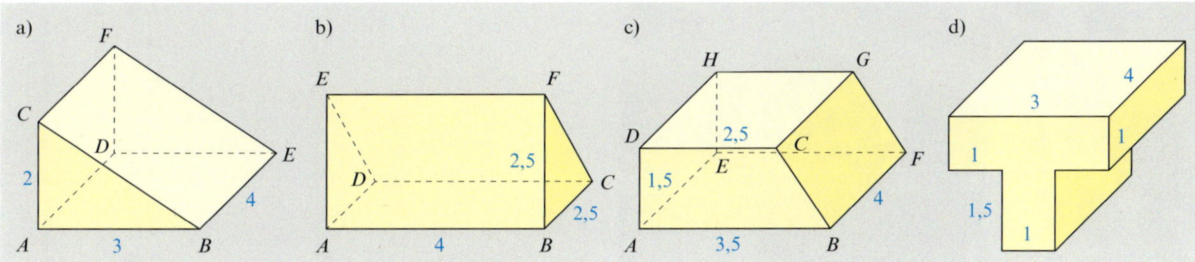

13

Zeichne die Zweitafelbilder folgender 4 cm hohen Prismen:

a) Die Grundfläche ist ein Parallelogramm mit $a = 4$ cm, $b = 3$ cm. Der Winkel zwischen a und b hat eine Größe von 70°.

b) Das Prisma hat ein regelmäßiges Sechseck mit $a = 3$ cm als Grundfläche.

c) Das achtseitige Prisma entstand aus einem quadratischen Prisma mit $a = 5$ cm durch Abschneiden von vier dreiseitigen Prismen, deren Grundfläche ein rechtwinkliges gleichschenkliges Dreieck mit der Schenkellänge von 1 cm ist.

AUFGABEN ZUR WIEDERHOLUNG

Hinweis: Die Aufgaben 1 bis 3 sind zu Hause zu lösen. Dazu sollst du Messungen durchführen und du musst dir eure Heizkostenabrechnung ansehen.

1. Miss die Raumtemperatur in den verschiedenen Räumen deiner Wohnung.
Vergleiche die Werte mit denen in der Tabelle.
Weichen deine Werte davon ab? Wenn ja, um wie viel Grad?

Raum	empfohlene Temperatur in °C
Wohnraum	19 bis 22
Schlafraum	16 bis 19
Küche	18 bis 20
Bad, Dusche	20 bis 23
WC	15 bis 19
Flur	18 bis 19

2. Weißt du das?
Eine Verringerung der Raumtemperatur um 1 °C verringert die Heizkosten um 6 %.
Wie viel Geld könntet ihr sparen, wenn ihr eure Raumtemperaturen um 1 °C senkt?

3. **a)** Vergleiche eine Woche lang die vom Wetterbericht vorhergesagten Tagestemperaturen mit den von dir tatsächlich gemessenen Außentemperaturen (nach der Schule, um die Mittagszeit).
b) Ermittle für alle Tage den absoluten Betrag der Abweichung zwischen vorhergesagter und gemessener Temperatur ($|T_{gem.} - T_{vorh.}|$).
c) Berechne die durchschnittliche Abweichung der vorhergesagten von den gemessenen Temperaturen.

4. Lies die Temperaturen richtig ab.

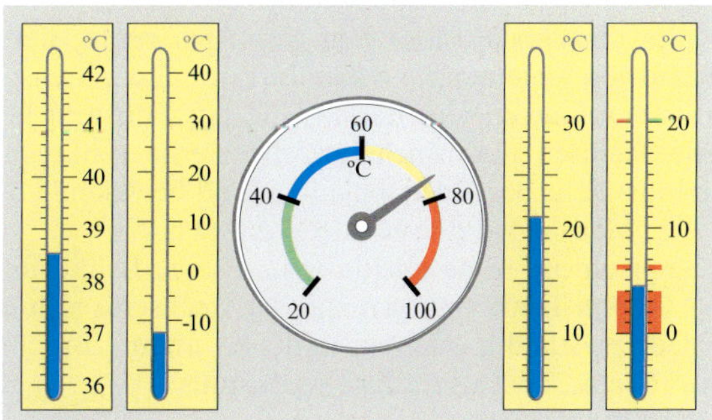

Geometrie und Wohnen

Hundertwasserhaus in Wien, gebaut 1983–1985

Märkisches Viertel in Berlin, gebaut 1963–1974

1

Ist das Hundertwasserhaus nicht ein ungewöhnliches Haus? Was gibt es an diesem bunten Haus alles zu entdecken! Sprecht in der Klasse darüber.
Erläutert und begründet, was euch am Hundertwasserhaus gefällt bzw. nicht gefällt.
Wie sollte ein Haus aussehen, in dem ihr gern wohnen würdet?

Friedensreich Hundertwasser – österreichischer Maler und Architekt (1928 bis 2000)

Hundertwasser über das Hundertwasserhaus in Wien:

„Dieses Haus soll den ersten Ansatz eines Gesprächs mit der Natur darstellen. Wobei wir und die Natur gleichberechtigte Partner sind und nicht einer den anderen unterdrücken darf.
… Ein Bewohner muss das Recht haben, sich aus seinem Fenster zu lehnen und außen an der Außenwand alles umzugestalten so weit sein Arm reicht, damit man von weitem sehen kann: dort wohnt ein Mensch.
… Baummieter sind Bäume, die aus Fenstern herauswachsen und solcherart die sterile senkrechte Hausfläche begrünen, belauben und bewalden.
Der Mensch hat drei Häute:
Seine eigene, seine Kleidung und seine Behausung.
Alle drei Häute müssen ständig wechseln, sich erneuern, ständig wachsen und sich ununterbrochen wandeln, sonst stirbt der Organismus."

Aus einem Interview mit der Hausfrau Irene Rakowitz aus dem Märkischen Viertel, Berlin (4 Kinder):

„Quadratmetermäßig würde die Wohnung reichlich ausreichen für 4 Kinder, wenn sie anders eingeteilt wäre … in unserer Wohnung läufst du dich tot, rennst durch die Flure, die zu nichts nutze sind, die du als Hausfrau jeden Tag ablatschen musst – paar Kilometer jeden Tag hin und her. Die Zimmer sind dafür zu klein, dafür haste so'n Loch von Klo, wo du dich kaum umdrehen kannst … und die Küche? … das is doch keine Küche auch nich, … das sind doch keine Küchen für große Familien, da kannste nich 'nen Stuhl oder was unterbringen.
… Die Wohnungen kannste nur alle nullachtfuffzehn einrichten: alle haben die Couch vor'm Fenster, alle haben die Sessel davor und dann is aus – Schrank klatsch an die andere Wand dann biste Feierabend."

Gymnasium in Wittenberg vor der Umgestaltung

Gymnasium in Wittenberg nach der Umgestaltung 1997/98

2

Hundertwasser hat auch das Martin-Luther-Gymnasium in Wittenberg umgestaltet. Vergleiche die Gebäude von Hundertwasser mit den Gebäuden des Märkischen Viertels und mit dem Gymnasium in Wittenberg vor der Umgestaltung.

a) Gibt es Unterschiede und Gemeinsamkeiten bei der Verwendung geometrischer Formen? Wie ist für dich die Gesamtwirkung der verschiedenen Gebäude?
Stellt euch vor, ihr müsstet ein Gebäude entwerfen. Begründet, welche Formen ihr dann verwenden würdet und welche möglichst nicht. Fertigt evtl. Skizzen an.

b) Erkennst du, warum die Architekten bestimmte Formen verwendet haben?

HINWEIS
Die Verwendung bestimmter geometrischer Formen an Bauwerken kann verschiedene Gründe haben – z. B.: Sicherung der Stabilität, Erreichen eines künstlerischen Gesamteindrucks, Ausdruck eines „Lebensgefühls“, Modernität, einfache Herstellbarkeit, Senkung der Baukosten.

3

Diskutiert in der Klasse:

a) Welche Bedeutung hat für euch die Wohnung und das Wohnumfeld?
Wie hängen die Gestaltung von Räumen und Gebäuden mit eurem Wohlbefinden und eurer Gesundheit zusammen?

b) Was gefällt euch im Wohngebiet und am Schulgebäude, was nicht? Was möchtet ihr verändern? Könnt ihr selbst etwas tun, damit ihr euch wohler fühlt?

4

Diskutiert auch über folgende Fragen:

a) Welche Absicht verfolgt Hundertwasser mit seiner Art von Architektur?
Was hat Hundertwasser z. B. am Martin-Luther-Gymnasium in Wittenberg verändert und warum? Was haltet ihr von diesen Veränderungen?

b) Worin besteht die Kritik von Frau Rakowitz an der Architektur des Märkischen Viertels?

c) Stimmt ihr der folgenden Auffassung eines Architekten zu? Begründet das.
„Beim Entwurf von Wohngebäuden sind zwei Prinzipien wichtig: erstens die Konstruktionslösung und zweitens die psychologische Befriedigung von menschlichen Bedürfnissen.“

Projektideen
Untersucht Wohnbauten bei euch im Ort oder auf Reisen entdeckte Gebäude hinsichtlich ihrer Gestaltungsformen, ihrer Zweckmäßigkeit und ihrer Wirkung auf euch. Berichtet in der Klasse in Form eines Vortrags darüber (möglichst mit Fotos oder Dias).
Entwerft Muster für Textilien oder Formen für technische Geräte, wie sie euch gefallen könnten.
Zeichnet Entwürfe für euer Wunschwohnhaus oder für die Gestaltung eines Wohnhofs.
Stellt eure Entwürfe in der Klasse aus.

Oberflächeninhalt und Volumen von Prismen

B 1: Prismenförmige Verpackung

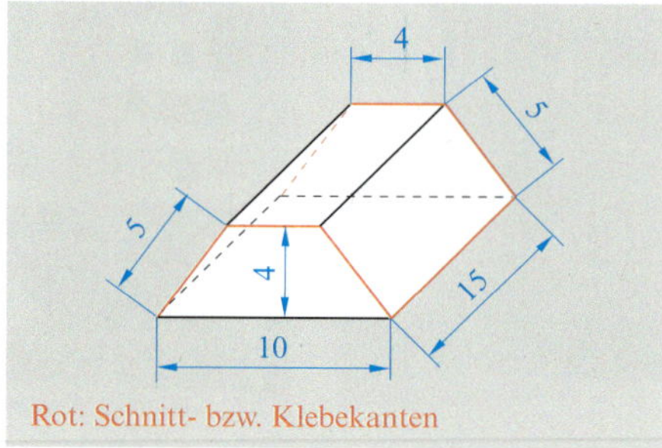

B 2: Maße des verpackten Kartons in cm

1

a) Zeichne ein Netz des obigen Kartons im Maßstab 1 : 2. Beachte die rot gezeichneten Kanten, an denen die Pappe zerschnitten ist und geklebt wird.
b) Färbe Grund- und Deckfläche rot, die Seitenflächen in einer anderen Farbe. Welche Form hat der Mantel?
c) Schneide das Netz aus und falte das Prisma.

2

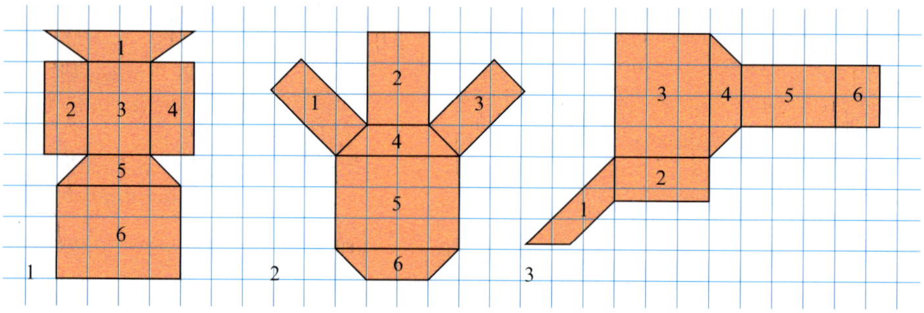

Bernd meint, er hat Netze von vierseitigen Prismen entworfen.
a) Prüfe die Netze von Bernd. Entscheide und begründe.
b) Gib bei den Netzen einander gegenüberliegende Begrenzungsflächen an. Nenne Grund- und Deckfläche. Welche Flächen bilden den Mantel?

3

a) Denke dir die Prismen im Bild 4 entlang der roten Kanten aufgeschnitten. Zeichne das entstehende Netz jedes Körpers.
b) Sprich über die Form der Netze. Nenne Gemeinsamkeiten.
c) Hast du eine Idee, wie man den Inhalt der Mantelfläche eines Prismas leicht berechnen kann?

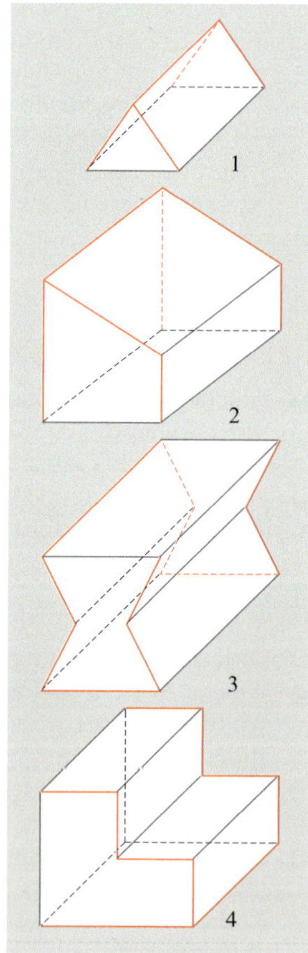

B 4

4

Das im Bild 5 gezeigte Hauszelt soll aus Stoff gefertigt werden (Maße in Meter). Zu beachten ist, dass auch der Zeltboden aus beschichtetem Stoff besteht.
a) Zeichne ein Netz des dreiseitigen Prismas (1 m entspricht 1 cm).
b) Berechne den Stoffbedarf. Gib 10 % für Überlappungen und Nähte hinzu.

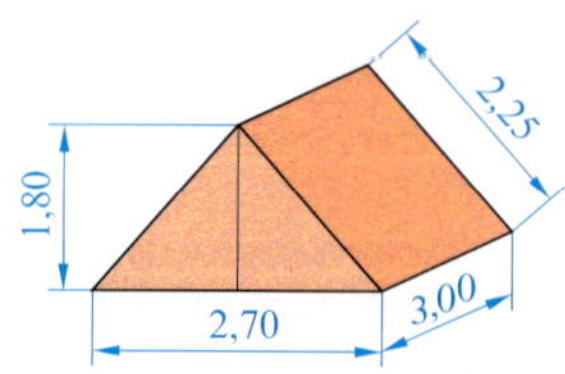

B 5

Unter Verwendung der Bezeichnungen
A_G Inhalt der Grund- bzw. Deckfläche
A_M Inhalt der Mantelfläche
A_O Inhalt der Oberfläche
u Umfang der Grund- bzw. Deckfläche
h Körperhöhe
gelten für ein gerades Prisma die Formeln:
$\mathbf{A_O = 2\,A_G + A_M}$ $\mathbf{A_M = u \cdot h}$
$\mathbf{A_O = 2\,A_G + u \cdot h}$

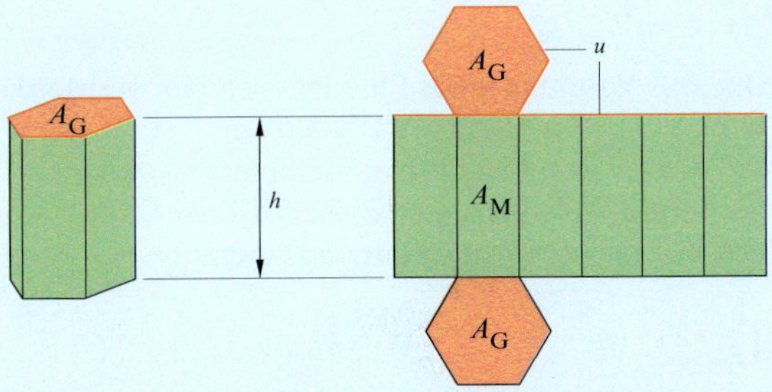

BEISPIEL
Berechnung des Oberflächeninhaltes des abgebildeten Prismas mit
$a = 2{,}8$ cm; $b = 2{,}5$ cm; $c = 0{,}8$ cm;
$d = 1{,}5$ cm und $h = 3{,}0$ cm.

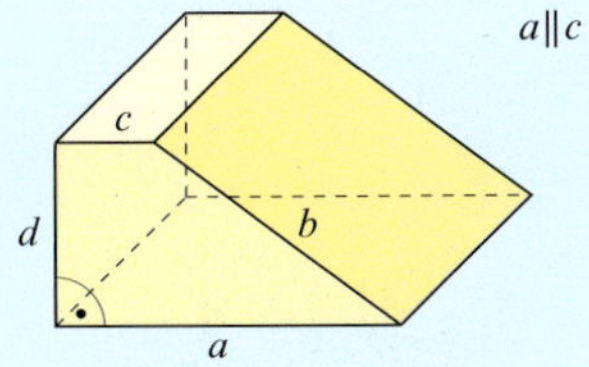

$A_O = 2\,A_G + u \cdot h$
$A_O = 2 \cdot 2{,}7\ \text{cm}^2 + 7{,}6\ \text{cm} \cdot 3{,}0\ \text{cm}$
$= 5{,}4\ \text{cm}^2 + 22{,}8\ \text{cm}^2 = 28{,}2\ \text{cm}^2$

$A_G = \frac{a + c}{2} \cdot d = 2{,}7\ \text{cm}^2$
$u = a + b + c + d = 7{,}6$ cm

Das Prisma hat eine Oberfläche von $28{,}2\ \text{cm}^2$.

BEACHTE
Die Mantelfläche eines geraden Prismas kann so abgewickelt werden, dass ein Rechteck mit dem Umfang der Grundfläche und der Körperhöhe als Seiten entsteht.

5[L]

Berechne den Oberflächeninhalt des Prismas im Bild 3.
a) $a = 3$ cm; $b = 4$ cm; $c = 5$ cm; $h = 9$ cm
b) $a = 1{,}2$ cm; $b = 1{,}6$ cm; $c = 2{,}0$ cm; $h = 3{,}5$ cm
c) $a = 21$ mm; $b = 2{,}8$ cm; $c = 35$ mm; $h = 0{,}5$ dm
d) $a = 2{,}7$ cm; $b = 3{,}6$ cm; $c = 4{,}5$ cm; $h = 7$ cm

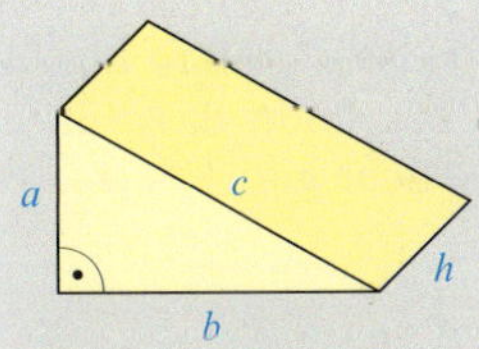

B 3

6

Berechne den Oberflächeninhalt des Prismas im Bild 4.
a) $A_G = 1{,}66\ \text{dm}^2$; $a = 6$ cm; $h = 2{,}5$ cm **b)** $a = 3{,}8$ dm; $h_a = 3{,}3$ dm; $h = 27$ cm

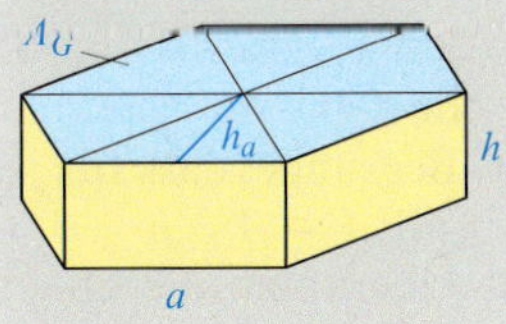

B 4

7[L]

Berechne das Gesuchte.
a) Gesucht: A_O (zum Bild 5)
Gegeben: $a = 5$ cm; $h_a = 6$ cm; $b = e = 15$ mm; $c = d = 4{,}3$ cm; $h = 7$ cm
b) Gesucht: A_G (zum Bild 5); Gegeben: $A_O = 331{,}3\ \text{m}^2$; $A_M = 244{,}8\ \text{m}^2$
c) Gesucht: A_O
Gegeben: Trapez als Grundfläche mit $a \parallel c$; $a = 5{,}7$ cm; $b = 4{,}8$ cm;
$c = 2{,}0$ cm; $d = 5{,}4$ cm; $h_a = 4{,}7$ cm; Prismenhöhe $h = 38$ mm

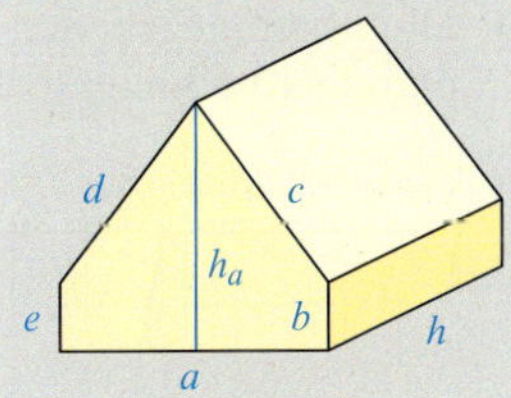

B 5

8

Bekannt ist der Oberflächeninhalt eines fünfseitigen Prismas mit $480\ \text{cm}^2$.
Der Flächeninhalt der Grundfläche beträgt $30\ \text{cm}^2$, ihr Umfang 28 cm.
Berechne die Körperhöhe.

9

Berechne das Volumen eines Quaders mit den Kantenlängen
a) $a = 17{,}5$ cm; $b = 12{,}8$ cm; $c = 8{,}6$ cm
b) $a = 3{,}8$ cm; $b = 114$ mm; $c = 23$ cm
c) $a = 15$ mm; $b = 2a$; $c = 1{,}5b$
d) $a + b = c$; $a + b + c = 10$ cm; $a = 2$ cm

10

Eva gibt für einen Quader die Volumenformel $V = A_G \cdot h$ an.
Ihr Nachbar aber hat $V = a \cdot b \cdot c$ aufgeschrieben. Wer hat Recht?

11

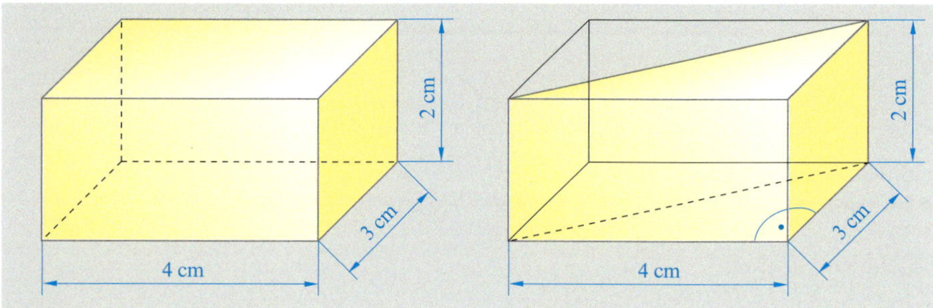

Gegeben sind ein Quader sowie ein Prisma mit einem rechtwinkligen Dreieck als Grundfläche (s. Bild).

a) Berechne das Volumen des Quaders.
b) Sprich über die Beziehungen der Körper zueinander. Vergleiche die Rauminhalte. Wie groß ist das Volumen des dreiseitigen Prismas?
c) Begründe, dass für jedes Prisma mit einem rechtwinkligen Dreieck als Grundfläche gilt: $V = A_G \cdot h$.

12

a) Zeichne drei beliebige Dreiecke, die nicht rechtwinklig sind.
Zeige, dass du jedes Dreieck in rechtwinklige Dreiecke zerlegen kannst. Begründe deine Aussage.
b) Begründe, dass für jedes Prisma mit einem beliebigen Dreieck als Grundfläche gilt: $V = A_G \cdot h$.
c) Übernimm die unten gegebenen Flächen auf Kästchenpapier. Zerlege sie geschickt in Dreiecke. Bezeichne die Teilflächen mit A_1, A_2 …
d) Die unten gegebenen Vielecke seien Grundflächen von Prismen. Erläutere, wie man das Volumen dieser Prismen ermitteln könnte.

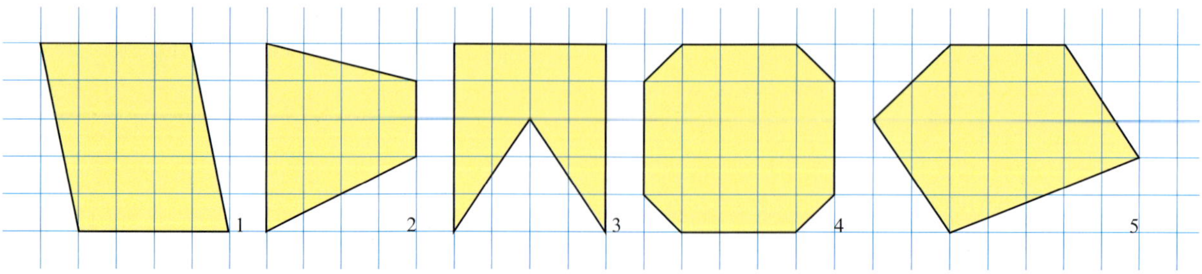

Jedes Prisma kann durch Ebenen, die auf der Grundfläche senkrecht stehen, in dreiseitige Prismen mit der Höhe h zerlegt werden. Für jedes dieser dreiseitigen Prismen gilt: $V = A_{\text{Dreieck}} \cdot h$.
Die Summe der Volumen der Teilprismen ergibt das Volumen des Ausgangsprismas. Mit $A_1, A_2, \ldots, A_n$ als Grundflächeninhalte der dreiseitigen Prismen gilt für das Volumen des Ausgangsprismas:
$V = A_1 \cdot h + A_2 \cdot h + \ldots + A_n \cdot h = (A_1 + A_2 + \ldots + A_n) \cdot h = A_G \cdot h$

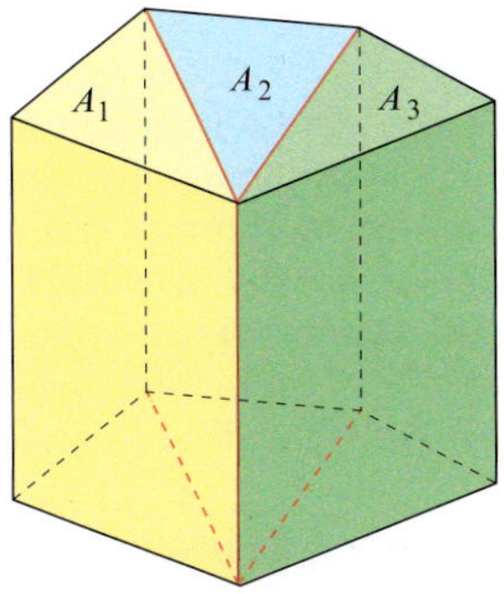

> Ist A_G die Grundfläche eines Prismas und h seine Höhe, so gilt für das Volumen:
> $\boldsymbol{V = A_G \cdot h}$

13

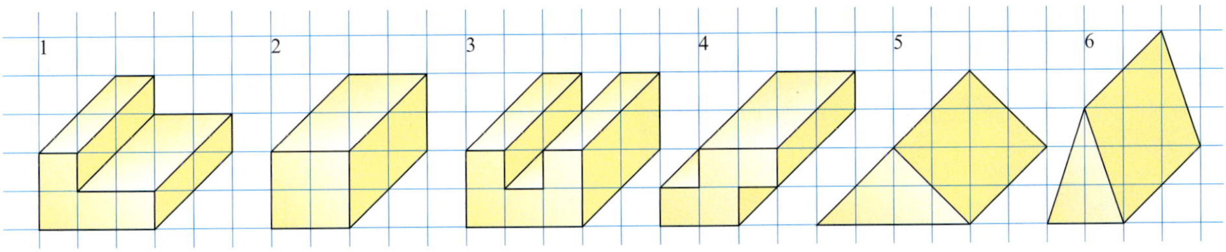

a) Welche der Prismen im Bild haben das gleiche Volumen?
b) Gib die Körper mit dem kleinsten und die mit dem größten Rauminhalt an.

14[L]

Im Bild sind die Grundfläche A_G und die Körperhöhe h von Prismen gegeben.
Berechne das Volumen.

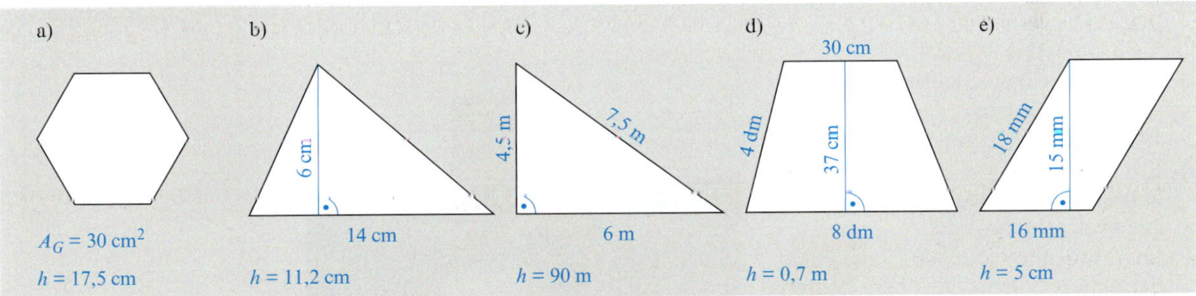

15

Berechne das Volumen der Prismen mit den im Bild gegebenen Grundflächen.
Entnimm die benötigten Größen aus dem Bild.

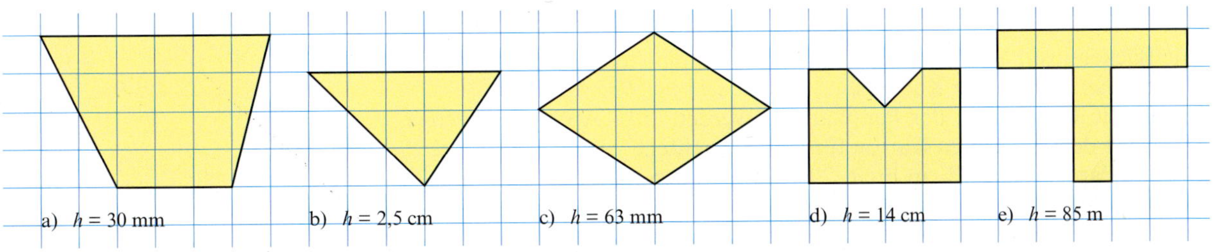

16

Heikes Eltern möchten sich ein Einfamilienhaus kaufen. Heike erzählt: „Der Preis für das Rohbauhaus wird nach dem umbauten Raum berechnet. Da müssen wir von jedem Zimmer den Grundflächeninhalt berechnen und die erhaltenen Werte addieren." Bernd sagt: „Du hast Keller und Dachboden vergessen."
Anke meint: „Heike, das ist doch falsch, der umbaute Raum ist das Volumen."

a) Diskutiert in der Gruppe darüber.

b) Berechne den umbauten Raum (Maße im Bild).

Rohbau eines Einfamilienhauses

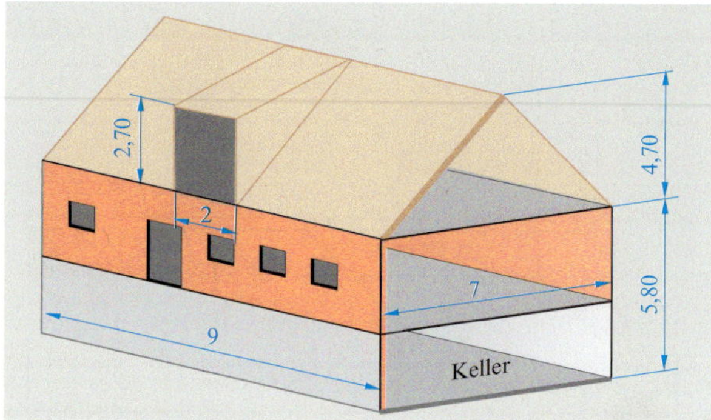

Maße des Einfamilienhauses in m

17

Die Kellereinfahrt soll mit Verbundsteinen gepflastert werden (Maße s. Bild).

a) Wie viel wiegt ein solcher Stein, wenn 1 cm^3 Beton eine Masse von 2,5 g hat?

b) 780 dieser Pflastersteine werden benötigt. Wie viele Fahrten eines Lkw sind nötig, wenn 5 t geladen werden können?

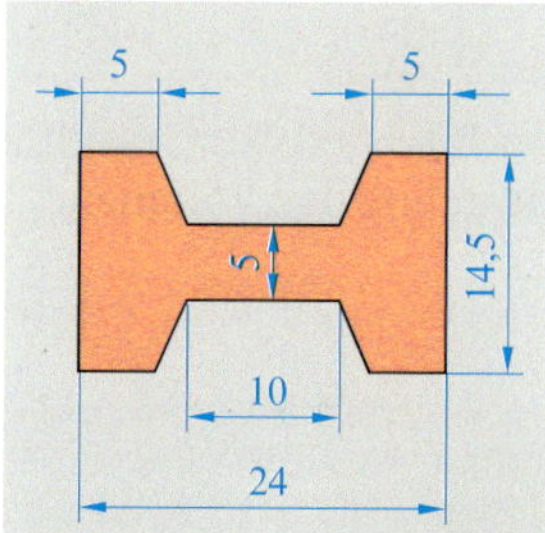

Maße in cm

18

a) Gib die Form des sichtbaren Schornsteines im Bild an.
Beschreibe die Mantelfläche.

b) Die Seitenflächen des sichtbaren Schornsteins sollen mit neuen Klinkern verkleidet werden.
Die vordere Fläche ist 70 cm hoch, die hintere 55 cm. Die obere Begrenzung ist ein Quadrat mit der Seitenlänge von 40 cm.
Berechne den Inhalt der zu verklinkernden Fläche.

Schornstein

19

Eine Bäckerei verpackt Lebkuchenhäuser in Pappkartons (Maße s. Bild).

a) Zeichne ein Netz der Kartons.

b) Für die Herstellung der Pappkartons werden 20 % Abfall dazugerechnet. Berechne den benötigten Karton für eine Schachtel.

c) Eine Papprolle ist 72 cm breit. 20 Häuser sollen ausgestanzt werden. Wie viele laufende Meter werden benötigt? Überlege dir eine sinnvolle Anordnung.

d) Wie viel Prozent Abfall ergeben sich bei deinem Vorschlag?

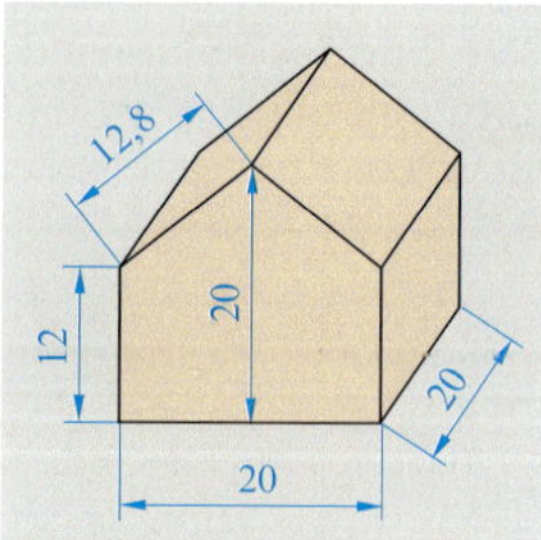

Maße in cm

20

Ein sechseckiger Sandkasten ist 30 cm tief und zu zwei Drittel mit Sand gefüllt. Die Länge einer Innenkante ist 1 m.

a) Der alte Sand soll mit einem Kleintransporter weggefahren werden. Dieser hat eine 1,5 m breite und 2,0 m lange Ladefläche mit 40 cm hohen Wänden. Kann der Sand mit einer Fuhre abgefahren werden?

b) Der sechsseitige Sandkasten soll einschließlich des Holzbodens innen gestrichen werden. Für welche Fläche muss Farbe gekauft werden?

21

Ein Bahndamm, dessen Querschnitt ein gleichschenkliges Trapez ist (s. Bild 2), muss wegen Unterspülung auf ein Kilometer Länge abgetragen werden. Die Erde wird mit Lastkraftwagen, die ein Fassungsvermögen von je 12 m^3 haben, abgefahren. Wie viele Fuhren sind nötig?

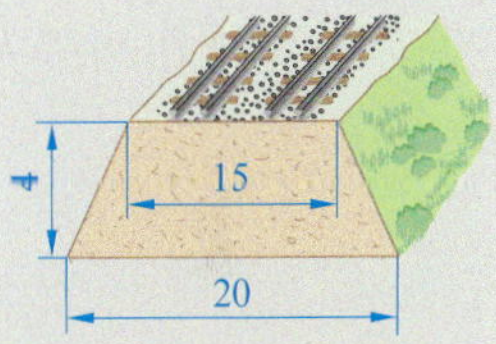

Maße in m

B 2

22

a) Ein Schwimmbad (s. Bild 3) soll gefliest werden. Für wie viel Quadratmeter werden Fliesen benötigt, wenn man 10 Prozent Materialverschnitt dazurechnet?

b) Das Becken soll bis 20 cm unterhalb des Randes gefüllt werden. In einer Stunde laufen 5 Kubikmeter zu. Wie lange dauert es, bis das Becken gefüllt ist?

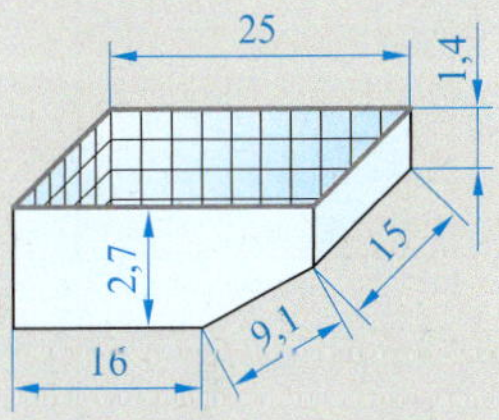

Maße in m

B 3

23

In einen Kippwagen, dessen Querschnitt ein gleichseitiges Dreieck ist (s. Bild 4), wird ein Viertel Kubikmeter Sand gefüllt. Er ist damit bis zur halben Höhe beladen. Wie groß ist sein Fassungsvermögen?

B 4

24

Wie verändern sich der Oberflächeninhalt und das Volumen

a) eines Quaders, wenn man jede Kantenlänge verdoppelt (halbiert);

b) bei einem beliebigen Prisma, wenn man (nur) die Höhe verdreifacht;

c) bei einem vierseitigen Prisma mit trapezförmiger Grundfläche ($a \parallel c$), wenn man die Grundseiten a und c sowie die Höhe des Trapezes verdoppelt?

25

Evelin und Bärbel trinken aus Limonadengläsern, welche die Form eines regelmäßigen sechsseitigen Prismas haben. Evelins Glas ist doppelt so hoch, dafür ist die Kante des Sechsecks nur halb so groß wie bei Bärbels Glas (s. Bild 5). Jedes Mädchen hat sein Glas bis zum Rand gefüllt. Haben beide gleich viel Limonade?

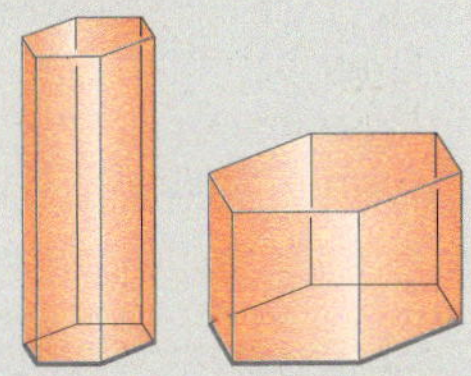

B 5

26

a) Nimm einen Stapel Spielkarten und miss Länge, Breite und Höhe. Ermittle näherungsweise, aus wie viel Kubikzentimeter Pappe der Stapel besteht. Hinweis: Nimm die Karten als rechteckig an.

b) Verschiebe jetzt den Kartenstapel wie im Bild 6. Miss wieder die Höhe. Aus wie viel Kubikzentimeter Pappe besteht nun der Stapel?

B 6

Ein verschobener Kartenstapel hat näherungsweise die Form eines schiefen Prismas. Genauso stellt man sich ein schiefes Prisma als ein schichtweise verschobenes gerades Prisma vor (die Schichten ganz dünn gedacht).
Das verschobene Prisma stimmt mit dem ursprünglichen Prisma in Volumen, Höhe und Grundflächeninhalt überein.

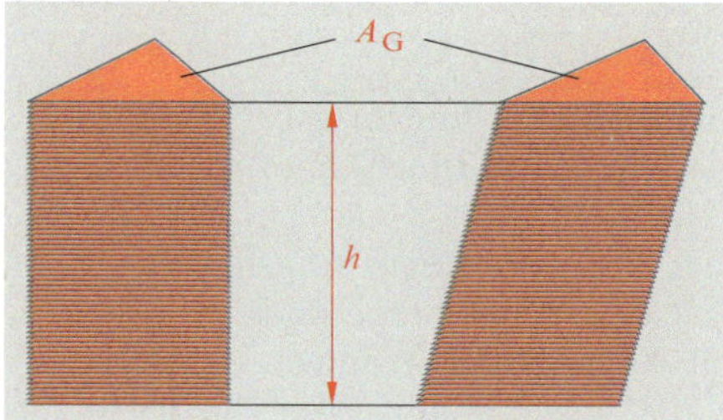

ZUM KNOBELN

Aus einem Würfel mit der Kantenlänge a wird ein schiefes Prisma wie im Bild ausgeschnitten. Welches Volumen hat der Restkörper?

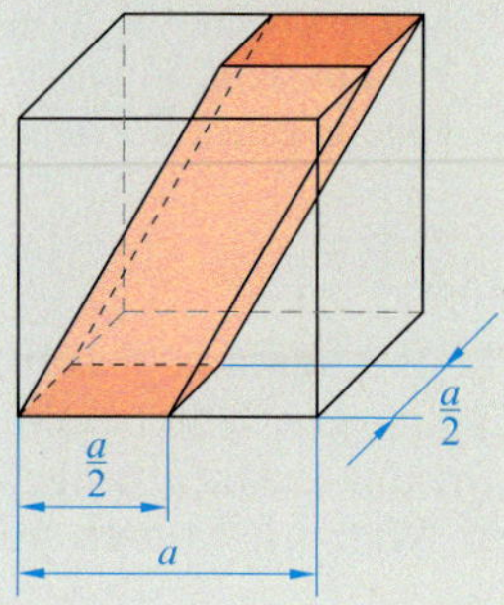

Ist A_G die Grundfläche eines schiefen Prismas und h seine Höhe, so gilt für das Volumen: $\boldsymbol{V = A_G \cdot h}$

27[L]

Berechne das Volumen der abgebildeten schiefen Prismen.

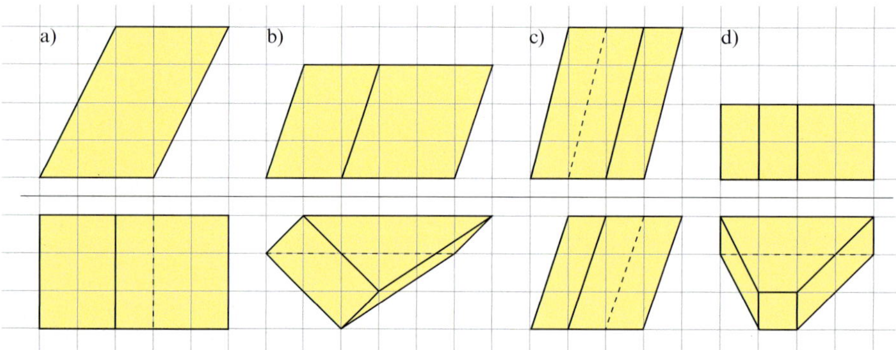

ZUSAMMENFASSUNG

	Gerades Prisma	**Schiefes Prisma**
Grund- und Deckfläche	zwei zueinander parallele kongruente Vielecke	zwei zueinander parallele kongruente Vielecke
Seitenflächen	Rechtecke	Parallelogramme
Oberflächeninhalt	$A_O = 2\,A_G + A_M$	$A_O = 2\,A_G + A_M$
Mantelfläche	Lässt sich zu einem Rechteck abwickeln.	Ergibt in der Abwicklung kein Rechteck.
Volumen	$V = A_G \cdot h$	$V = A_G \cdot h$

Mengenbeziehungen

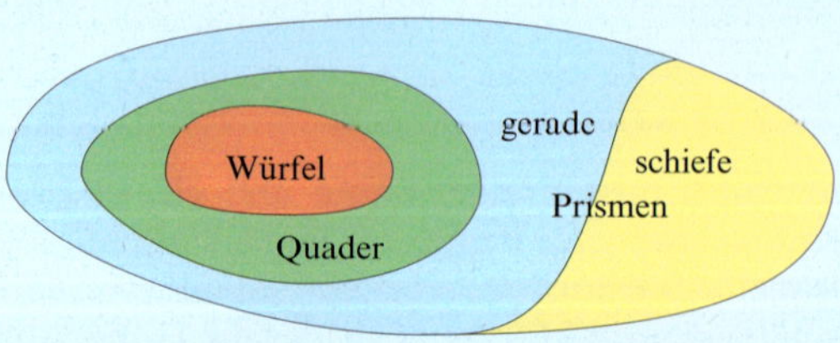

Sammeln und Auswerten statistischer Daten

Die Einzeldaten einer Meinungsumfrage
können in einer Tabelle übersichtlich zusammengefasst werden.
Veranschaulicht werden sie durch eine Diagrammdarstellung.

Statistische Erhebungen

1

Die Klasse 7 b hat sich als Projektthema gewählt: „Wie verbringen wir unsere Freizeit?“
Nachdem sich die Schülerinnen und Schüler darüber verständigt haben, welche Fragen für sie interessant sind, haben sie einen Fragebogen entwickelt, vervielfältigt und von allen ausfüllen lassen. Im Folgenden sind die Ergebnisse der Auszählung der Fragebogen wiedergegeben.

Frage 1: **Mit wem verbringst du deine Freizeit am liebsten?**

Freunde	Geschwister	Eltern	alleine	andere
20	3	5	1	1

Frage 2: **Wofür nimmst du dir am meisten Zeit?**

Spielen	Fernsehen oder Musik hören	mit Freunden unterwegs sein	Schularbeiten	sonstiges
3	3	15	5	4

Frage 3: **Wofür verwendest du den Computer am meisten (soweit er dir zur Verfügung steht)?**

Spielen	Information	Schreiben	anderes
11	12	4	3

Frage 4: **Wie viel Minuten verbringst du täglich vor dem Fernseher?**

0 bis 30	30 bis 60	60 bis 90	90 bis 120	120 bis 150
1	6	6	8	5

150 bis 180	180 bis 210	210 bis 240	mehr als 240
1	1	2	0

Frage 5: **Wie viele Stunden benötigst du durchschnittlich in der Woche zur Erledigung der Hausaufgaben?**

0 bis 2	2 bis 4	4 bis 6	6 bis 8	8 bis 10	mehr als 10
3	4	6	15	2	0

Frage 6: **Gibt es in deinem Wohngebiet genügend Beschäftigungsmöglichkeiten für Kinder?**

völlig ausreichend	es geht so	viel zu wenig
3	9	18

a) Erläutere, was du aus den dargestellten Ergebnissen erkennst.
b) Diskutiert in Gruppen: Wie entwickelt man einen Fragebogen? Was sollte man dabei beachten? Wie wertet man die ausgefüllten Fragebogen aus? Stellt die Ergebnisse eurer Diskussion in der Klasse vor.
c) Manchmal findet man auch im Briefkasten Fragebögen. Bringt ggf. unausgefüllte Fragebögen mit und vergleicht die Anlage mit dem Beispielfragebogen.
d) Entwickelt selbst einen Fragebogen zu Themen, bei denen euch die Meinung der Mitschüler interessiert.

ERINNERE DICH
Wie berechnet man den Prozentwert, den Prozentsatz, den Grundwert?
Du wirst solche Berechnungen zur Lösung mehrerer Aufgaben in diesem Kapitel ausführen müssen.

2

Ein Meinungsforschungsinstitut befragt jeden Monat 1000 zufällig ausgewählte Personen, ob sie mit der Arbeit des Bundeskanzlers zufrieden sind.
Vergleiche die Ergebnisse bei der Gesamtheit mit denen bei den Anhängern der Regierungsparteien bzw. der Opposition.

	zufrieden	nicht zufrieden	keine Meinung
gesamt	662	313	25
Anhänger Regierungsparteien	369	59	2
Anhänger Opposition	179	160	11

3

In einer Fernsehsendung wetten die Kandidaten, dass sie eine besonders ausgefallene Leistung vollbringen können. Anschließend können die Fernsehzuschauer darüber entscheiden, welche Wette am meisten imponiert hat. Langsam wird bekannt gegeben, wie viel Prozent der Stimmen die Kandidaten erhalten haben.
A: 22 % B: 18 % C: 15 % D: 19 %
Nur noch die Anzeige für den Kandidaten E fehlt. Trotzdem jubelt er schon. Warum wohl?

In den vorangegangenen Aufgaben wurden Beispiele für **statistische Erhebungen** dargestellt.

Vor der Durchführung einer statistischen Erhebung überlegt man, welche **Ergebnisse** auftreten können.

Alle möglichen Ergebnisse zusammen bilden die **Ergebnismenge**.

Ist es nicht oder nur sehr umständlich möglich, alle möglichen Ergebnisse anzugeben, so hilft man sich oft durch das Hinzufügen von Ergebnissen wie „Sonstige“, „Andere“ oder „Weitere“.

BEISPIEL
Frage: Wofür verwendest du einen Computer am meisten (soweit er dir zur Verfügung steht)?

Ergebnismenge: {Spielen; Information; Schreiben; anderes}

Zur Auswertung der Umfrage wird zunächst eine **Strichliste** angefertigt.
Die Anzahl der Striche ergibt die **absolute Häufigkeit** eines Ergebnisses.
Wenn man die absolute Häufigkeit ins Verhältnis zur Gesamtzahl der Beobachtungen setzt, erhält man die **relative Häufigkeit**.
Die relative Häufigkeit wird oft in Prozent angegeben.

Spielen	Information	Schreiben	anderes
𝍸 𝍸 |	𝍸 𝍸 ||	||||	|||
11	12	4	3
$\frac{11}{30} \approx 0{,}37$	$\frac{12}{30} = 0{,}4$	$\frac{4}{30} \approx 0{,}13$	$\frac{3}{30} \approx 0{,}1$
37 %	40 %	13 %	10 %

Wird jedem möglichen Ergebnis seine absolute bzw. seine relative Häufigkeit zugeordnet, mit der es beobachtet wurde, so spricht man von einer **Häufigkeitsverteilung**.

4

a) Ermittle für die Fragen 1, 2, 4, 5 und 6 des Fragebogens aus Aufgabe 1 jeweils die absolute und die relative Häufigkeit der einzelnen Ergebnisse. Gib die relative Häufigkeit auch in Prozent an.
b) Addiere jeweils die absoluten bzw. die relativen Häufigkeiten der einzelnen Ergebnisse einer Frage. Was stellst du fest?

ANREGUNG
Denke dir weitere Fragestellungen aus und wiederhole dein Vorgehen. Entwickle gemeinsam mit Mitschülerinnen und Mitschülern einen Fragebogen für eure Klasse.

5

a) Im Schuljahr 1998/99 gab es in Deutschland insgesamt 10 108 064 Schülerinnen und Schüler. Berechne die relative Häufigkeit der Schülerinnen und Schüler an einzelnen Schularten (auch in Prozent).

Vorschulen	Grundschulen	Hauptschulen	Realschulen	Gymnasien	Gesamtschulen	sonstige Schulen
69 285	3 602 000	1 507 758	1 247 635	2 223 398	615 617	842 371

b) 1998 gab es in Deutschland insgesamt 924 358 Schulabgänger. Berechne, wie viele Schülerinnen und Schüler welchen Abschluss erlangten. (Runde auf Tausend.)

ohne Abschluss	mit Hauptschulabschluss	mit Realschulabschluss	mit Hochschulreife
9,0 %	26,5 %	40,1 %	24,4 %

Bei einer statistischen Erhebung ist die Summe der absoluten Häufigkeiten aller auftretenden Ergebnisse gleich der Gesamtzahl aller Beobachtungen.

Die Summe der relativen Häufigkeiten aller auftretenden Ergebnisse ist gleich 1 bzw. gleich 100 %, wenn sie in Prozent angegeben wird.

BEACHTE
Durch das Runden bei den relativen Häufigkeiten, kann es vorkommen, dass ihre Summe nicht genau 1 bzw. 100 % ist.

6

Die Arbeitsgemeinschaft „Schützt unseren Wald“ hat im heimischen Forst Schäden an Bäumen untersucht. Dabei wurde festgestellt, dass zwei Fünftel der Bäume keine Schäden und ein Drittel der Bäume leichte Schäden aufwiesen. Der Rest war stark geschädigt.
Wie viel Prozent der Bäume wiesen starke Schäden auf?

7

Die Zuschauer des 1. FC Spitze wählen den „Spieler der Saison“. Es wurden 6 Namen genannt. Der Vereinspräsident möchte den Ausgang der Umfrage möglichst spannend mitteilen. Deshalb sagt er:

Spieler 1: 12,5 % der Stimmen	Spieler 2: $\frac{5}{24}$ der Stimmen
Spieler 3: 6,25 % der Stimmen	Spieler 4: dreimal so viele Stimmen wie Spieler 3
Spieler 5: $\frac{1}{6}$ der Stimmen	Spieler 6: die restlichen Stimmen

a) Welcher Spieler hat gewonnen?
b) Wie viele Stimmen wurden insgesamt abgegeben, wenn es 600 Stimmen für Spieler 1 gab?
c) Wie viele Stimmen erhielten die einzelnen Spieler?

8

Die Schülerinnen und Schüler der Klasse 7 b (vgl. Aufg. 1) überlegen, wie sie die in der Umfrage ermittelten Erkenntnisse in der Schülerzeitung gut darstellen können. Sie blättern in mehreren Zeitschriften und Zeitungen und finden z. B. die folgenden Abbildungen. Was kannst du den Abbildungen entnehmen?

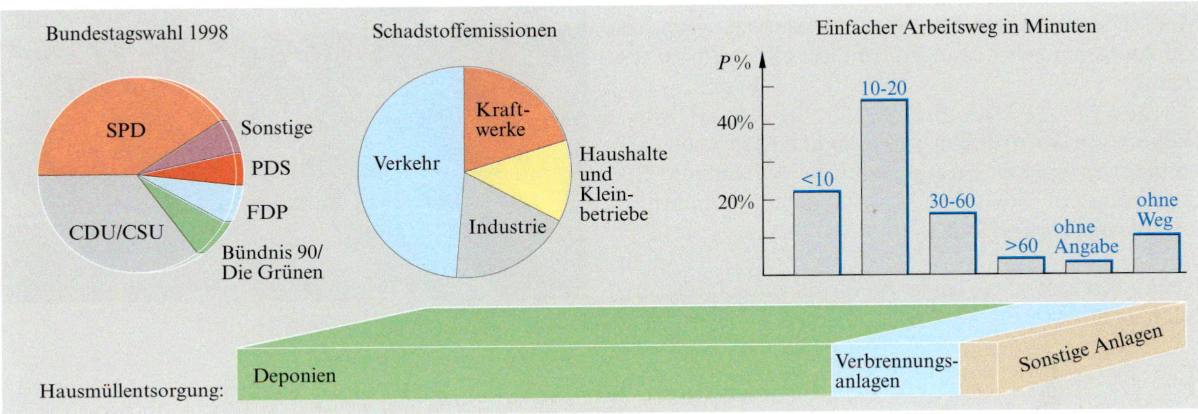

9

Fertige für jede Frage des Fragebogens aus Aufgabe 1 jeweils ein Streifen- oder ein Kreisdiagramm an.

> **ERINNERE DICH**
> Auf den Seiten 50 und 51 findest du Hinweise zum Anfertigen von Streifen- und Kreisdiagrammen.

10

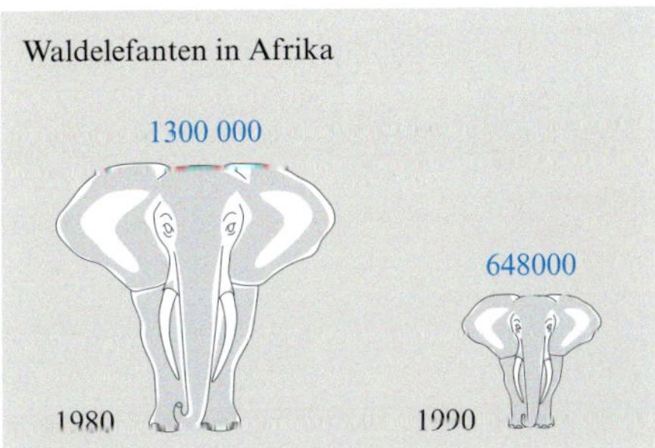

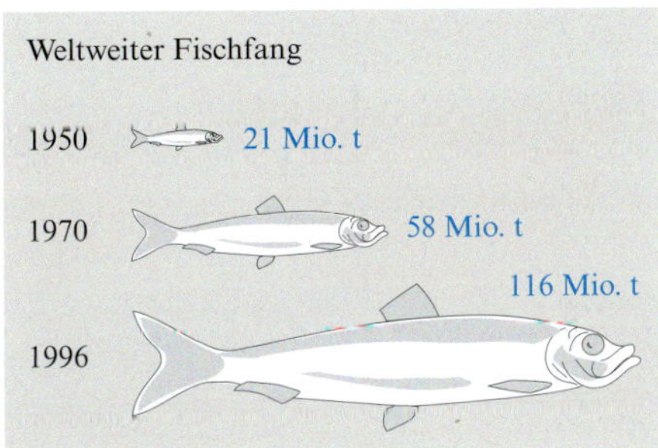

Mitunter stellt man Häufigkeiten in Piktogrammen dar.

a) Die Bilder zeigen Beispiele für Piktogramme. Was kannst du ablesen?
b) Warum werden in Zeitungen und Zeitschriften oft Piktogramme zur grafischen Veranschaulichung von Häufigkeiten gewählt?
c) Welche Gefahr besteht beim Darstellen von Daten mithilfe von Piktogrammen? Vergleiche dazu das Verhältnis der darzustellenden Zahlen mit dem Verhältnis der Höhen bzw. der Flächen der dargestellten Bilder.

11

a) Suche in Zeitungen oder Zeitschriften, auf Plakaten oder anderem Werbe- oder Informationsmaterial nach Piktogrammen zur grafischen Veranschaulichung von Daten. Sind die Einzelbilder im richtigen Verhältnis dargestellt?
b) Suche dir einige der bisher in dieser Lerneinheit gelösten Aufgaben aus und zeichne dazu Piktogramme.

Die zwei Probleme der Welternährung

Jährlich am 16. Oktober wird in mehr als 150 Ländern der Welternährungstag begangen. Er wurde ins Leben gerufen, um die Menschen daran zu erinnern, dass es in vielen Ländern der Welt noch nicht gelingt, alle Menschen ausreichend mit Nahrung zu versorgen. Er soll anregen, nach Lösungen für dieses Problem zu suchen.

Während in einem Teil der Welt täglich Menschen verhungern, erkranken bei uns und in vielen anderen Industrieländern Menschen an „zu guter“ Ernährung und sterben sogar daran.

Ist dir bewusst, dass beide Probleme miteinander zu tun haben?

Hungernde Flüchtlinge in Zaire (Afrika)

1

Diskutiert in der Klasse oder in Gruppen über die Ursachen der beiden Probleme. Seht ihr Lösungen für das Hungerproblem?
Nutzt bei eurer Argumentation auch die folgenden Kreisdiagramme, in denen so genannte entwickelte Länder und Entwicklungsländer hinsichtlich dreier Aspekte verglichen werden. Ermittelt aus den Kreisdiagrammen die jeweiligen Anteile.

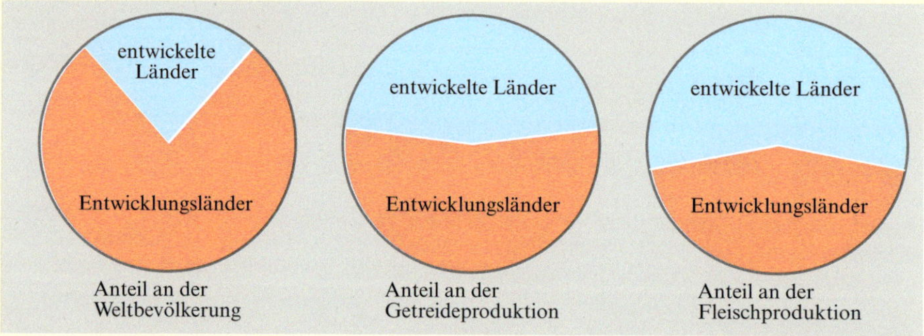

Von der Hungersnot sind gesellschaftlich Schwache, vor allem auch Kinder besonders betroffen. So ist insbesondere bei Kindern unter 5 Jahren aufgrund chronischer Unterernährung ein Untergewicht festzustellen.
Die Tabelle zeigt dir, wie viele Kinder Afrikas unter 5 Jahren untergewichtig waren bzw. es im Jahre 2005 vermutlich sein werden. Außerdem kannst du den Anteil der untergewichtigen Kinder an allen Kindern Afrikas unter 5 Jahren erkennen.

In Afrika an Untergewicht leidende Kinder unter 5 Jahren

Jahr	absolute Zahl in Millionen	Anteil
1975	19,7	26 %
1990	27,4	24 %
2005	36,5	22 %

2

a) Hast du eine Erklärung, warum trotz ständig steigender Zahl der an Untergewicht leidenden Kindern unter 5 Jahren deren prozentualer Anteil sinkt?

b) Berechne die Anzahlen aller Kinder Afrikas unter 5 Jahren für die Jahre 1975, 1990 und 2005.

c) Setze die Anzahl aller Kinder Afrikas unter 5 Jahren im Jahre 1975 gleich 100 Prozent. Auf wie viel Prozent ist die Anzahl aller Kinder unter 5 Jahre bis 1990 gestiegen und auf wie viel Prozent wird sie voraussichtlich bis 2005 steigen?

Zusammensetzung der Nahrung – Ideal und Wirklichkeit

Der tägliche Energiebedarf eines erwachsenen Menschen beträgt etwa 10 000 kJ (Kilojoule). Das folgende Diagramm zeigt, wie eine gesunde Ernährung zusammengesetzt sein sollte. Die angegebenen Anteile beziehen sich immer auf den Beitrag des jeweiligen Nahrungsbestandteils zur täglichen Energieaufnahme (100 % ≙ 10 000 kJ).

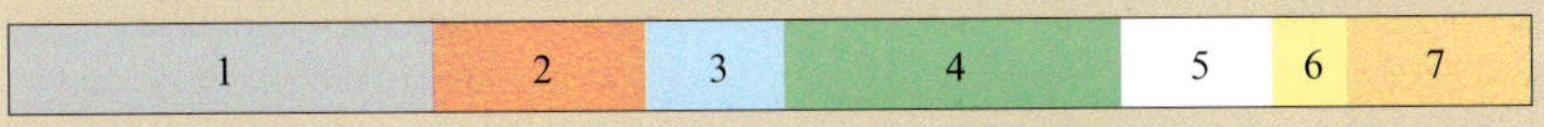

1 Getreide/-produkte, Kartoffeln
2 Obst
3 Fisch, Fleisch, Eier
4 Gemüse, Hülsenfrüchte
5 Milch/Milchprodukte
6 Fette, Öle
7 Getränke

Tatsächliche Zusammensetzung der Nahrung im Weltdurchschnitt, wobei die tägliche Energieaufnahme 11 300 kJ (≙ 100 %) beträgt.

Bestandteil	Anteil
Getreide/-produkte, Kartoffeln	56 %
Obst	4 %
Fisch, Fleisch, Eier	10 %
Zucker, Sirup, Honig	9 %
Gemüse, Hülsenfrüchte	4 %
Milch/Milchprodukte	4 %
Fette, Öle	10 %
andere	3 %

Tatsächliche Zusammensetzung der Nahrung in Industriestaaten, wobei die tägliche Energieaufnahme 14 650 kJ (≙ 100 %) beträgt.

Bestandteil	Anteil
Getreide/-produkte, Kartoffeln	29 %
Fleisch	17 %
Zucker, Sirup, Honig	13 %
Milch/Milchprodukte	11 %
tierische Fette und Öle	8 %
pflanzliche Fette und Öle	8 %
Alkohol	5 %
andere	9 %

3

Veranschauliche auch die Zusammensetzung der Nahrung im Weltdurchschnitt und in Industriestaaten in jeweils 10 cm langen Streifendiagrammen.
Vergleiche. Was stellst du fest? Dürfte es nach diesen Angaben überhaupt Hunger auf der Welt geben? Warum spricht man in den Industrieländern mitunter vom „Mangel durch Überfluss"?

4

Oft hört man angesichts der verfügbaren Nahrung: „Kein Mensch auf der Welt müsste hungern."
Argumentiert in Gruppen zu dieser Auffassung. Unterlegt eure Meinung mit Fakten. Vielleicht hilft euch dabei auch folgende Information: 1994 lebten auf der Erde etwa 5,7 Milliarden Menschen, die insgesamt 1,9 Milliarden Tonnen Getreide produzierten. Getreide enthält pro Kilogramm ca. 12 500 kJ Energie.

5

Nicht nur Unter-, sondern auch Überernährung führt zu gesundheitlichen Problemen.
Die Tabelle in der Randspalte belegt das am Beispiel Deutschlands. Stelle die Werte aus der Tabelle auch in einem Diagramm dar (s. Bild).
Erkennst du Zusammenhänge zu den oben dargestellten Ernährungsgewohnheiten in Industrieländern?

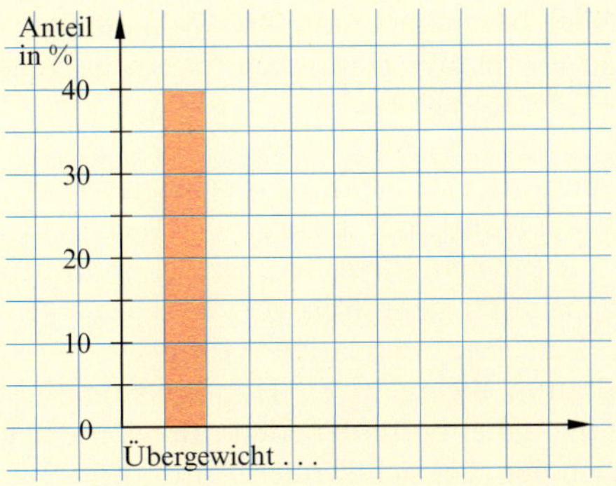

Prozentuale Häufigkeiten von ernährungsbedingten Krankheiten in Deutschland (bezogen auf die Gesamtbevölkerung)

Krankheit	Anteil
Übergewicht	40 %
Verdauungsprobleme	30 %
Bluthochdruck	15 %
erhöhte Blutfettwerte	15 %
Gallensteine	10 %
Gicht	7 %
Zuckerkrankheit	4 %

Statistische Kennwerte

Sicher hast du die Begriffe Ozonloch und Ozonbelastung schon einmal gehört. Ozon ist eine besondere Form des Sauerstoffs. Es befindet sich überwiegend in höheren Schichten unserer Atmosphäre. Dort hat es eine wichtige Aufgabe, denn es schützt uns vor schädlichen Bestandteilen der Sonnenstrahlung. Verringert sich in der Atmosphäre der Anteil des Ozons, entsteht also ein Ozonloch, können bei den Menschen schwere Erkrankungen auftreten.
Vor allem in Großstädten kann es unter bestimmten Bedingungen dazu kommen, dass sich Ozon in den unteren Schichten der Atmosphäre, also auch in der Atemluft, anreichert. Diesen Effekt bezeichnet man als Ozonbelastung, denn für viele Menschen, vor allem Kinder und Senioren, kommt es dadurch zu starken Beeinflussungen des Wohlbefindens.

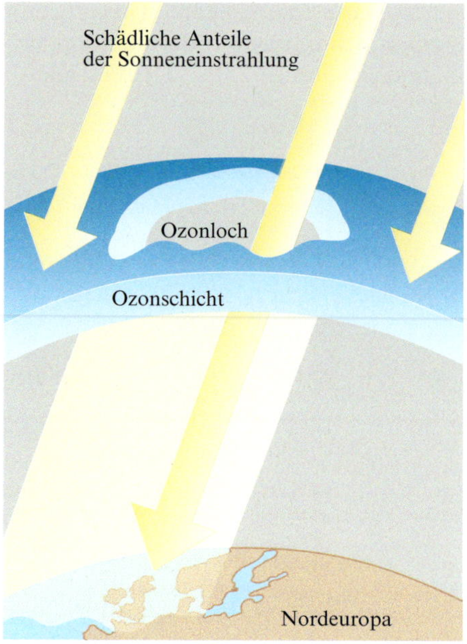

ANREGUNG
Informiere dich, zu welchen gesundheitlichen Beeinträchtigungen das Ozonloch bzw. eine hohe Ozonbelastung führen können?
Wie kann man sich vor den Auswirkungen des Ozonlochs schützen?
Wie sollte man sich bei einer hohen Ozonbelastung schützen?

1

Die folgende Tabelle zeigt für eine Großstadt, an wie vielen Tagen in den Sommermonaten Juni, Juli und August ein bestimmter Wert der Ozonbelastung gemessen wurde. Die Werte wurden dabei auf Zehner gerundet, d. h. in den Bereich 90 fallen alle die Tage, an denen die Ozonbelastung zwischen 85 und 95 $\frac{\mu g \text{ Ozon}}{m^3 \text{ Luft}}$ lag.

Ozonbelastung in $\frac{\mu g \text{ Ozon}}{m^3 \text{ Luft}}$	30	40	50	60	70	80	90	100	110	120	130
Anzahl der Tage	4	4	3	7	9	15	7	8	6	5	4

Ozonbelastung in $\frac{\mu g \text{ Ozon}}{m^3 \text{ Luft}}$	140	150	160	170	180	190	200	210	220	230	240
Anzahl der Tage	3	2	3	1	3	2	1	1	2	1	1

a) Als gesundheitlich bedenklich bezeichnet man Ozonbelastungen mit Zahlenwerten über 130. Wie groß war die relative Häufigkeit für solche Tage?

b) Ab einer Ozonbelastung von 220 $\frac{\mu g \text{ Ozon}}{m^3 \text{ Luft}}$ wird ein Fahrverbot für Autos (mit Ausnahmen für unbedingt erforderliche Fahrzeuge) ausgesprochen. Wie hoch war die prozentuale Häufigkeit dafür?

c) Einige Autofahrer lassen aus Einsicht ihr Auto auch schon unbenutzt, wenn der Ozongehalt noch 25 Prozent unter dem Wert für das Fahrverbot liegt. An wie vielen Tagen geschah das? Berechne die relative Häufigkeit.

d) Trage in ein Streifendiagramm die relativen Häufigkeiten für die genannten Ozonwerte ein. Kennzeichne dabei besonders den „Bereich der Gesundheitsgefährdung“ und den „Bereich der rücksichtsvollen Autofahrer“.

HINWEIS
Die Ozonbelastung in der bodennahen Atmosphäre wird in Mikrogramm (µg) Ozon pro Kubikmeter Luft angegeben.
$1 \mu g = \frac{1}{1\,000\,000} g$

2

Eine Fußballzeitschrift bewertet die Bundesligaspieler A, B und C nach jedem Spieltag mit 1 bis 10 Punkten (1 Punkt – Totalausfall; 10 Punkte – Weltklasse).
Die drei Spieler haben an allen beobachteten Spieltagen mitgespielt.
Die folgende Tabelle zeigt, wie oft welcher Spieler welche Punktzahl erhielt.

Punkte	1	2	3	4	5	6	7	8	9	10
Spieler A	0	0	2	3	7	8	4	4	1	1
Spieler B	0	1	1	2	6	7	6	3	2	2
Spieler C	2	2	3	3	3	1	5	5	3	3

BEACHTE
beim Berechnen der Durchschnittswerte, dass einzelne Punktwerte mehrmals erreicht wurden.

a) Wie viele Spieltage wurden zur Bewertung der Spieler herangezogen?
b) Wie viele Punkte erhielt jeder der drei Spieler insgesamt?
c) Wie viele Punkte erhielt jeder der drei Spieler durchschnittlich pro Spiel?
d) Berechne für jeden Spieler die relative Häufigkeit, mit der die einzelnen Punktwerte auftreten.
e) Welchen der drei Spieler sollte die Zeitschrift nach der Saison als den besten Spieler auszeichnen?
f) Welche beiden Spieler haben den gleichen Durchschnittswert erreicht? Welche Unterschiede stellst du zwischen diesen beiden Spielern fest?

3L

Ein Fernsehmagazin befragte seine Zuschauer nach ihrer Meinung zu den bekannten Politikern X, Y und Z. Dabei durften Punkte von –5 bis 5 vergeben werden.

Punkte	–5	–4	–3	–2	–1	0	1	2	3	4	5
Politiker X	61	64	93	117	145	125	101	99	84	61	50
Politiker Y	160	125	80	60	55	45	52	56	113	117	137
Politiker Z	12	38	81	96	170	254	128	91	87	28	15

a) Wie viele Personen wurden befragt?
b) Ermittle die Durchschnittsnote der einzelnen Politiker.
c) Berechne für Y und Z jeweils die prozentualen Häufigkeiten der einzelnen Noten. Welcher der beiden Politiker neigt wohl eher zu extremen Aussagen?
d) Ein weiterer Politiker (W) erhält die gleiche Durchschnittsnote wie X.
Gib mindestens zwei mögliche Umfrageergebnisse an, die sich von denjenigen für X unterscheiden.

HINWEIS
Der Durchschnitt einer Datenreihe wird verfälscht durch einen weit von den anderen Werten entfernt liegenden Wert. Ein solcher Wert heißt **Ausreißer**.
Ein solcher kann durch einen Messfehler oder eine kurzzeitige Änderung der Bedingungen entstehen

Beispiel:
Ein Formel-1-Rennwagen wird getestet. Er erreicht Rundenzeiten von
4-mal 1:30 min
5-mal 1:31 min
3-mal 1:32 min
1-mal 1:45 min
Wodurch kann es zu dem Ausreißer gekommen sein?

Als Ergebnisse statistischer Erhebungen erhält man oftmals Zahlen (**Daten**).
Zur Auswertung einer Datenmenge kann man die absolute oder die relative Häufigkeit der einzelnen beobachteten Werte angeben.
Eine weitere Möglichkeit zur Auswertung von Daten ist die Berechnung des **arithmetischen Mittels** $\overline{x}$ (Mittelwert, Durchschnitt):

Wurden n verschiedene Beobachtungen durchgeführt und sind $x_1, x_2, \ldots, x_n$ die einzelnen Beobachtungsergebnisse, so gilt:

$$\overline{x} = \frac{x_1 + x_2 + \ldots x_n}{n}.$$

4[L]

Berechne jeweils den Mittelwert.

a) Die Mädchen der Klasse 7 a erreichten folgende Weiten beim Ballweitwurf:
22 m, 24 m, 15 m, 31 m, 18 m, 22 m, 26 m, 23 m, 17 m, 12 m, 21 m, 19 m, 17 m, 25 m, 27 m, 11 m, 19 m.

b) Die Spieler einer Basketballmannschaft haben folgende Körpergrößen:
1,97 m, 2,11 m, 1,99 m, 2,03 m, 2,04 m, 2,00 m, 1,85 m, 1,98 m, 2,11 m, 2,06 m, 1,79 m, 2,07 m

c) Im 1000-m-Lauf erreichten die Jungen der 7 c folgende Zeiten:
3 : 47 min; 4 : 02 min; 3 : 35 min; 3 : 36 min; 3 : 52 min;
3 : 27 min; 4 : 15 min; 4 : 35 min; 3 : 42 min; 3 : 51 min;
3 : 39 min; 3 : 50 min; 3 : 58 min; 4 : 27 min.

5

Zur Auswertung der folgenden Tabelle soll der Mittelwert berechnet werden.

Wert	1	2	3	4	5	6
absolute Häufigkeit	2	6	12	6	3	1
relative Häufigkeit	$\frac{2}{30}$	$\frac{1}{5}$	$\frac{2}{5}$	$\frac{1}{5}$	$\frac{1}{10}$	$\frac{1}{30}$

Sebastian rechnet:

$1 + 1 + 2 + 2 + 2 + 2 + 2 + 2 + 3 + 3 + 3 + 3 + 3 + 3 + 3 + 3 + 3 + 3 + 3 + 3 + 4 + 4 + 4 + 4 + 4 + 4 + 5 + 5 + 5 + 6 = 95$

$\bar{x} = \frac{95}{30} \approx 3{,}2$

Juliane rechnet:

$\bar{x} = \frac{2 \cdot 1 + 6 \cdot 2 + 12 \cdot 3 + 6 \cdot 4 + 3 \cdot 5 + 1 \cdot 6}{30}$

Anne rechnet:

$\bar{x} = \frac{2}{30} \cdot 1 + \frac{1}{5} \cdot 2 + \frac{2}{5} \cdot 3 + \frac{1}{5} \cdot 4 + \frac{1}{10} \cdot 5 + \frac{1}{30} \cdot 6$

a) Begründe – ohne zu rechnen –, dass Juliane und Anne zum gleichen Ergebnis wie Sebastian gelangen werden.

b) Beschreibe, wie man möglichst schnell den Mittelwert einer großen Anzahl von Werten berechnen kann.

6

Berechne jeweils den Mittelwert.

a) An einem Bundesligaspieltag fielen in den Spielen zwischen 0 und 7 Tore.

Tore	0	1	2	3	4	5	6	7
Häufigkeit	2	4	3	3	1	2	0	1

b) Es wird getestet, in welcher Zeit ein Auto von 0 auf 100 km/h beschleunigt.

Zeit in s	9,6	9,7	9,8	9,9	10,0	10,1
Anzahl	6	15	23	27	8	1

7

Thomas ist der beste Basketballspieler seiner Klasse. In den letzten Spielen erreichte er viermal 8 Punkte, dreimal 9 Punkte, fünfmal 10 Punkte und zweimal 12 Punkte.

a) Berechne den Durchschnittswert seiner erreichten Punkte in den letzten Spielen.

b) Kann er im nächsten Spiel seinen Punktedurchschnitt auf 10 erhöhen, wenn er davon ausgeht, dass er höchstens 14 Punkte in einem Spiel schafft?

8

Die Gruppe „Superboys“ ist mit einem Superhit seit 15 Wochen in den Top-Ten platziert. Von Woche zu Woche änderte sich der Platz wie folgt:

$9 \to 5 \to 3 \to 3 \to 2 \to 2 \to 2 \to 2 \to 1 \to 4 \to 7 \to 5 \to 3 \to 5 \to 8$

Wenn sich die „Superboys“ noch weitere 5 Wochen in den Top-Ten platzieren, könnte sich der Mittelwert für die Platzierung ändern.

a) Berechne das arithmetische Mittel für die Platzierung in den 15 Wochen.

b) Welcher Mittelwert ergibt sich, wenn die weiteren Platzierungen 4, 7, 7, 7, 10 lauten?

c) Gib mögliche Platzierungen an, so dass $\bar{x} = 5$ ist.

d) Ist es möglich, für die 16. bis 20. Woche Platzierungen in den Top-Ten anzugeben, sodass $\bar{x} = 7$ bzw. $\bar{x} = 2$ ist?

9

Stine sieht mit Begeisterung Eiskunstlaufen. Ihre Lieblingsläuferin ist schon gelaufen und hat die folgenden Bewertungen erhalten.

A-Note: 5,7 5,4 5,5 5,4 5,2 5,3 5,5 5,2 5,2

B-Note: 5,8 5,4 5,7 5,5 5,5 5,4 5,5 5,3 5,4

Mit Spannung erwartet Stine die Bewertung der Hauptkonkurrentin ihrer Lieblingsläuferin. Zuerst erscheint deren A-Note auf der Anzeigetafel:

A-Note: 5,7 5,5 5,3 5,3 5,4 5,4 5,6 5,2 5,3

a) Ermittle den Durchschnittswert aller in der A- und B-Note vergebenen Punkte für Stines Lieblingsläuferin.

b) Wie könnte die B-Note der Hauptkonkurrentin aussehen, wenn deren Durchschnittswert für A- und B-Note zusammen 5,5 beträgt?
Gib mindestens drei Möglichkeiten an.

Pirouette auf dem Eis

10

An einer Schule wurden alle Schülerinnen und Schüler nach der Anzahl ihrer Geschwister gefragt.
Die Ergebnisse wurden in der folgenden Tabelle festgehalten.

Anzahl der Geschwister	0	1	2	3	4	5
Anzahl	186	274	147	35	6	2

Als Ergebnis der Umfrage wurde angegeben, dass die „durchschnittliche Familie“ 1,09 Kinder hat.
Was wurde hier gewiss falsch gemacht?
Welcher Fehler könnte noch aufgetreten sein?
Kann man aus der Tabelle überhaupt eine Aussage ableiten (welche)?

TIPP
Wie viele Kinder hat die abgebildete Familie und wie viele Geschwister hat jedes der Kinder?

11

a) Beim Basketball sieht man besonders häufig große Spieler. Warum?

b) Die Größen der jeweils 5 Feldspieler zweier Mannschaften betragen:
Mannschaft A: 183 cm, 187 cm, 193 cm, 197 cm, 202 cm.
Mannschaft B: 168 cm, 178 cm, 186 cm, 205 cm, 212 cm.
Berechne jeweils die Durchschnittsgröße.

c) Diskutiert in Gruppen: Ist die Mannschaft mit den durchschnittlich größeren Spielern im Vorteil?

12

Eva kommt mit dem Bus zur Schule. Ihre Fahrzeiten betrugen: Montag 8 min, Dienstag 7 min, Mittwoch 7 min, Donnerstag 35 min und Freitag 6 min.

a) Nenne mögliche Gründe dafür, dass Evas Fahrzeiten so unterschiedlich waren.

b) Wie viel Zeit benötigt Eva durchschnittlich, um zur Schule zu kommen?

c) Berechne den Durchschnittswert der Fahrzeiten, ohne den Donnerstag zu berücksichtigen. Hältst du den Durchschnittswert aus Aufgabenteil b) oder den Durchschnittswert aus Aufgabenteil c) für aussagekräftiger? Begründe.

d) Ordnet man Evas Fahrzeiten der Größe nach, so ergibt sich folgende Liste:
6 min, 7 min, **7 min**, 8 min, 35 min.
In der Mitte der Liste liegt der Wert 7 min. Lässt dieser Wert Aussagen über Evas Schulweg zu? Begründe.

13

Im Zeltlager: Die Mädchen Mara, Anke, Birgit, Monika und Grit knobeln mit den Jungen Kai, Mehmet, Nils, Bernd und Thomas um den Küchendienst.
Jeder würfelt mit drei Würfeln gleichzeitig und ermittelt die Summe der Augenzahlen des Wurfes.
Es wurden folgende Summen der Augenzahlen geworfen:

Mara	Anke	Birgit	Monika	Grit
7	6	8	6	9
Kai	Mehmet	Nils	Bernd	Thomas
4	18	5	3	6

a) Beim Wurf von Mehmet jubeln die Jungen und fühlen sich schon als Sieger. Jubeln sie letztlich zu Recht?

b) Diskutiert in der Gruppe oder in der Klasse: Wie beurteilt ihr die Ergebnisse? Welche Gruppe hat nach eurer Meinung gesiegt?

> Der Wert in der Mitte einer geordneten Liste heißt **Zentralwert** oder auch **Median**.
>
> Enthält eine Liste eine gerade Anzahl von Zahlen, so bildet man den Mittelwert der beiden in der Mitte stehenden Zahlen.

BEISPIELE

Claudia trainiert für die Kreismeisterschaften im Weitsprung. Am letzten Trainingstag erreichte sie folgende Weiten (in m):

0,00 4,23 3,99 4,12 0,00 4,27 4,08 3,77 0,00 4,15 4,12

Ergebnisse in geordneter Reihenfolge:

0,00 0,00 0,00 3,77 3,99 4,08 4,12 4,12 4,15 4,23 4,27

Zentralwert: 4,08

Bernd erkundigt sich bei seinen Freunden nach ihrem monatlichen Taschengeld. Er hat die Angaben bereits in geordneter Reihenfolge aufgeschrieben:

6 € 6 € 6 € 7 € 7 € 8 € 8 € 9 € 15 € 20 €

Zentralwert: (7 € + 8 €) : 2 = 7,50 €

ANREGUNG

Überlege dir, warum es im ersten Beispiel nicht sinnvoll ist, den Mittelwert auszurechnen. Überlege dir eine Situation, bei der es für Bernd sinnvoll sein könnte, statt des Zentralwertes besser den Mittelwert auszurechnen.

14

Vergleiche jeweils den Zentralwert und den Mittelwert der folgenden Datenreihen. Welche Daten würdest du eventuell als Ausreißer bezeichnen? Begründe.

a) Körpergewichte von zufällig ausgewählten Männern:
72 kg; 117 kg, 83 kg; 79 kg, 86 kg, 69 kg, 92 kg

b) Zeiten von Frank für seinen Heimweg von der Schule an 10 Tagen:
13 min, 17 min, 14 min, 15 min, 35 min, 13 min, 10 min, 15 min, 19 min, 14 min

c) Preise von zufällig ausgewählten Schuhsorten:
43 €, 17 €, 88 €, 25 €, 69 €, 34 €, 54 €

d) Von Teilnehmern einer Mathematikolympiade erreichte Punktzahlen:
23, 18, 40, 17, 39, 31, 22, 35, 19, 21, 27

e) Zimmeranzahlen von zufällig ausgewählten Einfamilienhäusern:
4, 3, 7, 2, 4, 4, 3, 5, 3, 4, 4, 3

f) Massen aller Waren eines Einkaufs:
3,5 kg, 125 g, 125 g, 1,2 kg, 250 g, 1 kg, 250 g, 1 kg, 780 g, 100 g, 45 g

NACHGEDACHT

Wie beeinflusst ein Ausreißer das arithmetische Mittel?
Wie beeinflusst ein „Ausreißer“ den Zentralwert?

15

Bei einer Befragung wurden folgende Monatseinkommen angegeben:
1250 €, 1400 €, 2230 €, 3210 €, 1380 €, 1860 €, 9400 €, 2480 €.

a) Vergleiche das „zentrale“ Einkommen und das „mittlere“ Einkommen.

b) Gibt es einen Ausreißer?

c) Berechne das mittlere Einkommen, ohne den Ausreißer zu berücksichtigen. Ist dieser Mittelwert deiner Meinung nach aussagekräftig? Begründe.

16

Note	1	2	3	4	5	6
Anzahl	3	4	7	11	4	1

Bei einer Klassenarbeit wurden obige Ergebnisse erzielt.
Karl sagt: „Die Arbeit ist insgesamt befriedigend ausgefallen.“
Gabi widerspricht: „Die von der Klasse gezeigte Leistung ist nur ausreichend.“
Wie kommen beide zu ihrer Meinung? Was meinst du zum Ergebnis der Arbeit?

17

Nenne eigene Beispiele, bei denen es sinnvoller ist, den Zentralwert auszurechnen, und solche, bei denen es sinnvoller ist, den Mittelwert auszurechnen. Begründe.

18

a) In einem internationalen Wettkampf hat jeder Weitspringer sechs Versuche. Springer 1 erreicht eine durchschnittliche Weite von 7,98 Metern und Springer 2 durchschnittlich 8,03 Meter.
Kann daraus geschlussfolgert werden, welcher Springer im Wettkampf vor dem anderen lag? Begründe.

b) In einem kleinen See wird an 10 Messpunkten die Tiefe gemessen. Der Durchschnittswert liegt bei 90 Zentimetern. Kann der See zum Baden für Nichtschwimmer freigegeben werden? Begründe.

NACHGEDACHT

Was hältst du von der folgenden „Mittelwertberechnung“?
Bianka geht 70 Meter pro Minute.
Sie gräbt 1 Meter pro Minute um.
Sie schwimmt 50 Meter pro Minute.
Sie isst 0,05 Meter Bockwurst pro Minute.
Sie läuft 300 Meter pro Minute.
Sie schreibt 0,6 Meter pro Minute.
Biankas mittlere Geschwindigkeit beträgt 70,275 Meter pro Minute.

19

a) In den Klassen 7 a und 7 b wurde die gleiche Mathematikarbeit geschrieben. In beiden Klassen wurde ein Zentralwert von 2,5 erreicht.
Kann daraus geschlussfolgert werden, dass es in beiden Klassen gleich viele „Matheasse“ gibt? Begründe.

b) In zwei aufeinander folgenden Wintern ist die Durchschnittstemperatur gleich. Ist dann auch die Anzahl der „Frosttage“ gleich? Begründe.

AUFGABEN ZUR WIEDERHOLUNG

Eines der bekanntesten Glücksspiele ist das Roulette.
Nach dem Drehen der Roulettescheibe wird eine Kugel entgegen der Drehrichtung auf die Scheibe geworfen. Die Roulettekugel fällt dann in genau eines der Felder 0 bis 36.
Vor dem Drehen können die Spieler Spielmarken auf den Roulettespielplan setzen – z. B. auf Rot oder auf Schwarz.

Spielplan

1. Die Ergebnismenge beim Roulette ist $\Omega = \{0; 1; 2; \ldots; 34; 35; 36\}$.
   Ermittle die Wahrscheinlichkeiten des Eintretens der folgenden Ereignisse.
   A – Rot gewinnt.
   B – Ungerade Zahl (Impair) gewinnt.
   C – Das dritte Dutzend(12^D; 25–36) gewinnt.
   D – Die Zahl 25 gewinnt.
   E – Die Querreihe (25, 26, 27) gewinnt.
   F – Der Viererblock (14, 15, 17, 18) gewinnt.

2. Entscheide, ob Zufallsexperimente vorliegen, bei denen alle Ergebnisse gleich wahrscheinlich sind (Laplace-Experimente).
   a) Die Kugel fällt beim Roulette in ein Feld; $\Omega = \{0; 1; 2; \ldots; 34; 35; 36\}$
   b) Wetterbeobachtung im April; $\Omega = \{$es schneit; es schneit nicht$\}$
   c) Wochentag, an dem ein Mensch geboren wird; $\Omega = \{$Mo; Di; Mi; Do; Fr; Sa; So$\}$
   d) Tag des Monats, an dem ein Mensch geboren wird; $\Omega = \{1.; 2.; \ldots; 31.\}$
   e) Würfeln einer Zahl mit einem Würfel; $\Omega = \{1; 2; 3; 4; 5; 6\}$

3. Berechne die Wahrscheinlichkeiten der folgenden Ereignisse.
   A – Mit einem Würfel wird eine Zahl größer als 2 gewürfelt.
   B – Mit einem Würfel wird eine ungerade Zahl gewürfelt.
   C – Aus einem Skatspiel wird ein Bube gezogen.
   D – Aus einem Skatspiel wird eine rote 9 gezogen.
   E – Ein Kind wird am Wochenende geboren.
   F – Der 1. Mai dieses Jahres fällt auf einen Werktag.
   G – Die erste beim Zahlenlotto ermittelte Zahl ist eine Quadratzahl.

Untersuchen von Häufigkeitsverteilungen

1

In den Klassen 7 a, b und c wurde dieselbe Statistikaufgabe gestellt. Dabei wurden die möglichen Punktzahlen (0 bis 5) mit folgenden absoluten Häufigkeiten erreicht.

Punkte	0	1	2	3	4	5
Klasse 7 a	0	3	7	14	5	0
Klasse 7 b	2	5	4	4	7	3
Klasse 7 c	1	2	7	9	5	1

a) Zeige, dass alle drei Häufigkeitsverteilungen etwa denselben Mittelwert und genau denselben Zentralwert haben.
b) Erläutere, dass zwischen den drei Häufigkeitsverteilungen trotz gleichen Mittelwerts und gleichen Zentralwerts deutliche Unterschiede bestehen.

2

Eine Bundesligamannschaft hat zwei besonders sichere Elfmeterschützen, die Spieler Sorgfalt und Pike. An den letzten 10 Trainingstagen vor dem Pokalfinale ist es ihnen immer gelungen, von 20 geschossenen Elfmetern mindestens 14 zu verwandeln:

Tore	14	15	16	17	18	19	20
Sorgfalt	0-mal	0-mal	0-mal	3-mal	5-mal	1-mal	1-mal
Pike	1-mal	1-mal	2-mal	0-mal	0-mal	1-mal	5-mal

Der Trainer überlegt, wer von beiden beim Pokalfinale einen eventuellen Elfmeter schießen sollte. Wie würdest du entscheiden, wenn du der Trainer wärst? Begründe.

BEACHTE
bei Aufgabenteil 1 b) auch die Veranschaulichung der absoluten Häufigkeiten *h*:

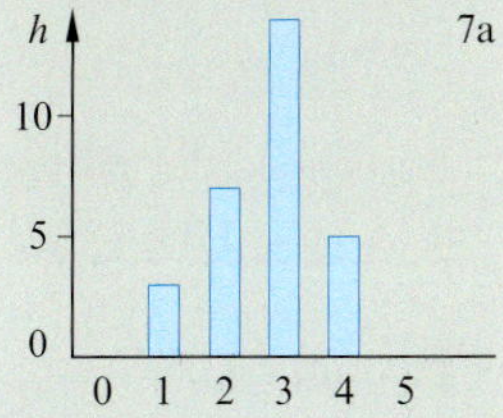

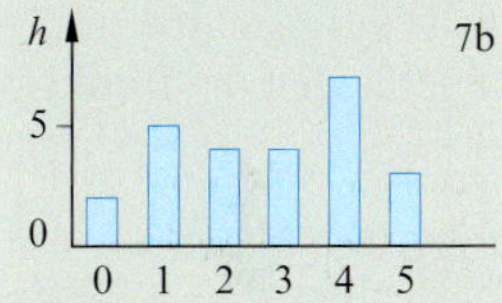

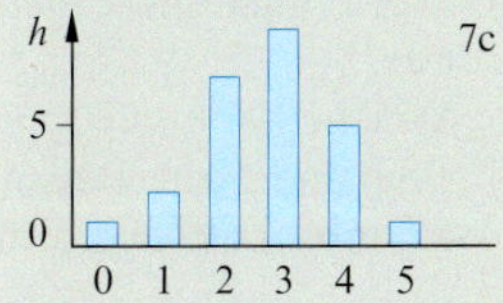

> Verschiedene Häufigkeitsverteilungen können sich trotz desselben Mittelwertes oder desselben Zentralwertes deutlich unterscheiden:
> Die einzelnen Werte können in unterschiedlicher Weise um den Mittelwert oder den Zentralwert streuen.
>
> Ein **Streuungsmaß** kennen wir bereits: Die **Spannweite** ist die Differenz zwischen dem größten und dem kleinsten beobachteten Wert.

BEISPIEL
Bei Aufgabe 1 streuen die erreichten Punktzahlen in der Klasse 7 a zwischen 1 und 4 Punkte.
Die Spannweite beträgt demnach $4 - 1 = 3$.
Das heißt, der Unterschied zwischen der höchsten und der niedrigsten Punktzahl beträgt 3 Punkte.

3

a) Vergleiche die Spannweiten der bei der Statistikaufgabe in den Klassen 7 a, b und c erreichten Punktzahlen (s. Aufgabe 1).
Erläutere, ob durch die Spannweiten alle Unterschiede in den drei Häufigkeitsverteilungen ausreichend beschrieben werden. Beachte dabei auch die Diagramme in der Randspalte. Überlege, wie sich die Spannweite in den Diagrammen zeigt.
b) Gib für die Häufigkeitsverteilungen aus Aufgabe 2 die Spannweiten an.

Die Streuung der Beobachtungswerte wird durch die Spannweite nur sehr grob beschrieben: Bei der Spannweite interessieren nur der größte und der kleinste Wert. Offen bleibt z. B., ob sich die anderen Beobachtungsergebnisse etwa gleichmäßig innerhalb der Spannweite verteilen oder ob sie sich in der Nähe des Mittel- oder Zentralwertes häufen.

BEISPIEL
Bei Aufgabe 1 erreichte die Klasse 7 a einen Mittelwert von etwa 2,7 Punkten. Wir untersuchen nun, wie die im Einzelnen erreichten Punkte von diesem Durchschnittswert abweichen. Dabei betrachten wir nur die absolute Abweichung und nicht, ob sie nach oben oder unten abweichen.

Punktzahl	0	1	2	3	4	5
Betrag der Abweichung vom Mittelwert 2,7	2,7	1,7	0,7	0,3	1,3	2,3
Häufigkeiten der Noten in der Klasse 7 a	0	5	13	7	3	0

Berechnen der **mittleren Abweichung** vom Mittelwert:

$$\frac{0 \cdot 2{,}7 + 3 \cdot 1{,}7 + 7 \cdot 0{,}7 + 14 \cdot 0{,}3 + 5 \cdot 1{,}3 + 0 \cdot 2{,}3}{29} \approx 0{,}7$$

Deutung der Ergebnisse:
Im Mittel streuen die in der Klasse 7 a erreichten Punktzahlen bei der Statistikaufgabe um ± 0,7 um den Mittelwert von 2,7 Punkten. Das heißt, im Mittel liegen die Punktwerte zwischen 2,7 – 0,7 = 2,0 und 2,7 + 0,7 = 3,4.

NACHGEDACHT
Warum werden zur Berechnung der mittleren Abweichung die Absolutbeträge der Abweichungen der einzelnen Beobachtungswerte vom Mittelwert verwendet? Begründe, dass es zu unsinnigen Aussagen führt, wenn man zur Berechnung der mittleren Abweichung die vorzeichenbehafteten Differenzen zwischen Beobachtungswert und Mittelwert verwenden würde.

4

a) Werte auch die Ergebnisse der Klassen 7 b und 7 c (s. Aufgabe 1) wie im Beispiel aus.
Welche Schlussfolgerungen ziehst du aus dem Vergleich der drei Klassen?

b) Begründe am Beispiel der drei Klassen, dass die mittlere Abweichung vom Durchschnittswert aussagekräftiger ist als die Spannweite.

5

Berechne zur Aufgabe 2 die mittleren Abweichungen von den Durchschnittswerten. Welche Erkenntnisse gewinnst du aus den mittleren Abweichungen vom Durchschnittswert bei den beiden Spielern?

Es seien $x_1, x_2, \ldots, x_n$ die Beobachtungsergebnisse bei einer statistischen Erhebung und x sei ihr arithmetisches Mittel.
Die mittlere Abweichung $d_{\overline{x}}$ vom Mittelwert ist dann:

$$d_{\overline{x}} = \frac{|x_1 - \overline{x}| + |x_2 - \overline{x}| + \ldots + |x_n - \overline{x}|}{n}$$

6

Bei den Aufgaben 4 auf Seite 226, 7 a) auf Seite 227 und 11 b) auf Seite 228 waren Durchschnitte zu berechnen. Berechne nun auch die Spannweite der beobachteten Werte und die mittlere Abweichung vom Durchschnittswert.

7

Claudia und Anke trainieren regelmäßig Weitsprung. Die Tabelle in der Randspalte zeigt die Weiten (in m) ihrer besten Sprünge an den letzen 7 Trainingstagen.
Die Trainerin kann eine von beiden zu den Kreismeisterschaften am nächsten Wochenende schicken.
Welche Erkenntnisse, die der Trainerin bei ihrer Entscheidung evtl. helfen können, gewinnst du aus einer statistischen Auswertung der Trainingsergebnisse?

Claudia	Anke
4,23	3,65
3,99	4,39
4,12	4,04
4,15	4,26
4,08	4,12
4,05	4,46
4,27	3,97

ZUSAMMENFASSUNG

Durchführen und Auswerten einer statistischen Erhebung

Entwicklung eines Fragebogens

- interessierende Fragen überlegen
- zu jeder Frage überlegen, welche Ergebnisse auftreten können
  (Ist es nicht oder nur sehr umständlich möglich, alle möglichen Ergebnisse anzugeben, so hilft man sich oft durch das Hinzufügen von Ergebnissen wie „Sonstige“, „Andere“ oder „Weitere“.)
- überlegen, wie die möglichen Ergebnisse auf dem Fragebogen erfasst werden sollen

Auswerten der ausgefüllten Fragebögen

- mit einer Strichliste die Ergebnisse zu den einzelnen Fragen erfassen
- für jedes Ergebnis die Anzahl der Striche auszählen
  (Das ist die absolute Häufigkeit, mit der das jeweilige Ergebnis aufgetreten ist.)
  Kontrolle: Die Summe aller absoluten Häufigkeiten zu einer Frage muss gleich der Anzahl der ausgefüllten Fragebögen sein.
- für jedes Ergebnis die relative Häufigkeit ermitteln:
  $$\text{relative Häufigkeit eines Ergebnisses} = \frac{\text{absolute Häufigkeit dieses Ergebnisses}}{\text{Anzahl der ausgefüllten Fragebögen}}$$
  (Gegebenenfalls relative Häufigkeiten in Prozent angeben)
  Kontrolle: Die Summe aller relativen Häufigkeiten zu einer Frage muss 1 bzw. 100 % ergeben (geringe Abweichungen sind durch Rundungsfehler möglich).

Darstellen der ermittelten statistischen Daten in Diagrammen
(Beispiele für die einzelnen Diagrammarten auf Seite 221)

Statistische Kennwerte	Beispiel
Es liegen n Beobachtungswerte vor: $x_1, x_2, x_3, \dots x_n$	Für eine künftige Olympiastadt wird nachgesehen, wie viele Regentage in den letzten 10 Jahren auf den Zeitraum der Olympischen Spiele fielen: 2, 0, 1, 8, 1, 1, 0, 1, 1, 1.
Spannweite: Differenz des größten und des kleinsten beobachteten Wertes	Die Spannweite beträgt 8 – 0 = 8 (Regentage).
arithmetisches Mittel $\bar{x}$: $\bar{x} = \frac{x_1 + x_2 + x_3 + \dots x_n}{n}$	$\bar{x} = \frac{2+0+1+8+1+1+0+1+1+1}{10} = 1{,}6$ Durchschnittlich gab es 2 Regentage.
mittlere Abweichung $d_{\bar{x}}$: $d_{\bar{x}} = \frac{\lvert x_1 - \bar{x}\rvert + \lvert x_2 - \bar{x}\rvert + \dots + \lvert x_n - \bar{x}\rvert}{n}$	$d_{\bar{x}} = \frac{7 \cdot 0{,}6 + 2 \cdot 1{,}6 + 6{,}4}{10} = 1{,}38 \approx 1{,}4$ Wegen der mittleren Abweichung müsste man mit $1{,}6 \pm 1{,}4$, also mit bis zu 3 Regentagen rechnen.
Der **Zentralwert (Median)** ist der Wert in der Mitte der nach der Größe geordneten Beobachtungswerte.	Regentage der letzten 10 Jahre in geordneter Reihenfolge: 0, 0, 1, 1, **1**, **1**, 1, 1, 2, 8
Bei gerader Anzahl von Werten ist es der Mittelwert der beiden in der Mitte stehenden Werte.	Zentralwert: 1 Regentag

Ausgewählte Lösungen

KAPITEL „ZUORDNUNGEN"

S. 7: **6 a)** $y = 3x$ **b)** $y = 0{,}5x$ **c)** $y = 8 - x$ **d)** $y = 8 - 0{,}5x$

S. 12: **4** Bei **a), b)** und **f)** liegt Proportionalität vor.
Die Beziehung **e)** ist unter idealisierenden Annahmen ebenfalls proportional.
Die Zuordnungen in **c), d)** und **g)** sind nicht proportional.

S. 13: **8** Proportionalität bei **a), c), e), g), h);**
keine Proportionalität bei **b)** und **d)**

S. 17: **3 a)** 2,97 € **b)** 6 € **c)** 129 kcal

S. 22: **5 a), c), e)** und **f)** sind umgekehrt proportional,
b) und **d)** sind nicht umgekehrt proportional.

S. 24: **4** $y = \frac{10}{x}$

S. 26: **2 a)** 4 (6; 10; 12) Kipper brauchen 60 (40; 24; 20) Stunden **b)** 15 Kipper

S. 29: **6 a)** 0,8 kg ↔ 2,72 € 1,2 kg ↔ 4,08 € 2 kg ↔ 6,80 € 3 kg ↔ 10,20 €

S. 30: **10 a)** 24 Stunden (3 Arbeitstage) **b)** 16 Helfer (1,5 Arbeitstage = 12 Stunden)

KAPITEL „PROZENTRECHNUNG"

S. 39: **6 b)** $\frac{7}{10} = \frac{70}{100} = 70\,\%$; $\frac{1}{50} = \frac{2}{100} = 2\,\%$; $\frac{2}{5} = \frac{40}{100} = 40\,\%$; 50 %; 75 %; 100 %;
Bei $\frac{1}{3}$ rechnet man besser so: $\frac{1}{3}$ entspricht $\frac{100}{3}\,\% = 33\frac{1}{3}\,\% \approx 33{,}3\,\%$; 80 %; 110 %

7 a) 6 %; 10 %; 21 %; 90 %; 50 %; 10,0 %; 100 %; 42 %; 0,1 %

S. 43: **4 a)** 4,5 € **b)** 3,2 km **c)** 459 kg **d)** 62 cm

S. 46: **13 a)** 25 % **b)** $13\frac{1}{3}\,\% \approx 13{,}3\,\%$ **c)** 80 % **d)** 20 % **e)** ≈ 11,1 %

S. 52: **4 a)** 495 € **b)** 810 € **c)** 1161 €

S. 53: **7** Preiserhöhungen: Einzelfahrschein E 18,75 %; Einzelfahrschein K 12 %;
Sammelkarte 4 Fahrten ≈ 8,3 %; Wochenendticket 20 %.
Beim Wochenendticket war die Preiserhöhung am höchsten, bei der Sammelkarte am niedrigsten.

S. 54: **12 a)** 199,75 € **b)** 110,25 € **c)** 18,22 € **d)** 654,15 € **e)** 3997,00 €

S. 55: **13 a)** 33,93 € **b)** 49,66 € **c)** 26,07 € **d)** 149,66 € **e)** 621,38 €

15 a) Bei Barzahlung muss man 10 948 € bezahlen.

S. 56: **20 a)** 25 % **b)** 20 % **c)** 30 %

23 a) Der Beitrag wurde um 26 % heraufgesetzt.
b) Wenn 40 % des vollen Betragssatzes 278,70 € sind, dann entsprechen 60 % einem Beitrag von 418,05 €. Gegenüber dem Vorjahr würde sich der Beitrag um 139,35 € erhöhen.
c) Ein Anfänger müsste in diesem Jahr 1567,69 € Beitrag zahlen.

S. 64: **3 a)** 27 ‰ **b)** 7,5 ‰ **c)** 0,5 ‰ **d)** 30 ‰
e) 981,00 ‰ **f)** 4 ‰ **g)** 0,35 ‰ **h)** 50,02 ‰

4 a) 0,009 **b)** 0,001 12 **c)** 0,052 **d)** 0,00125
e) 0,00075 **f)** 5,050 **g)** 0,200 **h)** 0,000 000 01

5 a) 1,25 ‰ **b)** 5 ‰ **c)** 4,67 ‰ **d)** 0,475 ‰ **e)** 0,0272 ‰
f) 1,65 ‰ **g)** 0,1 ‰ **h)** 0,05 ‰ **i)** 0,0727 ‰

S. 65: **8 a)** 1250 ppm **b)** 5000 ppm **c)** 4670 ppm **d)** 475 ppm **e)** 27,2 ppm
f) 1650 ppm **g)** 100 ppm **h)** 50 ppm **i)** 72,7 ppm

S. 69: **5 a)** Jahreszinsen bei einer Kündigungsfrist von 3 Monaten: 8 €, von 1 Jahr: 10 €, von 3 Jahren: 16 €, von 4 Jahren: 18 €.
b) Kontostand nach 4 Jahren bei einer Kündigungsfrist von 3 Monaten: 432,97 €, von 1 Jahr: 441,53 €, von 3 Jahren: 467,95 €, von 4 Jahren: 477,01 €.

S. 71: **16 a)** Herr Peters muss 112,50 € Zinsen zahlen.
b) Frau Neitzel erhält 105,00 € Zinsen.
c) Familie Sorge muss 1,08 € Zinsen zahlen, wenn das Konto nach 10 Tagen ausgeglichen ist, 0,54 € bei Ausgleich nach 5 Tagen und 2,69 € bei Ausgleich nach 25 Tagen.
(Beachte: Die Bank rechnet das Jahr mit 360 Tagen. Die Bank rundet bei ihren Einnahmen grundsätzlich auf und bei ihren Zahlungen grundsätzlich ab.)

S. 72: **17 a)** 6,75 € **b)** 10,50 € **c)** 16,33 € **g)** 0,68 € **h)** 3,11 € **i)** 1,56 €

18 a) Jahreszinsen wären $4 \cdot 90 € = 360 €$. Aus $K = \frac{100}{p} Z$ ergibt sich ein Guthaben von 12 000 €.
b) Jahreszinsen: $\frac{12}{7} \cdot 428{,}75 € = 735 €$; Guthaben: 21 000 €
f) Jahreszinsen: $\frac{360}{175} \cdot 229{,}07 € = 471{,}23 €$; Guthaben: 6499,72 €

S. 74: **27 a)** Jahreszinsen wären 39,20 €. Ist t die Anzahl Tage, in denen 20 € Zinsen anfallen, so gilt: $20 € : 39{,}20 € = t : 360$. Die Lösung ist 184 Tage.

S. 75: **28 a)** Das Guthaben ist bis zum 18. Geburtstag auf 205,29 € angewachsen. (Beachte: Je nach Rundung der Zwischenergebnisse kann es geringfügige Abweichungen geben.)
b) Nach 18 Jahren hätte sich das Guthaben etwas mehr als verdoppelt.

KAPITEL „RATIONALE ZAHLEN“

S. 82: **17 a)** $11{,}6 \notin \mathbb{N}$, $11{,}6 \in \mathbb{Q}_+$, $11{,}6 \notin \mathbb{Z}$, $11{,}6 \in \mathbb{Q}$ **b)** $-13 \notin \mathbb{N}$, $-13 \notin \mathbb{Q}_+$, $-13 \in \mathbb{Z}$, $-13 \in \mathbb{Q}$
e) $-0{,}\overline{3} \notin \mathbb{N}$, $-0{,}\overline{3} \notin \mathbb{Q}_+$, $-0{,}\overline{3} \notin \mathbb{Z}$, $-0{,}\overline{3} \in \mathbb{Q}$
18 a) z. B. 1,2 **b)** z. B. –3 **c)** z. B. 6 **d)** z. B. –7,5
e) Es gibt keine solche Zahl, denn jede natürliche Zahl wäre auch eine gebrochene Zahl.
21 a) 15 cm **b)** 10 cm **c)** 8 cm **d)** –14 cm **e)** 2 cm **f)** –6 cm

S. 84: **1** Länge der Donau: 2750 km

S. 92: **8 a)** –3 **b)** –10 **c)** 3 **d)** –4
14 a) $\frac{1}{2}$ **b)** $-\frac{1}{4}$ **c)** $-\frac{10}{11}$ **d)** $-\frac{1}{7}$ **i)** –2 **j)** –7

S. 93: **16 a)** –93 722 **b)** –48 424 **c)** 1028 **d)** –23,21
17 a) $x = 9$ **b)** $x = -5$ **c)** $x = -10$ **d)** $x = 6$

S. 94: **20 a)** –1 **b)** –5 **c)** –6 **d)** –1 **e)** 5 **f)** 8

S. 95: **26 a)** –292,9 **b)** 6207 **c)** –10 746 **d)** –9615 **e)** 0,142 **f)** –2,784
29 a) $x = 13$ **b)** $x = -62$ **c)** $x = -65$ **d)** $x = 0$

S. 99: **4 a)** –36 **b)** 30 **c)** –150 **i)** 3 **j)** $\frac{2}{3}$ **k)** –0,6
9 a) –40 **b)** 15 **c)** 112 **d)** –1200

S. 100: **12 a)** 25 **b)** 1 **e)** –8 **f)** 1 **j)** 0,0001 **k)** 0,0001
13 a) $\frac{1}{7}$ **b)** $\frac{1}{7}$ **c)** $-\frac{2}{5}$
15 a) T_F sei der Zahlenwert der in Grad Fahrenheit gemessenen Temperatur, T_C der Zahlenwert der in Grad Celsius gemessenen Temperatur.
1. Umrechnung von T_F auf den Gefrierpunkt des Wassers (0 °C bzw. 32 °F): $T_F - 32$.
2. Wir wissen: 100 °C = 212 °F. In diesem Falle ist $T_C = 100$ und $T_F - 32 = 180$.
Folglich gilt: $T_C : (T_F - 32) = 100 : 180$ bzw. $T_C = \frac{100}{180}(T_F - 32) = \frac{5}{9}(T_F - 32)$.
b) $T_F = \frac{9}{5} T_C + 32$
d) 55 °C, 40 °C, 15 °C, –5 °C, –20 °C, –35 °C
e) 140 °F, 122 °F, 77 °F, 50 °F, 14 °F, –49 °F

S. 101: **19 a)** –60 **b)** –30 **c)** 20 **d)** 2 **e)** –100 **f)** 6

S. 103: **28 a)** –6,5 **b)** 280 **c)** –0,15 **d)** –16 **e)** –2 619,047 619

S. 104: **3 a)** –36 **b)** 37 **c)** –20 **d)** 68
4 a) –24 **b)** 2 **g)** –6 **h)** –4

S. 105: **7 a)** 11 **d)** 0,4 **g)** 0

S. 106: **11 a)** 23,068 050 75 **b)** 179,5 **c)** –0,4357 **d)** 194 **e)** 90,4 **f)** 12,9605
13 a) 1,6 **c)** –15 **d)** –2 **g)** $-\frac{58}{21}$

S. 109: **12 c)** –40 **d)** 0 **e)** n.l. **i)** 800 **j)** 0,08 **o)** 9

KAPITEL „GLEICHUNGEN UND UNGLEICHUNGEN“

S. 118: **3 f)** $\frac{3}{4}z$ **g)** $\frac{9}{9}x - \frac{3}{9}x - \frac{2}{9}x + 1 = \frac{4}{9}x + 1$ **i)** $2x + x + 6y + 4y - 4z - z = 3x + 10y - 5z$
4 c) y^6 **d)** $15x^7$ **e)** $32t^5$ **f)** $(a^2 \cdot a \cdot a^5) \cdot (b^3 \cdot b^2 \cdot b) = a^8 b^6$

S. 119: **7 a)** $12x - 13y$ **b)** $-4a + 8b - 4c - 6a - 12c + 4b = -10a + 12b - 16c$
10 a) $a^5 b$ **b)** $-\frac{12}{a} - b^2$ **c)** $\frac{1}{a+b}$ **f)** $\frac{1}{a} : \sqrt{b}$

S. 120: **11 a)** a [+] b [=] [÷] c [=] oder [(] a [+] b [)] [÷] c [=]
b) ohne Klammertasten: b [+] c [=] [1/x] [×] a [=]
c) z. B. a [÷] b [÷] c [=] Falsch wäre: a [÷] b [×] c [=]
d) a [+] a [x²] [+] [(] a [xʸ] 3 [)] [=]

S. 121: **2 a)** „$x < x + 1$“ ist eine (wahre) Aussage, weil **bei jeder** Ersetzung der Variablen x durch eine Zahl eine wahre Ungleichung entsteht. Diese Aussage sollte man aber besser so formulieren: „Für jede Zahl x ist $x < x + 1$.“
„$x < x \cdot x$“ ist dagegen eine Aussageform. Beispielsweise ergibt sich für $x = 3$ eine wahre und für $x = 0{,}5$ eine falsche Aussage.
„Ein Tutufant ist dideldum“, ist weder eine Aussage noch eine Aussageform, sondern eine Formulierung ohne Sinn. Man weiß nicht, was mit „Tutufant“ und „dideldum“ gemeint ist.

S. 125: **7** Meistens ist Jenny 16,5 km und Frank 19,5 km bis zum gemeinsamen Treffpunkt gefahren. Manchmal ist Jenny aber 16 km und Frank 20 km gefahren.

S. 126: **12** Die gesuchte Zahl ist 9.

S. 129: **2** Alle Gleichungen haben in ℤ und ℚ dieselben Lösungen, z. B.:
a) $x = 5$, **g)** $x = -1$, **h)** $x = -14$.

S. 130: **6 a)** $x = 4$ **c)** $x = \frac{75}{4}$ **d)** $x = -5$ **e)** $x = \frac{1}{8}$ **f)** $x = 1$
g) $x = 0$ **h)** $L = \mathbb{Q}$ **n)** $x = 2$ **o)** $x = \frac{5}{8}$ **p)** $x = 1$

S. 131: **10 a)** $x = 4$ **b)** $x = 15$ **c)** $y = 4{,}7$ **d)** $x = -42$ **e)** $x = -4$
g) $x = -\frac{11}{30}$ **h)** $L = \emptyset$ **i)** $L = \emptyset$ **j)** $y = -\frac{5}{12}$ **k)** $x = 1$

S. 135: **5 a)** $x = \frac{45}{7}$ **b)** $x = -\frac{1}{6}$ **c)** $x = \frac{3}{16}$ **f)** $x = 5$ **g)** $x = \frac{7}{15}$
k) $x = -1$ **l)** $x = 0$ **n)** $x = \frac{4}{5}$

S. 136: **12 c)** $x = 0{,}8$ **d)** $x = 6$ **e)** $x = -5{,}2$ **j)** $x \approx 0{,}7553$ **k)** $L = \emptyset$
13 d) $x = 6{,}25$ **g)** $x = \frac{2}{3}$ **h)** $x = \frac{8}{3}$ **m)** $x = \frac{34}{21}$ **o)** $L = \mathbb{Q}$

S. 137: **15 c)** $r = -\frac{2}{3}$ **d)** $t = 1$ **g)** $s = \frac{15}{2}$ **h)** $x = 5$ **i)** $r = \frac{1}{4}$
16 d) $x = 3$ **e)** $y = 2$ **i)** $x = 14$ **j)** $x = 3$ **k)** $y = 1$

S. 140: **9 a)** z. B. M Mädchen; $M + (M + 3) = 25$; $M = 11$; 11 Mädchen und 14 Jungen
b) z. B. x Anzahl der Schülerinnen und Schüler;
$\frac{x}{2} + \frac{x}{3} + 5 = x$; $x = 30$; 30 Schülerinnen und Schüler

S. 141: **15 a)** $x = \frac{1}{4}$ **b)** $y = \frac{5}{2}$ **j)** $t = 22$ **m)** $x = 1$ **q)** $x = 10$
18 c) $L = \{-1; 1\}$ **d)** $L = \{0\}$ **e)** $L = \{-2; 2\}$ **h)** $L = \{1\}$ **i)** $L = \{-3; -1\}$
k) $L = \{-2; 12\}$ **l)** $L = \{-12; 2\}$ **n)** $L = \{5; 9\}$

S. 142: **19 a)** $A = ab$, Flächeninhalt eines Rechtecks, wenn die Seitenlängen gegeben sind;
$a = \frac{A}{b}$ und $b = \frac{A}{a}$, Seitenlänge eines Rechtecks, wenn die andere Seitenlänge und der Flächeninhalt gegeben sind

f) $a = \frac{\frac{A}{2} - bc}{b + c} = \frac{A - 2bc}{2(b + c)}$

21 a) $x = \frac{16}{a}$; $L = \{8\}$ **b)** $x = \frac{8 - a}{3}$; $L = \{2\}$ **e)** $x = a - \frac{1}{a}$; $L = \{1{,}5\}$

f) $x = \frac{2a + 4}{a}$; $L = \{4\}$ **j)** $x = \frac{b}{3}$; $L = \{-1\}$ **l)** $x = \frac{b^2}{a^2}$; $L = \left\{\frac{9}{4}\right\}$

S. 144: **5 a)** $L = \{-5; -4; -3; -2; -1; 0; 1; 2; \ldots\}$ **c)** $L = \{\ldots; -3; -2; -1\}$
d) $L = \{-6; -5; -4; \ldots; 4; 5; 6\}$ **e)** $L = \emptyset$
6 a) $x < 3$ **b)** $x < 1$ **c)** $x > 7$

S. 146: **12 a)** $\mathbb{Q}$: $x < 8$ $\mathbb{N}$: $L = \{0; 1; 2; 3; 4; 5; 6; 7\}$ **e)** $\mathbb{Q}$: $x < -13$ $\mathbb{N}$: $L = \emptyset$
i) $\mathbb{Q}$: $x > -\frac{8}{27}$ $\mathbb{N}$: $L = \{0; 1; 2; 3; \ldots\} = \mathbb{N}$ **j)** $\mathbb{Q}$: $x > \frac{45}{38}$ $\mathbb{N}$: $L = \{2; 3; 4; \ldots\}$

S. 147: **17 a)** $x \leq \frac{6}{7}$ **d)** $x \leq 7$ **e)** $x < -\frac{10}{7}$ **g)** $x < -14$

KAPITEL „DREIECKSKONSTRUKTIONEN UND KONGRUENZ“

S. 153: **10 a)** falsch **b)** wahr **c)** wahr **d)** falsch **e)** wahr
S. 157: **9 a)** $c = 4{,}7$ cm **b)** $b = 7{,}7$ cm
S. 159: **18** Eindeutig zu konstruieren sind die Dreiecke aus a), c), d), f), g), i), j), k), m).
S. 163: **16 a)** Rechteck mit den Seitenlängen 7,3 cm und 3 cm
17 a) Diagonalenlänge 8,7 cm
S. 168: **6 a)** $M(4{,}9\,|\,3)$ **b)** $M(5{,}4\,|\,4{,}6)$
S. 169: **10 a)** $W(4{,}5\,|\,3{,}9)$ **b)** $W(5{,}8\,|\,4{,}2)$
S. 171: **18 a)** $S(4{,}7\,|\,3{,}7)$ **b)** $S(5{,}7\,|\,4{,}3)$

KAPITEL „DREIECKE, VIERECKE UND WEITERE VIELECKE“

S. 182: **11 a)** $A = 10{,}36\ \text{cm}^2$ **b)** $A = 112{,}2\ \text{m}^2$
13 a) $h_a \approx 7{,}4$ cm **b)** $h_c \approx 12{,}0$ m **c)** $b \approx 97$ mm **e)** $h_c \approx 3{,}6$ cm
S. 183: **15** Es werden 19 Eimer Fassadenfarbe benötigt.
23 a) $A = 21\ \text{cm}^2$ **b)** $A = 30\ \text{cm}^2$

KAPITEL „PRISMEN“

S. 211: **5 a)** $A_O = 120\ \text{cm}^2$ **b)** $A_O = 18{,}72\ \text{cm}^2 \approx 19\ \text{cm}^2$
7 a) $A_O = 153{,}7\ \text{cm}^2 \approx 154\ \text{cm}^2$ **c)** $A_O = 104{,}21\ \text{cm}^2 \approx 104\ \text{cm}^2$
S. 213: **14 b)** $V = 470{,}4\ \text{cm}^3 \approx 470\ \text{cm}^3$ **d)** $V = 142{,}45\ \text{dm}^3 \approx 142\ \text{dm}^3$
S. 216: **27 a)** $V = 4{,}5\ \text{cm}^3$ **c)** $V = 3{,}0\ \text{cm}^3$

KAPITEL „SAMMELN UND AUSWERTEN STATISTISCHER DATEN“

S. 225: **3 d)** Man ändert z. B. beim Politiker X ($\bar{x} = -0{,}174$) die Zuschauerzahlen bei „–5 Punkte“ von 61 auf 60, bei „–4 Punkte“ von 64 auf 65, bei „2 Punkte“ von 99 auf 100, bei „3 Punkte“ von 84 auf 83.
S. 226: **4 c)** Zeitangaben in Sekunden umrechnen; $\bar{x} = 234\ \text{s} = 3 : 54$ min.

Register

Bildnachweis

Ahrens + Sieberz, Siegburg: 61/1. AKG Berlin: 122/2, 123/1. Beuster, B., Wittenberg: 209/1, 209/2. Birnbaum, Dr. P., Berlin: 156/2. Bremer Touristik Zentrale: 117/1. Döring, V., Hohen Neuendorf: 5/1, 20/1, 34/1, 35/1, 35/2, 113/1, 114/1, 116/1, 145/1, 167/1, 167/2, 197/2, 201/4, 202/3, 202/4, 205/1, 210/1. Hamburger Hafen: 88/3, 163/1. Helga Lade Fotoagentur, Berlin: 48/1 (Man), 63/1 (Kirchner). JAMSTEC, Yokusuka (Japan): 77/1. Klaeber, W., Rangsdorf: 8/4, 33/2, 44/1, 58/1, 214/1, 214/3. Krull, P., Bielefeld: 161/3. Lang, H., Bremerhaven: 88/1. LAUBAG (Rauhut), Senftenberg: 42/1. Mauritius, Berlin: 19/4 (Superstock), 88/2 (Nakamura), 208/1 (Man/Krinninger), 208/2 (Schmied), 222/1 (Sipa Image), 227/2 (Hubatka). Okapia, Berlin: 66/1 (Craig Potton Stockshots), 66/2 (Cyril Ruoso), 66/3 (Gunther). Photo Deutsches Museum, München: 160/2. Stadtarchiv Dresden, Kotzsch: 149/1. Südwestverlag GmbH & Co., München: 177/1. Superbild, Berlin: 124/1, 3. US (T. Peschel).

SWAROVSKI, Kaufbeuren: 195/1. VEAG Berlin: 37/1. VWV-Archiv, Berlin: 6/2, 126/1. Welke, F., Berlin: Titelfoto.